权威·前沿·原创

皮书系列为

“十二五”“十三五”国家重点图书出版规划项目

中国社会科学院创新工程学术出版项目

中国生态城市建设发展报告（2018）

THE REPORT ON THE DEVELOPMENT OF CHINA'S ECO-CITIES (2018)

顾　问／王伟光　张广智　陆大道　李景源　张有明
主　编／刘举科　孙伟平　胡文臻
副主编／曾　刚　高天鹏　常国华　钱国权

社会科学文献出版社
SOCIAL SCIENCES ACADEMIC PRESS (CHINA)

图书在版编目（CIP）数据

中国生态城市建设发展报告. 2018 / 刘举科，孙伟平，胡文臻主编. -- 北京：社会科学文献出版社，2018. 11

（生态城市绿皮书）

ISBN 978 - 7 - 5201 - 3798 - 0

Ⅰ. ①中… Ⅱ. ①刘… ②孙… ③胡… Ⅲ. ①生态城市 - 城市建设 - 研究报告 - 中国 - 2018 Ⅳ. ①X321. 2

中国版本图书馆 CIP 数据核字（2018）第 256651 号

生态城市绿皮书
中国生态城市建设发展报告（2018）

顾　　问 / 王伟光　张广智　陆大道　李景源　张有明
主　　编 / 刘举科　孙伟平　胡文臻
副 主 编 / 曾　刚　高天鹏　常国华　钱国权

出 版 人 / 谢寿光
项目统筹 / 王　绯　赵慧英
责任编辑 / 赵慧英

出　　版 / 社会科学文献出版社 · 社会政法分社（010）59367156
地址：北京市北三环中路甲 29 号院华龙大厦　邮编：100029
网址：www. ssap. com. cn
发　　行 / 市场营销中心（010）59367081　59367083
印　　装 / 三河市龙林印务有限公司

规　　格 / 开　本：787mm × 1092mm　1/16
印　张：25. 75　字　数：430 千字
版　　次 / 2018 年 11 月第 1 版　2018 年 11 月第 1 次印刷
书　　号 / ISBN 978 - 7 - 5201 - 3798 - 0
定　　价 / 128. 00 元

皮书序列号 / PSN G - 2012 - 269 - 1/1

本书如有印装质量问题，请与读者服务中心（010 - 59367028）联系

生态城市绿皮书编委会

主要编撰者简介

李景源 男 全国政协委员。中国社会科学院学部委员、文哲学部副主任，中国社会科学院文化研究中心主任，哲学研究所原所长，中国历史唯物主义学会副会长，博士，研究员，博士生导师。

张有明 男 兰州城市学院党委副书记、院长。甘肃省优秀专家，甘肃省政协智库专家，长期从事超分子化学研究，主持完成国家自然科学基金6项，甘肃省自然科学基金及中青年基金项目、甘肃省科技攻关项目多项。在*Chemical Science Chemical Communications*等期刊发表SCI论文200余篇，获得国家发明专利授权30余项。教授，博士生导师。

刘举科 男 甘肃省人民政府参事，中国社会科学院社会发展研究中心特约研究员，教育部全国高等教育自学考试指导委员会教育类专业委员会委员，中国现代文化学会文化建设与评价专业委员会副会长，兰州城市学院教授，享受国务院政府特殊津贴。

孙伟平 男 上海大学特聘教授，中国社会科学院哲学研究所原副所长，中国辩证唯物主义研究会副会长，中国现代文化学会副会长，文化建设与评价专业委员会会长，博士，研究员，博士生导师。

胡文臻 男 中国社会科学院社会发展研究中心常务副主任，中国社会科学院中国文化研究中心副主任，中国林产工业联合会杜仲产业分会副会长，安徽省庄子研究会副会长，特约研究员，博士。

曾　刚 男 华东师范大学城市发展研究院院长，国家自然科学基金委员会特聘专家，中国城市规划学会理事，中国自然资源学会理事、中国地理学会经济地理委员会副主任、长江流域发展研究院学术委员会委员、联邦德国 University Duisburg-Essen 兼职教授，终身教授，博士生导师。

高天鹏　男　甘肃省人民政府参事室特约研究员，甘肃省植物学会副理事长，甘肃省矿区污染治理与生态修复工程研究中心主任，祁连山北麓矿区生态系统与环境野外科学观测研究站负责人，兰州城市学院学术带头人，博士，教授，硕士生导师。

常国华　女　兰州城市学院地理与环境工程学院副院长、副教授，中国科学院生态环境研究中心环境科学博士。

钱国权　男　甘肃省人民政府参事室特约研究员，甘肃省城市发展研究院副院长，兰州城市学院地理与环境工程学院党委书记，教授，人文地理学博士。

摘 要

党的十九大概括和提出了习近平新时代中国特色社会主义思想，这一思想内涵十分丰富，其核心要义就是坚持和发展中国特色社会主义。形成了道路、理论、制度、文化“四位一体”有机统一的科学体系，实现了政治、经济、文化、社会、生态文明五大建设的统筹推进。生态文明建设进入新时代。党的十八大以来，党和国家开展了一系列根本性、开创性、长远性工作，推动生态环境保护发生了历史性、转折性、全局性变化。“不忘初心、牢记使命”，提供更多优质生态产品以不断满足人民群众日益增长的对优美生态环境的需求。构建以产业生态化和生态产业化为主体的生态经济体系，推动绿色发展、生态致富理念进一步深入人心，建设美丽中国，以期实现中华民族伟大复兴的中国梦。

过去一年里，国家加快推进生态文明顶层设计和制度体系建设，加快法治建设，建立并实施中央环境保护督察制度，建设了一支生态环境保护铁军，用最严格制度最严密法治保护生态环境，加快制度创新，构建五大生态文明体系，强化制度执行，大力推进绿色发展，深入实施大气、水、土壤污染防治三大行动计划，把解决突出生态环境问题作为民生优先领域，使生态环境安全真正成为经济社会持续健康发展的重要保障。《中国生态城市建设发展报告（2018）》深入贯彻习近平新时代中国特色社会主义生态文明思想和第一次全国生态环境保护大会精神，仍然坚守与秉持以人为本、绿色发展的理念，坚持循环经济、低碳生活、健康宜居的发展观，以服务城镇化建设、提高居民幸福指数、实现人的全面发展为宗旨，以更新民众观念、提供决策咨询、指导工程实践、引领绿色发展为己任，把生态文明理念全面融入城镇化建设进程中，更加注重生态环境保护与建设，更加注重节约资源，更加注重城市优质生态产品的供给，处理好人与自然的关系，推动绿色循环低碳发展的生产、生活方式全面形成。我们依据生态文明理念和生态城市建设指标体系，坚持全面考核与动态评价相结合，运用大数据技术，建立动态评价模型，对国内 284 个地级及以

上城市进行了全面考核与健康指数评价；坚持普遍性要求与特色发展相结合的原则，对地方政府生态城市建设投入产出效果进行了科学评价与排名，评选出了生态城市特色发展100强；有针对性地进行“分类评价，分类指导，分类建设，分步实施”，指出了各个城市绿色发展的年度建设重点和难点。在案例研究基础上，继续发布了“双十事件”，对国家生态安全战略、城乡一体化建设等核心问题进行了深入探讨，提出了对策建议。

2017年，中国城镇化率达到58.52%，生态城市建设正在稳步健康推进。然而，囿于多方面的原因，生态违法事件仍然频发，空气、水、土壤污染防治仍需爬坡过坎。应压实各方责任，实施党政同责，一岗双责，坚决担负起生态文明建设的政治责任，严格考核，严格问责，终身追责，将生态环境考核结果作为干部奖惩和提拔使用的重要依据。市民素质有待进一步提高，应营造生态环境建设“人人有责、人人有为、人人共享”的良好氛围，共同建设绿色、智慧、低碳、健康、宜居的新时代中国特色社会主义生态城市。

关键词： 生态城市　绿色发展　生态致富　健康宜居

Abstract

In the 19th National Congress of the Communist Party of China, President Xi Jinping gave shape to the Thought on Socialism with Chinese Characteristics for a New Era, which focuses on adhering to and developing socialism with Chinese characteristics. The four-sphere scientific system, which is to integrate the path, theory, system and culture into a unity, and the five constructions, including the coordinated political, economical, cultural, social, and ecological civilization advancement, have been formed and realized in the 19th CPC National Congress as well. This symbolizes that the ecological civilization construction has stepped into a new era. Since the 18th CPC National Congress, our party and government has creatively carried out a series of fundamental work to promote the ecological conservation in a long run, with historical, transitional and overall changes. According to the theme of the 19th CPC National Congress: Remain true to our original aspiration and keep our mission firmly in mind, we should provide more ecological products with high qualities to meet people's ever-growing needs for a better ecological environment, construct an eco-economical system giving priority to the ecologicalization of industry and the industrialization of ecology, make the ideas of green development and acquiring wealth with ecological consciousness be deeply rooted into people's mind, and continue the Beautiful China initiative, to realize the Chinese Dream of national rejuvenation.

During the past year, China has accelerated efforts to construct the top-level design and the system of ecological civilization through many ways: develop the rule of law by establishing and implementing the oversight system of environment conservation under the control of the central government, and setting up an iron army to implement the strictest possible systems for environment protection; speed up the institutional innovation by the construction of the five ecological civilization systems; intensify the enforcement of the system by strongly advancing the green development, deeply carrying out the three action plans including the prevention and control of atmosphere, water and soil pollution, and giving priority to solving the prominent problem of ecological environment for the sake of people's livelihood. Through this way, the security of ecological environment will truly become the important guarantee for the continuous and healthy development of Chinese economy and society.

The Report on the Development of China's Eco-cities (2018) thoroughly implements President Xi Jinping's Thought on Socialism with Chinese Characteristics for a New Era and the theme of the 1st National Ecological Environment Protection Conference, and continues to uphold the conceptions of people oriented, green development, circular economy, low-carbon life and city's habitability for people. In the meantime, the report still aims to serve the development of urbanization, improve people's happiness index and help human beings to achieve a comprehensive development. It tries to upgrade the general public's ecological awareness, provide decision-making consultation and guidance of engineering practices for the eco-city's construction, as well as to advocate and lead the green development. By integrating the concept of eco-cities into the progression of urbanization, the report pays more attention to the ecological environment protection and construction, the resource conservation and the supply of the ecological products with high qualities to the cities; focus on the harmonious relationship between man and nature; and intends to help cultivate a green, circular, and low-carbon way for people's production and life. According to the notion of ecological civilization and eco-city index system, the report has built a dynamic evaluation model by using Big Data technologies, to comprehensively examine 284 cities with healthy index. Then, taking general demands and featured purposes into consideration, the report ranks these cities in accordance with the scientific evaluation of local government's input in eco-city construction and its output effects. By means of the evaluation model, top 100 eco-cities of "featured development" are selected. The report follows the principle of "categorized evaluation, categorized guidance, categorized construction and phased implementation", and points out the key targets and the challenges for the annual construction work in the green development of each city. Based on these case studies, the report continues its release of the "double-ten" typical cases of eco-cities construction (the top ten successful and top ten failed cases of ecological construction in China). In the report, essential issues concerning the strategy of national ecological security, the urban-rural integration construction have been explored in depth as well, and accordingly, measures and suggestions have been proposed.

In 2017, the rate of China's urbanization reached 58. 52% . The construction of eco-cities has been promoted steadily. However, confined to a variety of reasons, illegal activities destroying the ecological environment are still taking place frequently, and the prevention and control of atmosphere, water and soil pollution still needs great efforts. As for the government, we should define clear responsibilities for every aspects, and implement principles of "both the government and the party take the same responsibilities" and "two duties for one post", shouldering the political responsibilities of ecological civilization construction. The government should also make strict evaluation for the relevant person in charge, establish accountability system, call officials to account all their life, and take the evaluation result of ecological environment work as the basis for the reward, punishment and promotion of the leaders. It is important to further improve the quality of the citizen, and help them to form the atmosphere of ecological environment construction that when everyone bears his share of the responsibility and makes some contributions, them will share the benefits of the ecological environment protection. Let's work together to build the green, smart, low-carbon, healthy and habitable eco-cities of socialism with Chinese characteristics for a new era.

Keywords: Eco-cities; Green Development; Acquiring Wealth with Ecological Consciousness; Healthy and Habitable

目 录

Ⅳ 核心问题探索

Ⅴ 附 录

皮书数据库阅读**使用指南**

CONTENTS

Ⅳ Studies on Key Issues

Ⅴ Appendices

序言　拥抱新时代，打造美丽生态城市

李景源

党的十八大提出了生态文明发展战略，党的十九大进一步强调要牢固树立社会主义生态文明观，践行绿水青山就是金山银山的发展理念，在2018年5月的全国生态环境保护大会上，习近平总书记再次强调，生态文明建设是关系中华民族永续发展的根本大计。这充分说明国家生态文明建设发展战略政策具有前瞻性、延续性和稳定性。建设生态城市，是推进绿色发展和建设生态文明的具体实践，也是建设富强民主文明和谐美丽社会主义现代化强国的必然要求。推进生态城市建设，要以生态文明和绿色发展为引领，充分借鉴国内外生态城市建设成功经验，并结合所在地区的实际，探索一条符合自身发展的特色生态城市建设道路。

一　中国生态城市建设取得的新进展

十八大以来，党和国家开展了一系列根本性、开创性、长远性工作，推动生态环境保护发生了历史性、转折性、全局性变化。中国坚持生态文明建设方向，将绿色发展理念融入城市规划建设管理各个环节，生态城市建设发生了深刻的变化。

主动承担大国责任。在近期召开的全国生态环境保护大会上，习近平总书记发表重要讲话，对推进新时代生态文明建设提出必须遵循的六项重要原则。即坚持人与自然和谐共生，坚持节约优先、保护优先、自然恢复为主的方针；绿水青山就是金山银山，贯彻创新、协调、绿色、开放、共享的发展理念；良好生态环境是最普惠的民生福祉，坚持生态惠民、生态利民、生态为民，重点解决损害群众健康的突出环境问题；山水林田湖草是生命共同体，要统筹兼顾、整体施策、多措并举；用最严格制度最严密法治保护生态环境，加快制度

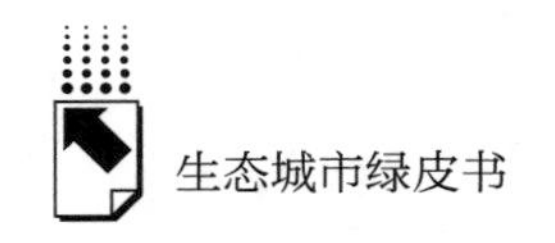

创新，强化制度执行；共谋全球生态文明建设，深度参与全球环境治理。六大原则既是中国主动承担起的大国责任，也是对推动构建人类命运共同体做出的重要贡献。中国正以负责任的态度和坚定行动，成为全球生态文明建设的重要参与者、贡献者以及引领者。

实施城市科学规划。首先，加快海绵城市建设步伐。海口市在这方面走在全国前列，成功实施了针对雨洪管理的海绵化改造项目，正确处理城市开发与自然资源的有效利用关系，实现了城市经济发展与环境保护的双赢目标。其次，推进全域增绿护蓝工程。全国各个城市逐渐启动区域增绿项目，该项目以城市道路、河流水系等绿廊、廊道为骨架，形成了多层次、多功能的城市生态绿地系统。

强化环境综合治理。第一，构建多元化的环保机制。基于城市更新、城市双修理念，近几年来，有关部门对城市有侧重有针对性地进行了污染治理，同时，根据污染者付费、开发者保护、制造者回收的原则，加强水源保护，对污水厂运作和公益资金管理进行监督。第二，提升环境污染的治理效果。通过优化治理结构、规范排污行为、提高治理效益等，提升区域间的协同治污能力。第三，建立第三方治理机制。加大社会公众参与度，广泛吸引社会资本投入环保领域，不仅提高了环境污染治理效率，也助推了多元主体治污格局的形成。

倡导绿色生活方式。其一，坚持绿色环保理念。在部分城市积极开展了“智慧垃圾分类模式”试点，完善市政配套设施建设，并建立垃圾焚烧发电厂。其二，倡导低碳环保出行。在城市范围内大量普及共享车，以引领绿色出行方式，同时，优化部分城市公交路线，提升了市民公交出行的意愿与舒适度，减少了汽车尾气污染。其三，普及智能生活设施。在城市基础建设中，广泛推广城市智能化技术，大大增加了城市宜居度与市民对政府的满意度，使生态城市的运行更加畅通。

二　中国生态城市建设面临的新挑战

尽管生态城市建设取得了显著成绩，但是，我们也必须清醒地看到，中国生态城市建设仍然处于初级阶段。

生态意识缺失。在基础设施配套方面，由于盲目追求片面的政绩观和GDP，衍生出了许多只注重城市“面子工程”的各种乱象，如用大面积草坪铺设城市空间、规模宏大的城市“生态大道”等。在购物方面，诸如各类外卖App、快递公司如雨后春笋般迅速发展，人们消费观念的转变带来了塑料垃圾白色污染问题，等等。

公众参与度不高。生态城市建设缺少公众实质性参与。部分生态城市建设规划缺少实地调查，与当地居民的现实需求相差甚远，设计方案单单追求图纸的华丽和装订的精美等表象，流于“纸上画画、墙上挂挂、嘴上说说”而已，规划因缺失一定的公众基础在具体实施中阻碍重重。同时，在政策起草与实施过程中，未建立畅通的公众意愿表达与诉求渠道；在监督环节，公众缺乏环保意识，未营造出人人关注环保的良好社会舆论环境。

科学技术支撑不足。限于科技水平，新能源、生态建筑、绿色管理、生态适应、垃圾回收利用等技术领域落后，导致了生态城市建设缺乏技术支撑；疏于城市数据库建设，不善于采用计算机、大数据等先进手段对城市地形、地貌进行图形化处理，生态城市建设平台和管理系统未真正建立，严重阻碍了生态城市的可持续发展。

建设目标体系不合理。生态城市建设目标或者过大，或者过空，或者过于随意化。针对一系列生态问题，有关部门往往提出一些大而空的宏观目标，而缺少可操作性的具体目标，以致建设行为难以付诸实施，与经济发展水平不相吻合；部分地区尽管编制了生态城市规划，但是或者泛泛而谈，或者编制之后搁置起来，没有根据实际情况做出详细的规划，很难具体指导建设项目的有效实施。尤其一些具有市场趋向的生态城市，其建设活动不结合实际，忽视环境承载力，根据个人主观判断盲目建设，导致诸如各种生态园、绿色出行、绿色能源开发等项目同时上马、遍地开花，生态城市建设同质性复制，在贪大求全、追逐时髦中迷失了方向。

相关配套政策供给滞后。政府出台的相关规划方案与城市发展和居民实际相脱节。如在生态城市建设中，一些城市大量开发住宅区，导致房地产业开发过度，特别值得一提的是，将大量住宅区建在生态脆弱地带的现象，严重突破了生态城市项目应建在未开发地带的底线，造成了生态安全问题。同时，有关法律引导和约束欠缺，导致城市排污总量较大、河道水系治理力不从心；农村土地监管不力以及生态用地保护建设缺乏，导致随意变更土地用途、恣意侵占农田以及城市生态涵养带面积大大减少；等等。

三　新时代打造最美生态城市的新思考

新时代打造最美生态城市，要本着创新、协调、绿色、开放、共享的发展理念，借鉴国内外生态城市建设取得的成功经验，积极探索适合不同区域发展的特色生态城市建设道路。

思考之一，构建生态文明体系。生态文明体系构建情况关涉到生态文明建设战略任务是否能够真正实现。习近平总书记在全国生态环境保护大会上强调，要加快构建生态文明体系，加快建立健全以生态价值观念为准则的生态文化体系，以产业生态化和生态产业化为主体的生态经济体系，以改善生态环境质量为核心的目标责任体系，以治理体系和治理能力现代化为保障的生态文明制度体系，以生态系统良性循环和环境风险有效防控为重点的生态安全体系。生态文化体系是基础，生态经济体系是关键，目标责任体系是抓手，生态文明制度体系是保障，生态安全体系是底线。五大体系相辅相成，共同构成新时代生态环境保护和生态文明建设的全局性、根本性对策体系。只有弄清楚五大体系的关系，才能确保生态城市建设有序推进。

思考之二，做好城市规划。城市规划是城市建设发展的具体安排和综合部署，是城市建设和管理的基本依据，关涉到城市的合理生态布局和未来发展。我国城乡规划法（2015）规定，在城乡规划设计方案制定和实施过程中，要坚持合理布局、节约土地、集约发展以及先规划后建设的原则，改善生态环境，促进资源能源节约和综合利用，保护自然资源和历史文化遗产，保持地方特色、民族特色和传统风貌。

思考之三，坚持问题导向。坚持问题导向，要求既要善于发现问题，还要善于解决重点和难点问题。城市管理者要密切联系群众，深入开展调查研究，虚心倾听公众就城市发展提出的合理化意见和建议，并对采集到的信息进行深入梳理和分析，为政府最后决策提供确凿的数据和信息；城市管理者应该坚持以人为本的城市发展理念，始终以人民利益为重，加强协作攻关，以实现综合治理；城市管理者还要解放思想、开拓创新，这就需要其以科学的态度、先进的理念以及专业知识去规划、建设和管理好城市。

思考之四，引导公众参与。生态城市建设，需要群策群力，需要全社会的携手共进。习总书记强调，要提高市民文明素质，尊重市民对城市发展决策的知情权、参与权、监督权，鼓励企业和市民通过各种方式参与城市建设、管理，真正实现城市共治共管、共建共享。如此，城市管理者应当更新观念，调整工作思路，在顶层设计、宣传教育等方面为公众参与城市治理建立一定的平台和渠道。

思考之五，坚持因地制宜。建设各具特色的现代化城市，是建设生态城市的客观要求。建设特色生态城镇，必须从城市自身特点、自然条件以及文化传承方面切入，对城市进行准确定位，选择合理的建设模式，挖掘地方特色。正如习近平总书记所强调的：要尊重自然、顺应自然、保护自然，不断提升城市环境质量、人民生活质量、城市竞争力，建设和谐宜居、富有活力、各具特色的现代化城市。

总之，要“不忘初心、牢记使命”，提供更多优质生态产品以不断满足人民群众日益增长的对优美生态环境的需求。构建以产业生态化和生态产业化为主体的生态经济体系，推动绿色发展、生态致富理念进一步深入人心，以确保在 2035 年基本实现美丽中国目标，最终真正实现中华民族伟大复兴的中国梦。

最后，我们衷心希望《中国生态城市发展报告》绿皮书能够为关注和关心中国生态城市建设发展的社会各界人士提供一个献计献策、智慧交流的平台，也诚挚邀请社会各界不吝赐教，为打造新时代最美生态城市而努力！

总 报 告

General Report

G.1 中国生态城市建设发展报告

刘举科　孙伟平　胡文臻　李具恒*

生态城市是未来城市发展的趋势，由内部和外部动力共同推动实现。① 很多国家都将建设生态城市作为公共政策来推动和引导城市发展，并积累了成功经验。从20世纪70年代“生态城市”概念提出，1987年《我们共同的未来》确立可持续发展理念，世界各国遵循此理念在城市—城区—园区—社区等不同尺度上就如何建设生态城市均进行了深入的理论探索和广泛的实践努力，形成了国际生态城市建设的3种模式，即理念根植、社区尺度的生态技术集成的欧洲模式，规划引导、城市尺度的综合生态提升的美国模式，自上而下、资源节约的城市生态转型的日韩模式。② 生态城市是中国城镇化发展的必然之路。

* 李具恒，教授，经济学博士后，兰州城市学院商学院院长。

① 曾毓隽、何艳：《生态城市发展的动力机制：以中法生态城为例》，《改革与战略》2018年第4期。

② 李迅、李冰、赵雪平、张琳：《国际绿色生态城市建设的理论与实践》，《生态城市与绿色建筑》2018年第2期。

2012～2017年的《生态城市绿皮书：中国生态城市建设发展报告》界定、延续并丰富着生态城市的内涵，即生态城市是依照生态文明理念，按照生态学原则建立的经济、社会、自然协调发展，物质、能源、信息高效利用，文化、技术、景观高度融合的新型城市，是实现以人为本的可持续发展的新型城市，是人类绿色生产、生活的宜居家园。①② 随着十九大报告的出台和生态城市建设实践的丰富，我们将继续聚焦生态城市新理念，关注生态城市建设新进展，探求生态城市建设新路径。

本报告承继2012～2017年《中国生态城市建设发展报告》的基本思路和原则，整合各年的研究成果，汲取社会各界的合理化建议，观照中国生态城市建设的新进展和新理念，延续2017年生态城市绿皮书确定的环境友好型、绿色生产型、绿色生活型、健康宜居型和综合创新型五种城市类型，并进一步完善生态城市建设评价指标体系和动态评价模型，对全国生态城市建设和发展状况从综合和分类两个层面进行评价分析，最后提出中国生态城市建设的优化路径，即践行生态文明建设新理念，注入生态城市新元素；激活生态城市发展新动能，健全生态城市动力机制；加快生态文明体制改革，步入生态城市法治化轨道；以人民为中心建设生态城市，实现市民行动自觉化；全民参与共建美丽生态城市，实现社会生活文明化；突出城市地方特色优势，持续建设五类生态城市。

一　中国生态城市建设的理念升华

在21世纪进入第二个10年之际，世界范围内城市运行的基本环境和指导理念正发生重大变化。③ 党的十九大报告提升了生态文明建设新理念，全国生态环境保护大会将建设生态文明是中华民族永续发展的“千年大计”上升为“根本大计”，并将十九大生态文明建设新理念梳理为新时代推进生态文明建设的6个原则，其中，坚持人与自然和谐共生、绿水青山就是金山银山、用最

① 刘举科：《生态城市是城镇化发展必然之路》，《中国环境报》2013年6月20日。

② 李景源、孙伟平、刘举科：《生态城市绿皮书：中国生态城市建设发展报告（2012）》，社会科学文献出版社，2012。

③ 屠启宇：《21世纪全球城市理论与实践的迭代》，《城市规划学刊》2018年第1期。

严格制度最严密法治保护生态环境三原则，浓缩了我国社会主义生态文明建设的理念深度、理论高度、执行力度和坚强态度，赋予了生态城市建设新理念、新内容、新定位和新制度。

（一）坚持人与自然和谐共生科学自然观，筑牢新时代生态文明新理念

生态文明是指人类遵循人与自然、人与社会和谐发展的客观规律而获得物质和精神成果的总和，是一种积极、良性的文明形态。① 人与自然的辩证关系是人类发展的永恒主题，我们要建设的现代化是人与自然和谐共生的现代化。② “坚持人与自然和谐共生”是十九大报告提出的十四条治国方略之一。习近平在党的十九大报告中指出，“建设生态文明是中华民族永续发展的千年大计”，必须“坚持人与自然和谐共生”，“必须树立和践行绿水青山就是金山银山的理念”③。至此，“人与自然和谐共生”作为生态文明建设的核心价值理念被正式提出，标志着中国已经开启生态文明新时代，彰显了中国共产党坚持可持续发展战略，积极打造绿色中国、生态中国的执政理念。④

生态问题本质上是人与自然的关系问题，“人与自然和谐共生”是人类遵循自然规律的理性选择，和谐和可持续发展构成“人与自然和谐共生”新理念的两个基本原则。“人与自然和谐共生”就是指人类经济社会活动系统与自然生态系统是“和谐关系”，二者相互依存、相互制约、相互促进、共同发展、互为利益主体。自然生态系统为人类经济社会活动系统永续实现其利益提供自然资源和生态功能，提供自然生态环境的自净化能力，提供人类世代生存与传承所适宜的自然生态环境系统；人类经济社会活动遵循资源永续性原则，其规模和水平以保障自然系统生态功能的完好性和稳定性（自然生态系统的承载力）为约束，保障自然生态系统的良性运行。⑤ 通过实现人与自然的和谐

---

① 宋献中、胡珺：《理论创新与实践引领：习近平生态文明思想研究》，《暨南学报》（哲学社会科学版）2018 年第 1 期。

② 马涛：《坚持人与自然和谐共生》，《学习时报》2018 年 1 月 29 日。

③ 习近平：《决胜全面建成小康社会，夺取新时代中国特色社会主义伟大胜利——在中国共产党第十九次全国代表大会上的报告》，人民出版社，2017。

④ 冯留建、韩丽雯：《坚持人与自然和谐共生　建设美丽中国》，《人民论坛》2017 年第 34 期。

⑤ 钟茂初：《“人与自然和谐共生”的学理内涵与发展准则》，《学习与实践》2018 年第 3 期。

来促进人与人、人与社会关系的和谐，最终实现人类的可持续发展，这是人与自然和谐共生的本质所在。

“人与自然是生命共同体，人类必须尊重自然、顺应自然、保护自然。人类只有遵循自然规律才能有效防止在开发利用自然上走弯路，人类对大自然的伤害最终会伤及人类自身，这是无法抗拒的规律。”换言之，在促进人类自身发展的同时，人类也要保障动植物等其他生命体以及整个自然界不受额外之伤害，让人类赖以生存的地球和宇宙保持动态平衡，确保人类生存与发展的可持续性，这也正是“人与自然和谐共生”新理念的价值所在。

“人与自然和谐共生”作为生态文明建设的核心价值理念，是新时代中国特色社会主义思想的应有之义，也是建设美丽中国、实现伟大民族复兴和“中国梦”的重要内容，虽然也经历了一个逐步积累直至成熟的过程。习近平在十九大报告中指出：建设生态文明是中华民族永续发展的千年大计。中国特色社会主义进入新时代，我国社会主要矛盾已经转化为人民日益增长的美好生活需要和不平衡不充分的发展之间的矛盾。在这个新时代，人民对美好生活的需要不仅包括物质文化生活方面的更高要求，而且包括社会文明和生态文明方面的更高要求。我们要“坚持节约资源和保护环境的基本国策，像对待生命一样对待生态环境，统筹山水林田湖草系统治理，实行最严格的生态环境保护制度，形成绿色发展方式和生活方式，坚定走生产发展、生活富裕、生态良好的文明发展道路，建设美丽中国，为人民创造良好生产生活环境，为全球生态安全做出贡献”。

不仅如此，党的十九大还提出“建设人与自然和谐共生现代化”，在全面建设社会主义现代化强国新征程上，要注重处理好人与自然的关系，持之以恒建设人与自然和谐共生的现代化。人因自然而生，人与自然是一种共生关系，对自然的伤害最终会伤及人类自身。① 这种现代化是以生态文明为价值引领的现代化，是生产发展、生活富裕、生态良好的全面现代化，是以人民为中心的中国特色社会主义现代化。这不仅是出于中国自身生态文明建设的需要，也是出于拯救全球生态危机和人类生存危机的时代需要，更是出于拯救现代化危机的需要。②

---

① 马涛：《坚持人与自然和谐共生》，《学习时报》2018 年 1 月 29 日。

② 刘魁、胡顺：《论人与自然和谐共生的中国新型现代化》，《南京航空航天大学学报》（社会科学版）2018 年第 1 期。

可见，“人与自然和谐共生”新理念的提出，既是包括习近平新时代中国特色社会主义思想在内的一切马克思主义中国化的先进理论成果，也是习近平新时代中国特色社会主义思想与以儒家“天人合一”“生生不息”、道家“天人一体”“道法自然”诸观念为核心的中国古代生态哲学思想的大契合，[①] 更是中国坚持和平崛起、自信走向世界舞台中央和推动全球生态安全的生态价值理念和生态文化自信。

因此，“生态文明建设功在当代、利在千秋。我们要牢固树立社会主义生态文明观，推动形成人与自然和谐发展现代化建设新格局，为保护生态环境做出我们这代人的努力！”坚持人与自然和谐共生，是对人类文明发展规律的深邃思考，是坚持以人民为中心发展思想的具体体现，是中国对治理全球气候变化的“绿色承诺”。[②]

（二）坚持绿水青山就是金山银山的绿色发展观，筑牢国家生态安全屏障

“绿水青山就是金山银山”是习近平关于“绿水青山”与“金山银山”关系的系列论断的代表性表述。“绿水青山就是金山银山”理念自 2005 年 8 月 15 日首次提出，到 2015 年 3 月 24 日写进《关于加快推进生态文明建设的意见》，再到 2017 年 10 月写入党的十九大报告和党章，历经深化完善，凝聚为指导我国生态文明建设、推进“五位一体”总体布局、促进绿色发展的重要思想。[③]

金山银山代表人类对物质利益的追求，而绿水青山则是人类赖以生存和发展、创造物质财富的自然基础，是生产力要素的组成部分，“绿水青山就是金山银山”理论破解了如何正确处理生态环境保护与生产力发展关系的难题，充分肯定了环境生态对生产力发展所具有的不可替代的作用，强调保护环境就

① 田宝祥：《十九大“人与自然和谐共生”新理念探析——基于中国古代生态哲学的诠释维度》，《山西师大学报》（社会科学版）2018 年第 1 期。

② 林红：《坚持人与自然和谐共生，实现以人民为中心的发展》，《中共福建省委党校学报》2017 年第 11 期。

③ 王会、陈建成、江磊、姜雪梅：《“绿水青山就是金山银山”的经济含义与实践模式探析》，《林业经济》2018 年第 1 期。

是保护生产力，改善环境才能发展生产力，修复环境就能延续生产力。[①] 绿水青山是生态环境本身而非经济系统利用下的生态环境，金山银山指经济系统获得的生态系统服务价值，也就是生态福祉，不仅包括货币化的部分，也包括未货币化的部分。习近平“两山”的重要论断强调要正确认识生态环境的价值，要求从代内、代际视角正确认识绿水青山提供的生态系统服务的价值。[②]

站在资本和财富的视角，“绿水青山”代表生态环境所构成的“自然资本”，“金山银山”代表人类经济活动所形成的“人造资本”。“自然资本”的价值是“存在价值”和“非使用价值”，“人造资本”的价值则是“使用价值”。社会总财富由“自然资本”财富和“人造资本”财富加总而构成，“人造资本”的增加以不损害“自然资本”的可持续性为基本前提，代际财富传承中社会总财富不减少，是“可持续发展”的基本准则。“绿水青山就是金山银山”这一财富认识观念，是合理处理经济社会发展与生态环境保护之间关系的基本准则，既把维护自然生态系统的完好性存在作为行为准则，也把尊重自然、顺应自然、保护自然作为行为准则的逻辑基础[③]。

“绿水青山就是金山银山”是一种新发展观，孕育于我国绿色发展的生动实践，彰显了我国生态文明建设的道路自信，必将对我国乃至世界的发展产生深远影响。[④] 中华人民共和国成立以来，党和政府把环境保护列为基本国策，生态环境保护取得了显著成效，但是，空气与水资源污染和粮食安全危机等一系列环境问题日益凸显。[⑤] 研究表明，2018 年如果世界人口都按中国人的生活方式生活，全世界大概需要 2.3 个地球的资源，地球已经不能再承受这么迅速的人口和经济规模增长。2015 年，中国消耗的煤炭占世界的 50%、粗钢占世界的 43.3%、水泥占世界的 53.2%、氧化铝占世界的 56.8%。在废弃物、污染物排放上，中国 2015 年排放的二氧化碳、二氧化硫、氮氧化物占当年世界

① 杜雯翠、江河：《“绿水青山就是金山银山”理论：重大命题、重大突破和重大创新》，《环境保护》2017 年第 19 期。

② 王会、陈建成、江磊、姜雪梅：《“绿水青山就是金山银山”的经济含义与实践模式探析》，《林业经济》2018 年第 1 期。

③ 钟茂初：《“人与自然和谐共生”的学理内涵与发展准则》，《学习与实践》2018 年第 3 期。

④ 黄渊基：《深刻把握“绿水青山就是金山银山”新发展观》，《中国社会科学报》2018 年 5 月 17 日。

⑤ 李嘉瑞：《新时代人与自然和谐共生的路线图》，《中国社会科学报》2018 年 3 月 29 日。

的27%、35.5%和20.4%，化学需氧量、氨氮排放都是世界第一。这说明我们过去的经济增长，是靠自然资源消耗数量增长与废弃物排放数量增长来维系的，这也就是习近平总书记所说的“一时的经济增长”①。面对资源约束趋紧、环境污染严重以及生态系统退化的严峻挑战，习近平总书记指出：“我们既要绿水青山，也要金山银山。宁要绿水青山，不要金山银山，而且绿水青山就是金山银山。”这是对中国特色社会主义生态环境建设与中国经济发展现实关系的科学表述，揭示了生态环境与生产力两者之间辩证统一的关系，② 其根本指向就是要解决人的发展与自然环境及资源承载力之间的矛盾，③ 坚持绿色发展，践行绿水青山就是金山银山的理念，筑牢生态屏障，实现人与自然和谐共生，努力开创社会主义生态文明新时代。

要想变绿水青山为金山银山，就要在绿水青山与金山银山之间架起桥梁，这个桥梁是绿色技术、绿色生产、绿色消费，是节约优先、保护优先、自然恢复，是环境制度、环境立法、环境执法，是源头预防、过程控制、末端治理，是环保产业化与产业环保化，是政治的、经济的、法律的、技术的、民主的，更是常态的、长久的、多元的、前瞻的。④

（三）坚持实行最严格的生态环境保护制度的严密法治观，建设美丽中国

法治与生态的联姻，是生态文明发展的一个重要标志。生态文明强调人类必须更自觉地遵循人、自然、社会和谐发展的规律。生态文明时代的现代法治系统要求人的社会性生存规则符合生态规律的要求，最重要的是将生态理念纳入法治系统，法律的制定、执行和遵守都应当着意于人与自然和谐共处的客观要求，形成良性运行的生态法治秩序。⑤

---

① 郭兆晖：《坚持人与自然和谐共生——学习贯彻党的十九大精神》，《领导科学论坛》2018年第2期。

② 李嘉瑞：《新时代人与自然和谐共生的路线图》，《中国社会科学报》2018年3月29日。

③ 冯留建、韩丽雯：《坚持人与自然和谐共生 建设美丽中国》，《人民论坛》2017年第34期。

④ 杜雯翠、江河：《“绿水青山就是金山银山”理论：重大命题、重大突破和重大创新》，《环境保护》2017年第19期。

⑤ 吕忠梅：《中国生态法治建设的路线图》，《中国社会科学》2013年第5期。

生态文明体现一个国家的发展程度和文明程度。中国共产党是世界上第一个把生态文明建设作为行动纲领的执政党，同时也把“美丽中国”列为建设社会主义现代化强国的奋斗目标，标志着中国共产党将生态文明建设同中国特色社会主义事业“五位一体”总体布局完全对应起来，[①] 在顶层制度设计层面实现了生态文明建设和美丽中国建设的高度统一。

我国的生态文明制度源于生态环境问题，其深层次的根本原因是制度和法制不健全不完善。在此意义上，中国的生态文明建设过程和美丽中国建设过程就是生态环境保护制度产生、发展、成熟的过程，即生态环境保护法治化过程。生态文明建设从党的十六大报告提出，到十八大报告全面展开，十九大报告整体部署，经历了从全面建设小康社会的目标之一提升为“五位一体”总体布局，再上升为国家安全战略和全球环境治理方式的过程，不仅坚持了对环境与发展的统筹考虑，而且确立了环境与发展的“平等”地位，为协调两者的关系提供了新的世界观与方法论。[②] 党的十八大以来，以习近平同志为核心的党中央，对生态文明制度建设高度重视。党的十八届三中全会《决定》首次提出了要建立系统完整的生态文明制度体系，十八届四中全会要求用严格的法律制度保护生态环境；中共中央、国务院2015年颁发的《关于加快推进生态文明建设的意见》把健全生态文明制度体系作为重点，凸显建立长效机制在推进生态文明建设中的基础地位。[③] 党的十九大对生态文明建设高度重视，明确了“加快生态文明体制改革，建设美丽中国”的伟大目标，并提出通过推进绿色发展、着力解决突出环境问题、加大生态系统保护力度、改革生态环境监管体制等举措加快目标实现。2018年全国“两会”通过的宪法修正案将建设“美丽中国”和生态文明写入宪法。2018年2月28日中国共产党第十九届中央委员会第三次全体会议通过的《中共中央关于深化党和国家机构改革的决定》明确提出：改革自然资源和生态环境管理体制。实行最严格的生态环境保护制度，构建政府为主导、企业为主体、社会组织和公众共同参与的环境治理体系，为生态文明建设提供制度保障。设立国有自然资源资产管理和自

① 马涛：《坚持人与自然和谐共生》，《学习时报》2018年1月29日。

② 吕忠梅：《贯彻十九大精神　推进生态文明法治建设——学习贯彻习近平总书记关于生态文明建设的重要论述》，中国法学创新网，2017年10月19日。

③ 张海梅：《建设美丽中国必须加强生态文明制度建设》，《南方日报》2018年3月5日。

然生态监管机构，完善生态环境管理制度，统一履行全民所有自然资源资产所有者职责，统一履行所有国土空间用途管制和生态保护修复职责，统一履行监管城乡各类污染排放和行政执法职责。强化国土空间规划对各专项规划的指导约束作用，推进“多规合一”，实现土地利用规划、城乡规划等的有机融合。习近平总书记在全国生态环境保护大会上强调：“生态文明建设是关系中华民族永续发展的根本大计。”我们的目标是：“确保到2035年，生态环境质量实现根本好转，美丽中国目标基本实现；到本世纪中叶，建成美丽中国。”习近平总书记在全国生态环境保护大会上特别强调加快建立健全5个生态文明体系，即以生态价值观念为准则的生态文化体系，以产业生态化和生态产业化为主体的生态经济体系，以改善生态环境质量为核心的目标责任体系，以治理体系和治理能力现代化为保障的生态文明制度体系，以生态系统良性循环和环境风险有效防控为重点的生态安全体系。这一系列重要论断为加快建立系统完整的生态文明制度体系提供了方向和指引。

伟大的目标需要伟大的理论指导和思想引领，习近平生态文明思想回答了建设“美丽中国”的时间表和路线图，要求确立辩证的生态发展观、整体的生态文明观和严密的生态法治观。① 生态法治观是一种遵循自然生态规律和经济社会发展规律，强调人与自然和睦共处、共同进化的法治观，它是生态伦理主导的法治观。② 习近平总书记多次指出，只有“实行最严格的制度、最严密的法治，才能为生态文明建设提供可靠保障”。这种“最严”生态法治观，既表明了中央推进生态文明建设的坚定决心，也抓住了运用法治思维和法治方法这个“牛鼻子”，深刻揭示了建设美丽中国的根本举措是制度建设，为推进生态文明法治建设、建设美丽中国提供了理论指导和行动指南。③

建设生态文明是一个包括源头防范、过程治理、后果奖惩的系统工程，其中的生产生活方式、环境资源损耗补偿、生态保护与修复、自然资源资产产权等都需要通过建立健全生态文明制度和法制体系，形成更加严格、公平、可持续的社会规范和制度加以引导和实现。④ 生态法治建设包括立法、执法、司

① 冯留建、韩丽雯：《坚持人与自然和谐共生　建设美丽中国》，《人民论坛》2017年第34期。
② 陈凤芝：《生态法治建设若干问题研究》，《学术论坛》2014年第4期。
③ 张海梅：《建设美丽中国必须加强生态文明制度建设》，《南方日报》2018年3月5日。
④ 张海梅：《建设美丽中国必须加强生态文明制度建设》，《南方日报》2018年3月5日。

法、守法及法律文化建设等诸多方面内容。① 党的十八大提出“科学立法、严格执法、公正司法、全民守法”的新方针，这是新时代中国依法治国的“新十六字方针”，也是法治中国建设的系统内容和衡量标准，更是实行最严格的生态环境保护制度的衡量标尺。

实行最严格的生态环境保护制度，体现在生态法治建设的各环节。完善生态立法，通过生态环境立法的科学化、系统化，引领和固化生态文明体制改革的目标和措施，使其符合生态文明要求的行为规范，保证能够给自然生态以必要的人文关怀和时间空间，使自然生产力逐步得以恢复；严格生态执法、推进生态司法，加大生态环境执法力度，强化司法，对体制改革措施和生态文明行为规范的实施进行纠偏，维护生态文明建设秩序，统筹生产、生活和生态需求，促进生态系统步入良性循环的轨道；强化生态守法，强化国家意志，提升全社会生态文明意识和法治意识，深化生态文明体制改革，改革生态环境保护管理体制，逐步恢复青山绿水、碧海蓝天、江河安澜的自然风貌。②

二　中国生态城市建设的健康评价

在《中国生态城市建设发展报告（2012）》中，我们尝试构建了一套生态城市建设的理论体系和评价模型，探索了生态城市建设中不同主体的角色定位和职能分工。并将“法于人体”的思想融入生态城市建设之中，通过提炼六种不同类型生态城市发展的特色，提出了“绿色发展三阶段走”的生态城市发展战略路径和“五位一体、两点支撑、三带镶嵌、四轮驱动、和谐发展”的生态城市建设基本思路。2012 ~ 2016 年的《中国生态城市建设发展报告》都在承继中不断完善、不断创新，将环境友好型、资源节约型、循环经济型、景观休闲型、绿色消费型、综合创新型六种生态城市类型的时空定位呈现给国人和社会。2017 年的《中国生态城市建设发展报告》在深入调研论证和研讨

① 吕忠梅：《中国生态法治建设的路线图》，《中国社会科学》2013 年第 5 期。

② 吕忠梅：《贯彻十九大精神　推进生态文明法治建设——学习贯彻习近平总书记关于生态文明建设的重要论述》，中国法学创新网，2017 年 10 月 19 日。

分析的基础上，将历年六种类型生态城市提炼为绿色生产型、绿色生活型、健康宜居型、综合创新型和环境友好型五类城市。

本报告承继2012～2017《中国生态城市建设发展报告》的主要思路、基本原则、评价方法和评价模型，继续遵循“分类评价，分类指导，分类建设，分步实施”的原则，依据“生态城市健康指数（ECHI）评价指标体系（2018）”和“生态城市健康指数（ECHI）评价标准”收集最新数据，对中国284个生态城市2016年的健康指数进行了综合排名评价和分析，将生态城市分为很健康、健康、亚健康、不健康、很不健康五种类型。然后，对绿色生产型、绿色生活型、健康宜居型、综合创新型和环境友好型五类生态城市从生态城市总体分布情况、评价结果中城市指标得分特点以及生态城市空间格局等层面进行了分析评价，分析了生态城市分布差异的原因、部分城市在生态城市建设方面的一些有效措施和值得借鉴的经验和做法。并引入建设侧重度、建设难度、建设综合度等概念，对中国生态城市建设进行动态指导。

（一）生态城市健康状况综合评价分析

我们依据“生态城市健康指数（ECHI）评价指标体系（2018）”得出了中国284个城市2016年生态健康状况的综合排名（如表1所示）。并依据“生态城市健康指数（ECHI）评价标准”将其具体划分为很健康、健康、亚健康、不健康、很不健康五种生态城市类型。

1. 2016年生态城市健康状况综合排名

2016年中国284个生态城市中排名前100名的城市成分比较复杂，4个直辖市（北京市、上海市、天津市、重庆市）全部进入，保持在前30名以内。5个计划单列市中，除了宁波市排名30位，比上年前进了3位，其他都有所下滑，厦门市从第2位掉到第3位，深圳市排名从第13位掉到第15位，仍保持领先势头，大连市排名从第18位下降到第32位，青岛市从第14位下降到第26位。东南生态盈余区域城市排名整体较好，主要是因为这一区域城市自然条件较好，气候和水文条件适合植被生长，有利于形成生态的多样性。同时由于这类城市大多属于经济特区、沿海经济开放区，产业结构随着经济发展逐步趋于合理，城市布局也越来越科学合理，为生态城市建设提供了条件。西部

表1　2016年中国284个生态城市健康状况综合排名

城市名称	排名	等级	城市名称	排名	等级	城市名称	排名	等级	城市名称	排名	等级
三亚	1	很健康	哈尔滨	24	健康	沈阳	47	健康	莆田	70	健康
珠海	2	很健康	南京	25	健康	太原	48	健康	襄阳	71	健康
厦门	3	很健康	青岛	26	健康	成都	49	健康	鄂州	72	健康
南昌	4	很健康	蚌埠	27	健康	镇江	50	健康	龙岩	73	健康
南宁	5	很健康	重庆	28	健康	景德镇	51	健康	昆明	74	健康
舟山	6	很健康	北海	29	健康	淮安	52	健康	乌鲁木齐	75	健康
惠州	7	很健康	宁波	30	健康	无锡	53	健康	东营	76	健康
海口	8	很健康	芜湖	31	健康	烟台	54	健康	西宁	77	健康
天津	9	很健康	大连	32	健康	湖州	55	健康	宜昌	78	健康
威海	10	很健康	长春	33	健康	温州	56	健康	淮南	79	健康
广州	11	很健康	佛山	34	健康	克拉玛依	57	健康	鸡西	80	健康
黄山	12	很健康	绍兴	35	健康	嘉兴	58	健康	泰州	81	健康
福州	13	很健康	南通	36	健康	台州	59	健康	新余	82	健康
江门	14	很健康	西安	37	健康	铜陵	60	健康	七台河	83	健康
深圳	15	很健康	苏州	38	健康	牡丹江	61	健康	韶关	84	健康
合肥	16	很健康	柳州	39	健康	绵阳	62	健康	金华	85	健康
武汉	17	很健康	连云港	40	健康	双鸭山	63	健康	宝鸡	86	健康
上海	18	健康	秦皇岛	41	健康	辽源	64	健康	鹤壁	87	健康
汕头	19	健康	长沙	42	健康	十堰	65	健康	贵阳	88	健康
北京	20	健康	中山	43	健康	桂林	66	健康	宣城	89	健康
东莞	21	健康	拉萨	44	健康	广元	67	健康	遂宁	90	健康
常州	22	健康	济南	45	健康	大同	68	健康	池州	91	健康
杭州	23	健康	扬州	46	健康	大庆	69	健康	宿迁	92	健康

续表

城市名称	排名	等级	城市名称	排名	等级	城市名称	排名	等级	城市名称	排名	等级
丹东	93	健康	滁州	117	健康	玉林	141	健康	绥化	165	健康
阜新	94	健康	郑州	118	健康	营口	142	健康	开封	166	健康
盘锦	95	健康	张掖	119	健康	漳州	143	健康	临沂	167	健康
马鞍山	96	健康	阳江	120	健康	泉州	144	健康	攀枝花	168	健康
佳木斯	97	健康	黄石	121	健康	呼和浩特	145	健康	包头	169	健康
金昌	98	健康	银川	122	健康	丽江	146	健康	咸阳	170	健康
防城港	99	健康	嘉峪关	123	健康	抚顺	147	健康	鞍山	171	健康
盐城	100	健康	泸州	124	健康	自贡	148	健康	梅州	172	健康
兰州	101	健康	萍乡	125	健康	荆门	149	健康	松原	173	健康
安庆	102	健康	吉林	126	健康	泰安	150	健康	宁德	174	健康
衢州	103	健康	湘潭	127	健康	赣州	151	健康	眉山	175	健康
九江	104	健康	白山	128	健康	岳阳	152	健康	日照	176	健康
淮北	105	健康	安康	129	健康	吉安	153	健康	资阳	177	健康
丽水	106	健康	石家庄	130	健康	淄博	154	健康	潍坊	178	健康
鹰潭	107	健康	肇庆	131	健康	阳泉	155	健康	乌兰察布	179	健康
株洲	108	健康	南平	132	健康	抚州	156	健康	本溪	180	健康
白城	109	健康	徐州	133	健康	齐齐哈尔	157	健康	宜宾	181	健康
乌海	110	健康	延安	134	健康	锦州	158	健康	天水	182	健康
雅安	111	健康	随州	135	健康	通化	159	健康	南阳	183	健康
潮州	112	健康	鹤岗	136	健康	枣庄	160	健康	四平	184	健康
伊春	113	健康	酒泉	137	健康	亳州	161	健康	石嘴山	185	健康
梧州	114	健康	六安	138	健康	三明	162	健康	葫芦岛	186	健康
铜川	115	健康	南充	139	健康	巴中	163	健康	张家界	187	健康
湛江	116	健康	鄂尔多斯	140	健康	永州	164	健康	汕尾	188	健康

续表

城市名称	排名	等级	城市名称	排名	等级	城市名称	排名	等级	城市名称	排名	等级
榆林	189	健康	安顺	213	亚健康	邵阳	237	亚健康	曲靖	261	亚健康
孝感	190	健康	济宁	214	亚健康	来宾	238	亚健康	保山	262	亚健康
茂名	191	健康	汉中	215	亚健康	赤峰	239	亚健康	平顶山	263	亚健康
固原	192	健康	宜春	216	亚健康	平凉	240	亚健康	忻州	264	亚健康
张家口	193	健康	许昌	217	亚健康	庆阳	241	亚健康	内江	265	亚健康
荆州	194	健康	廊坊	218	亚健康	黄冈	242	亚健康	渭南	266	亚健康
清远	195	健康	焦作	219	亚健康	郴州	243	亚健康	周口	267	亚健康
玉溪	196	健康	上饶	220	亚健康	崇左	244	亚健康	临沧	268	亚健康
呼伦贝尔	197	健康	常德	221	亚健康	承德	245	亚健康	沧州	269	亚健康
商洛	198	健康	德阳	222	亚健康	新乡	246	亚健康	菏泽	270	亚健康
白银	199	健康	咸宁	223	亚健康	唐山	247	亚健康	吕梁	271	亚健康
巴彦淖尔	200	健康	保定	224	亚健康	三门峡	248	亚健康	娄底	272	亚健康
辽阳	201	健康	黑河	225	亚健康	滨州	249	亚健康	长治	273	不健康
钦州	202	健康	河池	226	亚健康	贵港	250	亚健康	商丘	274	不健康
宿州	203	健康	信阳	227	亚健康	邯郸	251	亚健康	六盘水	275	不健康
濮阳	204	健康	衡阳	228	亚健康	德州	252	亚健康	安阳	276	不健康
武威	205	健康	乐山	229	亚健康	遵义	253	亚健康	聊城	277	不健康
吴忠	206	健康	莱芜	230	亚健康	云浮	254	亚健康	衡水	278	不健康
朔州	207	健康	洛阳	231	亚健康	驻马店	255	亚健康	达州	279	不健康
河源	208	健康	广安	232	亚健康	中卫	256	亚健康	邢台	280	不健康
通辽	209	亚健康	阜阳	233	亚健康	怀化	257	亚健康	百色	281	不健康
揭阳	210	亚健康	朝阳	234	亚健康	定西	258	亚健康	陇南	282	不健康
漯河	211	亚健康	晋城	235	亚健康	晋中	259	亚健康	运城	283	不健康
贺州	212	亚健康	益阳	236	亚健康	铁岭	260	亚健康	昭通	284	不健康

的资源型城市克拉玛依市依托其在生态社会方面的优势继续排在生态城市健康排名的前100名之内。西部省会城市变化较大，南宁市从第9位跃居为第5位，拉萨市从第16位掉到第44位，乌鲁木齐市进入前100，西安市、成都市、昆明市、西宁市继续保持在前100名，兰州市排名第101位，有望进入前100，银川市跌出前100名。说明西部城市内部竞争异常激烈，生态城市建设成效显著，也表明国家坚持实施的区域协调发展战略取得显著绩效。

就城市健康等级而言，全国284个城市中很健康的城市由16个增加为17个，排名依次为三亚市、珠海市、厦门市、南昌市、南宁市、舟山市、惠州市、海口市、天津市、威海市、广州市、黄山市、福州市、江门市、深圳市、合肥市、武汉市，占6.0%，比2015年增加了0.4个百分点，北海市、青岛市、镇江市、拉萨市滑出了很健康城市序列；排名18~208之间的191个城市的健康等级为健康，占67.3%，比2015年增加了6个百分点；排名209~272之间的64个城市的健康等级为亚健康，占22.5%，比上年减少了5.3个百分点；排名273~284之间的12个城市的健康等级为不健康，只占4.2%，比上年增加了0.7个百分点；很不健康的城市消失为0。这些数据表明，2016年，亚健康、不健康和很不健康的城市数目较大幅度减少，生态城市建设成效显著，有力地证明了国家加快生态文明建设战略决策的正确性和政策实施的有效性。当然，这种变化也与二级指标权重的个别调整相关联。

比较分析2010~2016年七年间生态城市健康指数排名前10位的城市及其发展水平的动态变化（如表2所示），可以看出：5年间进入前10名的城市变化较大，一些原来在前10名之内的城市逐渐被后来者代替。深圳市前3年均排名第一，2013年、2014年、2015年、2016年跌出前10名之外，2013年排名下降到第47位，2014年位于第34位，2015年位于第13位，2016年位于第15位；同样，前3年排名都在前10名以内的上海市、北京市、南京市和杭州市，在2013年、2014年、2015年、2016年的排名均跌出前10名之外。珠海市、厦门市的排名一直保持在前10名之内，表明两个城市的排名呈现相对平稳性，广州市跌出前10名之外。从健康指数看，总体来说，指数值呈提高趋势，说明生态环境、生态经济和生态社会建设越来越得到重视，并取得了良好的效果。

表 2　2010 ~ 2016 年排名前十的城市及其健康指数评价结果动态变化

排名	2010 年		2011 年		2012 年		2013 年		2014 年		2015 年		2016 年	
	城市	健康指数	城市	健康指数	城市	健康指数	城市	健康指数	城市	健康指数	城市	健康指数	城市	健康指数
1	深圳	0.8849	深圳	0.8958	深圳	0.9054	珠海	0.8923	珠海	0.9015	珠海	0.9073	三亚	0.9236
2	广州	0.8779	广州	0.8773	广州	0.9037	三亚	0.8755	厦门	0.8889	厦门	0.9041	珠海	0.9032
3	上海	0.8671	上海	0.8697	上海	0.8705	厦门	0.8708	三亚	0.8883	舟山	0.9030	厦门	0.8868
4	北京	0.8638	北京	0.8650	南京	0.8481	新余	0.8657	威海	0.8816	三亚	0.8923	南昌	0.8767
5	南京	0.8589	南京	0.8614	大连	0.8462	舟山	0.8615	惠州	0.8783	天津	0.8805	南宁	0.8755
6	珠海	0.8513	珠海	0.8569	无锡	0.8460	沈阳	0.8600	舟山	0.8734	惠州	0.8734	舟山	0.8745
7	杭州	0.8484	厦门	0.8538	珠海	0.8457	福州	0.8521	青岛	0.8684	广州	0.8704	惠州	0.872
8	厦门	0.8468	杭州	0.8528	厦门	0.8409	大连	0.8503	广州	0.8655	福州	0.8669	海口	0.8675
9	大连	0.8393	东莞	0.8399	杭州	0.8405	海口	0.8502	长春	0.8609	南宁	0.8653	天津	0.8672
10	济南	0.8369	沈阳	0.8395	北京	0.8404	广州	0.8447	铜陵	0.8606	威海	0.8621	威海	0.8658

2. 2016年生态城市健康状况指标特点分析

2016 年全国 284 个城市中健康指数排名前 10 位的城市分别为三亚市、珠海市、厦门市、南昌市、南宁市、舟山市、惠州市、海口市、天津市、威海市。其中，三亚市综合排名第 1，比上一年上升 3 位，生态环境、生态经济分别保持上一年的排名第 3 和第 1，生态社会排名第 3，比上一年跃升 44 位；珠海市综合排名第 2，比上一年下降 1 位，生态环境排名第 19，比上一年上升 5 位，生态经济排名第 3，比上一年下降 1 位，生态社会排名第 4，比上一年下降 3 位；厦门市综合排名第 3，比上一年下降 1 位，生态环境排名第 6，比上一年下降 2 位，生态经济保持上一年的排名第 9，生态社会排名第 31，比上一年下降 20 位；南昌市综合排名第 4，首次跨入前 10，生态环境保持上一年的排名第 9，生态经济排名第 39，比上一年下降 14 位，生态社会排名第 13，比上一年跃升 118 位；南宁市综合排名第 5，比上一年上升 4 位，生态环境排名第 4，比上一年上升 7 位，生态经济排名第 48，比上一年下降 15 位，生态社会排名第 17，比上一年上升 20 位；舟山市综合排名第 6，比上一年下降 3 位，生态环境排名第 4，比上一年上升 1 位，生态经济排名第 30，比上一年下降 17 位，生态社会排名第 38，比上一年下降 35 位；惠州市综合排名第 7，比上一年下降 1 位，生态环境排名第 2，比上一年上升 28 位，生态经济排名第 8，比上一年上升 4 位，生态社会排名第 63，比上一年下降 43 位；海口市综合排名第 8，连续两年退出前 10 后再次跨入前 10，生态环境排名第 1，比上一年上升 1 位，生态经济排名第 32，比上一年下降 11 位，生态社会排名第 56，比上一年上升 57 位；天津市综合排名第 9，比上一年下降 4 位，生态环境排名第 48，比上一年上升 1 位，生态经济排名第 5，比上一年下降 2 位，生态社会排名第 10，比上一年下降 8 位；威海市综合排名第 10，保持原位，比 2014 年下降 6 位，生态环境排名第 14，比上一年下降 6 位，生态经济排名第 36，保持原位，生态社会排名第 36，比上一年上升 7 位。

以上城市能够站在前 10 的高位，与这些城市奉行生态文明建设新理念、着力解决城市病、探索内涵式城市发展新模式的生动实践不无关系。虽然以上生态城市健康状况指标良好，且整体排名靠前，但是，指标得分不均衡，存在明显的“短板”指标，分项带动整体的倾向明显，各城市生态环境、生态经济、生态社会建设不平衡，需要统筹兼顾，在巩固突出优势时，进一步提升综合水平。

3. 2016年生态城市健康状况不同指数评析

分析 2016 年全国 284 个生态城市的健康状况可以看出，处于生态基础条件较好、经济社会发展水平较高的长三角、珠三角等生态盈余城市区，环渤海湾城市群、海峡西岸城市群的部分城市，都在生态健康状况方面表现较好。生态健康状况良好的城市，总会采取加强环境绿化、保护水资源、保持生物多样性、对垃圾进行无害化处理、做好城市污水处理以及加强生态意识教育、普及法律法规、增加城市维护建设资金等方式，通过生态环境、生态经济以及生态社会建设，加强生态城市的建设。

从不同指数排名看，东莞市、嘉峪关市、克拉玛依市、深圳市、乌鲁木齐市、北京市、厦门市、乌海市、珠海市、拉萨市等 10 城市，采取扩大城市建成区绿化覆盖率的有效措施，使其在全国 284 个城市中位居前 10；牡丹江市、镇江市、淄博市、七台河市、济南市、江门市、金昌市、呼和浩特市、东营市、西安市等 10 城市的节水措施成效明显，力保其在人均用水量指标上位居前 10；深圳市、北京市、三亚市、海口市、长沙市、西安市、随州市、广州市、厦门市、拉萨市等 10 城市控制二氧化硫排放量绩效显著，位居前 10；攀枝花市、丽江市、玉溪市、防城港市、南平市、三亚市、昆明市、厦门市、海口市、福州市、龙岩市、三明市、黑河市等13城市加强大气污染治理，空气质量优良天数位居前10（有并列）；三亚市、中山市、绥化市、辽源市、张家界市、漯河市、枣庄市、渭南市、汕尾市、庆阳等10城市一般工业固体废物综合利用率位居前10，其中前7个城市利用率达到100%；深圳市、克拉玛依市、天津市、中山市、东莞市、珠海市、厦门市、莆田市、苏州市、杭州市等10城市的信息化基础设施建设走在前面；城市维护建设资金支出占城市GDP比重排名前10的城市是合肥市、厦门市、西安市、南宁市、珠海市、北京市、西宁市、乌海市、东莞市、上饶市；科教支出占GDP的比重排名前10的城市是固原市、定西市、陇南市、昭通市、平凉市、天水市、河池市、巴中市、拉萨市、丽江市。

我国在生态城市建设方面取得的系列成绩，源于党中央、国务院对生态文明建设的高度重视和国家战略定位，离不开举国上下不懈推进的生态文明建设实践。近几年来，我国以生态文明建设为导向，把绿色发展理念融入城市规划布局、自然环境改善、基础设施提升以及生活方式转变等方面，把发展观、执政观、自然观内在统一，融入执政理念、发展理念中，生态文明建设的认识高度、实践深度、推进力度前所未有，极大地推动了生态城市建设的进程。

（二）生态城市建设分类评价分析

按照共性与特性相结合的原则，在生态城市建设评价中，除了进行整体评价外，结合不同类型生态城市的建设特点，考虑建设侧重度、建设难度和建设综合度等因素，我们对五种不同类型的生态城市采用核心指标与扩展指标相结合的方式，进行了分类评价和分析。

1. 环境友好型城市建设评价结果

环境友好型城市不仅是一种新型的城市形态，更是科学发展观指导下的新型城市发展观，还是生态城市发展的一种模式。本研究依据环境友好型城市建设评价指标体系，分别对14项核心指标和5项特色指标进行计算，得出了2016年环境友好型城市综合指数排名前100名（如表3所示），并对前100名城市进行了评价与分析。

表3　2016年环境友好型城市综合指数排名前100名

城　市	排名	城　市	排名	城　市	排名	城　市	排名
三　亚	1	重　庆	26	无　锡	51	大　同	76
珠　海	2	扬　州	27	连云港	52	新　余	77
黄　山	3	杭　州	28	温　州	53	兰　州	78
南　昌	4	青　岛	29	秦皇岛	54	韶　关	79
南　宁	5	长　春	30	莆　田	55	马鞍山	80
厦　门	6	西　安	31	景德镇	56	宣　城	81
江　门	7	北　海	32	安　庆	57	潮　州	82
天　津	8	绍　兴	33	广　元	58	七台河	83
合　肥	9	东　莞	34	柳　州	59	丹　东	84
福　州	10	大　连	35	台　州	60	池　州	85
舟　山	11	芜　湖	36	泰　州	61	乌鲁木齐	86
海　口	12	宁　波	37	双鸭山	62	湛　江	87
汕　头	13	牡丹江	38	铜　陵	63	淮　南	88
蚌　埠	14	拉　萨	39	桂　林	64	贵　阳	89
北　京	15	成　都	40	湖　州	65	防城港	90
广　州	16	太　原	41	宿　迁	66	六　安	91
惠　州	17	淮　安	42	鸡　西	67	阜　新	92
上　海	18	苏　州	43	大　庆	68	龙　岩	93
哈尔滨	19	济　南	44	烟　台	69	鄂　州	94
武　汉	20	佛　山	45	佳木斯	70	白　城	95
常　州	21	长　沙	46	十　堰	71	雅　安	96
南　通	22	绵　阳	47	辽　源	72	昆　明	97
南　京	23	沈　阳	48	嘉　兴	73	九　江	98
深　圳	24	中　山	49	盐　城	74	伊　春	99
威　海	25	镇　江	50	遂　宁	75	郑　州	100

（1）2016年环境友好型城市指标得分分析

在环境友好型城市综合指数得分上，排在前10名的城市分别是三亚市、珠海市、黄山市、南昌市、南宁市、厦门市、江门市、天津市、合肥市和福州市。三亚市聚集宜人的气候、清新的空气质量、特色旅游等第三产业发展优势，位居第一；珠海市汇聚国家首批生态园林城市、新型花园城市、幸福之城及经济优势、地理位置等优势，紧随其后；黄山市凭借悠久的历史文化和优美的自然环境，位居第三；南昌市凭借基础设施建设、第三产业和工业二氧化硫排放等方面骄人的成绩后来居上；江门市凭借其在环保基础设施建设、工业二氧化硫排放和民用汽车数量等方面实实在在的努力顺利入围。我国“一带一路”海上丝绸之路门户城市南宁市和福州市、我国重要的现代化国际性港口风景旅游城市厦门市、我国主要的中心城市和超大城市天津市、我国重要的“一带一路”和长江经济带战略双节点城市合肥市、中国三大自由贸易试验区之一的福州市分别占据了前10位各自的位置。排名前10的城市虽然整体排名靠前，但是在指标体系得分中还是表现出一些“短板”指标，如他们在私人汽车数量控制、二氧化硫的排放和单位耕地面积化肥使用量等方面还有很多工作要做。

就进入评价的284个城市而言，需要聚焦的重点环境问题有：①控制二氧化硫减排。嘉峪关市、忻州市、阜新市、石嘴山市、阳泉市、金昌市、白银市、曲靖市、渭南市、吕梁市、攀枝花市、乌海市、吴忠市、中卫市、滨州市、晋城市、六盘水市、七台河市、运城市、西宁市、伊春市、本溪市、宜宾市、莱芜市、鞍山市、内江市、广安市、萍乡市、葫芦岛市和淮南市。②控制城市民用汽车数量。东莞市、深圳市、厦门市、中山市、佛山市、苏州市、克拉玛依市、珠海市、昆明市、呼和浩特市、宁波市、北京市、海口市、金华市、玉溪市、乌海市、银川市、乌鲁木齐市、太原市、鄂尔多斯市、拉萨市、三亚市、南京市、无锡市、临沧市、长沙市、郑州市、杭州市、东营市和嘉兴市。③控制化肥使用量。三亚市、深圳市、鄂州市、石嘴山市、漳州市、汕头市、宜昌市、玉林市、襄阳市、广州市、平顶山市、随州市、新乡市、商丘市、安阳市、荆门市、海口市、渭南市、焦作市、黄冈市、金华市、周口市、濮阳市、漯河市、通化市、台州市、揭阳市、咸阳市、吉林市和杭州市。④提高清洁能源使用率。崇左市、吕梁市、河池市、鄂尔多斯市、定西市、黄冈市、赤峰市、临沧市、巴彦淖尔市、绥化市、渭南市、乌兰察布市、曲靖市、呼伦贝尔市、百色市、忻州市、四平市、长治市、陇南市、汉中市、永州市、邵阳市、孝感市、酒泉市、晋城市、运城市、保山市、昭通市、丽江市和宜昌市的主要清洁能源很低，需加快清洁能源使用步伐。⑤提高第三产业比重。攀枝花市、鹤壁市、内江市、漯河市、宝鸡市、咸阳市、泸州市、资阳市、克拉玛依市、百色市、梧州市、吴忠市、宜宾市、北海市、曲靖市、自贡市、石嘴山市、宜昌市、巴彦淖尔市、遂宁市、广安市、南充市、雅安市、眉山市、宁德市、襄阳市、商洛市、鄂州市、德阳市和榆林市。

（2）2016 年环境友好型城市的空间格局分析

2016 年，华北地区进入百强城市的排名中天津市位列第 8 名，北京市排在第 15 名，其余城市均排在 20～100 名之间；东北地区只有哈尔滨市进入前 20 名，其他城市排名都分布在 20～100 名之间；中南地区有四座城市进入前 10 名，7 座城市进入前 20 名，其余城市的排名均分布在 20～100 名之间；华东地区进入前 100 的城市最多，前 10 的有 5 座，前 50 的有 26 座，其余的都均匀分布在 50～100 之间；西南地区参与排名的城市都分布在 20～100 名之间；西北地区只有西安市排在前 50 名，而兰州市和乌鲁木齐市都排在第 70～100 名之间。

从整体态势看，环境友好型城市建设呈现出东密西疏的格局，华东地区依然引领前行，中南地区缓慢增长，华北和西南地区波动较小，东北地区比较稳定，西北地区波动较大。和历年评价基本一致的是，环境友好型城市主要集中在华东、中南地区，两地区进入总评价的城市占 55.3%，两地区进入百强的城市占百强城市的 68.0%，在各地区进入百强城市数量占本区参与评价城市总数的表现中，只有华东地区占比过半，达到 56.4%，其次是东北地区，占到 44.1%，接下来是中南地区占到 30.4%，西南地区占到 29.0%，华北地区占到 15.6%，仅西北地区占比有所下降，只占到 10%。

2. 绿色生产型城市建设评价结果

本研究依据绿色生产型城市建设评价指标体系，分别对 14 项核心指标和 5 项特色指标进行计算，得出了 284 座城市 2016 年绿色生产型城市综合指数排名前 100 名（如表 4 所示），并进行了评价与分析。

（1）2016 年绿色生产型城市指标得分分析

由表 4 可知，2016 年中国绿色生产型城市综合指数得分排名在前十的城市分别是三亚市、珠海市、厦门市、南昌市、天津市、海口市、南宁市、惠州市、舟山市和广州市。这些城市通过绿化建设、节能减排、增加投入等措施，提高“清洁能源使用率”、工业固体废物综合利用率，降低单位 GDP 用水量变化量、单位 GDP 能耗和二氧化硫排放量，大大促进了生态城市建设，站在了绿色生产型城市的前 10 位。综合指数排在第一，旅游业发达、空气质量最好的滨海旅游城市三亚市，一般工业固体废物综合利用率高，清洁能源使用率

表 4　2016 年绿色生产型城市综合指数排名前 100 名

城市	排名	城市	排名	城市	排名	城市	排名
三亚	1	长春	26	成都	51	大庆	76
珠海	2	南京	27	铜陵	52	龙岩	77
厦门	3	深圳	28	绵阳	53	大同	78
南昌	4	芜湖	29	广元	54	防城港	79
天津	5	南通	30	温州	55	克拉玛依	80
海口	6	哈尔滨	31	牡丹江	56	遂宁	81
南宁	7	佛山	32	辽源	57	郑州	82
惠州	8	绍兴	33	拉萨	58	鹤壁	83
舟山	9	北海	34	嘉兴	59	金华	84
广州	10	西安	35	沈阳	60	潮州	85
江门	11	青岛	36	太原	61	阳江	86
北京	12	大连	37	柳州	62	鸡西	87
黄山	13	中山	38	莆田	63	西宁	88
福州	14	扬州	39	烟台	64	十堰	89
汕头	15	苏州	40	双鸭山	65	宣城	90
上海	16	秦皇岛	41	淮南	66	盘锦	91
武汉	17	景德镇	42	东营	67	马鞍山	92
合肥	18	济南	43	新余	68	衢州	93
东莞	19	淮安	44	桂林	69	鹰潭	94
蚌埠	20	镇江	45	鄂州	70	兰州	95
杭州	21	连云港	46	宿迁	71	湛江	96
威海	22	无锡	47	安庆	72	佳木斯	97
常州	23	湖州	48	淮北	73	阜新	98
宁波	24	长沙	49	泰州	74	贵阳	99
重庆	25	台州	50	白城	75	泸州	100

高，但对单位 GDP 用水量变化量应加大控制力度；经济发展优势和地理位置优势突出，有“幸福之城”和“新型花园城市”等众多称谓的珠海市，清洁能源使用率高，单位 GDP 综合能耗低，降低单位 GDP 用水量变化量和提高一般工业固体废物综合利用率是未来奋斗方向；金融、旅游等第三产业发达的厦门市，在提高清洁能源使用率方面和降低单位 GDP 综合能耗方面表现突出，然而在提高一般工业固体废物综合利用率、控制二氧化硫的排放量方面还需加

大投入；南昌市生态城市建设绩效显著，单位 GDP 综合能耗低，清洁能源使用率较高，降低单位 GDP 用水量变化量和单位 GDP 二氧化硫排放量任务重；拥有先进的制造业和强大航运能力的天津市，综合优势突出，清洁能源使用率高，单位 GDP 综合能耗低，单位 GDP 用水量变化量合理，工业固体废物综合利用率较高，但二氧化硫排放需重点控制；具有“中国魅力城市”“中国最具幸福感城市”“全国城市环境综合整治优秀城市”等众多荣誉称号的海口市，主要清洁能源使用率高，单位 GDP 综合能耗低，单位 GDP 用水变化量合理，需严控二氧化硫排放量；南宁市、惠州市和舟山市生态城市建设状况较好，绿色生产方面，南宁市需采取节水措施和二氧化硫排放控制措施，惠州市应重点降低二氧化硫的排放量，舟山市应重点降低单位 GDP 的用水量变化量和二氧化硫的排放量；国际大都市、国家中心城市广州市，清洁能源使用率和一般工业固体废物综合利用率高，需注意控制二氧化硫的排放。

就综合指数进入前 100 名的绿色生产型城市而言，在特色单项指标层面表现突出的城市不少，例如，北京市、东莞市、三亚市、深圳市、海口市、珠海市、佛山市、上海市、中山市、西安市、拉萨市、厦门市、杭州市、安庆市、潮州市、广州市、阳江市、秦皇岛市、广元市和蚌埠市，以主要清洁能源使用率较高排在前 20 位；牡丹江市、拉萨市、柳州市、马鞍山市、三亚市、莆田市、东莞市、衢州市、兰州市、遂宁市、海口市、汕头市、西宁市、上海市、深圳市、安庆市、杭州市、淮南市、江门市和蚌埠市，以单位 GDP 用水变化量降低较多排在前 20 位；阜新市、大同市、鄂州市、鹤壁市、淮南市、新余市、淮北市、鹰潭市、马鞍山市、衢州市、广元市、兰州市、景德镇市、秦皇岛市、辽源市、太原市、铜陵市、重庆市、淮安市和鸡西市，以单位 GDP 二氧化硫排放变化量降低较多排在前 20 位；北京市、黄山市、南昌市、三亚市、合肥市、鹰潭市、南通市、扬州市、宿迁市、台州市、杭州市、海口市、深圳市、温州市、蚌埠市、珠海市、汕头市、广州市、厦门市和长春市，以单位 GDP 综合能耗较低排在前 20 位；三亚市、中山市、辽源市、潮州市、白城市、牡丹江市、哈尔滨市、湖州市、遂宁市、防城港市、济南市、天津市、泰州市、西宁市、柳州市、长春市、蚌埠市、湛江市、常州市和福州市，以一般工业固体废物综合利用率较高排在前 20 位。

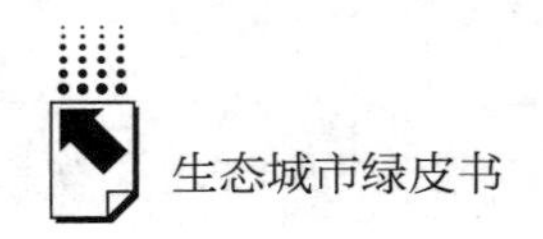

（2）2016 年绿色生产型城市空间格局分析

2016 年参与绿色生产型城市评价的 284 座城市中，中南地区有 79 座，华东地区有 78 座，分别占到参评总数的 27.82% 和 27.46%，是六个区域中参评数量最多的两个区域。但是进入前 100 名城市中，华东地区有 45 座，占到其参评总数的 57.69%，中南地区只有 25 座，仅占到其参评总数的 31.65%。华北地区、西南地区、西北地区和东北地区参评城市数量总体较少且比较平均，分别为 32 座、31 座、30 座和 34 座，但是进入前 100 名的城市中，东北地区占优，有 13 座，占到该区域城市数量的 38.24%，西南地区、华北地区、西北地区分别有 8 座、5 座、4 座，占到本区域城市数量的比例分别为 25.81%、15.63% 和 13.33%。华北地区、西南地区和西北地区在绿色生产型城市建设方面相对落后，需全方位下大力推行绿色生产。

3. 绿色生活型城市建设评价结果

绿色生活，是将生活和自然融为一体的生活，倡导绿色健康的生活和节能环保的生活方式。绿色生活型城市建设旨在促进城市区域可持续发展，建设美丽中国。本研究依据绿色生活型城市建设评价指标体系，分别对 14 项核心指标和 5 项特色指标进行计算，得出了 2016 年绿色生活型城市综合指数排名前 100 名（如表 5 所示），并对前 100 名城市进行了评价与分析。

（1）2016 年绿色生活型城市指标得分分析

由表 5 可知，2016 年中国绿色生活型城市综合指数得分排名在前十的城市分别是三亚市、厦门市、南昌市、南宁市、福州市、武汉市、天津市、广州市、深圳市、上海市。这些城市依托 14 项核心指标所得的生态城市健康指数和 5 项特色指标所得的绿色生活型特色指数结果综合排名位居前 10 位，凸显了它们在绿色生活型城市建设方面的综合实力，可供其他城市学习、借鉴和效仿。大连市、厦门市、广州市、杭州市和上海市已经连续 4 年位居前 20 名。厦门市在 2013 年由前一年的第 13 名跃居第 2 名后连续四年来保持不变，示范性强。但是，就单项特色指标而言还存在短板，需要重点突破。例如，综合排名前 10 位的城市教育支出占地方公共财政支出的比重排名却排在 116 ~ 278位之间，道路清扫保洁面积覆盖率除了上海市排在 6 位、三亚市排在 42 位外，其余在 58 ~ 115 位之间，这些都是综合排名前 10 的城市未来努力的重点方向。

表5　2016年绿色生活型城市综合指数排名前100名

城　市	排名	城　市	排名	城　市	排名	城　市	排名
三　亚	1	重　庆	26	贵　阳	51	宜　昌	76
厦　门	2	成　都	27	湖　州	52	宝　鸡	77
南　昌	3	蚌　埠	28	镇　江	53	辽　源	78
南　宁	4	中　山	29	拉　萨	54	防城港	79
福　州	5	沈　阳	30	牡丹江	55	丽　水	80
武　汉	6	济　南	31	鄂　州	56	双鸭山	81
天　津	7	长　春	32	连云港	57	淮　南	82
广　州	8	常　州	33	兰　州	58	巴　中	83
深　圳	9	柳　州	34	乌鲁木齐	59	东　营	84
上　海	10	江　门	35	东　莞	60	无　锡	85
海　口	11	秦皇岛	36	烟　台	61	株　洲	86
合　肥	12	南　京	37	克拉玛依	62	呼和浩特	87
舟　山	13	扬　州	38	绵　阳	63	石家庄	88
杭　州	14	太　原	39	铜　川	64	宣　城	89
威　海	15	铜　陵	40	大　同	65	淮　安	90
北　京	16	温　州	41	嘉　兴	66	襄　阳	91
哈尔滨	17	芜　湖	42	桂　林	67	阳　泉	92
大　连	18	昆　明	43	汕　头	68	新　余	93
青　岛	19	佛　山	44	广　元	69	十　堰	94
绍　兴	20	苏　州	45	龙　岩	70	宜　宾	95
宁　波	21	南　通	46	韶　关	71	乌　海	96
西　安	22	黄　山	47	泸　州	72	泰　州	97
惠　州	23	西　宁	48	马鞍山	73	嘉峪关	98
珠　海	24	北　海	49	郑　州	74	鸡　西	99
长　沙	25	莆　田	50	银　川	75	七台河	100

就重点反映绿色生活水平的特色指标而言，各城市的侧重点不同，其对绿色生活型城市的贡献度也就有差异，从而也就奠定了不同特色指标意义上的前10位城市。茂名市、湛江市、贵港市、莆田市、潍坊市、玉林市、汕头市、揭阳市、温州市、潮州市等城市通过加大政府教育投入践行绿色生活方式；武汉市、厦门市、北京市、乌鲁木齐市、兰州市、太原市、呼和浩特市、深圳

市、镇江市、海口市等城市通过加大人均公共设施建设投资保障绿色生活环境；人行道面积比例位居前10的城市为昆明市、揭阳市、巴中市、河源市、庆阳市、岳阳市、遂宁市、益阳市、巴彦淖尔市、鹰潭市；单位城市道路面积公共汽（电）车营运车辆数位居前10的城市为郴州市、陇南市、深圳市、沧州市、西宁市、中山市、佛山市、商丘市、汕尾市、丽江市；道路清扫保洁面积覆盖率位居前10的是朝阳市、郴州市、常德市、白城市、新乡市、上海市、巴中市、贵阳市、黑河市、连云港市。

（2）2015年绿色生活型城市空间格局分析

将2016年进入前100名的绿色生活型城市按照行政区划进行区域布局分类，并与284个参评城市的行政区划布局进行比较分析，得出以下结论：2016年，华东地区评价城市数量占全国总评价城市数量的27.46%，进入百强城市38座，占其评价城市总数的48.7%；中南地区评价城市数量占全国总评价城市数量的27.82%，进入百强城市25座，占其评价城市总数的31.6%；华北地区评价城市数量占全国总评价城市数量的11.27%保持不变，进入百强城市9座，占其评价城市总数的28.1%，较2015年有所增加；东北地区评价城市数量占全国总评价城市数量的11.97%，进入百强城市9座，占其评价城市总数的26.5%，有下降趋势；西南地区评价城市数量占全国总评价城市数量的10.92%，进入百强城市10座，占其评价城市总数的32.3%；西北地区评价城市数量占全国总评价城市数量的10.56%，进入百强城市9座，占其评价城市总数的30%。

总体而言，华东地区、中南地区在参与评价城市中所占比例较高，两地区城市所占百强城市比例也均超过总数的1/4，华北地区、东北地区、西北地区进入百强城市数目相当，西南地区略高。华东地区整体实力表现出色，中南地区上升空间巨大，东北及西南地区、华北地区变化平缓。华北、东北、西南和西北地区需要全力加大绿色生活型生态城市的建设力度。

4. 健康宜居型城市建设评价结果

本研究依据健康宜居型城市建设评价指标体系，从核心指标针对的284个城市中选择150个生态化进程发展良好的城市，分别对14项核心指标和5项特色指标进行计算，得出了2016年健康宜居型城市综合指数排名前100名（如表6所示），并进行评价与分析。

表6　2016年健康宜居型城市综合指数排名前100名

城　市	排名	城　市	排名	城　市	排名	城　市	排名
三　亚	1	常　州	26	金　华	51	呼和浩特	76
舟　山	2	长　春	27	无　锡	52	衢　州	77
珠　海	3	宁　波	28	台　州	53	安　庆	78
厦　门	4	威　海	29	克拉玛依	54	延　安	79
海　口	5	北　海	30	汕　头	55	淮　南	80
北　京	6	昆　明	31	南　通	56	郑　州	81
南　昌	7	湖　州	32	镇　江	57	吉　林	82
南　宁	8	柳　州	33	江　门	58	新　余	83
天　津	9	秦皇岛	34	兰　州	59	宝　鸡	84
合　肥	10	景德镇	35	佛　山	60	雅　安	85
上　海	11	西　安	36	桂　林	61	湘　潭	86
武　汉	12	沈　阳	37	烟　台	62	东　营	87
广　州	13	苏　州	38	牡丹江	63	株　洲	88
杭　州	14	嘉　兴	39	丽　水	64	本　溪	89
惠　州	15	重　庆	40	芜　湖	65	鄂尔多斯	90
福　州	16	长　沙	41	丽　江	66	马鞍山	91
南　京	17	蚌　埠	42	宜　昌	67	抚　顺	92
东　莞	18	贵　阳	43	乌鲁木齐	68	鞍　山	93
青　岛	19	太　原	44	九　江	69	泰　州	94
成　都	20	大　同	45	扬　州	70	泉　州	95
深　圳	21	西　宁	46	绵　阳	71	石家庄	96
绍　兴	22	温　州	47	大　庆	72	淄　博	97
大　连	23	连云港	48	丹　东	73	赣　州	98
拉　萨	24	济　南	49	淮　安	74	襄　阳	99
哈尔滨	25	中　山	50	银　川	75	锦　州	100

（1）2016年健康宜居型城市指标得分分析

由表6可知，2016年中国健康宜居型城市综合指数得分排名在前十的城市分别是三亚市、舟山市、珠海市、厦门市、海口市、北京市、南昌市、南宁市、天津市、合肥市。在前100强中，综合指标健康等级排名很健康的城市有7个，健康的城市93个，与2015年保持一致。核心指标健康等级排名很健康的城市16个，比2015年增加1个；健康城市84个，比2015年减少1个。特色指标健康等级排名很健康城市7个，比2015年减少3个；健康城市71个，比2015年增加3个；亚健康城市16个，比2015年增加2个；不健康城市6

个，比 2015 年减少 2 个。整体地看，2016 年健康宜居型生态城市前 100 强的综合指数和核心指数均在健康水平以上，而特色指数有 78% 的城市达到了健康水平以上，特色指数的波动幅度明显大于核心指数，验证了生态城市建设的不平衡性和差异性。其中，三亚市、舟山市领跑健康宜居型生态城市建设方向，合肥市发展势头良好，海口市、厦门市、北京市、上海市、武汉市发展势头强劲，这些城市在健康宜居型生态城市规划、设计、建设和管理等方面的经验值得其他城市借鉴和学习；南昌市、东莞市、天津市、南宁市、福州市、广州市发展潜力巨大；珠海市、拉萨市、苏州市、惠州市须增进发展活力，调整发展方向和策略。

较之于 2015 年，2016 年健康宜居型参评城市的各评价指数及指标中，整体均值除了万人拥有医院、卫生院数和人均居住用地面积上升之外，其他评价指数及指标均呈现下降态势，说明满足城市居民的刚性需求依然是城市建设与发展的首要目标。而且，随着健康宜居型生态城市排名的降低，城市之间特色指数的波动幅度 > 核心指数的波动幅度 > 综合指数的波动幅度，说明了城市建设方向的多元化和特色性，也体现出综合与核心实力愈强的城市，各项城市服务功能愈均衡。

（2）2016 年健康宜居型城市空间格局分析

2016 年，健康宜居型生态城市的前 100 强当中，华东地区有 42 个城市，比上一年增加 1 个；华南地区有 15 个，比上一年减少 2 个；东北地区 12 个，比上一年增加 1 个；西北地区 9 个，比上一年增加 1 个；西南地区 8 个，保持稳定；华北地区 7 个，比上一年减少 1 个；华中地区 7 个，保持稳定。2016 年，健康宜居型生态城市综合指数均值唯有华北和华南地区上升，其他地区均出现下降，从高到低依次为华南、华北、西南、华东、西北、东北、华中；城市核心指数均值华北、华南和西北地区上升，其他地区下降，从高到低依次为华南、华东、华北、西南、华中、东北、西北；城市特色指数均值东北和华南地区略微上升，其他地区均下降，从高到低依次为西南、华北、西北、东北、华南、华东、华中。就单项特色指标而言，万人拥有文化、体育、娱乐用房屋华北和华中赶超西北地区，华东地区依然最低；万人拥有医院、卫生院数西南地区均值最大，华南地区最低；公园绿地 500 米半径服务率依然是华南地区均值最大，华中地区最低；城市旅游业收入占城市 GDP 百分比依然是西南地区最大，西北地区最低；人均居住用地面积依然是东北地区最大，华南赶超西南，西南成为最低。总体而

言，健康宜居型生态城市的建设成效华北地区最突出，西北地区次之，华南地区在综合和核心实力方面占据优势，西南地区特色最突出。

5. 综合创新型城市建设评价结果

综合创新型生态城市是落实新发展理念的排头兵，是走生态文明发展道路的先行者，是参与城市竞争的佼佼者，是中国经济转向高质量发展阶段的关键载体。本研究根据构建的包括 14 个核心指标和 5 个扩展指标的综合创新型生态城市指标体系，从生态环境、生态经济、生态社会以及创新能力、创新绩效五个主题出发，对中国 284 个城市的相关指标进行测算，得出了 2016 年综合创新型城市综合指数排名前 100 名（如表 7 所示），并进行评价与分析。

表 7　2016 年综合创新型城市综合指数排名前 100 名

城市	排名	城市	排名	城市	排名	城市	排名
北京	1	湖州	26	呼和浩特	51	防城港	76
深圳	2	佛山	27	丽水	52	哈尔滨	77
上海	3	绍兴	28	鹰潭	53	廊坊	78
苏州	4	长春	29	徐州	54	昭通	79
厦门	5	嘉兴	30	克拉玛依	55	鄂尔多斯	80
广州	6	南通	31	梧州	56	汕尾	81
武汉	7	南昌	32	韶关	57	宜昌	82
南京	8	金华	33	榆林	58	莆田	83
珠海	9	温州	34	沈阳	59	漳州	84
杭州	10	郑州	35	潍坊	60	郴州	85
合肥	11	南宁	36	周口	61	钦州	86
西安	12	海口	37	庆阳	62	临沧	87
东莞	13	济南	38	昆明	63	咸阳	88
宁波	14	中山	39	惠州	64	龙岩	89
天津	15	威海	40	银川	65	柳州	90
常州	16	重庆	41	吉安	66	梅州	91
北海	17	舟山	42	连云港	67	茂名	92
东营	18	福州	43	定西	68	太原	93
无锡	19	扬州	44	乌鲁木齐	69	遵义	94
成都	20	烟台	45	贵阳	70	赣州	95
三亚	21	大连	46	石家庄	71	三明	96
嘉峪关	22	泉州	47	池州	72	湘潭	97
镇江	23	泰州	48	河源	73	南平	98
青岛	24	台州	49	桂林	74	宿迁	99
长沙	25	黄山	50	河池	75	新余	100

（1）2016 年综合创新型城市指标得分分析

由表 7 可知，在 2016 年综合创新型生态城市前 100 名中，北京市、深圳市、上海市、苏州市、厦门市、广州市、武汉市、南京市、珠海市、杭州市排名前 10 位，主要涉及北京、上海等直辖市，广州、武汉、杭州等省会城市，厦门、珠海等沿海开放型城市。其中，北京始终位居首位，深圳超越上海重回第 2 位，南京与珠海跻身前十，而上一年前十名中的天津与西安掉出前十名，厦门从第 9 位跃居第 5 位，代表了综合创新型生态城市建设的领先水平。从排名前 100 位的榜单中我们可以看到，较为靠前的城市主要分布在东部沿海地区，西部地区城市的数量较少，地域差异明显。比较 2015 年、2016 年前 100 位综合创新型生态城市的排名，前 70 名相对稳定，后 30 名变化较大。前 70 名城市中，东营、长春、金华等城市的名次较上一期有显著提升，而成都、重庆、舟山等城市名次下降较为明显。后 30 名城市中，池州、河源、桂林等进步显著，入围前百强城市。

按生态环境、生态经济、生态社会、创新能力和创新绩效五个主题进行聚类分析，将 284 个综合创新型生态城市划分为创新经济型、生态社会型、生态环境型以及后进脆弱型四种类型。其中，创新经济型城市 41 个，这类城市在创新能力、创新绩效与生态经济三个主题上的平均得分均位居四类城市之首，但在生态环境与生态社会两个主题上的平均得分不高，还需注重生态文明建设和对生态环境的保护；生态社会型城市 41 个，其在生态社会主题上的平均得分位居四类城市之首，但在生态经济、生态环境、创新能力、创新绩效四个主题上的平均得分均排名靠后，均存在明显薄弱环节；生态环境型城市 44 个，其突出特色在于生态环境类指标得分远高于其他三类城市，生态经济、生态社会得分居中，创新能力与创新绩效薄弱；后进脆弱型 158 个城市，其在五个主题上的平均得分均较低，未来需全方位努力，提升城市可持续发展能力。

（2）2016 年综合创新型城市空间格局分析

采用自然断裂点分类法将我国综合创新型生态城市按平均得分高低划分为东部地区、中部地区、西部地区三个区域。东部地区包括北京、天津、上海三个直辖市以及其他位于我国东部省份的共计 135 个城市，这类城市整体发展水平较高，具有较强的创新能力，经济发展突出，占据了第一类创新经济型城市中的大部分，生态压力较大，需注重产业结构转型提升。中部地区包括河南、湖北等7个中部省份的89城市，该区域城市生态环境和生态社会得分是短板，但在经济发展、创新能力等方面还是领先于西部地区，整体发展水平一般，除了武汉、郑州等少数城市为第一类创新经济型城市，其余大部分为第四类后进脆弱型城市；中部地区城市在发挥武汉、郑州等区域中心城市龙头作用的基础上，需要重点关注绿色环保、低污染低消耗产业的发展。西部地区包括重庆市以及9个西部省份的60个城市，大部分属于中值区或低分区，整体发展水平较低，除了拉萨、乌兰察布等少数几个为生态环境型城市以外，大部分为后进脆弱型城市，城市发展不均衡，主要原因是生态经济和创新较为落后，且创新能力与东部差距明显，故而此区域的当务之急是在进一步保护生态环境的基础上，着重吸引资金、人才等创新资源，提升经济实力与创新能力，走出一条通过创新驱动带动经济社会全面发展的新道路。

三　中国生态城市建设的路径优化

生态城市是适应人类现代生态文明发展要求的一种新型城市发展模式，主要目标是实现人与自然的和谐、共生发展，使生活更美好，体现为绿色美丽、舒适健康、安全可持续等方面，其建设进程是发展生态文明的主要着力点。[①] 生态城市建设的主要内容离不开自然环境生态化、经济过程低碳化、社会生活文明化、市民行动自觉化等多维层面，因为生态城市是“自然—经济—社会”等子系统组成的复合生态系统。[②] 中国特色的生态城市建设，必须以习近平生态文明思想为指导，聚焦其科学自然观、绿色发展观、严密法治观等核心理念，在理论研究中开阔思路，在经验借鉴中丰富内容，在实践探索中寻找路径，在社会转型中创新方向。为此，必须秉承2012～2017年《生态城市绿皮书：中国城市生态城市建设发展报告》之生态城市建设理念和发展思路，持续建设环境友好型、绿色生产型、绿色生活型、健康宜居型和综合创新型五类生态城市，优化中国生态城市建设路径，推进中国生态城市建设的进程。

① 颜佳华、蒋文武：《低碳生态城市建设》，《中国社会科学报》2018年5月9日。

② 颜佳华、蒋文武：《低碳生态城市建设》，《中国社会科学报》2018年5月9日。

（一）践行生态文明建设新理念，注入生态城市新元素

发展理念的转变是生态城市建设成功的重要前提，可持续发展是未来全球城市的核心理念，[①]“全球可持续发展的成败在于城市”，城市已成为推进全球可持续发展的关键着力点。[②] 在党的十九大报告中，习近平围绕生态文明建设和生态环境保护，又提出了一系列新思想、新要求、新目标和新任务，深刻回答了新形势下生态文明建设的一系列重大理论和现实问题，[③] 初步形成了习近平生态文明思想的基本框架体系。习近平生态文明思想是对传统文明形态特别是资本主义工业文明的深刻反思，是对西方工业文明的生态伦理和实践的扬弃，是对马克思主义生态文明思想的创造性升华，对中国特色社会主义建设发展，对坚持中国特色社会主义道路自信、理论自信、制度自信、文化自信，具有重要的时代意义和指导价值。[④]

习近平生态文明思想是以马克思主义生态文明观为理论指导，汲取中国传统文化精髓，融合新时代中国特色社会主义时代特征的最新成果，从生态文化重塑、生态责任分配以及生态制度建设三重维度重筑了中国生态文明理论，形成了以“生态民生论”为终极价值取向，以“生态价值论”为核心和根本，以“生态文明兴衰论”为总体原则，以“生态红线论”为基本要求，以“生态系统工程论”为基本方法，以“生态环境生产力论”为方向指引，以“生态法制论”为制度保障，以“生态全球论”为国际治理观的新时代中国特色社会主义生态文明体系，为新时代中国在新的历史起点上实现新的奋斗目标提供了科学指南和基本准则。[⑤] 八大理论基本准则和要求为中国生态城市建设注入新元素，提出了新要求，那就是在生态城市建设过程中，坚持以习近平生态

---

① 肖林：《可持续发展是未来全球城市的核心理念》，《科学发展》2016 年第 88 期。

② 向宁、汤万金、李金惠、杨锋、刘春青：《中国城市可持续发展分类标准的研究现状与问题分析》，《生态经济》2017 年第 3 期。

③ 宋献中、胡珺：《理论创新与实践引领：习近平生态文明思想研究》，《暨南学报》（哲学社会科学版）2018 年第 1 期。

④ 宋献中、胡珺：《理论创新与实践引领：习近平生态文明思想研究》，《暨南学报》（哲学社会科学版）2018 年第 1 期。

⑤ 宋献中、胡珺：《理论创新与实践引领：习近平生态文明思想研究》，《暨南学报》（哲学社会科学版）2018 年第 1 期。

文明思想为指导，贯彻落实生态兴则文明兴、生态衰则文明衰的深邃历史观、坚持人与自然和谐共生的科学自然观、绿水青山就是金山银山的绿色发展观、良好生态环境是最普惠的民生福祉的基本民生观、山水林田湖草是生命共同体的整体系统观、用最严格制度保护生态环境的严密法治观、全社会共同建设美丽中国的全民行动观、共谋全球生态文明建设之路的共赢全球观等“八个观”。[①] 做好新时代生态城市建设工作，必须始终以习近平生态文明建设思想为指导，化生态文明建设重要战略思想为生态城市生动实践成果，全方位、全地域、全过程开展城市建设。

习近平新时代生态文明思想内蕴着整体性的时间、空间、创新和逻辑思维、对立统一思维、实践思维等辩证统一的科学方法，体现了人类社会发展、人类文明发展、自然发展、人的全面发展等领域的合目的性与合规律性，[②] 为新时代生态城市建设提供了方法指南和路径指向。要用习近平生态文明思想武装头脑，要用科学自然观、绿色发展观、严密法治观来改造生态城市建设的工作策略和方式方法，加快生态城市可持续发展进程。生态城市建设，要以改善环境质量为核心，以问题为导向，以解决损害人民群众健康的突出城市生态环境问题为重点，注重城市生态系统修复，加强城市生态环境执法，加快构建生态文明体系，把习近平生态文明思想转化为一个个明确具体的工作目标、指标和标准，走出一条生产发展、生活富裕、生态良好的城市生态文明发展之路，让中华大地天更蓝、山更绿、水更清、环境更优美。

（二）激活生态城市发展新动能，健全生态城市动力机制

生态城市的动力机制是在生态城市发展过程中内外部动力因素产生、变化并相互作用的机制。外部动力来源于生态城市外部的直接和间接影响生态城市建设的因素，包括来自各级政府政策的引导力、外部区域的科技助推力和生态城市所在地区经济和社会发展对生态城市的支撑力等；内部动力是来源于城市自身内部，能够对城市活动产生驱动力的各种因素，是一个城市能否成为生态

① 李干杰：《坚决打好污染防治攻坚战》，《学习时报》2018 年 5 月 16 日。

② 李丽、佘梅溪、李明宇：《习近平新时代生态文明思想的科学方法》，《江苏大学学报》（社会科学版）2018 年第 2 期。

城市的决定性因素，包括城市内部的生态需求拉动力、城市经济和技术创新促进力，以及制度、设施和配套等软硬环境保障力。①

生态城市是内部和外部动力共同推动的结果，在生态城市的开发阶段、建设阶段、发展阶段等不同阶段，内外动力的作用大小并不相同，正是这种差异性内外动力的共同推动，催发了生态城市的动态升级。一般而言，生态城市开发阶段，外部动力大于内部动力，其中，政策引导力最大，在其带动下，内拉力将日益强劲，并推动生态城市升级到建设阶段；在生态城市建设阶段，外部引导力将逐渐减弱，生态城市自发建设和维护的内拉力开始成为主要力量，外部推动力和内促力明显发力，合力带动生态城市进入发展阶段；在生态城市发展阶段，内部动力大于外部动力，尤其经济发展和技术创新方面的内促力最强，内部动力将成为推动生态城市建设的根本动力，外部引导力仅限于宏观引导城市升级。②

中国区域的差异性、生态城市的差异性，决定了不同类型生态城市必将处于不同的发展阶段，其核心发展动力必然千差万别。无论是环境友好型、绿色生产型、绿色生活型、健康宜居型和综合创新型五种不同类型城市，还是很健康、健康、亚健康、不健康、很不健康等不同健康等级生态城市，要走向生态城市可持续发展阶段，必须找到各自的关键发展动力，同时，还要找到外部动力和内部动力系统内部各子动力系统的作用力排序，最终，挖掘出内外部动力的潜力，整合为具体生态城市的综合推动力，彻底建立起激发全部动能的动力机制，全面推进生态城市高级化进程。

德国弗莱堡市在可持续发展道路上的经验值得借鉴。弗莱堡市40余年来坚持以环境为发展导向，通过城市规划、公众参与、产业升级、政策引导等一系列措施，推动了城市的绿色化进程和绿色产业的发展，实现了城市可持续发展中经济、环境和社会三者共赢，为人与自然在城市中和谐相处提供了一个良好的范式。在弗莱堡的生态建设中，产业经济、生态技术及政策支持都发挥着积极的推动作用，不仅使城市的经济和生态环境得到了切实改善，还提高了政

---

① 曾毓隽、何艳：《生态城市发展的动力机制：以中法生态城为例》，《改革与战略》2018年第4期。

② 曾毓隽、何艳：《生态城市发展的动力机制：以中法生态城为例》，《改革与战略》2018年第4期。

府的财政收入，增加了就业岗位，促进了企业的发展，并对广大居民产生了极大的激励作用，促使公众积极参与到保护城市环境的活动中。[①]

（三）加快生态文明体制改革，步入生态城市法治化轨道

生态文明体制改革是我国全面深化改革的重要内容之一。生态文明体制是否系统完整、是否先进，决定了生态文明程度的高低。建立健全与生态文明建设要求相适应的、系统完备、科学规范、运行有效的制度体系——制度化的体系和体系化的制度，是生态文明体制改革的基本任务。[②] 在党的十九大报告中，习近平提出了“加快生态文明体制改革，建设美丽中国”的思想，为构筑生态文明制度体系指明了方向和路径。深化生态文明体制改革，关键是发挥制度的引导、规制、激励、约束等作用。生态城市建设，生态环境保护，必须依靠制度、依靠法治。只有实行最严格的制度、最严密的法治，才能为生态文明建设提供可靠保障。生态文明体制改革，归根结底是解决如何建立长效机制保护和管理生态环境的问题，应聚焦于制度、机制的完善，包括建立健全统一的空间规划体系、自然资源资产产权制度、环境治理体系、生态保护市场体系，加速建立生态文明绩效考评和责任追究制度，建立和完善基于生态收益与生态责任分担的生态品价格、生态补偿机制等。[③] 使制度在更高层面的系统形成一个整体，形成不同制度之间相互关联、相互衔接、相互支持的有机系统。[④] 深圳从落实生态文明建设考核、加大环境整治力度、实施生态补偿政策三方面入手，建立新型生态文明建设机制，像对待生命一样对待生态环境的做法值得借鉴。[⑤]

生态城市的法治化道路，既需遵循宏观层面国家生态文明体制改革的顶层制度设计，也有中观层面生态城市建设的共性制度安排，更有微观层面具体城市的差异化治理制度。宏观层面，十九大报告和《中共中央关于深化党和国

---

① 彭帅、山雪娇、黄与舟、桑盛昊、邱品舒：《德国城市可持续发展实践与启示——以弗莱堡生态城市建设为例》，《生态城市与绿色建筑》2018 年第 2 期。

② 刘湘溶：《十九大报告对生态文明思想的创新》，《理论视野》2018 年第 2 期。

③ 夏晓华：《现代化建设必须加快生态文明体制改革》，《前线》2017 年第 12 期。

④ 夏晓华：《现代化建设必须加快生态文明体制改革》，《前线》2017 年第 12 期。

⑤ 李润芳：《一线两区三机制，解码生态文明建设的深圳模式》，南方网，2018 年 2 月 14 日。

家机构改革的决定》明确了实行最严格的生态环境保护制度的路线图，旨在重点推进绿色发展、着力解决突出环境问题、加大生态系统保护力度、改革生态环境监管体制。中观层面生态城市建设的共性制度，需要国家城市主管和职能部门与代表城市一道，协调推进法治化进程。微观层面具体城市的差异化治理制度，有待各个城市依宪依法自主创新特色城市专属制度，加快实现法治化。

（四）以人民为中心建设生态城市，实现市民行动自觉化

人民群众既是生态文明建设成果的直接受益者，又是生态文明建设的主要推动者和参与者。坚持以人民为中心，生态为民、生态利民、生态惠民，顺应人民群众追求生态幸福的美好愿望，满足人民群众的生态需求，维护广大人民群众的生态利益，[①] 是生态城市建设的价值指向。

生态城市建设关键在人，在对人的教育。生态城市建设是为了人，必须以人为本、以民为本。为此，应坚持以习近平生态文明思想为指导，贯彻落实良好生态环境是最普惠的民生福祉的基本民生观。经济发展了，社会进步了，生活富裕了，人民对蓝天白云、碧水青山、安全食品和优美生态环境的追求更加迫切。当前生态城市建设过程中，人民日益增长的优美生态环境需要与更多优质生态产品的供给不足之间的突出矛盾，是我国社会主要矛盾新变化的一个重要方面。生态城市建设必须坚持以人民为中心的发展思想，紧扣我国社会主要矛盾变化，下更大决心，采取更有力措施，着力解决损害群众健康、社会反映强烈的生态环境问题，坚决打好污染防治攻坚战，提供更多优质生态产品，满足人民群众对良好生态环境的新期待，使人民的获得感、幸福感、安全感更加充实，更有保障，更可持续。

生态城市建设要依靠人，依靠千百万牢固树立生态文明观，用绿色发展理念武装头脑，以人与自然和谐共生为价值取向，既具有尊重、顺应与保护自然的觉悟，又具有相关知识与能力，自觉践行绿色发展方式与生活方式的人，即具有生态化人格的人。[②] 生态化人格的造就离不开教育，离不开环境教育。环

---

① 秦书生、张海波：《习近平新时代中国特色社会主义生态文明思想的唯物史观阐释》，《学术探索》2018 年第 3 期。

② 刘湘溶：《十九大报告对生态文明思想的创新》，《理论视野》2018 年第 2 期。

境教育要从娃娃抓起，重养成、重引导、重体验，贯穿于国民教育各阶段，且需要家庭、社区、学校、其他社会组织以及政府的联动。特别要做到以绿色理念的灌输与强化为重点，环境科技教育、环境法制教育和环境伦理教育三管齐下。

在生态城市建设过程中，不仅要强化环境教育，更要强化现代生态文明意识，包括民主意识、法制意识、规则意识、公德意识、民生意识、环保意识、文明生活意识、治安文明意识等，[①] 塑造新时代中国特色生态价值观和生态文明观，通过生态文化自觉实现市民行动自觉化。在思想上，要通过强化现代生态文明意识形成人与自然和谐共生、物种多样性以及代际公平等生态道德伦理观念；在行动上，要通过日常的工作或生活良好环保习惯养成，实现低碳出行、文明消费、绿色生活，建立一种人类自身社会责任和精神价值与生态安全相适应的健康生活方式。[②] 当然，生态城市的包容性决定了其内容的广泛性、全面性、系统性，它应当包括：完善的民主政治体系，相对完整的法律制度体系，完善的规则体系，社会公德标准，民生保障体系，科学的环保方式，健康文明的生活方式和习惯，公民的规范意识、法律意识和秩序意识。只有把城市生态环境保护好、建设好，把城市环境污染治理好，才能为人民群众创造良好的生产生活环境，人民才能在优美的环境中丰富精神世界，切身体验到环境效益带来的生态幸福，实现环境质量和人民生活质量的同步提高，人民群众才能实现生态幸福。[③]

（五）全民参与共建美丽生态城市，实现社会生活文明化

生态城市的建设需要新型市民，能够积极主动地配合和参与生态城市建设的进程，监督各种破坏生态环境的行为。[④] 新型市民更重要的是从自身做起，自觉爱护和保护环境，促进生态城市建设。公众是城市建设的参与者、环境的维护者和发展的受益者。建设生态城市，需要汇聚众人的智慧，需要全社会的

---

① 闫孟伟：《建设生态宜居城市应强化现代文明意识》，天津北方网，2018 年 1 月 31 日。

② 颜佳华、蒋文武：《低碳生态城市建设》，《中国社会科学报》2018 年 5 月 9 日。

③ 秦书生、张海波：《习近平新时代中国特色社会主义生态文明思想的唯物史观阐释》，《学术探索》2018 年第 3 期。

④ 夏晓华：《现代化建设必须加快生态文明体制改革》，《前线》2017 年第 12 期。

共同参与和协同努力。国外生态城市建设十分重视公众的参与，例如，新加坡采取将环境卫生教育纳入中小学课程等多种形式来引导公众积极参与，大大提高了公民的环境素质。丹麦的哥本哈根从 1997 年开始将每周六确定为“生态产品交易日”，吸引公众直接参与城市生态建设，培养和增强公众的生态环境意识和良好习惯。[①] 市民通过自觉参与自然环境生态化和经济发展低碳化行动，不断提升在自然—经济—社会复合生态系统中生活品质、品位的过程就是社会生活文明化。[②]

各级各类城市的管理者，应当借鉴国内外生态城市建设和管理的成功经验，转变观念，创新思路，在制度设计、宣传教育、渠道拓展等方面为公众参与城市治理提供必要的支持。首先，要加快制定支持公众参与城市治理的相关法律。国家、各城市可以借鉴南京市的做法，加快制定《城市治理条例》等支持公众参与城市治理的相关法律，以此来确定公众的权利和义务。其次，要加强生态环境教育，实现生态环境教育常态化。学校要高度重视环境课程的教学，把环境素质教育落到实处，增强学生保护环境的自觉性。社区要充分利用好广播、电视、报刊、墙报等传统媒体和网络新媒体，重视环境政策法规和环境保护的宣传，增强公众环境意识，提高公众生态素质，培养公众良好习惯。最后，要拓展公众参与渠道。充分发挥传统渠道和网络平台的作用，不断拓展公众参与城市治理的渠道，保障公众对城市规划、建设和管理的知情权、参与权、监督权。[③]

（六）突出城市地方特色优势，持续建设五类生态城市

生态城市建设不能完全照搬照抄其他国家、其他城市的做法，需要结合城市自身的特点、自然条件和文化传承，选择建设模式，做好城市定位，突出地方特色。[④] 持续建设环境友好型、绿色生产型、绿色生活型、健康宜居型和综

---

① 于世梁、廖清成：《借鉴国外经验推动生态城市建设》，《中国井冈山干部学院学报》2018 年第 1 期。

② 颜佳华、蒋文武：《低碳生态城市建设》，《中国社会科学报》2018 年 5 月 9 日。

③ 于世梁、廖清成：《借鉴国外经验推动生态城市建设》，《中国井冈山干部学院学报》2018 年第 1 期。

④ 于世梁、廖清成：《借鉴国外经验推动生态城市建设》，《中国井冈山干部学院学报》2018 年第 1 期。

合创新型五类城市，是建设生态城市的客观要求，是我们坚持特色发展的具体行动。

1. 城市“五线谱”引领环境友好型城市建设

要以城市“五线谱”为基础进行生态规划，引领环境友好型城市建设。以红线为基调打造公交优先、需求管理、低碳环保和智能便捷的城市交通系统；以绿线为基调合理增加城市绿化，改善市民生活质量，促进城市生态平衡；以蓝线为基调大力发展海绵城市，让城市“弹性”适应自然灾害和环境变化，保护城市水生态系统；以紫线为基调提倡现代城市环保文化建设，促进文化自觉，制度转换，推进城市生态环境治理体系和治理能力现代化；以黄线为基调促进 PPP 模式在城市基础设施建设中深度应用，结合“3R”原则加以管理，形成城市基础设施建设和管理环节的良性循环。同时，因地制宜，因时制宜，加紧智慧城市建设，助力生态城市竞争力升级。

2. 企业、产业、社会合力建设绿色生产型城市

企业层面绿色生产的关键是建设绿色生产型企业，企业是生产的组织者和实施者，只有通过在企业内部打造绿色生产链条，实现产品和生产过程的绿色化，将绿色生产有效融入企业生产的全过程，才能真正实现企业层面的绿色生产。具体包括产品的绿色化和企业的绿色化两个方面。企业绿色化的基本模式包括两种，一种是以节能、降耗和减污为主的绿色生产模式，另一种是以可持续发展为目标的绿色发展模式。产业层面绿色生产依托的载体是生态工业园，要求在生态工业园内将不同的企业组织起来，建立起物资集成系统、水集成系统、能源集成系统、技术集成系统、信息集成系统和设施集成系统。社会层面绿色生产的实现，必须倡导绿色消费，推广绿色包装，开展绿色营销，提倡绿色生活，打造绿色住宅，创建绿色办公环境，构建绿色社区。

3. 全社会参与协同推进绿色生活型城市建设

绿色生活方式要求人们充分尊重生态环境，重视环境卫生，确立新的生存观和幸福观，倡导绿色消费，以达到资源永续利用、实现人类世世代代身心健康和全面发展的目的。绿色生活型城市建设，是大家共同参与的行为，需要政府引领、公众参与，也是一个系统工程，需要多措并举，协同推进。通过“市民低碳行动”推进全社会形成崇尚低碳、践行低碳的社会风尚；通过“衣、食、住、行、用”低碳专项实践活动的开展，发现和培育一批低碳践行

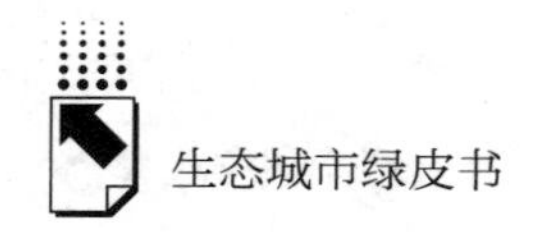

典型和示范；结合低碳实践活动探索建立市民践行低碳的长效机制；建立宣传教育联动机制，使“绿水青山就是金山银山”的理念内化于心、外化于行；优化绿色消费硬环境软环境；运用基于市场的政策工具，促进绿色消费。

4. 分层次讲主次建设健康宜居型城市

现代生态城市建设要素包括：城市的生态观与可持续发展，城市经济增长与发展方式转变，城市的宜居性与城市居民的幸福感，城市服务设施的供给与均等化，城市管理方式的变革与科学化以及城市文化的保护与软实力的提升。经历了半个世纪的实践历程，我国生态城市建设从治理城市环境向生态城市建设过渡，[①] 由数量主导型向品质主导型转型，突出强调提升城市的健康性和宜居性。建设健康宜居型生态城市，首先，要保证人工生态系统的生态可持续发展；其次，健康而生态化的经济增长也很重要；再次，城市的宜居以及城市居民的幸福感决定了城市服务功能的高低；最后，城市基础设施建设、管理以及城市文化软实力是城市健康宜居水平的重要补充。随着城市之间自然物质环境品质的趋同，未来城市竞争力的比拼将越来越倚重独特的社会人文环境品质的提升。[②]

5. 五大要素复合系统助推综合创新型城市建设

综合创新型生态城市是良好的生态环境、发达的生态经济、和谐的生态社会、强大的创新能力、高效的创新绩效五大要素系统耦合的产物。应根据创新经济型、生态社会型、生态环境型以及后进脆弱型四种类型城市的发展水平、层次和顺序，观照每类城市的区域布局特性，确立每类城市的发展重点和建设路径，共同推进综合创新型城市建设。创新经济型城市要注重生态文明建设和对生态环境的保护与修复，从而为经济社会可持续发展夯实基础。生态社会型城市需在生态经济、生态环境、创新能力等薄弱环节有所侧重。生态环境型城市亟待在科技企业孵化和创业企业扶持等方面采取措施。后进脆弱城市未来在综合创新型生态城市建设各方面均需付出更大努力，以提升城市可持续发展能力。

---

① 姜晓雪：《我国生态城市建设实践历程及其特征研究》，哈尔滨工业大学硕士学位论文，2017。

② 徐林、曹红华：《从测度到引导：新型城镇化的“星系”模型及其评价体系》，《公共管理学报》2014 年第 1 期。

整体评价报告

General Evaluation Report

G.2
中国生态城市健康指数评价报告

赵廷刚* 温大伟 谢建民 张志斌 刘 涛

摘 要： 《中国生态城市健康指数评价报告》是针对我国生态环境恶化，“城市病”日益严峻的现实而进行的生态城市建设研究、决策指挥、工程实践于一体的智库成果报告，是为生态城市建设提供研究成果、理论指导、决策咨询与实施建设的引领者和践行者。本报告沿用《中国生态城市建设发展报告(2012)》及各年度报告中的基本理论和方法，对2016年中国生态城市的健康指数进行统计与综合排名，并给出各城市建设侧重度、建设难度和建设综合度等参数，指导生态城市建设朝正确方向发展。

关键词： 生态城市 健康指数 绿色发展

---

* 赵廷刚，男，汉族，教授，应用数学博士后，主要从事计算数学与应用数学的教学与研究工作。

一　中国生态城市健康指数评价模型与指标体系

本报告仍然沿用《中国生态城市建设发展报告（2012）》建立的动态评价模型，为此，下面回顾该模型的理论结果。

（一）生态城市健康指数评价模型

1. 生态城市的主要特征

通常理解的生态城市具有五个主要特征：和谐性、高效性、持续性、均衡性和区域性。

和谐性是生态城市概念的核心内容，主要体现人与自然、人与人、人工环境与自然环境、经济社会发展与自然保护之间的和谐，目的是寻求建立一种良性循环的发展新秩序。

生态城市将改变现代城市“高能耗”“非循环”的运行机制，转而提高资源利用效率，物尽其用，地尽其利，人尽其才，物质、能量都能得到多层分级利用，形成循环经济。

生态城市以可持续发展思想为指导，公平地满足当代人与后代人在发展和环境方面的需要，保证其发展的健康、持续和稳定。

生态城市是一个复合系统，由相互依赖的经济、社会、自然、生态等子系统组成，各子系统在“生态城市”这个大系统整体协调下均衡发展。

生态城市是在一定区域空间内人类活动和自然生态利用完美结合的产物，具有很强的区域性。生态城市同时强调与周边城市保持较强的关联度和融合关系，形成共存体，并积极参与国际经贸技术合作。

2. 生态城市建设的量化标准

人类活动的结果在许多方面都是可以量化的，而这些量化的指标也能够真实地反映人类的某些活动是否利于人类社会的健康良性发展。也就是说，要规范人类行为使其始终有利于人类社会的健康良性发展，首先要建立人类社会的健康良性发展标准，而这些标准的许多方面可以量化成一系列的指标体系。

生态城市建设的评价指标包含方方面面的硬性指标。具体如下：

能量的流动，包括能量的输入，能量的传递与散失等；

营养关系，包括食物链，食物网与营养级等；

生态金字塔，包括能量金字塔、生物量金字塔、生物数量金字塔等；

物质循环，包括气体型循环、水循环、沉积型循环、碳循环、硫循环、磷循环等；

有害物质与信息循环，包括生物富集、有害物理信息、有害化学信息、有害行为信息等；

生态价值，包括生物多样性、直接价值、间接价值等；

稳定性，包括生态平衡、生态自我调节等；

人类理念与行为，包括生态产业、生态文化、生态消费、生态管理等。

生态城市建设的效果最终是通过人类的理念与行为来实现的，所以生态建设的量化标准是一个动态概念，它是随时间不断提高的而不是不变的，但在一定时期内不能定得过高，也不能定得太低。例如城市环境系统建设的量化标准包括环境约束、环境质量、环境保护三大量化标准。

环境约束标准的指标主要包括：大气污染物排放量（SO_2/颗粒物/CO_2）、机动车污染物排放总量、水污染物排放量（以 COD 计）、固体废物排放量（生活垃圾、工业固体废物、危险废物）、农用化肥使用程度、土地开发强度、有机/绿色农产品比重等。

环境质量标准的指标主要包括：空气质量指数优良率/空气质量指数达到一级天数的比例、地表水功能区达标率/集中式饮用水水源地水质达标率、陆地水域面积占有率、噪声达标区覆盖率、土壤污染物含量/表层土中的重金属含量、绿化率/森林覆盖率、物种多样性指数、居民环境满意度等。

环境保护标准的指标主要包括：清洁能源使用比重、污水集中处理率、工业污水排放稳定达标率/规模化畜禽养殖场污水排放达标率、生活垃圾无害化处理率、规模化畜禽养殖场粪便综合利用率、秸秆综合利用率、工业用水重复率、环保投入占 GDP 比重、ISO14001 认证企业比例等。

当然，城市环境系统建设量化标准有国际标准，也有国家标准，但我们认为这些标准只是一个城市环境系统建设的最终奋斗标准，有些可以作为某时期内的建设量化标准，有些则不能。比如就每天城市机动车污染物排放总量而言，这一量化标准如何确定就是一个值得商榷的问题。在这里我们来讨论这样一个问题：2014 年底中国每个城市每天机动车污染物排放总量的达标标准应是多少呢？唯一科学的办法是按如下步骤来确定：

第一步：统计出中国每个城市在2013年底每天的机动车污染物排放总量；

第二步：计算出上述统计量的最大值 max 和最小值 min；

第三步：按如下算式确立2014年底中国每个城市每天机动车污染物排放总量的达标标准：

$$bzl = \lambda max + (1 - \lambda) min$$

其中 $0 \leqslant \lambda \leqslant 1$。

显然2014年底中国每个城市每天机动车污染物排放总量的达标标准是介于 min 和 max 之间的。这是因为 min 应是2014年底中国每个城市每天机动车污染物排放总量的最理想的达标标准，但在现阶段若把 min 作为达标标准，到2014年底很可能多数城市机动车污染物排放总量都超出了 min，所以2014年底中国每个城市每天机动车污染物排放总量的达标标准是介于 min 和 max 之间的。故如何确立 λ 是关键。我们认为所选择的 λ 应能使2013年底的每天机动车污染物排放总量小于 bzl 的城市数不低于总城市数的1/3，也就是说，所确立的建设标准应保证有1/3以上的城市能够达标。

第四步：2014年底中国每个城市每天机动车污染物排放总量的达标标准指标为：

$$bz = \frac{\frac{1}{bzl} - \frac{1}{max} + 1}{\frac{1}{min} - \frac{1}{max} + 1}$$

所以生态城市建设量化标准是一个动态变化的量，是依据上一年的建设效果和建设标准，来确定下一年的建设标准，并依据本年度的建设标准，来评价本年度每个城市的建设效果。

一般地，设X是由中国区域内全体城市组成的集合。对于任意给定的时刻 t，对于任意的城市 $C \in X$，C 在时刻 t 的生态城市建设指标是一个 $m \times n$ 阶矩阵，即：

$$C(t) = (c_{ij}(t))_{m \times n} = \begin{pmatrix} c_{11}(t) & c_{12}(t) & \cdots & c_{1n}(t) \\ c_{21}(t) & c_{22}(t) & \cdots & c_{2n}(t) \\ \vdots & \vdots & \vdots & \vdots \\ c_{m1}(t) & c_{m2}(t) & \cdots & c_{mn}(t) \end{pmatrix}$$

并且满足：

$$0 \leqslant c_{ij}(t) \leqslant 1$$

设 $X \subseteq \mathrm{X}$ 是 X 中某类城市组成的集合，令：

$$x_{ij}(t)_1 = \min\{c_{ij}(t) | C \in X\} \quad i = 1,2,\cdots,m; j = 1,2\cdots,n$$
$$x_{ij}(t)_2 = \max\{c_{ij}(t) | C \in X\} \quad i = 1,2,\cdots,m; j = 1,2\cdots,n$$

称

$$X(t)_1 = (x_{ij}(t)_1)_{m \times n} = \begin{pmatrix} x_{11}(t)_1 & x_{12}(t)_1 & \cdots & x_{1n}(t)_1 \\ x_{21}(t)_1 & x_{22}(t)_1 & \cdots & x_{2n}(t)_1 \\ \vdots & \vdots & \vdots & \vdots \\ x_{m1}(t)_1 & x_{m2}(t)_1 & \cdots & x_{mn}(t)_1 \end{pmatrix}$$

是 X 在时刻 t 的最低发展现状；称

$$X(t)_2 = (x_{ij}(t)_2)_{m \times n} = \begin{pmatrix} x_{11}(t)_2 & x_{12}(t)_2 & \cdots & x_{1n}(t)_2 \\ x_{21}(t)_2 & x_{22}(t)_2 & \cdots & x_{2n}(t)_2 \\ \vdots & \vdots & \vdots & \vdots \\ x_{m1}(t)_2 & x_{m2}(t)_2 & \cdots & x_{mn}(t)_2 \end{pmatrix}$$

是 X 在时刻 t 的最高发展现状；特别当 $X = \mathrm{X}$ 时，称

$$X_1(t), X_2(t)$$

分别为中国生态城市建设在时刻 t 的最低发展现状和最高发展现状。

设 $X \subseteq \mathrm{X}$ 是 X 中某类城市组成的集合，$X_1(t), X_2(t)$ 分别为 X 在时刻 t 的最低发展现状和最高发展现状，X 在时刻 $t+1$ 的建设标准 $B(t+1)$ 满足

$$B(t+1) = \lambda_1(t)X_1(t) + \lambda_2(t)X_2(t)$$

其中

$$\lambda_1(t) + \lambda_2(t) = 1$$
$$0 \leqslant \lambda_1(t) \leqslant 1$$
$$0 \leqslant \lambda_2(t) \leqslant 1$$

制定中国生态城市建设评价标准必须要分析中国生态城市建设现状，依据

中国生态城市建设在时刻 t 的最低发展现状和最高发展现状，来制定在时刻 $t+1$ 的发展标准。即在制定标准时首先通过统计调查，确定城市在时刻 t 的最低发展现状和最高发展现状：

$$X_1(t), X_2(t)$$

然后依据 $X_1(t), X_2(t)$，选择适宜的 $\lambda_1(t), \lambda_2(t)$，确立 X 在时刻 $t+1$ 的建设标准 $B(t+1)$，一般地，$B(t+1)$ 满足条件：

P_1）$b_{ij}(t) \leqslant b_{ij}(t+1) \quad i=1,2,\cdots,m; j=1,2,\cdots,n$；且 $b_{ij}(t)$ 必须均达到国家最低规范标准。

P_2）集 $\{C \in X | c_{ij}(t) \geqslant b_{ij}(t+1), i=1,2,\cdots,m; j=1,2,\cdots,n\}$ 的个数不低于集 X 的个数的 1/3。

P_3）在条件 P_1），P_2）成立的条件下，$\lambda_1(t), \lambda_2(t)$ 是优化问题：

$$\begin{cases} \min \| \lambda_1(t) \sum_{C \in X} (C(t) - X(t)_1) + \lambda_2(t) \sum_{C \in X} (X(t)_2 - C(t)) \| \\ s.t \quad \lambda_1(t) + \lambda_2(t) = 1 \\ \qquad 0 \leqslant \lambda_1(t) \leqslant 1 \\ \qquad 0 \leqslant \lambda_2(t) \leqslant 1 \end{cases} \tag{1.1}$$

的解。

也就是说，生态城市建设标准的制定，一定要符合客观实际，量力而为，不能急于求成。所制定的标准一定要有示范达标城市，这些示范达标城市的数目不能低于城市总数的 1/3，不能高出城市总数的 1/2。

由于模型（1.1）提供的标准并没有考虑每个城市的具体特点，所以当这个标准出来以后，还必须根据具体城市的实际情况，参照这个标准来制定符合每个城市发展特点的建设标准。建设标准的制定要充分兼顾每个城市的具体发展特点，绝不能用统一的指标去衡量每个城市，否则就失去了生态城市建设的意义。

3. 生态城市建设的基本概念

设 $R^{m\times n}$ 是全体 $m\times n$ 阶矩阵组成的集合，$\forall A \in R^{m\times n}$ 定义范数：

$$\|A\| = \sup\{\|Ax\| \mid \|x\| = 1, x \in R^n\}$$

则在上述范数下 $R^{m\times n}$ 是一个 *Banach* 空间。

记：

$$P = \{A \in R^{m\times n} | 0 \leqslant a_{ij} \leqslant 1, i = 1,2,\cdots,m; j = 1,2,\cdots,n\}$$

则 P 是 $R^{m\times n}$ 中含有内点的凸闭集，并且满足下面两个条件：

P_4）$A \in P, \lambda \geqslant 0 \Rightarrow \lambda A \in P$。

P_5）$A \in P$，$-A \in P \Rightarrow A = \theta$，这里 θ 表 $R^{m\times n}$ 中的零元素。

在 P 中引入半序：如果 $B - A \in P$，则 $A \leqslant B(A,B \in P)$；若 $A \leqslant B, A \neq B$，则记 $A < B$。

（1）生态城市建设的可持续发展

设 X 是由中国区域内全体城市组成的集合。$C \in X$ 是某个城市，则 C 在时刻 t 的生态城市建设指标是一个 $m \times n$ 阶矩阵：

$$C(t) = (c_{ij}(t))_{m\times n} = \begin{pmatrix} c_{11}(t) & c_{12}(t) & \cdots & c_{1n}(t) \\ c_{21}(t) & c_{22}(t) & \cdots & c_{2n}(t) \\ \vdots & \vdots & \vdots & \vdots \\ c_{m1}(t) & c_{m2}(t) & \cdots & c_{mn}(t) \end{pmatrix}$$

对于任意给定的时刻 t，如果

$$C(t) < C(t+1)$$

则称生态城市建设是可持续发展的。即可持续发展的是指：生态城市建设随着时间的推移，一年比一年好，各项指标也许不能完全达到建设标准要求，但不能时好时坏。

（2）生态城市建设的良性健康发展

设 T_i 分别表示第 T_i 年（$i = 0,1,2,\cdots,s$），$B(T_i)$ 表示生态城市建设规划中第 T_i 年达到的建设标准（$i = 0,12,\cdots,s$）。如果

$$B(T_i) \leqslant C(T_i) < B(T_{i+1}) \leqslant C(T_{i+1}) \quad i = 0,2,\cdots,s-1$$

则称城市 C 的生态建设从 T_0 年到 T_s 年是良性健康发展的。

（3）生态城市建设分类

设 X 是由中国区域内全体城市组成的集合。设 T_i 分别表示第 T_i 年（$i = 0,12,\cdots,s$），记

$X[T_0, T_s]_1 = \{C \in X|$城市 C 的生态城市建设从 T_0 年到 T_s 年是良性健康发展的$\}$
$X[T_0, T_s]_2 = \{C \in X - X[T_0, T_1]_1|$城市 C 的生态城市建设是可持续发展的$\}$
$X[T_0, T_s]_3 = X - X[T_0, T_s]_1 - X[T_0, T_s]_2$

即中国生态城市建设分为三类：第一类是良性健康发展的；第二类不是良性健康发展的但是可持续发展的；第三类既不是良性健康发展的，也不是可持续发展的。

（4）中国生态城市建设经历的初级、中级、高级三个阶段

中国生态城市建设经历初级、中级和高级三个发展阶段。从现在起到未来的某个年份 T_{s_1}，中国生态城市建设是处于初级阶段，这阶段的基本特征是：对任意的 $s < s_1$ 满足：

$$X[T_0, T_s]_i \neq \varphi \qquad i = 1,2,3$$

即在初级发展阶段三类生态城市均存在。

从年份 T_{s_1} 起到 T_{s_2}，中国生态城市建设是处于中级阶段，这阶段的基本特征是：对任意的 $s_1 \leqslant s < s_2$ 满足

$$X[T_0, T_s]_1 \neq \varphi,\ X[T_0, T_s]_2 \neq \varphi,\ X[T_0, T_s]_3 = \varphi$$

即生态城市建设的中级发展阶段：上述第一类和第二类城市都存在，第三类城市不存在。

从年份 T_{s_2} 起中国生态城市建设是处于高级阶段，这阶段的基本特征是：对任意的 $s \geqslant s_2$ 满足

$$X[T_0, T_s]_1 \neq \varphi,\ X[T_0, T_s]_2 = \varphi,\ X[T_0, T_s]_3 = \varphi$$

即生态城市建设的高级阶段是：所有的城市都第一类城市。

使每个城市的生态建设都良性健康发展是生态城市建设的根本宗旨。所以当每个城市的建设标准确立后，就要科学合理地制定建设规划和实施方案，建立一套完备的信息反馈机制和建设效果评价机制，使生态建设的资金和人力投入与建设效果一致。

4. 社会对生态城市建设的评价体系

当城市生态建设处于初级或中级阶段时，政府要加强对城市生态建设的引领、指导和监督，使其又好又快地走上良性健康发展的轨道。而当城市生态建

设走上了良性健康发展的轨道时，即使这个城市的生态建设已经非常完备了，也还需另外一个指标来检验，即城市全体市民满意度。

（1）社会满意度指标

设 X 是由中国区域内全体城市组成的集合。$C \in X$ 是某个城市，用 Y 表示生活在这个城市年满 18 岁的全体公民组成的集合，Y 中的公民称为市民。对于市民来说，由于其知识面、社会阅历、认知结构等原因，他们对城市生态建设的认知程度不尽相同，但他们的确对其居住环境、出行环境、饮食环境、文化娱乐环境等有一个客观的整体认识。

假设每一个公民评价某一个城市的生态建设时，都用下列三种答案之一：

(A)满意(B)不尽满意(C)不满意

亦即在任何时刻 t，Y 中的全体市民都分为如下三类：

$$Y_1(t) = \{y \in Y \mid y \text{ 在 } t \text{ 时刻对其居住城市的生态建设满意}\}$$
$$Y_2(t) = \{y \in Y \mid y \text{ 在 } t \text{ 时刻对其居住城市的生态建设不尽满意}\}$$
$$Y_3(t) = \{y \in Y \mid y \text{ 在 } t \text{ 时刻对其居住城市的生态建设不满意}\}$$

则

$$Y_1(t) \cap Y_2(t) = \varphi \text{；} Y_2(t) \cap Y_3(t) = \varphi \text{；} Y_3(t) \cap Y_1(t) = \varphi$$

且

$$Y = Y_1(t) \cup Y_2(t) \cup Y_3(t) \text{。}$$

用 $\alpha_i(t)$ 表示 $Y_i(t)$ 中的元素个数，令

$$\gamma_i(t) = \frac{\alpha_i(t)}{\sum_{j=1}^{3} \alpha_j(t)} \quad (i = 1,2,3)$$

分别称 $\gamma_1(t), \gamma_2(t), \gamma_3(t)$ 为城市 C 在 t 时刻生态城市建设的社会满意度指标、社会不尽满意度指标和社会不满意度指标。

（2）完备的生态城市建设

称城市 C 的生态建设是完备的是指存在时刻 t_0，使对于任意的 $t > t_0$ 下列条件同时成立：

P_6）C 在 t_0 时刻到 t 时刻其生态城市建设是良性健康发展的；

P_7）γ_1 在闭区间 $[t_0,t]$ 上单调递增；

P_8）γ_2 在闭区间 $[t_0,t]$ 上单调递减；

P_9）γ_3 在闭区间 $[t_0,t]$ 上单调递减。

否则，称为不完备的。

当一个城市的生态建设从某个时刻起，不仅已步入良性健康发展的轨道，而且对其满意的人越来越多，对其不尽满意和不满意的人越来越少时，这个城市的生态建设就是完备的。

如果中国所有城市的生态建设都是完备的，就称中国城市的生态建设是完备的。

（3）生态建设发展均衡度

除了考虑中国城市生态建设是完备的之外，还要看城市之间生态建设发展是否均衡。

设 $X_1(t),X_2(t)$ 分别为中国生态城市建设在时刻 t 的最低发展现状和最高发展现状，令

$$\beta(t) = \| X_1(t) - X_2(t) \| 。$$

如果存在时刻 t_0，从 t_0 时刻起，中国生态城市建设是完备的，而且 $\beta(t)$ 是单调递减的，则称中国生态建设是协调有序发展的。中国生态建设是协调有序发展的，其基本特征为：①中国每个城市的生态建设的各项指标值随时间变化是递增的，并且都达到了建设标准；②人们对中国每个城市的生态建设的满意度越来越高；③中国每个城市的生态建设的差异越来越小。

（二）生态城市健康指数考核指标体系

生态城市是依照生态文明理念，按照生态学原则建立的经济、社会、自然协调发展的新型城市，是高效利用环境资源，实现以人为本的可持续发展的新型城市，是中国城市化发展的必由之路。对于辐射、带动、提升和推动生态文明建设，促进文明范式转型，加快国家经济、政治、社会、文化和生态文明协调发展，提高人民生活质量和水平，全面建成小康社会具有重大战略意义。中国生态城市建设经历了十多年的发展历程，虽然取得了举世瞩目的成绩，但仍

然处于初级阶段，每个城市生态建设的诸方面不平衡，相差很大。因此让每个城市在生活垃圾无害化处理、工业废水排放处理、工业固态废物综合应用、空气质量指数、河湖水质、城市绿化、节能降耗等方面都能完全达标，依然是生态城市建设的基本任务和要求。推行绿色发展、循环发展、低碳发展，全面实行可持续发展的任务还十分艰巨。

经过深入分析与讨论，本报告以《中国生态城市建设发展报告（2017）》中的主要思路、评价方法和评价模型为基础，对“生态城市健康指数（ECHI）评价指标体系（2017）”（见表1）进行了部分调整，调整后的结果见表2，并按照生态城市建设要“分类评价，分类指导，分类建设，分步实施”的原则，依据“生态城市健康指数（ECHI）评价指标体系（2018）（表2）”和收集的最新数据，对中国284个城市2016年的生态建设效果进行了评价。并通过引入建设侧重度、建设难度、建设综合度等概念，试图对中国生态城市建设进行动态指导。

表1　生态城市健康指数（ECHI）评价指标体系（2017）

一级指标	二级指标	指标权重	序号	三级指标	三级指标相对二级指标的权重
生态城市健康指数	生态环境	0.40	1	森林覆盖率[建成区人均绿地面积(平方米/人)]	0.29
			2	PM2.5[空气质量优良天数(天)]	0.26
			3	河湖水质[人均用水量(吨/人)]	0.10
			4	单位GDP工业二氧化硫排放量(千克/万元)	0.2
			5	生活垃圾无害化处理率(%)	0.15
	生态经济	0.35	6	单位GDP综合能耗(吨标准煤/万元)	0.3
			7	一般工业固体废物综合利用率(%)	0.2
			8	R&D经费占GDP比重[科学技术支出和教育支出占GDP比重(%)]	0.2
			9	信息化基础设施[互联网宽带接入用户数(万户)/全市年末总人口(万人)]	0.2
			10	人均GDP(元/人)	0.1
			11	人口密度(人口数/平方米)	0.1
			12	生态环保知识、法规普及率,基础设施完好率[水利、环境和公共设施管理业全市从业人员数(万人)/城市年末总人口(万人)]	0.3

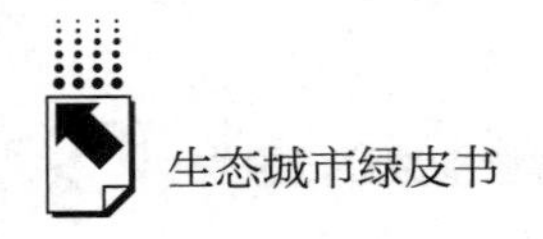

续表

一级指标	二级指标	指标权重	序号	三级指标	三级指标相对二级指标的权重
	生态社会	0.25	13	公众对城市生态环境满意率[民用车辆数(辆)/城市道路长度(千米)]	0.3
			14	政府投入与建设效果[城市维护建设资金支出(万元)/城市GDP(万元)]	0.3

注：当年发生重大污染事故的城市在当年评价结果中扣除5%~7%。

表2　生态城市健康指数（ECHI）评价指标体系（2018）

一级指标	二级指标	指标权重	序号	三级指标	三级指标相对二级指标的权重
生态城市健康指数	生态环境	0.40	1	森林覆盖率[建成区人均绿地面积(平方米/人)]	0.29
			2	空气质量优良天数(天)	0.26
			3	河湖水质[人均用水量(吨/人)]	0.10
			4	单位GDP工业二氧化硫排放量(千克/万元)	0.2
			5	生活垃圾无害化处理率(%)	0.15
	生态经济	0.35	6	单位GDP综合能耗(吨标准煤/万元)	0.3
			7	一般工业固体废物综合利用率(%)	0.2
			8	R&D经费占GDP比重[科学技术支出和教育支出占GDP比重(%)]	0.2
			9	信息化基础设施[互联网宽带接入用户数(万户)/全市年末总人口(万人)]	0.2
	生态社会	0.25	10	人均GDP(元/人)	0.1
			11	人口密度(人口数/平方米)	0.1
			12	生态环保知识、法规普及率,基础设施完好率[水利、环境和公共设施管理业全市从业人员数(万人)/城市年末总人口(万人)]	0.3
			13	公众对城市生态环境满意率[民用车辆数(辆)/城市道路长度(千米)]	0.3
			14	政府投入与建设效果[城市维护建设资金支出(万元)/城市GDP(万元)]	0.3

注：当年发生重大污染事故的城市在当年评价结果中扣除5%~7%。

我们依照“法于人体”理论对生态城市进行了健康评价。按照综合评价结果将其分为很健康、健康、亚健康、不健康、很不健康五类（分类标准见表3）。

表3　生态城市健康指数（ECHI）评价标准

类型	很健康	健康	亚健康	不健康	很不健康
指标范围	≥85	<85，≥65	<65，≥55	<55，≥45	<45

二　中国生态城市健康指数考核排名

生态文明理念的提出，既是对人与自然关系认识的深化，又是人类自我认识的飞跃。把生态文明建设作为中国特色社会主义事业总体布局的组成部分，标志着我们党对人类社会发展规律、社会主义建设规律、共产党执政规律的认识达到了新的阶段，标志着我们党和国家对生态问题的认识达到了新的境界，标志着人民群众对生态文明的期待达到了新的阶段。建设生态文明，实质上就是要建设以资源环境承载力为基础、以自然规律为准则、以可持续发展为目标的资源节约、环境友好、绿色消费、循环经济和景观休闲型社会。

依据“生态城市健康指数（ECHI）评价指标体系（2018）”和“生态城市健康指数（ECHI）评价标准”，我们对中国284个生态城市2016年的健康指数进行了综合排名，排名结果见表8。

（一）生态城市健康指数综合排名（2016年）

与2015年相比，对2016年生态城市健康状况的评价指标体系基本是一致的，通过表1和表2可以反映出来。表4给出了2015年和2016年全国284个城市健康状况的分布状况。

从表4中可以看出，2016年比2015年健康城市的数目有较大幅度的提高。为了做更进一步的比较，我们给出了不同指数的前十名城市，并将2015年的情况与2016年的情况对照列出（见表5）。我们还给出了2015年全国284个城市14个指标的最大值、最小值和平均值（见表7）以及2016年全国284个城市14个指标的最大值、最小值和平均值（见表6），以供参考。

表4　2015年与2016年284个城市健康状况的分布状况比较

健康状况类型	城市数目		所占比例(%)	
	2016年	2015年	2016年	2015年
很健康	17	16	6.0	5.6
健　康	191	174	67.3	61.3
亚健康	64	79	22.5	27.8
不健康	12	14	4.2	4.9
很不健康	0	1	0.0	0.4

表5　2016年与2015年284个城市不同指数排名前十位

项目	2016年	2015年
健康指数	三亚、珠海、厦门、南昌、南宁、舟山、惠州、海口、天津、威海	珠海、厦门、舟山、三亚、天津、惠州、广州、福州、南宁、威海
生态环境指数	海口、惠州、三亚、舟山、南宁、厦门、黄山、中山、南昌、青岛	福州、海口、三亚、厦门、舟山、黄山、中山、威海、南昌、大庆
生态经济指数	三亚、北京、珠海、上海、天津、丽水、芜湖、惠州、厦门、中山	三亚、珠海、天津、上海、北京、深圳、丽水、温州、厦门、台州
生态社会指数	乌海、伊春、三亚、珠海、广州、武汉、柳州、鸡西、金昌、天津	珠海、天津、舟山、乌海、鄂州、沈阳、广州、铜陵、淮南、镇江
森林覆盖率(建成区人均绿地面积)	东莞、嘉峪关、克拉玛依、深圳、乌鲁木齐、北京、厦门、乌海、珠海、拉萨	东莞、嘉峪关、深圳、克拉玛依、葫芦岛、北京、珠海、乌鲁木齐、乌海、厦门
空气质量优良天数	攀枝花、丽江、玉溪、防城港、南平、三亚、昆明、厦门、海口、福州、龙岩、三明、黑河(有并列的)	丹东、丽江、龙岩、玉溪、厦门、汕尾、泉州、漳州、南平、拉萨
河湖水质	牡丹江、镇江、淄博、七台河、济南、江门、金昌、呼和浩特、东营、西安	镇江、马鞍山、西安、淄博、大连、合肥、江门、金昌、七台河、福州

续表

项目	2016 年	2015 年
单位 GDP 工业二氧化硫排放量	深圳、北京、三亚、海口、长沙、西安、随州、广州、厦门、拉萨	深圳、三亚、北京、长沙、海口、广州、拉萨、成都、随州、巴中
生活垃圾无害化处理率	黄山、吉安、三亚、合肥、鹰潭、南通、扬州、宿迁、台州、杭州、海口、深圳、抚州、温州、上饶、亳州、蚌埠、珠海、赣州、上海、佛山、芜湖、金华、成都、中山、郑州、丽水、东莞、景德镇、江门、宁波、常德、滁州、六安、长沙、玉林、桂林、开封、镇江、资阳、宿州、河池、绥化、黑河、安庆、辽源、无锡、泰州、自贡、烟台、青岛、舟山、钦州、肇庆、许昌、阳江、宣城、淮安、绵阳、河源、张家界、威海、常州、湖州、九江、南京、大连、苏州、嘉兴、牡丹江、连云港、信阳、遂宁、南充、宜春、衡阳、东营、盐城、益阳、廊坊、商丘、荆州、漯河、惠州、绍兴、武汉、济宁、济南、广安、怀化、佳木斯、湛江、株洲、永州、泰安、阜阳、石家庄、郴州、天水、岳阳、北海、眉山、新乡、宜宾、德州、淮北、茂名、呼伦贝尔、潍坊、铜陵、定西、临沂、泸州、淮南、沧州、秦皇岛、梅州、十堰、池州、聊城、盘锦、荆门、菏泽、朝阳、平顶山、襄阳、湘潭、萍乡、来宾、内江、云浮、新余、防城港、鹤壁、太原、呼和浩特、孝感、锦州、咸宁、邢台、枣庄、玉溪、宜昌、梧州、阜新、安阳、韶关、固原、大庆、鄂州、衢州、平凉、黄石、淄博、邯郸、酒泉、铁岭、抚顺、贺州、鞍山、张掖、忻州、唐山、马鞍山、滨州、巴彦淖尔、晋城、柳州、娄底、阳泉、徐州、金昌、日照、晋中、通辽、辽阳、丹东、攀枝花、吕梁、贵港、百色、朔州、运城、吴忠、莱芜、赤峰、中卫、嘉峪关(共 188 个城市并列第一,均为 100%)	深圳、长沙、海口、拉萨、成都、上海、厦门、资阳、黄山、杭州、常州、西安、玉林、武汉、青岛、南昌、温州、中山、威海、佛山、无锡、南通、南宁、惠州、泰州、沧州、福州、宿迁、梧州、苏州、南京、黄冈、扬州、珠海、大庆、济南、十堰、常德、佳木斯、大连、湛江、蚌埠、宁波、茂名、镇江、绍兴、沈阳、北海、泰安、东营、六安、滁州、河源、郑州、安康、岳阳、芜湖、自贡、肇庆、永州、桂林、清远、汕尾、钦州、宝鸡、抚州、郴州、柳州、徐州、连云港、阳江、湖州、嘉兴、贺州、宣城、阜阳、潍坊、济宁、宿州、咸宁、呼和浩特、泸州、湘潭、孝感、临沂、咸阳、新乡、荆门、淮安、荆州、日照、德州、开封、玉溪、聊城、辽源、菏泽、贵港、衡阳、梅州、韶关、吉安、云浮、赣州、枣庄、营口、铜陵、定西、怀化、池州、锦州、益阳、丹东、鹰潭、邯郸、唐山、马鞍山、秦皇岛、景德镇、淄博、抚顺、黑河、滨州、盘锦、衢州、宜春、广安、九江、辽阳、邢台、防城港、酒泉、固原、鞍山、铁岭、安阳、黄石、鄂州、新余、张家界、百色、内江、淮北、张掖、娄底、朔州、晋城、长治、朝阳、葫芦岛、河池、平凉、萍乡、莱芜、运城、吕梁、曲靖、来宾、阜新、嘉峪关、金昌(共 161 个城市并列第一,均为 100%)
单位 GDP 综合能耗	北京、黄山、吉安、南昌、三亚、合肥、鹰潭、南通、扬州、宿迁	吉安、北京、南昌、黄山、台州、鹰潭、抚州、深圳、温州、合肥

续表

项目	2016年	2015年
一般工业固体废物综合利用率	三亚、中山、绥化、辽源、张家界、漯河、枣庄、渭南、汕尾、庆阳(前7并列第一,均为100%)	三亚、汕尾、拉萨、黑河、遂宁、眉山、沧州、昭通、枣庄(共9个城市并列第一,均为100%)、海口
R&D经费占GDP比重	固原、定西、陇南、昭通、平凉、天水、河池、巴中、拉萨、丽江	拉萨、固原、定西、陇南、平凉、昭通、河池、巴中、天水、丽江
信息化基础设施	深圳、克拉玛依、天津、中山、东莞、珠海、厦门、莆田、苏州、杭州	深圳、舟山、天津、东莞、珠海、莆田、中山、厦门、肇庆、佛山
人均GDP	鄂尔多斯、深圳、东营、苏州、广州、无锡、克拉玛依、包头、珠海、南京	鄂尔多斯、东营、深圳、苏州、广州、包头、克拉玛依、无锡、珠海、南京
人口密度	宝鸡、石家庄、开封、永州、漳州、萍乡、吕梁、漯河、新乡、定西	泉州、宿州、临沂、德阳、珠海、舟山、温州、芜湖、台州、资阳
生态环保知识、法规普及率,基础设施完好率	三亚、嘉峪关、呼和浩特、珠海、北京、乌海、鄂尔多斯、盘锦、厦门、鸡西	三亚、鸡西、珠海、呼和浩特、北京、乌海、盘锦、广州、上海、厦门
公众对城市生态环境满意率	伊春、七台河、自贡、牡丹江、乌海、石嘴山、鄂州、嘉峪关、本溪、攀枝花	伊春、黄冈、自贡、七台河、乌海、鄂州、嘉峪关、珠海、石嘴山、鹤岗
政府投入与建设效果	合肥、厦门、西安、南宁、珠海、北京、西宁、乌海、东莞、上饶	天津、西安、厦门、北京、乌海、铜川、合肥、南宁、上饶、汕头

全国284个生态城市的健康指数考核排名见表8。

表6　2016年284个城市健康指数14个三级指标最大值、最小值和平均值

城市	森林覆盖率[建成区人均绿地面积(平方米/人)]	空气质量优良天数(天)	河湖水质[人均用水量(吨/人)]	单位GDP工业二氧化硫排放量(千克/万元)	生活垃圾无害化处理率(%)	单位GDP综合能耗(吨标准煤/万元)	一般工业固体废物综合利用率(%)
最大值	205.9801	366	720.9865	19.55819	100	3.996025	100
最小值	0.472222	127	1.810069	0.024363	33.75	0.2835	5.2
平均值	15.00588	283.1021	43.13599	1.759052	96.9637	0.847978	79.3631

续表

城市	R&D经费占GDP比重(%)[科学技术支出和教育支出占GDP比重(%)]	信息化基础设施[互联网宽带接入用户数(万户)/全市年末总人口(万人)]	人均GDP(元/人)	人口密度(人口数/平方千米)	生态环保知识、法规普及率,基础设施完好率[水利、环境和公共设施管理业全市从业人员数(万人)/城市年底总人口(万人)]	公众对城市生态环境满意率[民用车辆数(辆)/城市道路长度(千米)]	政府投入与建设效果[城市维护建设资金支出(万元)/城市GDP(万元)]
最大值	15.08208	1.641558	215488	14073	0.012452	6553.782	0.137638
最小值	1.330233	0.042693	11892	450	0.000261	72.30363	0.000154
平均值	3.916797	0.237575	54169.47	3632.349	0.002213	893.2207	0.012353

表7　2015年284个城市健康指数14个三级指标最大值、最小值和平均值

城市	森林覆盖率[建成区人均绿地面积(平方米/人)]	PM2.5[空气质量优良天数(天)]	河湖水质[人均用水量(吨/人)]	单位GDP工业二氧化硫排放量(千克/万元)	生活垃圾无害化处理率(%)	单位GDP综合能耗(吨标准煤/万元)	一般工业固体废物综合利用率(%)
最大值	198.97	365.00	741.52	45.42	100.00	4.21	100.00
最小值	0.32	120.00	1.68	0.02	11.61	0.33	10.11
平均值	14.83	278.17	42.45	3.43	96.20	0.91	83.52

城市	R&D经费占GDP比重(%)[科学技术支出和教育支出占GDP比重(%)]	信息化基础设施[互联网宽带接入用户数(万户)/全市年末总人口(万人)]	人均GDP(元/人)	人口密度(人口数/平方千米)	生态环保知识、法规普及率,基础设施完好率[水利、环境和公共设施管理业全市从业人员数(万人)/城市年底总人口(万人)]	公众对城市生态环境满意率[民用车辆数(辆)/城市道路长度(千米)]	政府投入与建设效果[城市维护建设资金支出(万元)/城市GDP(万元)]
最大值	16.00	1.89	207163.00	2501.14	0.01	4223.48	0.16
最小值	0.93	0.04	10987.00	5.77	0.00	73.31	0.00
平均值	3.88	0.20	51526.95	437.53	0.00	790.28	0.01

表 8　2016 年中国 284 个生态城市健康指数考核排名

城市名称	健康指数	排名	等级	森林覆盖率指数		空气质量优良天数指数		河湖水质指数		单位 GDP 工业二氧化硫排放量指数		生活垃圾无害化处理率指数		单位 GDP 综合能耗指数		一般工业固体废物综合利用率指数	
				数值	排名	数值	排名	数值	排名	数值	排名	数值	排名	数值	排名	数值	排名
三　亚	0.9236	1	很健康	0.88411	16	0.99522	6	0.7499	130	0.9349	3	1	1	0.9615	5	1	1
珠　海	0.9032	2	很健康	0.89687	9	0.96975	40	0.4928	205	0.8819	16	1	1	0.9313	22	0.9593	101
厦　门	0.8868	3	很健康	0.89848	7	0.99363	8	0.7629	128	0.8934	9	0.9775	218	0.9236	28	0.9005	167
南　昌	0.8767	4	很健康	0.87386	53	0.92675	82	0.9554	28	0.8724	30	0.9999	189	0.9681	4	0.968	80
南　宁	0.8755	5	很健康	0.86758	91	0.96975	40	0.9738	17	0.8751	20	0.9904	206	0.8713	122	0.9644	89
舟　山	0.8745	6	很健康	0.87387	52	0.96019	46	0.9647	20	0.8835	15	1	1	0.8956	71	0.9533	112
惠　州	0.872	7	很健康	0.87704	35	0.98089	30	0.9468	33	0.8684	61	1	1	0.8717	120	0.9725	66
海　口	0.8675	8	很健康	0.87848	30	0.99204	9	0.8912	85	0.9332	4	1	1	0.9464	13	0.9328	134
天　津	0.8672	9	很健康	0.87952	27	0.62262	236	0.9521	31	0.8728	27	0.9416	255	0.8996	60	0.9935	27
威　海	0.8658	10	很健康	0.88056	25	0.92994	78	0.9259	54	0.8515	71	1	1	0.8824	88	0.968	80
广　州	0.8655	11	很健康	0.89404	11	0.91083	101	0.5951	178	0.8935	8	0.961	236	0.9261	26	0.9775	57
黄　山	0.8623	12	很健康	0.8698	70	0.98408	24	0.8816	93	0.8684	60	1	1	0.9706	2	0.8689	185
福　州	0.8576	13	很健康	0.86847	84	0.99204	9	0.9812	14	0.7638	83	0.99	207	0.9203	31	0.9843	46
江　门	0.8564	14	很健康	0.86886	78	0.90605	113	0.9922	6	0.8685	59	1	1	0.9075	44	0.903	164
深　圳	0.8542	15	很健康	0.9226	4	0.98089	30	0.3961	236	1	1	1	1	0.9432	14	0.5003	263
合　肥	0.8535	16	很健康	0.87437	48	0.76776	195	0.9828	13	0.8852	13	1	1	0.9588	6	0.8135	199
武　汉	0.8503	17	很健康	0.87422	50	0.66344	229	0.8515	117	0.8842	14	1	1	0.8712	123	0.9837	47
上　海	0.8489	18	健康	0.87388	51	0.82218	175	0.688	144	0.8759	19	1	1	0.9206	30	0.9725	66
汕　头	0.8475	19	健康	0.87067	64	0.98567	22	0.9564	26	0.8623	67	0.8983	264	0.9275	25	0.9718	69
北　京	0.8473	20	健康	0.89927	6	0.44574	261	0.8846	91	0.9461	2	0.9984	193	1	1	0.9081	158

续表

城市名称	健康指数	排名	等级	森林覆盖率指数		空气质量优良天数指数		河湖水质指数		单位GDP工业二氧化硫排放量指数		生活垃圾无害化处理率指数		单位GDP综合能耗指数		一般工业固体废物综合利用率指数	
				数值	排名	数值	排名	数值	排名	数值	排名	数值	排名	数值	排名	数值	排名
东莞	0.8335	21	健康	1	1	0.92357	87	0.2831	269	0.5384	137	1	1	0.9101	42	0.9343	131
常州	0.833	22	健康	0.87645	40	0.68612	220	0.9545	29	0.859	69	1	1	0.8822	89	0.9878	40
杭州	0.8329	23	健康	0.87652	37	0.75869	201	0.9426	36	0.8714	33	1	1	0.9474	12	0.9048	161
哈尔滨	0.8315	24	健康	0.82082	98	0.86943	150	0.9213	59	0.8696	48	0.8726	267	0.8795	100	0.9955	18
南京	0.83	25	健康	0.89027	13	0.68158	222	0.7489	131	0.8741	22	1	1	0.882	92	0.9092	156
青岛	0.8299	26	健康	0.87648	38	0.8965	123	0.9842	11	0.8879	11	1	1	0.8957	69	0.9601	97
蚌埠	0.8281	27	健康	0.78721	104	0.74054	206	0.9435	34	0.87	44	1	1	0.9313	21	0.9899	35
重庆	0.8263	28	健康	0.86808	87	0.86943	150	0.9111	68	0.5421	136	0.9998	190	0.8955	72	0.8445	192
北海	0.8258	29	健康	0.86463	92	0.97134	37	0.9186	60	0.6846	105	1	1	0.8209	143	0.968	80
宁波	0.8255	30	健康	0.87175	59	0.91083	101	0.9233	58	0.8688	56	1	1	0.9073	45	0.9671	85
芜湖	0.825	31	健康	0.86864	81	0.88535	133	0.9525	30	0.4741	154	1	1	0.9161	33	0.9464	120
大连	0.8248	32	健康	0.87866	29	0.88695	130	0.9747	15	0.6666	109	1	1	0.8812	95	0.97	73
长春	0.8226	33	健康	0.87379	54	0.87739	141	0.9555	27	0.871	35	0.9027	262	0.9235	29	0.9917	33
佛山	0.8219	34	健康	0.86822	86	0.90924	106	0.8967	83	0.8703	39	1	1	0.9179	32	0.9117	153
绍兴	0.8219	35	健康	0.86945	74	0.87898	140	0.942	37	0.8271	73	1	1	0.8713	121	0.9653	87
南通	0.8211	36	健康	0.69064	115	0.76776	195	0.9123	65	0.8595	68	1	1	0.9517	8	0.9719	68
西安	0.8153	37	健康	0.87291	56	0.45934	259	0.9851	10	0.9047	6	0.997	196	0.9158	34	0.9161	151
苏州	0.8152	38	健康	0.87548	42	0.73147	207	0.9059	75	0.6971	101	1	1	0.8799	98	0.9284	136
柳州	0.815	39	健康	0.86996	66	0.92038	91	0.9132	63	0.6255	115	1	1	0.4535	250	0.9923	32
连云港	0.8102	40	健康	0.86804	90	0.83125	168	0.8746	103	0.3953	179	1	1	0.8792	102	0.9591	102

续表

城市名称	健康指数	排名	等级	森林覆盖率指数		空气质量优良天数指数		河湖水质指数		单位GDP工业二氧化硫排放量指数		生活垃圾无害化处理率指数		单位GDP综合能耗指数		一般工业固体废物综合利用率指数	
				数值	排名	数值	排名	数值	排名	数值	排名	数值	排名	数值	排名	数值	排名
秦皇岛	0.8098	41	健康	0.86941	75	0.83125	168	0.9338	48	0.3605	195	1	1	0.7584	163	0.8842	176
长沙	0.8051	42	健康	0.86873	79	0.79497	186	0.9374	40	0.9093	5	1	1	0.9043	50	0.9616	94
中山	0.805	43	健康	0.88078	23	0.93631	72	0.9298	51	0.8762	18	1	1	0.9147	38	1	1
拉萨	0.8025	44	健康	0.89529	10	0.91083	101	0.6319	165	0.8894	10	0.9185	259	0.8805	97	0.4508	270
济南	0.8018	45	健康	0.87503	46	0.34596	272	0.9931	5	0.8695	51	1	1	0.8707	125	0.9944	24
扬州	0.8009	46	健康	0.79063	103	0.7859	190	0.9247	56	0.8716	32	1	1	0.9512	9	0.9827	49
沈阳	0.7943	47	健康	0.8751	45	0.71787	210	0.9373	42	0.723	97	0.9995	192	0.7396	167	0.8535	189
太原	0.7941	48	健康	0.8808	22	0.65437	232	0.9369	43	0.8681	65	1	1	0.6388	200	0.6001	246
成都	0.7924	49	健康	0.87272	57	0.52284	249	0.9593	22	0.8855	12	1	1	0.9148	37	0.8093	201
镇江	0.7915	50	健康	0.87189	58	0.81311	179	0.9987	2	0.6057	120	1	1	0.9022	54	0.9424	123
景德镇	0.7908	51	健康	0.87481	47	0.94108	66	0.9035	77	0.36	196	1	1	0.908	43	0.9582	104
淮安	0.79	52	健康	0.73323	109	0.69519	217	0.8898	88	0.6169	118	1	1	0.8868	82	0.8721	183
无锡	0.7887	53	健康	0.87645	39	0.69065	219	0.9395	38	0.7295	93	1	1	0.897	64	0.9674	84
烟台	0.784	54	健康	0.86891	76	0.92038	91	0.8778	97	0.7772	81	1	1	0.8962	68	0.8908	173
湖州	0.7833	55	健康	0.86986	69	0.67705	223	0.9058	76	0.4584	157	1	1	0.8821	90	0.9952	19
温州	0.7798	56	健康	0.60616	139	0.94427	61	0.9013	80	0.8733	25	1	1	0.9399	17	0.7942	207
克拉玛依	0.7775	57	健康	0.92488	3	0.95064	57	0.3971	235	0.2909	229	0.9908	205	0.3223	275	0.8959	169
嘉兴	0.7745	58	健康	0.81305	102	0.82672	171	0.8926	84	0.6953	102	1	1	0.8797	99	0.9496	115
台州	0.7741	59	健康	0.59069	143	0.94268	64	0.8753	101	0.8717	31	1	1	0.948	11	0.9703	72
铜陵	0.7739	60	健康	0.87147	61	0.87421	144	0.9301	50	0.4459	161	1	1	0.7828	157	0.9512	113

续表

城市名称	健康指数	排名	等级	森林覆盖率指数		空气质量优良天数指数		河湖水质指数		单位GDP工业二氧化硫排放量指数		生活垃圾无害化处理率指数		单位GDP综合能耗指数		一般工业固体废物综合利用率指数	
				数值	排名	数值	排名	数值	排名	数值	排名	数值	排名	数值	排名	数值	排名
牡丹江	0.7723	61	健康	0.43869	196	0.94427	61	0.9988	1	0.8681	66	1	1	0.8795	100	0.996	16
绵阳	0.7715	62	健康	0.59098	142	0.84486	163	0.7243	137	0.8684	62	1	1	0.8847	83	0.9194	146
双鸭山	0.7706	63	健康	0.85495	94	0.9586	47	0.8118	120	0.2677	245	0.8324	268	0.7189	179	0.8123	200
辽源	0.7705	64	健康	0.76135	107	0.83579	167	0.8755	100	0.6707	108	1	1	0.8976	63	1	1
十堰	0.7688	65	健康	0.6401	129	0.88535	133	0.9066	72	0.7265	95	1	1	0.7394	168	0.7227	224
桂林	0.7683	66	健康	0.47563	179	0.90287	118	0.8749	102	0.6421	112	1	1	0.9032	52	0.8906	174
广元	0.7644	67	健康	0.47608	178	0.94108	66	0.5457	189	0.5607	128	0.9713	223	0.8809	96	0.9416	125
大同	0.7635	68	健康	0.85393	95	0.92994	78	0.885	90	0.3322	211	0.9975	195	0.447	251	0.9488	118
大庆	0.7622	69	健康	0.88265	19	0.93631	72	0.9149	62	0.7344	92	1	1	0.5711	222	0.9546	109
莆田	0.7622	70	健康	0.62317	133	0.97771	33	0.7938	123	0.8708	37	0.9915	203	0.9126	39	0.8826	177
襄阳	0.7611	71	健康	0.60708	138	0.87102	148	0.8809	94	0.7169	98	1	1	0.6981	188	0.553	250
鄂州	0.7578	72	健康	0.86869	80	0.61808	237	0.9377	39	0.4923	147	1	1	0.5705	224	0.901	166
龙岩	0.7569	73	健康	0.50654	166	0.99204	9	0.8777	98	0.8685	58	0.9967	200	0.8748	113	0.9268	139
昆明	0.7537	74	健康	0.87828	32	0.99522	6	0.9584	24	0.3517	201	0.9698	225	0.7248	176	0.4675	268
乌鲁木齐	0.7534	75	健康	0.89991	5	0.70426	215	0.9111	67	0.3814	183	0.9569	240	0.2987	277	0.9507	114
东营	0.7529	76	健康	0.87985	26	0.45934	259	0.9876	9	0.4562	158	1	1	0.8776	108	0.96	98
西宁	0.7529	77	健康	0.8699	68	0.82672	171	0.9653	19	0.2262	265	0.9536	247	0.3812	268	0.9924	31
宜昌	0.7528	78	健康	0.86849	83	0.74961	203	0.9127	64	0.7029	100	1	1	0.5975	213	0.3515	276
淮南	0.7528	79	健康	0.66284	121	0.86754	154	0.8525	116	0.2474	257	1	1	0.7709	161	0.8812	179
鸡西	0.7523	80	健康	0.86835	85	0.96656	44	0.89	87	0.3592	197	0.8739	266	0.5932	214	0.6068	243

续表

城市名称	健康指数	排名	等级	森林覆盖率指数		空气质量优良天数指数		河湖水质指数		单位GDP工业二氧化硫排放量指数		生活垃圾无害化处理率指数		单位GDP综合能耗指数		一般工业固体废物综合利用率指数	
				数值	排名	数值	排名	数值	排名	数值	排名	数值	排名	数值	排名	数值	排名
泰州	0.7517	81	健康	0.56306	146	0.73147	207	0.7252	136	0.8709	36	1	1	0.8966	65	0.993	29
新余	0.7482	82	健康	0.87847	31	0.94108	66	0.9573	25	0.2671	247	1	1	0.6562	196	0.9644	89
七台河	0.7471	83	健康	0.88067	24	0.92357	87	0.9954	4	0.2091	267	0.9821	213	0.3539	273	0.9693	76
韶关	0.7466	84	健康	0.77787	106	0.96338	45	0.8804	95	0.4372	168	1	1	0.5821	219	0.8591	187
金华	0.7455	85	健康	0.51446	161	0.88695	130	0.6741	154	0.8694	52	1	1	0.9156	35	0.9795	55
宝鸡	0.744	86	健康	0.57352	144	0.67251	225	0.7049	140	0.5451	135	0.997	196	0.8843	85	0.6182	241
鹤壁	0.7425	87	健康	0.78719	105	0.5818	242	0.871	107	0.3972	178	1	1	0.653	198	0.97	73
贵阳	0.7424	88	健康	0.87787	33	0.9586	47	0.9491	32	0.4485	160	0.96	238	0.8687	128	0.4839	267
宣城	0.7418	89	健康	0.48844	173	0.88854	128	0.4531	218	0.6229	117	1	1	0.887	81	0.8469	191
遂宁	0.7415	90	健康	0.50944	164	0.89172	127	0.5129	199	0.8734	24	1	1	0.878	104	0.995	22
池州	0.7394	91	健康	0.5198	159	0.88695	130	0.6786	149	0.5582	129	1	1	0.731	170	0.9254	141
宿迁	0.7373	92	健康	0.41998	208	0.74508	204	0.5239	195	0.7532	86	1	1	0.9488	10	0.9392	126
丹东	0.7371	93	健康	0.71359	112	0.90924	106	0.8787	96	0.4432	162	1	1	0.4064	263	0.9495	116
阜新	0.7369	94	健康	0.86859	82	0.89809	121	0.9171	61	0.1786	282	1	1	0.5905	216	0.8823	178
盘锦	0.7367	95	健康	0.8755	41	0.82672	171	0.9831	12	0.274	239	1	1	0.7259	174	0.9339	133
马鞍山	0.7352	96	健康	0.86954	72	0.82218	175	0.97	18	0.4509	159	1	1	0.4666	246	0.9426	122
佳木斯	0.7339	97	健康	0.86889	77	0.94905	58	0.8718	105	0.4626	156	1	1	0.8687	128	0.7252	221
金昌	0.7339	98	健康	0.87866	28	0.89968	119	0.9906	7	0.1848	279	1	1	0.4204	256	0.2383	281
防城港	0.7336	99	健康	0.51365	162	0.99682	4	0.9357	46	0.2622	252	1	1	0.6561	197	0.9949	23
盐城	0.7335	100	健康	0.47202	181	0.86943	150	0.5103	200	0.7474	89	1	1	0.8762	110	0.9648	88

续表

城市名称	健康指数	排名	等级	森林覆盖率指数		空气质量优良天数指数		河湖水质指数		单位GDP工业二氧化硫排放量指数		生活垃圾无害化处理率指数		单位GDP综合能耗指数		一般工业固体废物综合利用率指数	
				数值	排名	数值	排名	数值	排名	数值	排名	数值	排名	数值	排名	数值	排名
兰州	0.7334	101	健康	0.87684	36	0.66798	226	0.9607	21	0.6054	121	0.16	284	0.442	252	0.9773	58
安庆	0.7319	102	健康	0.48665	174	0.85393	160	0.6393	163	0.8682	64	1	1	0.8988	61	0.9829	48
衢州	0.7316	103	健康	0.62206	134	0.92835	81	0.8713	106	0.3583	198	1	1	0.5682	225	0.9539	111
九江	0.7302	104	健康	0.61468	135	0.87421	144	0.6214	169	0.4851	150	1	1	0.8821	91	0.7223	225
淮北	0.7297	105	健康	0.8695	73	0.68612	220	0.8627	112	0.2572	256	1	1	0.8068	151	0.9705	71
丽水	0.7292	106	健康	0.39493	220	0.97293	34	0.5773	183	0.551	132	1	1	0.9111	41	0.9373	127
鹰潭	0.7289	107	健康	0.67019	120	0.92675	82	0.6273	167	0.5092	144	1	1	0.956	7	0.9371	128
株洲	0.7269	108	健康	0.81924	99	0.87261	147	0.936	45	0.5466	134	1	1	0.8684	131	0.9571	106
白城	0.7267	109	健康	0.43786	197	0.90446	116	0.4411	222	0.5324	138	0.9605	237	0.8347	140	0.9992	14
乌海	0.7263	110	健康	0.89696	8	0.83125	168	0.9102	70	0.1957	273	0.986	209	0.226	280	0.5456	252
雅安	0.7251	111	健康	0.53017	153	0.90924	106	0.5342	192	0.7408	91	0.9834	212	0.7015	187	0.7389	219
潮州	0.725	112	健康	0.63179	131	0.9586	47	0.9001	81	0.691	103	0.711	274	0.6933	190	0.9997	12
伊春	0.7249	113	健康	0.88432	14	0.98885	16	0.902	78	0.2285	264	0.4627	280	0.5711	222	0.7798	209
梧州	0.7245	114	健康	0.45905	190	0.97293	34	0.7287	134	0.8697	47	1	1	0.593	215	0.9096	155
铜川	0.7242	115	健康	0.87166	60	0.51377	252	0.774	127	0.3092	223	0.9044	261	0.4899	242	0.9896	37
湛江	0.7232	116	健康	0.3815	226	0.98408	24	0.5996	177	0.7574	85	1	1	0.8684	130	0.9897	36
滁州	0.7193	117	健康	0.48658	175	0.67705	223	0.5427	190	0.6407	113	1	1	0.9065	47	0.8484	190
郑州	0.7164	118	健康	0.87118	63	0.27792	281	0.935	47	0.8696	49	1	1	0.9112	40	0.8932	172
张掖	0.716	119	健康	0.87004	65	0.9172	96	0.6456	161	0.2829	232	1	1	0.4936	241	0.8612	186
阳江	0.7156	120	健康	0.55041	149	0.97134	37	0.7191	138	0.443	163	1	1	0.8903	77	0.9428	121

续表

城市名称	健康指数	排名	等级	森林覆盖率指数		空气质量优良天数指数		河湖水质指数		单位GDP工业二氧化硫排放量指数		生活垃圾无害化处理率指数		单位GDP综合能耗指数		一般工业固体废物综合利用率指数	
				数值	排名	数值	排名	数值	排名	数值	排名	数值	排名	数值	排名	数值	排名
黄石	0.7154	121	健康	0.64254	127	0.82672	171	0.911	69	0.3623	194	1	1	0.5438	228	0.9586	103
银川	0.7147	122	健康	0.88425	15	0.75869	201	0.9739	16	0.4018	177	0.97	224	0.3668	271	0.9472	119
嘉峪关	0.7124	123	健康	0.94594	2	0.91561	97	0.8097	122	0.16	284	1	1	0.16	284	0.6598	237
泸州	0.7117	124	健康	0.60928	137	0.6589	230	0.6144	173	0.3733	189	1	1	0.7788	160	0.982	52
萍乡	0.7107	125	健康	0.6295	132	0.81311	179	0.6868	145	0.247	259	1	1	0.6721	192	0.9856	44
吉林	0.7092	126	健康	0.85929	93	0.88217	138	0.9367	44	0.4128	173	0.7985	271	0.7251	175	0.5568	249
湘潭	0.7083	127	健康	0.64799	126	0.88376	135	0.9234	57	0.3862	181	1	1	0.6756	191	0.9998	11
白山	0.7083	128	健康	0.56824	145	0.88376	135	0.7333	133	0.6646	110	0.8915	265	0.4158	260	0.9256	140
安康	0.7066	129	健康	0.39339	222	0.8965	123	0.3441	249	0.8262	74	0.997	196	0.8905	76	0.7471	215
石家庄	0.7061	130	健康	0.67436	119	0.3777	268	0.9434	35	0.4124	174	1	1	0.8487	137	0.9678	83
肇庆	0.7047	131	健康	0.54514	152	0.92675	82	0.8845	92	0.5524	131	1	1	0.894	74	0.5108	262
南平	0.7044	132	健康	0.38026	229	0.99682	4	0.4564	213	0.8129	76	0.9528	249	0.8189	144	0.9172	149
徐州	0.704	133	健康	0.63781	130	0.66798	226	0.8693	109	0.4095	175	1	1	0.4344	255	0.9802	54
延安	0.7035	134	健康	0.46155	188	0.81311	179	0.4381	225	0.6865	104	0.965	231	0.8889	79	0.9032	163
随州	0.7024	135	健康	0.4432	195	0.77229	192	0.5889	181	0.8996	7	0.9579	239	0.9152	36	0.9827	49
鹤岗	0.7019	136	健康	0.87123	62	0.95542	53	0.912	66	0.3335	210	0.1964	283	0.5316	230	0.9339	132
酒泉	0.7011	137	健康	0.82596	97	0.85847	156	0.6665	156	0.3307	212	1	1	0.5249	232	0.6068	243
六安	0.701	138	健康	0.37484	230	0.89491	125	0.4321	227	0.8703	38	1	1	0.9048	49	0.4929	265
南充	0.701	139	健康	0.4375	198	0.84486	163	0.4922	206	0.8699	45	1	1	0.878	104	0.6916	230
鄂尔多斯	0.7009	140	健康	0.87726	34	0.92675	82	0.8315	119	0.4429	164	0.977	220	0.7394	169	0.5402	254

续表

城市名称	健康指数	排名	等级	森林覆盖率指数		空气质量优良天数指数		河湖水质指数		单位GDP工业二氧化硫排放量指数		生活垃圾无害化处理率指数		单位GDP综合能耗指数		一般工业固体废物综合利用率指数	
				数值	排名	数值	排名	数值	排名	数值	排名	数值	排名	数值	排名	数值	排名
玉　林	0.7	141	健康	0.28898	267	0.97293	34	0.3803	238	0.8699	46	1	1	0.9037	51	0.9212	144
营　口	0.6998	142	健康	0.8696	71	0.74508	204	0.926	52	0.2693	244	0.6421	275	0.5067	236	0.9597	99
漳　州	0.6978	143	健康	0.39399	221	0.98726	18	0.5693	185	0.7945	79	0.997	196	0.9406	16	0.9681	79
泉　州	0.6964	144	健康	0.71243	113	0.98726	18	0.6776	151	0.7289	94	0.9868	208	0.8884	80	0.9682	78
呼和浩特	0.6962	145	健康	0.88395	18	0.85847	156	0.9894	8	0.3792	184	1	1	0.6318	201	0.5283	260
丽　江	0.696	146	健康	0.49397	172	1	1	0.6731	155	0.3208	216	0.9306	258	0.754	166	0.8933	171
抚　顺	0.695	147	健康	0.87434	49	0.86943	150	0.9323	49	0.2781	237	1	1	0.5003	238	0.5167	261
自　贡	0.694	148	健康	0.74973	108	0.59541	240	0.6908	143	0.7409	90	1	1	0.8962	67	0.949	117
荆　门	0.6919	149	健康	0.46598	185	0.79043	188	0.8595	114	0.5888	125	1	1	0.7192	178	0.668	234
泰　安	0.6895	150	健康	0.66113	123	0.32781	276	0.5257	193	0.854	70	1	1	0.8632	133	0.9877	42
赣　州	0.6892	151	健康	0.43535	201	0.93631	72	0.5174	198	0.4129	172	1	1	0.9286	23	0.8085	202
岳　阳	0.6891	152	健康	0.46912	182	0.86754	154	0.8764	99	0.7684	82	1	1	0.829	142	0.7975	204
吉　安	0.6889	153	健康	0.34915	238	0.94108	66	0.3315	257	0.3773	186	1	1	0.9699	3	0.974	64
淄　博	0.6879	154	健康	0.87511	44	0.35503	271	0.9972	3	0.2642	251	1	1	0.5348	229	0.9731	65
阳　泉	0.6878	155	健康	0.86806	89	0.54552	246	0.9019	79	0.1819	280	1	1	0.4396	254	0.2704	280
抚　州	0.6876	156	健康	0.44398	193	0.95701	50	0.5733	184	0.4391	166	1	1	0.943	15	0.8073	203
齐齐哈尔	0.6866	157	健康	0.61169	136	0.94427	61	0.6023	175	0.315	220	0.6028	276	0.8746	115	0.9699	75
锦　州	0.6865	158	健康	0.71461	111	0.70879	212	0.9374	41	0.4038	176	1	1	0.6236	204	0.9294	135
通　化	0.6861	159	健康	0.54575	151	0.91083	101	0.6753	153	0.3815	182	0.9548	244	0.5809	220	0.8766	182
枣　庄	0.6851	160	健康	0.81747	100	0.43667	264	0.8729	104	0.374	187	1	1	0.6098	208	1	1

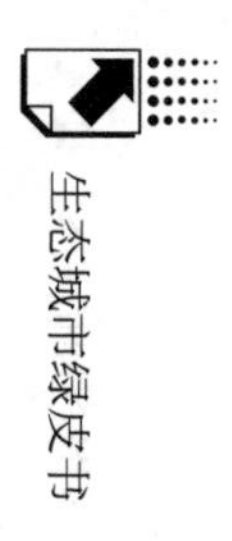

续表

城市名称	健康指数	排名	等级	森林覆盖率指数		空气质量优良天数指数		河湖水质指数		单位GDP工业二氧化硫排放量指数		生活垃圾无害化处理率指数		单位GDP综合能耗指数		一般工业固体废物综合利用率指数	
				数值	排名	数值	排名	数值	排名	数值	排名	数值	排名	数值	排名	数值	排名
亳州	0.685	161	健康	0.28261	269	0.7995	184	0.3647	243	0.6019	122	1	1	0.9348	20	0.9818	53
三明	0.6842	162	健康	0.40348	217	0.99204	9	0.5042	203	0.4911	148	0.986	209	0.8034	152	0.9637	92
巴中	0.6821	163	健康	0.3972	219	0.92994	78	0.3471	248	0.87	43	0.98	217	0.8775	109	0.8939	170
永州	0.6819	164	健康	0.31222	261	0.91561	97	0.5226	196	0.8298	72	1	1	0.8667	132	0.906	159
绥化	0.6808	165	健康	0.22016	282	0.95223	56	0.3343	255	0.8703	40	1	1	0.9	58	1	1
开封	0.6805	166	健康	0.47408	180	0.60901	239	0.7532	129	0.8702	41	1	1	0.9027	53	0.9878	41
临沂	0.68	167	健康	0.45972	189	0.54552	246	0.7017	141	0.3911	180	1	1	0.7801	159	0.9952	19
攀枝花	0.6796	168	健康	0.87516	43	1	1	0.906	74	0.1943	274	1	1	0.4017	264	0.2973	279
包头	0.6793	169	健康	0.88242	20	0.7859	190	0.9585	23	0.5024	146	0.9815	214	0.5016	237	0.5373	258
咸阳	0.6774	170	健康	0.42386	207	0.34596	272	0.8586	115	0.6801	106	0.969	226	0.8814	94	0.7252	221
鞍山	0.6773	171	健康	0.86995	67	0.88058	139	0.9257	55	0.239	261	1	1	0.4949	240	0.3244	278
梅州	0.6753	172	健康	0.32823	251	0.98726	18	0.4403	223	0.3097	222	1	1	0.7561	164	0.9936	25
松原	0.6738	173	健康	0.48203	176	0.89968	119	0.71	139	0.8693	54	0.967	228	0.7033	186	0.958	105
宁德	0.6734	174	健康	0.30155	265	0.99045	14	0.2812	270	0.5549	130	0.9649	232	0.8964	66	0.8849	175
眉山	0.6729	175	健康	0.41328	211	0.69972	216	0.4694	211	0.372	190	1	1	0.809	146	0.9642	91
日照	0.6722	176	健康	0.85148	96	0.6589	230	0.7367	132	0.4406	165	1	1	0.4203	257	0.9193	147
资阳	0.6713	177	健康	0.38702	224	0.80404	183	0.3278	258	0.8154	75	1	1	0.9015	55	0.982	51
潍坊	0.6706	178	健康	0.52417	157	0.49563	255	0.5527	188	0.5282	140	1	1	0.7925	155	0.961	95
乌兰察布	0.6704	179	健康	0.52707	155	0.94586	60	0.3218	262	0.2748	238	0.9663	229	0.4136	261	0.7661	212
本溪	0.6702	180	健康	0.88153	21	0.92038	91	0.8685	110	0.232	263	0.8319	269	0.2749	279	0.54	255

续表

城市名称	健康指数	排名	等级	森林覆盖率指数		空气质量优良天数指数		河湖水质指数		单位 GDP 工业二氧化硫排放量指数		生活垃圾无害化处理率指数		单位 GDP 综合能耗指数		一般工业固体废物综合利用率指数	
				数值	排名	数值	排名	数值	排名	数值	排名	数值	排名	数值	排名	数值	排名
宜　宾	0.6702	181	健康	0.40878	215	0.7995	184	0.4564	214	0.4834	152	1	1	0.8079	148	0.9717	70
天　水	0.6695	182	健康	0.38779	223	0.90605	113	0.3755	241	0.6097	119	1	1	0.8316	141	0.795	206
南　阳	0.6682	183	健康	0.33984	244	0.5183	251	0.3516	247	0.8736	23	0.9652	230	0.9281	24	0.7961	205
四　平	0.668	184	健康	0.40989	214	0.88376	135	0.4856	207	0.4186	170	0.911	260	0.8977	62	0.9595	100
石嘴山	0.6679	185	健康	0.89185	12	0.77229	192	0.9066	73	0.179	281	0.9772	219	0.2234	282	0.5817	247
葫芦岛	0.6669	186	健康	0.68329	117	0.76776	195	0.6818	147	0.2473	258	0.9534	248	0.6298	203	0.9173	148
张家界	0.6669	187	健康	0.46603	184	0.90924	106	0.6505	159	0.2644	250	1	1	0.8833	87	1	1
汕　尾	0.6664	188	健康	0.22797	279	0.98885	16	0.4513	219	0.8725	29	0.9375	256	0.9248	27	0.9999	8
榆　林	0.6652	189	健康	0.42507	206	0.88854	128	0.3397	253	0.2794	236	0.9327	257	0.7292	172	0.9118	152
孝　感	0.6648	190	健康	0.30438	264	0.81765	178	0.476	210	0.4836	151	1	1	0.6313	202	0.6659	235
茂　名	0.6646	191	健康	0.38057	228	0.98408	24	0.4111	233	0.8713	34	1	1	0.8031	153	0.9604	96
固　原	0.6641	192	健康	0.52444	156	0.92357	87	0.3222	260	0.2598	254	1	1	0.5744	221	0.9105	154
张家口	0.6634	193	健康	0.54848	150	0.8758	142	0.6827	146	0.4266	169	0.9554	242	0.6013	211	0.656	238
荆　州	0.6633	194	健康	0.34739	240	0.64076	234	0.5065	202	0.8683	63	1	1	0.8724	118	0.4869	266
清　远	0.6627	195	健康	0.41451	210	0.9379	71	0.6958	142	0.4699	155	0.7601	272	0.6497	199	0.9655	86
玉　溪	0.6622	196	健康	0.41065	212	0.99841	3	0.5774	182	0.2925	228	1	1	0.6007	212	0.5779	248
呼伦贝尔	0.6621	197	健康	0.51505	160	0.98408	24	0.4498	220	0.3683	191	1	1	0.7932	154	0.4942	264
商　洛	0.6606	198	健康	0.23404	277	0.90765	110	0.2323	278	0.5494	133	0.9618	235	0.9058	48	0.6927	229
白　银	0.6602	199	健康	0.66242	122	0.89331	126	0.8903	86	0.1867	278	0.9555	241	0.3678	270	0.8426	193
巴彦淖尔	0.6583	200	健康	0.65949	124	0.90765	110	0.6338	164	0.2714	242	1	1	0.4538	248	0.4267	271

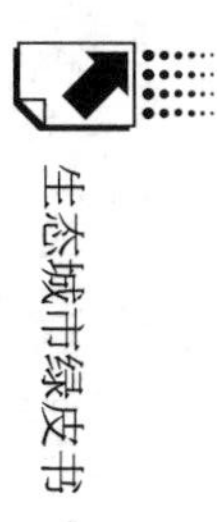

续表

城市名称	健康指数	排名	等级	森林覆盖率指数		空气质量优良天数指数		河湖水质指数		单位GDP工业二氧化硫排放量指数		生活垃圾无害化处理率指数		单位GDP综合能耗指数		一般工业固体废物综合利用率指数	
				数值	排名	数值	排名	数值	排名	数值	排名	数值	排名	数值	排名	数值	排名
辽阳	0.6579	201	健康	0.87377	55	0.84486	163	0.9259	53	0.3437	204	1	1	0.4069	262	0.1676	283
钦州	0.6567	202	健康	0.49991	168	0.96975	40	0.5399	191	0.8686	57	1	1	0.8943	73	0.9888	38
宿州	0.6566	203	健康	0.36366	233	0.62716	235	0.3264	259	0.3481	202	1	1	0.9015	55	0.9202	145
濮阳	0.6562	204	健康	0.36504	232	0.39585	266	0.6317	166	0.8726	28	0.998	194	0.807	150	0.9951	21
武威	0.6555	205	健康	0.32497	254	0.90765	110	0.4588	212	0.5981	123	0.995	201	0.6072	210	0.9282	137
吴忠	0.6538	206	健康	0.86808	88	0.85847	156	0.777	126	0.1979	272	1	1	0.301	276	0.6711	233
朔州	0.6533	207	健康	0.68361	116	0.71333	211	0.602	176	0.3165	219	1	1	0.3656	272	0.6022	245
河源	0.6508	208	健康	0.32872	250	0.98567	22	0.6761	152	0.3783	185	1	1	0.8845	84	0.8162	197
通辽	0.6489	209	亚健康	0.50014	167	0.89809	121	0.6192	170	0.3378	208	1	1	0.4198	259	0.9344	130
揭阳	0.6473	210	亚健康	0.49554	170	0.95701	50	0.3742	242	0.8702	42	0.9642	234	0.8842	86	0.54	256
漯河	0.6471	211	亚健康	0.51295	163	0.4412	262	0.8882	89	0.8808	17	1	1	0.8719	119	1	1
贺州	0.6462	212	亚健康	0.34408	241	0.98248	29	0.4271	229	0.7131	99	1	1	0.496	239	0.969	77
安顺	0.6453	213	亚健康	0.52005	158	0.99045	14	0.4852	208	0.3011	227	0.9514	251	0.7546	165	0.9936	25
济宁	0.6446	214	亚健康	0.55808	147	0.51377	252	0.6464	160	0.5261	141	1	1	0.8711	124	0.9552	108
汉中	0.6435	215	亚健康	0.31194	262	0.80858	182	0.34	252	0.34	206	0.985	211	0.6966	189	0.7412	218
宜春	0.643	216	亚健康	0.37191	231	0.91879	95	0.3763	240	0.3182	217	1	1	0.8779	106	0.6641	236
许昌	0.6417	217	亚健康	0.45899	191	0.58634	241	0.4289	228	0.8033	78	1	1	0.8936	75	0.9745	61
廊坊	0.6404	218	亚健康	0.43654	200	0.51377	252	0.4225	230	0.5913	124	1	1	0.8754	112	0.9635	93
焦作	0.6401	219	亚健康	0.64967	125	0.32781	276	0.7857	125	0.7502	88	0.975	221	0.7286	173	0.766	213
上饶	0.6382	220	亚健康	0.34842	239	0.94268	64	0.3775	239	0.4816	153	1	1	0.9354	19	0.1802	282

续表

城市名称	健康指数	排名	等级	森林覆盖率指数		空气质量优良天数指数		河湖水质指数		单位GDP工业二氧化硫排放量指数		生活垃圾无害化处理率指数		单位GDP综合能耗指数		一般工业固体废物综合利用率指数	
				数值	排名	数值	排名	数值	排名	数值	排名	数值	排名	数值	排名	数值	排名
常德	0.6356	221	亚健康	0.42745	205	0.77229	192	0.6798	148	0.8084	77	1	1	0.9066	46	0.9768	59
德阳	0.6351	222	亚健康	0.46284	187	0.66798	226	0.5893	179	0.6444	111	0.9814	215	0.8733	116	0.6869	231
咸宁	0.6339	223	亚健康	0.50876	165	0.84939	161	0.5096	201	0.4868	149	1	1	0.6218	205	0.9972	15
保定	0.6337	224	亚健康	0.41003	213	0.28246	280	0.4144	232	0.6299	114	0.9648	233	0.8818	93	0.9926	30
黑河	0.6332	225	亚健康	0.34949	237	0.99204	9	0.2942	266	0.3414	205	1	1	0.9	58	0.16	284
河池	0.6302	226	亚健康	0.22023	281	0.96975	40	0.2789	271	0.4386	167	1	1	0.9012	57	0.8153	198
信阳	0.6295	227	亚健康	0.32354	256	0.70879	212	0.2531	276	0.8731	26	1	1	0.8787	103	0.917	150
衡阳	0.6288	228	亚健康	0.39929	218	0.84939	161	0.8319	118	0.3576	199	1	1	0.8779	107	0.9275	138
乐山	0.6266	229	亚健康	0.44328	194	0.79043	188	0.5646	186	0.2729	241	0.8138	270	0.5596	226	0.9216	143
莱芜	0.6266	230	亚健康	0.88403	17	0.39585	266	0.8995	82	0.2361	262	1	1	0.2778	278	0.978	56
洛阳	0.6234	231	亚健康	0.64086	128	0.34142	274	0.7884	124	0.6709	107	0.9542	246	0.8747	114	0.5412	253
广安	0.6221	232	亚健康	0.31089	263	0.8758	142	0.2912	268	0.364	192	1	1	0.8701	126	0.8966	168
阜阳	0.6198	233	亚健康	0.32791	252	0.70879	212	0.3392	254	0.5128	143	1	1	0.8596	135	0.9051	160
朝阳	0.6198	234	亚健康	0.337	248	0.93471	75	0.5893	180	0.2703	243	1	1	0.7105	183	0.8699	184
晋城	0.619	235	亚健康	0.68216	118	0.64983	233	0.653	158	0.2022	269	1	1	0.4536	249	0.855	188
益阳	0.6136	236	亚健康	0.43482	202	0.90446	116	0.4354	226	0.5079	145	1	1	0.8761	111	0.9041	162
邵阳	0.6132	237	亚健康	0.27727	271	0.85847	156	0.4546	216	0.5856	126	0.9801	216	0.8611	134	0.7532	214
来宾	0.613	238	亚健康	0.38075	227	0.93312	76	0.4075	234	0.4185	171	1	1	0.6719	193	0.7261	220
赤峰	0.6095	239	亚健康	0.5285	154	0.91083	101	0.8696	108	0.2739	240	1	1	0.2235	281	0.3963	273
平凉	0.6081	240	亚健康	0.4068	216	0.91401	100	0.3219	261	0.2666	249	1	1	0.5454	227	0.9555	107

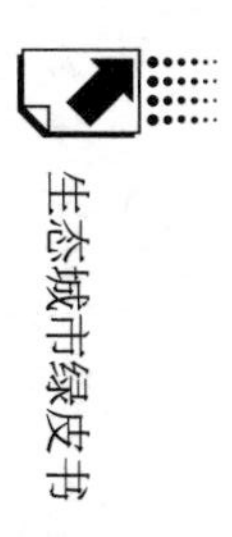

续表

城市名称	健康指数	排名	等级	森林覆盖率指数		空气质量优良天数指数		河湖水质指数		单位GDP工业二氧化硫排放量指数		生活垃圾无害化处理率指数		单位GDP综合能耗指数		一般工业固体废物综合利用率指数	
				数值	排名	数值	排名	数值	排名	数值	排名	数值	排名	数值	排名	数值	排名
庆阳	0.6079	241	亚健康	0.26961	273	0.92038	91	0.1941	281	0.6238	116	0.974	222	0.8894	78	0.9999	10
黄冈	0.6061	242	亚健康	0.24447	276	0.76776	195	0.2651	275	0.8692	55	0.9915	203	0.791	156	0.6275	240
郴州	0.6055	243	亚健康	0.4311	203	0.93949	70	0.6451	162	0.7519	87	1	1	0.8458	138	0.5509	251
崇左	0.6052	244	亚健康	0.32293	257	0.9793	32	0.2936	267	0.8693	53	0.5344	278	0.5095	234	0.5316	259
承德	0.6042	245	亚健康	0.72462	110	0.82218	175	0.6169	172	0.2584	255	0.95	252	0.6079	209	0.3729	275
新乡	0.6038	246	亚健康	0.46797	183	0.3006	279	0.8103	121	0.7591	84	1	1	0.8088	147	0.774	211
唐山	0.6036	247	亚健康	0.70728	114	0.48202	256	0.9069	71	0.3398	207	1	1	0.4807	244	0.7862	208
三门峡	0.6015	248	亚健康	0.5533	148	0.48202	256	0.5218	197	0.3628	193	0.9674	227	0.7118	181	0.4616	269
滨州	0.5998	249	亚健康	0.81738	101	0.54098	248	0.8683	111	0.2017	270	1	1	0.4605	247	0.6331	239
贵港	0.5984	250	亚健康	0.27147	272	0.95542	53	0.6595	157	0.3062	225	1	1	0.3821	267	0.9745	61
邯郸	0.5981	251	亚健康	0.46396	186	0.4412	262	0.6263	168	0.324	215	1	1	0.5257	231	0.9085	157
德州	0.5967	252	亚健康	0.60508	140	0.20082	283	0.7255	135	0.3562	200	1	1	0.8075	149	0.9417	124
遵义	0.5961	253	亚健康	0.38215	225	0.95542	53	0.394	237	0.3445	203	0.9526	250	0.8499	136	0.6144	242
云浮	0.5951	254	亚健康	0.31324	260	0.95701	50	0.5246	194	0.2888	230	1	1	0.6565	195	0.7434	217
驻马店	0.5936	255	亚健康	0.27939	270	0.56366	245	0.3209	263	0.8696	50	0.9546	245	0.8956	70	0.9994	13
中卫	0.5926	256	亚健康	0.59395	141	0.84486	163	0.3321	256	0.1984	271	1	1	0.1981	283	0.9248	142
怀化	0.5896	257	亚健康	0.33893	246	0.93153	77	0.4968	204	0.5818	127	1	1	0.8693	127	0.54	256
定西	0.5884	258	亚健康	0.22799	278	0.92675	82	0.1697	283	0.3181	218	1	1	0.7803	158	0.9356	129
晋中	0.5852	259	亚健康	0.49795	169	0.61808	237	0.6185	171	0.2814	234	1	1	0.42	258	0.7439	216
铁岭	0.5841	260	亚健康	0.44974	192	0.76322	199	0.4788	209	0.2858	231	1	1	0.5069	235	0.724	223

续表

城市名称	健康指数	排名	等级	森林覆盖率指数		空气质量优良天数指数		河湖水质指数		单位GDP工业二氧化硫排放量指数		生活垃圾无害化处理率指数		单位GDP综合能耗指数		一般工业固体废物综合利用率指数	
				数值	排名	数值	排名	数值	排名	数值	排名	数值	排名	数值	排名	数值	排名
曲靖	0.5816	261	亚健康	0.33849	247	0.98726	18	0.3403	251	0.1882	277	0.9996	191	0.5873	218	0.8382	194
保山	0.5814	262	亚健康	0.34324	242	0.94905	58	0.3441	250	0.3111	221	0.9008	263	0.6176	206	0.9026	165
平顶山	0.5787	263	亚健康	0.35355	236	0.46841	258	0.6783	150	0.5214	142	1	1	0.709	184	0.9881	39
忻州	0.5757	264	亚健康	0.32047	259	0.79497	186	0.3126	264	0.1771	283	1	1	0.4842	243	0.7786	210
内江	0.575	265	亚健康	0.41571	209	0.76322	199	0.455	215	0.2421	260	1	1	0.6706	194	0.9544	110
渭南	0.5717	266	亚健康	0.32582	253	0.33235	275	0.4541	217	0.1928	276	0.95	252	0.4742	245	0.9999	8
周口	0.5682	267	亚健康	0.22727	280	0.5818	242	0.2179	279	0.8748	21	0.9932	202	0.9375	18	0.9958	17
临沧	0.5655	268	亚健康	0.29321	266	0.98408	24	0.2698	274	0.2798	235	0.7524	273	0.8453	139	0.8785	181
沧州	0.5624	269	亚健康	0.28601	268	0.52284	249	0.2703	273	0.7806	80	1	1	0.7631	162	0.6806	232
菏泽	0.5609	270	亚健康	0.35791	235	0.31874	278	0.3565	246	0.3734	188	1	1	0.7115	182	0.9875	43
吕梁	0.5566	271	亚健康	0.24477	275	0.87421	144	0.1963	280	0.194	275	1	1	0.3892	265	0.8191	196
娄底	0.5524	272	亚健康	0.32486	255	0.91561	97	0.4456	221	0.267	248	1	1	0.4419	253	0.9744	63
长治	0.548	273	不健康	0.49467	171	0.56819	244	0.8598	113	0.2616	253	0.2678	282	0.3884	266	0.8302	195
商丘	0.5457	274	不健康	0.25442	274	0.42759	265	0.2409	277	0.5314	139	1	1	0.8728	117	0.9909	34
六盘水	0.5418	275	不健康	0.47771	177	0.90605	113	0.4162	231	0.2055	268	0.95	252	0.5097	233	0.707	226
安阳	0.5414	276	不健康	0.35956	234	0.3777	268	0.6075	174	0.3065	224	1	1	0.5879	217	0.9856	44
聊城	0.5401	277	不健康	0.43682	199	0.27792	281	0.5625	187	0.3307	213	1	1	0.7308	171	0.8797	180
衡水	0.5398	278	不健康	0.42971	204	0.16	284	0.3616	244	0.7259	96	0.5395	277	0.8133	145	0.9934	28
达州	0.5335	279	不健康	0.3394	245	0.69519	217	0.4385	224	0.2818	233	0.9553	243	0.7121	180	0.7066	227
邢台	0.5319	280	不健康	0.32172	258	0.3641	270	0.3118	265	0.2676	246	1	1	0.614	207	0.9746	60

续表

城市名称	健康指数	排名	等级	森林覆盖率指数		空气质量优良天数指数		河湖水质指数		单位GDP工业二氧化硫排放量指数		生活垃圾无害化处理率指数		单位GDP综合能耗指数		一般工业固体废物综合利用率指数	
				数值	排名	数值	排名	数值	排名	数值	排名	数值	排名	数值	排名	数值	排名
百色	0.53	281	不健康	0.34132	243	0.97134	37	0.3614	245	0.3296	214	1	1	0.3701	269	0.3878	274
陇南	0.4829	282	不健康	0.16	284	0.87102	148	0.16	284	0.3368	209	0.5308	279	0.7217	177	0.3425	277
运城	0.4817	283	不健康	0.32892	249	0.72694	209	0.278	272	0.2181	266	1	1	0.3477	274	0.4115	272
昭通	0.4802	284	不健康	0.20835	283	0.92357	87	0.187	282	0.3017	226	0.3073	281	0.7047	185	0.6962	228

城市名称	健康指数	排名	等级	R&D经费占GDP比重指数		信息化基础设施指数		人均GDP指数		人口密度指数		生态环保知识、法规普及率，基础设施完好率指数		公众对城市生态环境满意率指数		政府投入与建设效果指数	
				数值	排名	数值	排名	数值	排名	数值	排名	数值	排名	数值	排名	数值	排名
三亚	0.9236	1	很健康	0.8815	56	0.8878	23	0.8754	81	0.8682	128	1	1	0.8696	100	0.8721	63
珠海	0.9032	2	很健康	0.8708	101	0.9184	6	0.9338	9	0.6942	171	0.9409	4	0.9027	11	0.9272	5
厦门	0.8868	3	很健康	0.7386	143	0.9176	7	0.9033	30	0.8827	116	0.9251	9	0.6391	168	0.9553	2
南昌	0.8767	4	很健康	0.4255	249	0.8714	70	0.8904	45	0.9184	75	0.8848	40	0.8684	105	0.8683	80
南宁	0.8755	5	很健康	0.5544	207	0.8708	75	0.8438	119	0.9054	93	0.8745	71	0.7841	128	0.9372	4
舟山	0.8745	6	很健康	0.5688	203	0.8902	21	0.9116	23	0.3416	267	0.9152	14	0.8872	23	0.8727	59
惠州	0.872	7	很健康	0.7884	127	0.8841	30	0.8823	59	0.5012	230	0.856	114	0.6843	149	0.8707	71
海口	0.8675	8	很健康	0.5393	215	0.8811	37	0.8698	105	0.8071	143	0.9195	11	0.8696	99	0.5761	147
天津	0.8672	9	很健康	0.7565	139	0.9433	3	0.9178	18	0.9055	92	0.8941	26	0.8795	41	0.8698	73
威海	0.8658	10	很健康	0.5451	213	0.8791	42	0.9171	19	0.4605	241	0.8999	23	0.8717	78	0.8697	74
广州	0.8655	11	很健康	0.4049	256	0.8993	14	0.9398	5	0.9594	38	0.915	15	0.8839	31	0.871	68
黄山	0.8623	12	很健康	0.8195	114	0.6677	146	0.6626	156	0.2703	277	0.8742	74	0.8772	48	0.8827	29

续表

城市名称	健康指数	排名	等级	R&D 经费占 GDP 比重指数		信息化基础设施指数		人均 GDP 指数		人口密度指数		生态环保知识、法规普及率,基础设施完好率指数		公众对城市生态环境满意率指数		政府投入与建设效果指数	
				数值	排名	数值	排名	数值	排名	数值	排名	数值	排名	数值	排名	数值	排名
福州	0.8576	13	很健康	0.5216	219	0.8792	41	0.891	42	0.7157	165	0.8693	103	0.6662	155	0.8818	32
江门	0.8564	14	很健康	0.6624	173	0.8838	33	0.8547	116	0.7103	166	0.6171	163	0.8721	76	0.8823	30
深圳	0.8542	15	很健康	0.8713	94	1	1	0.9607	2	0.9755	20	0.8796	55	0.8705	88	0.4665	176
合肥	0.8535	16	很健康	0.759	135	0.8736	59	0.8892	47	0.901	101	0.5484	184	0.8062	124	1	1
武汉	0.8503	17	很健康	0.5254	217	0.9008	13	0.9149	20	0.9693	28	0.8897	28	0.875	59	0.8845	25
上海	0.8489	18	健康	0.8713	95	0.8869	25	0.9191	16	0.9147	79	0.9159	13	0.7632	133	0.4749	175
汕头	0.8475	19	健康	0.8682	108	0.7458	126	0.587	176	0.9388	53	0.3786	244	0.875	58	0.8852	24
北京	0.8473	20	健康	0.8757	72	0.8785	43	0.9204	15	0.3591	262	0.937	5	0.7155	143	0.9218	6
东莞	0.8335	21	健康	0.481	233	0.9322	5	0.8913	41	0.7615	155	0.8336	119	0.879	44	0.9131	9
常州	0.833	22	健康	0.3065	277	0.8946	20	0.9241	13	0.7269	162	0.8783	59	0.8734	66	0.8709	69
杭州	0.8329	23	健康	0.5893	198	0.9024	10	0.9254	11	0.9134	80	0.8849	39	0.6477	163	0.6334	131
哈尔滨	0.8315	24	健康	0.3782	263	0.7526	124	0.8756	78	0.8475	134	0.8826	43	0.8713	81	0.8342	94
南京	0.83	25	健康	0.463	235	0.8987	16	0.9278	10	0.4562	243	0.8852	36	0.8876	22	0.9003	14
青岛	0.8299	26	健康	0.5537	208	0.8806	38	0.9132	22	0.5825	211	0.8739	78	0.8701	90	0.3415	224
蚌埠	0.8281	27	健康	0.8754	74	0.569	186	0.6618	157	0.781	146	0.6586	150	0.8825	35	0.8791	37
重庆	0.8263	28	健康	0.763	132	0.8692	80	0.8711	100	0.5905	209	0.7632	132	0.7957	125	0.8777	40
北海	0.8258	29	健康	0.6235	183	0.7774	114	0.8741	89	0.1649	283	0.8709	98	0.8754	55	0.7363	111
宁波	0.8255	30	健康	0.5994	191	0.8991	15	0.9142	21	0.7741	147	0.8735	79	0.4612	223	0.5848	145
芜湖	0.825	31	健康	0.87	104	0.8101	100	0.884	55	0.5702	216	0.5261	197	0.8847	30	0.8684	78

续表

城市名称	健康指数	排名	等级	R&D 经费占 GDP 比重指数		信息化基础设施指数		人均 GDP 指数		人口密度指数		生态环保知识、法规普及率，基础设施完好率指数		公众对城市生态环境满意率指数		政府投入与建设效果指数	
				数值	排名	数值	排名	数值	排名	数值	排名	数值	排名	数值	排名	数值	排名
大连	0.8248	32	健康	0.3179	275	0.8693	79	0.9034	29	0.6982	169	0.8716	88	0.8741	61	0.7299	114
长春	0.8226	33	健康	0.3316	270	0.4874	216	0.8887	48	0.5814	213	0.8881	32	0.887	24	0.8728	58
佛山	0.8219	34	健康	0.3015	278	0.9009	12	0.9185	17	0.8203	139	0.8778	64	0.4376	230	0.8726	60
绍兴	0.8219	35	健康	0.4817	232	0.8839	32	0.9024	31	0.8733	125	0.8699	102	0.6121	176	0.6203	133
南通	0.8211	36	健康	0.5146	221	0.8732	60	0.8995	34	0.931	63	0.5997	167	0.8704	89	0.8765	43
西安	0.8153	37	健康	0.4394	246	0.884	31	0.8821	60	0.9081	89	0.8797	53	0.6869	148	0.9422	3
苏州	0.8152	38	健康	0.4283	248	0.9111	9	0.9428	4	0.618	200	0.8773	65	0.873	70	0.7301	113
柳州	0.815	39	健康	0.5939	196	0.8614	86	0.8751	82	0.9024	99	0.8877	33	0.87	92	0.9039	12
连云港	0.8102	40	健康	0.761	133	0.7873	109	0.8482	118	0.4505	245	0.7173	141	0.8807	38	0.9045	11
秦皇岛	0.8098	41	健康	0.8373	112	0.8741	58	0.884	54	0.9536	45	0.8713	93	0.7888	126	0.7425	107
长沙	0.8051	42	健康	0.3265	271	0.8763	50	0.9252	12	0.8684	127	0.6527	151	0.621	171	0.7371	110
中山	0.805	43	健康	0.5939	195	0.9373	4	0.9051	26	0.8549	131	0.7265	139	0.3157	265	0.4499	185
拉萨	0.8025	44	健康	0.9202	9	0.6384	162	0.8767	72	0.7177	163	0.8296	120	0.8932	18	0.5528	156
济南	0.8018	45	健康	0.3936	259	0.8846	29	0.8981	35	0.6404	189	0.8683	112	0.8801	39	0.8794	36
扬州	0.8009	46	健康	0.3927	260	0.8756	53	0.9048	27	0.8354	137	0.6698	148	0.8758	52	0.4643	177
沈阳	0.7943	47	健康	0.4745	234	0.8723	63	0.8784	66	0.4611	240	0.9031	22	0.7399	138	0.8758	45
太原	0.7941	48	健康	0.5243	218	0.88	39	0.8795	63	0.7988	145	0.9089	18	0.8456	115	0.8962	16
成都	0.7924	49	健康	0.4117	253	0.8859	27	0.8866	51	0.9837	17	0.8824	44	0.4728	215	0.89	20
镇江	0.7915	50	健康	0.3708	265	0.883	34	0.9224	14	0.4903	235	0.8779	63	0.8792	43	0.4351	190

续表

城市名称	健康指数	排名	等级	R&D 经费占GDP 比重指数		信息化基础设施指数		人均 GDP 指数		人口密度指数		生态环保知识、法规普及率，基础设施完好率指数		公众对城市生态环境满意率指数		政府投入与建设效果指数	
				数值	排名	数值	排名	数值	排名	数值	排名	数值	排名	数值	排名	数值	排名
景德镇	0. 7908	51	健康	0. 7128	150	0. 8433	94	0. 8147	128	0. 6874	174	0. 7984	126	0. 8949	16	0. 2994	239
淮安	0. 79	52	健康	0. 5783	201	0. 7149	131	0. 8748	84	0. 9884	15	0. 7358	136	0. 897	15	0. 8695	75
无锡	0. 7887	53	健康	0. 3147	276	0. 8979	18	0. 9393	6	0. 6011	207	0. 8638	113	0. 8733	68	0. 457	179
烟台	0. 784	54	健康	0. 4071	255	0. 8716	67	0. 9042	28	0. 6037	205	0. 7686	131	0. 638	169	0. 4273	191
湖州	0. 7833	55	健康	0. 604	188	0. 8875	24	0. 8868	50	0. 4401	247	0. 8154	122	0. 5905	179	0. 8655	86
温州	0. 7798	56	健康	0. 7394	142	0. 8826	35	0. 8693	107	0. 7403	159	0. 3492	253	0. 477	214	0. 8885	22
克拉玛依	0. 7775	57	健康	0. 7945	124	0. 9585	2	0. 936	7	0. 9755	21	0. 899	24	0. 889	21	0. 8297	95
嘉兴	0. 7745	58	健康	0. 5589	205	0. 8895	22	0. 8924	40	0. 9303	65	0. 8779	62	0. 4519	225	0. 3794	207
台州	0. 7741	59	健康	0. 6384	181	0. 8783	45	0. 8763	73	0. 4261	251	0. 4942	206	0. 8177	122	0. 3925	204
铜陵	0. 7739	60	健康	0. 7043	155	0. 6635	149	0. 8727	92	0. 7509	156	0. 3165	267	0. 8751	56	0. 8767	42
牡丹江	0. 7723	61	健康	0. 5054	223	0. 6501	157	0. 7918	133	0. 9104	84	0. 752	133	0. 9298	4	0. 4565	182
绵阳	0. 7715	62	健康	0. 7032	156	0. 8515	91	0. 6006	174	0. 824	138	0. 6482	154	0. 8612	111	0. 477	173
双鸭山	0. 7706	63	健康	0. 8726	86	0. 7064	134	0. 4626	225	0. 927	66	0. 89	27	0. 8866	25	0. 6995	122
辽源	0. 7705	64	健康	0. 4597	239	0. 5196	205	0. 8756	77	0. 8384	136	0. 8693	104	0. 869	102	0. 4241	192
十堰	0. 7688	65	健康	0. 8151	116	0. 6939	137	0. 6656	155	0. 4264	250	0. 6506	152	0. 8794	42	0. 8735	53
桂林	0. 7683	66	健康	0. 8126	118	0. 6104	171	0. 6511	160	0. 4774	238	0. 8516	116	0. 682	150	0. 884	26
广元	0. 7644	67	健康	0. 8906	33	0. 5528	194	0. 3807	259	0. 6831	176	0. 87	101	0. 8724	73	0. 8774	41
大同	0. 7635	68	健康	0. 8852	45	0. 6104	171	0. 464	223	0. 8759	121	0. 8819	47	0. 7735	132	0. 8744	49
大庆	0. 7622	69	健康	0. 2614	281	0. 8078	102	0. 9012	32	0. 9526	47	0. 6497	153	0. 8941	17	0. 4579	178

续表

城市名称	健康指数	排名	等级	R&D 经费占 GDP 比重指数		信息化基础设施指数		人均 GDP 指数		人口密度指数		生态环保知识、法规普及率，基础设施完好率指数		公众对城市生态环境满意率指数		政府投入与建设效果指数	
				数值	排名	数值	排名	数值	排名	数值	排名	数值	排名	数值	排名	数值	排名
莆　田	0.7622	70	健康	0.6511	177	0.9171	8	0.8755	79	0.8014	144	0.2832	273	0.877	49	0.2966	241
襄　阳	0.7611	71	健康	0.5499	211	0.6838	141	0.8774	70	0.8867	112	0.874	77	0.869	103	0.8733	55
鄂　州	0.7578	72	健康	0.483	231	0.7904	107	0.885	52	0.5298	225	0.8771	67	0.9125	7	0.8711	65
龙　岩	0.7569	73	健康	0.6717	169	0.8681	85	0.8829	58	0.6315	194	0.441	222	0.3026	267	0.8481	92
昆　明	0.7537	74	健康	0.5869	200	0.8771	47	0.8762	74	0.6636	179	0.8742	75	0.4397	229	0.8875	23
乌鲁木齐	0.7534	75	健康	0.7	160	0.8846	28	0.8808	62	0.6163	202	0.8713	92	0.8748	60	0.8712	64
东　营	0.7529	76	健康	0.2327	282	0.8715	69	0.9579	3	0.2084	281	0.869	108	0.8351	118	0.8523	91
西　宁	0.7529	77	健康	0.7962	123	0.846	93	0.8611	115	0.8952	106	0.8701	100	0.5463	190	0.9179	7
宜　昌	0.7528	78	健康	0.4523	242	0.8762	51	0.8973	36	0.5149	228	0.8725	83	0.8759	51	0.8746	48
淮　南	0.7528	79	健康	0.871	96	0.5559	193	0.4296	236	0.6748	177	0.8711	95	0.8813	36	0.8789	38
鸡　西	0.7523	80	健康	0.8713	93	0.4465	232	0.4406	233	0.8886	110	0.9222	10	0.8757	53	0.8646	87
泰　州	0.7517	81	健康	0.3781	264	0.8706	76	0.896	38	0.643	188	0.558	180	0.8697	97	0.6142	136
新　余	0.7482	82	健康	0.416	251	0.8545	89	0.8961	37	0.6232	198	0.3313	262	0.8849	29	0.8705	72
七台河	0.7471	83	健康	0.8693	105	0.6407	160	0.4046	247	0.6441	186	0.8745	72	0.9327	2	0.7583	104
韶　关	0.7466	84	健康	0.8724	89	0.8983	17	0.654	159	0.16	284	0.7214	140	0.8735	65	0.4568	181
金　华	0.7455	85	健康	0.6656	172	0.8861	26	0.8786	65	0.6175	201	0.8783	58	0.2675	273	0.4217	193
宝　鸡	0.744	86	健康	0.707	153	0.582	181	0.8193	126	0.9992	1	0.8692	105	0.8689	104	0.8737	52
鹤　壁	0.7425	87	健康	0.4907	228	0.7956	105	0.7637	137	0.9045	96	0.8744	73	0.8083	123	0.8272	96
贵　阳	0.7424	88	健康	0.806	120	0.8747	56	0.8791	64	0.653	183	0.8734	81	0.5568	187	0.1642	283

续表

城市名称	健康指数	排名	等级	R&D经费占GDP比重指数		信息化基础设施指数		人均GDP指数		人口密度指数		生态环保知识、法规普及率，基础设施完好率指数		公众对城市生态环境满意率指数		政府投入与建设效果指数	
				数值	排名	数值	排名	数值	排名	数值	排名	数值	排名	数值	排名	数值	排名
宣城	0.7418	89	健康	0.8744	76	0.6666	147	0.6431	164	0.8074	142	0.5389	188	0.7219	142	0.8959	17
遂宁	0.7415	90	健康	0.7694	130	0.4758	222	0.4735	219	0.6627	180	0.3369	260	0.89	20	0.8684	79
池州	0.7394	91	健康	0.7974	122	0.6328	164	0.6461	162	0.376	260	0.871	97	0.8858	27	0.6613	129
宿迁	0.7373	92	健康	0.702	158	0.6554	154	0.7699	134	0.6246	197	0.6351	157	0.8681	109	0.722	118
丹东	0.7371	93	健康	0.871	97	0.8597	87	0.4837	216	0.8664	129	0.8883	30	0.526	197	0.7223	116
阜新	0.7369	94	健康	0.89	34	0.8685	84	0.3453	268	0.5247	226	0.8799	52	0.8715	80	0.3774	209
盘锦	0.7367	95	健康	0.3183	273	0.871	73	0.881	61	0.4353	248	0.9253	8	0.874	62	0.3528	219
马鞍山	0.7352	96	健康	0.5548	206	0.814	99	0.8775	69	0.935	56	0.527	195	0.8731	69	0.5881	143
佳木斯	0.7339	97	健康	0.5995	190	0.5392	201	0.5784	182	0.9664	33	0.7348	137	0.6649	156	0.4202	194
金昌	0.7339	98	健康	0.7983	121	0.8702	77	0.7011	149	0.9082	87	0.9082	20	0.8776	47	0.869	76
防城港	0.7336	99	健康	0.4395	245	0.6791	143	0.8836	57	0.2729	276	0.8773	66	0.883	34	0.871	66
盐城	0.7335	100	健康	0.7656	131	0.7656	119	0.8755	80	0.6699	178	0.5323	190	0.8482	114	0.4059	201
兰州	0.7334	101	健康	0.7462	140	0.8753	55	0.8738	90	0.9256	70	0.9088	19	0.8739	63	0.667	128
安庆	0.7319	102	健康	0.8768	67	0.5131	208	0.5184	202	0.6833	175	0.46	215	0.7838	129	0.5685	148
衢州	0.7316	103	健康	0.8716	92	0.7682	117	0.8714	99	0.545	220	0.3135	269	0.8683	106	0.8724	61
九江	0.7302	104	健康	0.8718	91	0.6686	145	0.6866	151	0.9651	35	0.5443	187	0.8698	95	0.5215	163
淮北	0.7297	105	健康	0.7077	152	0.7081	132	0.5709	187	0.9008	102	0.1988	283	0.8855	28	0.8903	19
丽水	0.7292	106	健康	0.8855	44	0.8688	82	0.8697	106	0.4101	255	0.608	164	0.3394	260	0.7897	99
鹰潭	0.7289	107	健康	0.6397	180	0.8758	52	0.8729	91	0.877	119	0.4822	207	0.6542	160	0.2563	259

续表

城市名称	健康指数	排名	等级	R&D 经费占 GDP 比重指数		信息化基础设施指数		人均 GDP 指数		人口密度指数		生态环保知识、法规普及率，基础设施完好率指数		公众对城市生态环境满意率指数		政府投入与建设效果指数	
				数值	排名	数值	排名	数值	排名	数值	排名	数值	排名	数值	排名	数值	排名
株洲	0.7269	108	健康	0.455	241	0.6883	138	0.8745	88	0.3943	257	0.5018	202	0.8709	84	0.2439	267
白城	0.7267	109	健康	0.8739	80	0.4755	223	0.5619	190	0.9338	58	0.9089	17	0.4696	217	0.874	51
乌海	0.7263	110	健康	0.5639	204	0.8756	53	0.9077	25	0.9048	95	0.9332	6	0.917	5	0.9171	8
雅安	0.7251	111	健康	0.7119	151	0.8252	97	0.5526	193	0.4198	253	0.64	156	0.7022	146	0.8788	39
潮州	0.725	112	健康	0.8387	111	0.7607	121	0.5797	181	0.9167	77	0.4512	221	0.8726	71	0.2779	249
伊春	0.7249	113	健康	0.6253	182	0.5591	191	0.3132	273	0.9345	57	0.8689	109	1	1	0.8724	62
梧州	0.7245	114	健康	0.8701	103	0.4132	243	0.6152	168	0.3963	256	0.4216	228	0.8859	26	0.8817	33
铜川	0.7242	115	健康	0.8963	25	0.6536	155	0.5772	183	0.9268	67	0.7333	138	0.8797	40	0.8817	34
湛江	0.7232	116	健康	0.8707	102	0.3834	251	0.5572	191	0.9127	81	0.622	160	0.7506	135	0.5139	167
滁州	0.7193	117	健康	0.8743	78	0.5811	182	0.552	194	0.4857	236	0.5461	186	0.8736	64	0.8681	82
郑州	0.7164	118	健康	0.3938	258	0.8769	49	0.8925	39	0.6354	193	0.8718	87	0.3992	244	0.3983	203
张掖	0.716	119	健康	0.8914	32	0.7537	123	0.5089	206	0.3831	259	0.8851	37	0.5081	204	0.6951	124
阳江	0.7156	120	健康	0.547	212	0.6308	166	0.8054	131	0.3743	261	0.5566	181	0.8723	74	0.5317	159
黄石	0.7154	121	健康	0.6578	174	0.6104	171	0.849	117	0.9102	85	0.4028	233	0.9003	14	0.8837	27
银川	0.7147	122	健康	0.4247	250	0.8784	44	0.8845	53	0.2763	275	0.8961	25	0.5111	202	0.8597	89
嘉峪关	0.7124	123	健康	0.4944	226	0.8815	36	0.8749	83	0.5593	219	0.9529	2	0.9123	8	0.7799	100
泸州	0.7117	124	健康	0.878	64	0.6342	163	0.5386	197	0.8876	111	0.3962	236	0.8778	45	0.8675	84
萍乡	0.7107	125	健康	0.7175	148	0.6588	152	0.8372	121	0.9979	5	0.4607	214	0.7427	137	0.8732	56
吉林	0.7092	126	健康	0.495	225	0.6161	167	0.871	101	0.7638	153	0.8805	51	0.8716	79	0.3403	225

续表

城市名称	健康指数	排名	等级	R&D 经费占GDP 比重指数		信息化基础设施指数		人均 GDP 指数		人口密度指数		生态环保知识、法规普及率,基础设施完好率指数		公众对城市生态环境满意率指数		政府投入与建设效果指数	
				数值	排名	数值	排名	数值	排名	数值	排名	数值	排名	数值	排名	数值	排名
湘潭	0.7083	127	健康	0.3182	274	0.6814	142	0.8776	68	0.968	31	0.7932	127	0.577	182	0.598	139
白山	0.7083	128	健康	0.7172	149	0.6005	175	0.8698	102	0.3267	269	0.871	96	0.881	37	0.5834	146
安康	0.7066	129	健康	0.9027	16	0.4829	220	0.4929	213	0.6398	191	0.2977	270	0.8382	117	0.8912	18
石家庄	0.7061	130	健康	0.5874	199	0.8711	71	0.8688	109	0.999	2	0.7993	125	0.488	210	0.6257	132
肇庆	0.7047	131	健康	0.5917	197	0.684	140	0.8179	127	0.4232	252	0.4769	210	0.8717	77	0.6168	134
南平	0.7044	132	健康	0.6994	162	0.7745	115	0.8687	110	0.5381	223	0.5289	192	0.3102	266	0.7469	106
徐州	0.704	133	健康	0.6728	168	0.7866	110	0.8784	67	0.8733	124	0.5879	173	0.8754	54	0.7243	115
延安	0.7035	134	健康	0.8817	55	0.5721	185	0.7697	135	0.9589	40	0.872	86	0.3525	256	0.4534	184
随州	0.7024	135	健康	0.5987	193	0.5671	187	0.6106	171	0.5627	218	0.682	146	0.6728	153	0.4552	183
鹤岗	0.7019	136	健康	0.8833	49	0.494	214	0.3836	258	0.955	43	0.8896	29	0.9012	13	0.4971	170
酒泉	0.7011	137	健康	0.8684	106	0.8158	98	0.827	123	0.5009	231	0.9035	21	0.8243	120	0.2175	275
六安	0.701	138	健康	0.896	26	0.3453	266	0.351	266	0.905	94	0.8839	42	0.6348	170	0.6976	123
南充	0.701	139	健康	0.8756	73	0.5001	213	0.3941	250	0.8495	133	0.6045	166	0.6799	151	0.5977	140
鄂尔多斯	0.7009	140	健康	0.16	284	0.599	176	1	1	0.8079	141	0.9315	7	0.8722	75	0.2183	273
玉林	0.7	141	健康	0.8856	43	0.3596	261	0.4149	242	0.6994	168	0.4225	227	0.7283	141	0.7423	108
营口	0.6998	142	健康	0.3188	272	0.8313	96	0.7539	140	0.5109	229	0.8821	46	0.8713	82	0.7034	120
漳州	0.6978	143	健康	0.415	252	0.8488	92	0.8746	87	0.9979	5	0.4523	220	0.5347	193	0.2497	261
泉州	0.6964	144	健康	0.3804	262	0.877	48	0.8873	49	0.7455	158	0.2317	279	0.4261	237	0.2447	266
呼和浩特	0.6962	145	健康	0.2881	280	0.6983	135	0.9081	24	0.9267	68	0.9423	3	0.5002	208	0.5193	164

续表

城市名称	健康指数	排名	等级	R&D 经费占GDP 比重指数		信息化基础设施指数		人均 GDP 指数		人口密度指数		生态环保知识、法规普及率,基础设施完好率指数		公众对城市生态环境满意率指数		政府投入与建设效果指数	
				数值	排名	数值	排名	数值	排名	数值	排名	数值	排名	数值	排名	数值	排名
丽江	0. 696	146	健康	0. 9149	10	0. 5111	211	0. 3647	262	0. 9526	48	0. 9147	16	0. 2676	272	0. 7928	98
抚顺	0. 695	147	健康	0. 3939	257	0. 8688	81	0. 6599	158	0. 6495	185	0. 8882	31	0. 8836	33	0. 457	180
自贡	0. 694	148	健康	0. 5021	224	0. 6604	151	0. 7058	147	0. 4668	239	0. 379	243	0. 9306	3	0. 2893	242
荆门	0. 6919	149	健康	0. 4612	237	0. 5862	179	0. 8395	120	0. 6395	192	0. 6791	147	0. 8698	94	0. 7608	103
泰安	0. 6895	150	健康	0. 3585	267	0. 7775	113	0. 872	96	0. 5235	227	0. 374	245	0. 8707	87	0. 7078	119
赣州	0. 6892	151	健康	0. 9017	18	0. 611	170	0. 3923	252	0. 9566	41	0. 5265	196	0. 65	161	0. 5559	154
岳阳	0. 6891	152	健康	0. 3434	268	0. 5457	196	0. 8685	112	0. 9552	42	0. 7046	144	0. 468	218	0. 5416	157
吉安	0. 6889	153	健康	0. 8916	31	0. 487	218	0. 4594	227	0. 602	206	0. 5993	168	0. 6187	173	0. 775	101
淄博	0. 6879	154	健康	0. 4434	244	0. 8716	68	0. 9011	33	0. 7638	153	0. 8716	89	0. 8697	98	0. 4124	198
阳泉	0. 6878	155	健康	0. 7217	147	0. 8718	66	0. 7054	148	0. 8658	130	0. 8713	91	0. 8836	32	0. 8682	81
抚州	0. 6876	156	健康	0. 8829	50	0. 5122	210	0. 4676	221	0. 931	62	0. 5617	179	0. 8673	110	0. 2472	264
齐齐哈尔	0. 6866	157	健康	0. 8805	59	0. 5124	209	0. 3911	253	0. 9168	76	0. 8684	110	0. 5379	192	0. 4357	189
锦州	0. 6865	158	健康	0. 598	194	0. 807	103	0. 5251	200	0. 6507	184	0. 8047	123	0. 6499	162	0. 3657	215
通化	0. 6861	159	健康	0. 8751	75	0. 5333	203	0. 6806	154	0. 9322	60	0. 8722	85	0. 7468	136	0. 3162	232
枣庄	0. 6851	160	健康	0. 4445	243	0. 7614	120	0. 8687	111	0. 8475	135	0. 5977	172	0. 8724	72	0. 5301	161
亳州	0. 685	161	健康	0. 8825	53	0. 2969	278	0. 306	275	0. 921	72	0. 433	226	0. 87	91	0. 8729	57
三明	0. 6842	162	健康	0. 6177	184	0. 853	90	0. 8836	56	0. 3204	272	0. 6691	149	0. 6581	159	0. 2977	240
巴中	0. 6821	163	健康	0. 9248	8	0. 4215	240	0. 2357	281	0. 8163	140	0. 3886	239	0. 6446	167	0. 5589	151
永州	0. 6819	164	健康	0. 8777	66	0. 3485	265	0. 4422	232	0. 9986	4	0. 3587	249	0. 3998	243	0. 874	50

续表

城市名称	健康指数	排名	等级	R&D 经费占 GDP 比重指数		信息化基础设施指数		人均 GDP 指数		人口密度指数		生态环保知识、法规普及率，基础设施完好率指数		公众对城市生态环境满意率指数		政府投入与建设效果指数	
				数值	排名	数值	排名	数值	排名	数值	排名	数值	排名	数值	排名	数值	排名
绥化	0.6808	165	健康	0.8739	79	0.2658	281	0.3646	263	0.922	71	0.5299	191	0.8708	86	0.3739	212
开封	0.6805	166	健康	0.6487	178	0.3428	268	0.6076	173	0.9989	3	0.4006	235	0.678	152	0.5591	150
临沂	0.68	167	健康	0.7565	138	0.6576	153	0.6107	170	0.4954	233	0.7398	134	0.5979	177	0.8796	35
攀枝花	0.6796	168	健康	0.4872	230	0.8711	72	0.891	43	0.5691	217	0.8714	90	0.9027	10	0.3436	223
包头	0.6793	169	健康	0.2152	283	0.7672	118	0.935	8	0.6441	186	0.8818	49	0.8778	46	0.2388	268
咸阳	0.6774	170	健康	0.6067	186	0.615	168	0.765	136	0.604	204	0.8712	94	0.5822	181	0.8756	47
鞍山	0.6773	171	健康	0.4108	254	0.8554	88	0.6396	165	0.6587	181	0.8868	34	0.5906	178	0.7422	109
梅州	0.6753	172	健康	0.9085	12	0.4598	228	0.3633	264	0.3851	258	0.5654	176	0.738	139	0.8976	15
松原	0.6738	173	健康	0.3855	261	0.4492	230	0.8723	93	0.9715	27	0.869	106	0.4189	241	0.2352	269
宁德	0.6734	174	健康	0.6789	166	0.7893	108	0.8698	104	0.716	164	0.3389	258	0.5752	183	0.6155	135
眉山	0.6729	175	健康	0.7416	141	0.7938	106	0.5843	178	0.6054	203	0.5988	171	0.8454	116	0.5314	160
日照	0.6722	176	健康	0.5167	220	0.7799	111	0.8747	86	0.6	208	0.3791	242	0.7824	130	0.6432	130
资阳	0.6713	177	健康	0.6673	171	0.3528	263	0.5856	177	0.5447	221	0.4184	229	0.8698	93	0.5193	165
潍坊	0.6706	178	健康	0.7583	136	0.8355	95	0.8722	94	0.3453	266	0.8817	50	0.4771	213	0.4105	200
乌兰察布	0.6704	179	健康	0.8708	100	0.3496	264	0.7064	146	0.9747	23	0.8683	111	0.8526	113	0.766	102
本溪	0.6702	180	健康	0.4925	227	0.8745	57	0.7102	145	0.2035	282	0.8851	38	0.9082	9	0.5626	149
宜宾	0.6702	181	健康	0.871	98	0.5668	189	0.576	184	0.9404	52	0.285	272	0.6582	158	0.7302	112
天水	0.6695	182	健康	0.9291	6	0.7687	116	0.2589	278	0.7645	152	0.3306	263	0.6207	172	0.6017	138
南阳	0.6682	183	健康	0.8141	117	0.388	250	0.4802	217	0.7707	149	0.5723	175	0.8694	101	0.6867	125
四平	0.668	184	健康	0.7904	126	0.4871	217	0.576	185	0.9914	12	0.869	107	0.5541	188	0.2457	265

续表

城市名称	健康指数	排名	等级	R&D 经费占GDP 比重指数		信息化基础设施指数		人均 GDP指数		人口密度指数		生态环保知识、法规普及率,基础设施完好率指数		公众对城市生态环境满意率指数		政府投入与建设效果指数	
				数值	排名	数值	排名	数值	排名	数值	排名	数值	排名	数值	排名	数值	排名
石嘴山	0.6679	185	健康	0.4894	229	0.7799	111	0.8768	71	0.9264	69	0.9161	12	0.9126	6	0.4116	199
葫芦岛	0.6669	186	健康	0.8777	65	0.7185	130	0.3853	257	0.2878	274	0.8704	99	0.516	200	0.491	171
张家界	0.6669	187	健康	0.8744	77	0.6423	159	0.5018	208	0.9208	73	0.5992	170	0.5307	195	0.2247	272
汕尾	0.6664	188	健康	0.8871	39	0.3662	258	0.4189	240	0.2574	279	0.2781	274	0.8682	108	0.415	196
榆林	0.6652	189	健康	0.7598	134	0.5945	177	0.8906	44	0.8992	103	0.884	41	0.4619	222	0.5574	152
孝感	0.6648	190	健康	0.8721	90	0.4634	226	0.5007	210	0.9742	25	0.6051	165	0.8734	67	0.9013	13
茂名	0.6646	191	健康	0.8682	107	0.4141	242	0.6845	152	0.9549	44	0.3349	261	0.5628	186	0.2069	277
固原	0.6641	192	健康	1	1	0.2713	280	0.2911	276	0.9649	37	0.7996	124	0.5408	191	0.8758	46
张家口	0.6634	193	健康	0.881	58	0.6465	158	0.5159	203	0.6922	172	0.8734	80	0.4498	226	0.5251	162
荆州	0.6633	194	健康	0.8709	99	0.7416	127	0.4684	220	0.8743	123	0.4984	203	0.875	57	0.3572	218
清远	0.6627	195	健康	0.8865	40	0.5011	212	0.566	188	0.7275	161	0.4152	230	0.5201	198	0.8657	85
玉溪	0.6622	196	健康	0.7341	144	0.873	62	0.869	108	0.9308	64	0.647	155	0.2629	274	0.8835	28
呼伦贝尔	0.6621	197	健康	0.7014	159	0.6642	148	0.8762	75	0.4304	249	0.8752	69	0.5473	189	0.4135	197
商洛	0.6606	198	健康	0.8893	36	0.3782	253	0.4561	228	0.9744	24	0.5353	189	0.8553	112	0.6827	126
白银	0.6602	199	健康	0.9019	17	0.464	225	0.3931	251	0.9462	50	0.8255	121	0.8683	107	0.3322	229
巴彦淖尔	0.6583	200	健康	0.6886	164	0.5447	197	0.8683	114	0.9683	29	0.8819	48	0.8763	50	0.4002	202
辽阳	0.6579	201	健康	0.6041	187	0.8709	74	0.5549	192	0.3399	268	0.8862	35	0.891	19	0.337	227
钦州	0.6567	202	健康	0.8725	88	0.3424	269	0.5329	198	0.3238	271	0.3384	259	0.3866	248	0.2328	270
宿州	0.6566	203	健康	0.8811	57	0.3937	248	0.3673	261	0.8974	105	0.4536	219	0.8709	83	0.871	67
濮阳	0.6562	204	健康	0.6808	165	0.873	61	0.6317	166	0.9094	86	0.3684	246	0.3726	253	0.7222	117

续表

城市名称	健康指数	排名	等级	R&D 经费占GDP 比重指数		信息化基础设施指数		人均 GDP指数		人口密度指数		生态环保知识、法规普及率,基础设施完好率指数		公众对城市生态环境满意率指数		政府投入与建设效果指数	
				数值	排名	数值	排名	数值	排名	数值	排名	数值	排名	数值	排名	数值	排名
武　威	0.6555	205	健康	0.9124	11	0.5185	206	0.3861	256	0.8541	132	0.8784	57	0.5195	199	0.3852	206
吴　忠	0.6538	206	健康	0.8934	29	0.4398	235	0.4974	211	0.9124	82	0.8763	68	0.4436	227	0.61	137
朔　州	0.6533	207	健康	0.526	216	0.5621	190	0.8318	122	0.7326	160	0.8797	54	0.7147	144	0.8889	21
河　源	0.6508	208	健康	0.9002	20	0.4627	227	0.4499	231	0.2912	273	0.3528	252	0.5061	205	0.8004	97
通　辽	0.6489	209	亚健康	0.5507	209	0.4377	236	0.8748	85	0.9749	22	0.7388	135	0.5335	194	0.7554	105
揭　阳	0.6473	210	亚健康	0.775	129	0.302	277	0.5139	205	0.9369	55	0.2324	278	0.7536	134	0.3524	220
漯　河	0.6471	211	亚健康	0.5122	222	0.302	276	0.6498	161	0.9978	8	0.5107	200	0.7309	140	0.2181	274
贺　州	0.6462	212	亚健康	0.8968	24	0.3787	252	0.3879	255	0.8763	120	0.3605	247	0.4286	236	0.882	31
安　顺	0.6453	213	亚健康	0.8996	22	0.3319	271	0.4669	222	0.8819	117	0.6231	159	0.4711	216	0.3459	222
济　宁	0.6446	214	亚健康	0.6399	179	0.6767	144	0.826	124	0.5327	224	0.4394	223	0.659	157	0.3119	235
汉　中	0.6435	215	亚健康	0.8829	51	0.4685	224	0.5235	201	0.9453	51	0.7768	128	0.5086	203	0.8709	70
宜　春	0.643	216	亚健康	0.884	47	0.4334	237	0.5012	209	0.9531	46	0.4734	211	0.4288	235	0.8523	90
许　昌	0.6417	217	亚健康	0.4607	238	0.6033	174	0.8683	113	0.9893	13	0.4981	204	0.3847	249	0.3763	210
廊　坊	0.6404	218	亚健康	0.6713	170	0.8697	78	0.8719	97	0.5825	211	0.573	174	0.2826	269	0.4758	174
焦　作	0.6401	219	亚健康	0.2919	279	0.8799	40	0.8721	95	0.9923	11	0.6247	158	0.5664	185	0.3187	231
上　饶	0.6382	220	亚健康	0.8876	38	0.423	239	0.4129	244	0.9153	78	0.2612	275	0.7812	131	0.9074	10
常　德	0.6356	221	亚健康	0.4322	247	0.5579	192	0.8073	130	0.9833	18	0.386	240	0.3625	254	0.16	284
德　阳	0.6351	222	亚健康	0.3669	266	0.8019	104	0.7954	132	0.8936	108	0.6214	161	0.429	234	0.3652	216
咸　宁	0.6339	223	亚健康	0.8115	119	0.6622	150	0.6981	150	0.7461	157	0.4573	217	0.4231	238	0.265	254
保　定	0.6337	224	亚健康	0.8547	109	0.7514	125	0.4631	224	0.9593	39	0.3153	268	0.3793	251	0.8686	77

续表

城市名称	健康指数	排名	等级	R&D 经费占GDP 比重指数		信息化基础设施指数		人均 GDP指数		人口密度指数		生态环保知识、法规普及率，基础设施完好率指数		公众对城市生态环境满意率指数		政府投入与建设效果指数	
				数值	排名	数值	排名	数值	排名	数值	排名	数值	排名	数值	排名	数值	排名
黑河	0.6332	225	亚健康	0.8216	113	0.8964	19	0.4279	237	0.9878	16	0.8747	70	0.5273	196	0.261	256
河池	0.6302	226	亚健康	0.9276	7	0.3606	260	0.2764	277	0.771	148	0.3912	238	0.4229	239	0.8758	44
信阳	0.6295	227	亚健康	0.8766	68	0.537	202	0.4923	214	0.6558	182	0.4386	224	0.4955	209	0.2559	260
衡阳	0.6288	228	亚健康	0.6576	175	0.4278	238	0.6143	169	0.894	107	0.4614	212	0.4302	232	0.3792	208
乐山	0.6266	229	亚健康	0.569	202	0.578	184	0.6828	153	0.6401	190	0.8384	118	0.8708	85	0.3747	211
莱芜	0.6266	230	亚健康	0.6745	167	0.8719	65	0.8238	125	0.3241	270	0.2535	276	0.9013	12	0.5147	166
洛阳	0.6234	231	亚健康	0.5397	214	0.7542	122	0.8698	103	0.9323	59	0.5277	194	0.501	207	0.2657	253
广安	0.6221	232	亚健康	0.8819	54	0.4405	234	0.5157	204	0.6968	170	0.3567	250	0.8697	96	0.2666	251
阜阳	0.6198	233	亚健康	0.9039	15	0.3436	267	0.2563	279	0.7051	167	0.16	284	0.645	166	0.8735	54
朝阳	0.6198	234	亚健康	0.8764	71	0.5802	183	0.3675	260	0.3502	264	0.874	76	0.3501	258	0.3649	217
晋城	0.619	235	亚健康	0.6988	163	0.8687	83	0.719	143	0.8838	115	0.8782	61	0.3498	259	0.1786	281
益阳	0.6136	236	亚健康	0.7567	137	0.3952	246	0.5264	199	0.9716	26	0.4015	234	0.3878	247	0.1765	282
邵阳	0.6132	237	亚健康	0.8825	52	0.2325	282	0.3123	274	0.8989	104	0.2406	277	0.4076	242	0.8629	88
来宾	0.613	238	亚健康	0.8895	35	0.356	262	0.4111	245	0.8865	113	0.3181	266	0.7058	145	0.535	158
赤峰	0.6095	239	亚健康	0.8733	83	0.4835	219	0.7134	144	0.5421	222	0.7147	142	0.8305	119	0.4818	172
平凉	0.6081	240	亚健康	0.946	5	0.4086	245	0.2537	280	0.4126	254	0.5644	177	0.5159	201	0.6996	121
庆阳	0.6079	241	亚健康	0.9083	13	0.2875	279	0.4086	246	0.9121	83	0.4612	213	0.3524	257	0.2607	257
黄冈	0.6061	242	亚健康	0.8879	37	0.4475	231	0.4193	239	0.9675	32	0.4078	232	0.6459	165	0.2661	252
郴州	0.6055	243	亚健康	0.7274	145	0.4938	215	0.7428	141	0.3462	265	0.5042	201	0.1708	283	0.1827	280
崇左	0.6052	244	亚健康	0.8766	69	0.3667	257	0.5832	179	0.9026	98	0.3834	241	0.821	121	0.5531	155

续表

城市名称	健康指数	排名	等级	R&D 经费占 GDP 比重指数		信息化基础设施指数		人均 GDP 指数		人口密度指数		生态环保知识、法规普及率，基础设施完好率指数		公众对城市生态环境满意率指数		政府投入与建设效果指数	
				数值	排名	数值	排名	数值	排名	数值	排名	数值	排名	数值	排名	数值	排名
承德	0. 6042	245	亚健康	0. 8736	81	0. 6404	161	0. 6431	163	0. 26	278	0. 6853	145	0. 4648	221	0. 2821	247
新乡	0. 6038	246	亚健康	0. 6997	161	0. 7079	133	0. 594	175	0. 997	9	0. 4552	218	0. 362	255	0. 273	250
唐山	0. 6036	247	亚健康	0. 3356	269	0. 808	101	0. 8901	46	0. 492	234	0. 8412	117	0. 4851	211	0. 2592	258
三门峡	0. 6015	248	亚健康	0. 602	189	0. 9015	11	0. 8719	98	0. 9388	54	0. 4144	231	0. 5866	180	0. 5051	169
滨州	0. 5998	249	亚健康	0. 5499	210	0. 8723	64	0. 8758	76	0. 3505	263	0. 3295	264	0. 7002	147	0. 3859	205
贵港	0. 5984	250	亚健康	0. 8923	30	0. 3126	274	0. 3331	270	0. 4525	244	0. 227	281	0. 785	127	0. 868	83
邯郸	0. 5981	251	亚健康	0. 707	154	0. 5145	207	0. 5514	195	0. 8894	109	0. 5993	169	0. 6164	174	0. 6727	127
德州	0. 5967	252	亚健康	0. 4597	240	0. 7217	129	0. 8125	129	0. 4505	245	0. 5515	183	0. 6144	175	0. 368	214
遵义	0. 5961	253	亚健康	0. 884	48	0. 331	272	0. 6091	172	0. 5794	214	0. 5231	198	0. 5057	206	0. 2884	243
云浮	0. 5951	254	亚健康	0. 879	62	0. 8778	46	0. 4884	215	0. 5854	210	0. 2965	271	0. 4548	224	0. 3086	236
驻马店	0. 5936	255	亚健康	0. 8731	84	0. 3686	256	0. 4349	235	0. 765	151	0. 3184	265	0. 4299	233	0. 287	244
中卫	0. 5926	256	亚健康	0. 9012	19	0. 3652	259	0. 4557	229	0. 7687	150	0. 8785	56	0. 6692	154	0. 2839	245
怀化	0. 5896	257	亚健康	0. 8789	63	0. 4147	241	0. 4384	234	0. 8753	122	0. 5226	199	0. 2299	278	0. 1827	279
定西	0. 5884	258	亚健康	0. 9886	2	0. 3886	249	0. 16	284	0. 9927	10	0. 5282	193	0. 2365	277	0. 5567	153
晋中	0. 5852	259	亚健康	0. 8731	85	0. 5411	200	0. 5076	207	0. 947	49	0. 8782	60	0. 3979	245	0. 3152	234
铁岭	0. 5841	260	亚健康	0. 885	46	0. 5862	179	0. 3323	271	0. 6292	196	0. 8539	115	0. 381	250	0. 3155	233
曲靖	0. 5816	261	亚健康	0. 8861	42	0. 5501	195	0. 451	230	0. 9073	90	0. 3596	248	0. 2769	271	0. 5863	144
保山	0. 5814	262	亚健康	0. 8999	21	0. 3946	247	0. 3576	265	0. 9663	34	0. 6199	162	0. 2046	280	0. 4397	188
平顶山	0. 5787	263	亚健康	0. 599	192	0. 3247	273	0. 5756	186	0. 9063	91	0. 7743	129	0. 3772	252	0. 3031	237
忻州	0. 5757	264	亚健康	0. 8969	23	0. 4767	221	0. 3418	269	0. 5006	232	0. 8722	84	0. 4416	228	0. 595	142

续表

城市名称	健康指数	排名	等级	R&D 经费占 GDP 比重指数		信息化基础设施指数		人均 GDP 指数		人口密度指数		生态环保知识、法规普及率,基础设施完好率指数		公众对城市生态环境满意率指数		政府投入与建设效果指数	
				数值	排名	数值	排名	数值	排名	数值	排名	数值	排名	数值	排名	数值	排名
内　江	0.575	265	亚健康	0.6177	185	0.5671	187	0.5414	196	0.6908	173	0.2296	280	0.6464	164	0.3701	213
渭　南	0.5717	266	亚健康	0.8803	60	0.5267	204	0.4254	238	0.6203	199	0.8731	82	0.4207	240	0.8401	93
周　口	0.5682	267	亚健康	0.8735	82	0.305	275	0.3909	254	0.92	74	0.2019	282	0.2598	276	0.2804	248
临　沧	0.5655	268	亚健康	0.9041	14	0.5414	199	0.3277	272	0.9893	14	0.3459	255	0.16	284	0.337	226
沧　州	0.5624	269	亚健康	0.6533	176	0.6849	139	0.7551	139	0.8847	114	0.4945	205	0.1956	281	0.2642	255
菏　泽	0.5609	270	亚健康	0.8154	115	0.4129	244	0.4616	226	0.5751	215	0.4582	216	0.568	184	0.5972	141
吕　梁	0.5566	271	亚健康	0.8949	27	0.5438	198	0.3945	249	0.9979	5	0.7734	130	0.3347	262	0.4422	187
娄　底	0.5524	272	亚健康	0.7266	146	0.446	233	0.5647	189	0.9082	88	0.4816	208	0.2999	268	0.3004	238
长　治	0.548	273	不健康	0.8471	110	0.5943	178	0.5815	180	0.8707	126	0.8824	45	0.4663	219	0.2273	271
商　丘	0.5457	274	不健康	0.7832	128	0.4548	229	0.4186	241	0.881	118	0.3462	254	0.3223	263	0.3346	228
六盘水	0.5418	275	不健康	0.8766	70	0.3361	270	0.7199	142	0.48	237	0.5472	185	0.2789	270	0.1998	278
安　阳	0.5414	276	不健康	0.7027	157	0.6143	169	0.6241	167	0.965	36	0.3445	257	0.4302	231	0.3285	230
聊　城	0.5401	277	不健康	0.4625	236	0.6534	156	0.7584	138	0.6306	195	0.3543	251	0.4652	220	0.4176	195
衡　水	0.5398	278	不健康	0.7933	125	0.7395	128	0.496	212	0.4582	242	0.392	237	0.3917	246	0.2476	263
达　州	0.5335	279	不健康	0.8862	41	0.3767	254	0.3949	248	0.9028	97	0.4375	225	0.3197	264	0.2487	262
邢　台	0.5319	280	不健康	0.8725	87	0.6319	165	0.4136	243	0.902	100	0.5523	182	0.3349	261	0.2833	246
百　色	0.53	281	不健康	0.8944	28	0.3708	255	0.478	218	0.2365	280	0.5635	178	0.4774	212	0.444	186
陇　南	0.4829	282	不健康	0.9571	3	0.1815	283	0.192	283	0.9311	61	0.7076	143	0.2619	275	0.3521	221
运　城	0.4817	283	不健康	0.8796	61	0.6959	136	0.3478	267	0.9681	30	0.4782	209	0.2058	279	0.2142	276
昭　通	0.4802	284	不健康	0.9541	4	0.16	284	0.196	282	0.9781	19	0.3456	256	0.1873	282	0.5054	168

（二）生态环境、生态经济、生态社会考核排名

2016 年中国 284 个城市生态环境、生态经济、生态社会健康指数考核排名结果见表 9。

表 9　2016 年中国 284 个城市生态环境、生态经济、生态社会健康指数考核排名

城　市	生态环境			生态经济			生态社会		
	健康指数	排名	等级	健康指数	排名	等级	健康指数	排名	等级
北　京	0.8041	65	健康	0.9245	2	很健康	0.8082	48	健康
天　津	0.828	48	健康	0.9003	5	很健康	0.8835	10	很健康
石家庄	0.6206	218	亚健康	0.8268	45	健康	0.6738	139	健康
唐　山	0.6391	206	亚健康	0.6192	249	亚健康	0.5248	229	不健康
秦皇岛	0.7837	81	健康	0.835	35	健康	0.8161	45	健康
邯　郸	0.5267	267	不健康	0.6389	239	亚健康	0.6554	152	健康
邢　台	0.4227	283	很不健康	0.7214	162	健康	0.4413	259	很不健康
保　定	0.5045	274	不健康	0.8306	42	健康	0.5649	203	亚健康
张家口	0.6837	160	健康	0.6687	218	健康	0.6237	167	亚健康
承　德	0.6798	164	健康	0.6241	247	亚健康	0.4557	256	不健康
沧　州	0.552	262	亚健康	0.7082	178	健康	0.3748	274	很不健康
廊　坊	0.5707	255	亚健康	0.8507	23	很健康	0.4576	254	不健康
衡　水	0.4285	281	很不健康	0.7988	70	健康	0.3552	279	很不健康
太　原	0.8429	35	健康	0.6805	209	健康	0.8751	14	很健康
大　同	0.794	74	健康	0.6694	217	健康	0.8465	30	健康
阳　泉	0.6701	173	健康	0.5752	266	亚健康	0.8735	16	很健康
长　治	0.4697	277	不健康	0.629	245	亚健康	0.5598	206	亚健康
晋　城	0.6225	217	亚健康	0.6925	198	健康	0.5104	237	不健康
朔　州	0.6572	186	健康	0.5309	279	不健康	0.8183	42	健康
晋　中	0.5732	253	亚健康	0.6084	253	亚健康	0.5721	200	亚健康
运　城	0.5058	273	不健康	0.5365	276	不健康	0.3662	277	很不健康
忻　州	0.5163	271	不健康	0.6099	251	亚健康	0.6227	168	亚健康
吕　梁	0.5067	272	不健康	0.6078	254	亚健康	0.5649	202	亚健康
呼和浩特	0.8043	64	健康	0.5833	263	亚健康	0.6812	134	健康
包　头	0.8038	66	健康	0.5479	271	不健康	0.6639	147	健康
乌　海	0.7543	105	健康	0.5556	269	亚健康	0.9207	1	很健康
赤　峰	0.6818	163	健康	0.489	284	不健康	0.6623	148	健康
通　辽	0.658	184	健康	0.598	257	亚健康	0.7058	111	健康

续表

城市	生态环境			生态经济			生态社会		
	健康指数	排名	等级	健康指数	排名	等级	健康指数	排名	等级
鄂尔多斯	0. 8136	58	健康	0. 5817	264	亚健康	0. 6874	128	健康
呼伦贝尔	0. 6739	168	健康	0. 6975	191	健康	0. 5938	190	亚健康
巴彦淖尔	0. 6949	152	健康	0. 5549	270	亚健康	0. 7444	80	健康
乌兰察布	0. 6309	210	亚健康	0. 592	260	亚健康	0. 8435	32	健康
沈阳	0. 8287	44	健康	0. 7498	125	健康	0. 8018	51	健康
大连	0. 8662	29	很健康	0. 7862	82	健康	0. 8125	46	健康
鞍山	0. 7716	90	健康	0. 5305	280	不健康	0. 7318	93	健康
抚顺	0. 7785	83	健康	0. 572	267	亚健康	0. 7336	89	健康
本溪	0. 753	106	健康	0. 5349	277	不健康	0. 7271	98	健康
丹东	0. 7699	92	健康	0. 7063	183	健康	0. 7276	97	健康
锦州	0. 716	134	健康	0. 7065	182	健康	0. 6112	175	亚健康
营口	0. 6887	157	健康	0. 6494	232	亚健康	0. 7881	59	健康
阜新	0. 7628	96	健康	0. 7399	137	健康	0. 6911	121	健康
辽阳	0. 7844	77	健康	0. 5061	282	不健康	0. 6682	144	健康
盘锦	0. 772	89	健康	0. 7305	147	健康	0. 6891	125	健康
铁岭	0. 5839	244	亚健康	0. 6243	246	亚健康	0. 528	225	不健康
朝阳	0. 6037	231	亚健康	0. 7152	169	健康	0. 5117	236	不健康
葫芦岛	0. 6584	183	健康	0. 7302	149	健康	0. 592	191	亚健康
长春	0. 8867	21	很健康	0. 728	153	健康	0. 8525	23	很健康
吉林	0. 7746	88	健康	0. 6382	240	亚健康	0. 7041	112	健康
四平	0. 6176	221	亚健康	0. 7743	97	健康	0. 5998	183	亚健康
辽源	0. 8098	63	健康	0. 7527	122	健康	0. 7326	91	健康
通化	0. 6821	162	健康	0. 6993	188	健康	0. 6738	140	健康
白山	0. 7345	122	健康	0. 6604	223	健康	0. 7333	90	健康
松原	0. 7636	95	健康	0. 6567	225	健康	0. 5541	209	亚健康
白城	0. 6568	187	健康	0. 7763	96	健康	0. 7691	66	健康
哈尔滨	0. 861	31	很健康	0. 7767	93	健康	0. 8612	19	很健康
齐齐哈尔	0. 6365	207	亚健康	0. 774	98	健康	0. 6443	156	亚健康
鸡西	0. 795	73	健康	0. 6069	255	亚健康	0. 8876	8	很健康
鹤岗	0. 6884	158	健康	0. 6601	224	健康	0. 7819	62	健康
双鸭山	0. 7568	100	健康	0. 7402	136	健康	0. 8355	39	健康
大庆	0. 8878	20	很健康	0. 6662	219	健康	0. 6958	117	健康
伊春	0. 7189	132	健康	0. 5955	258	亚健康	0. 9158	2	很健康
佳木斯	0. 8284	46	健康	0. 6912	200	健康	0. 6426	157	亚健康

续表

城市	生态环境			生态经济			生态社会		
	健康指数	排名	等级	健康指数	排名	等级	健康指数	排名	等级
七台河	0.7842	79	健康	0.6425	236	亚健康	0.8341	40	健康
牡丹江	0.7962	72	健康	0.7733	100	健康	0.7325	92	健康
黑河	0.607	228	亚健康	0.6884	204	健康	0.5977	186	亚健康
绥化	0.6689	175	健康	0.7344	144	健康	0.6246	166	亚健康
上海	0.8612	30	很健康	0.9142	4	很健康	0.7377	86	健康
南京	0.8351	41	健康	0.8116	58	健康	0.8475	28	健康
无锡	0.8236	53	健康	0.799	69	健康	0.7184	104	健康
徐州	0.6775	166	健康	0.7061	184	健康	0.7436	81	健康
常州	0.8498	34	健康	0.7948	76	健康	0.8595	20	很健康
苏州	0.8241	52	健康	0.8118	57	健康	0.8059	49	健康
南通	0.813	59	健康	0.8474	28	健康	0.7971	52	健康
连云港	0.7844	78	健康	0.8501	25	很健康	0.7958	55	健康
淮安	0.7557	101	健康	0.7866	80	健康	0.8495	26	健康
盐城	0.7135	138	健康	0.8496	26	健康	0.6029	181	亚健康
扬州	0.8504	33	很健康	0.826	47	健康	0.6865	130	健康
镇江	0.8353	40	健康	0.8022	66	健康	0.7067	110	健康
泰州	0.7502	110	健康	0.8069	64	健康	0.6769	137	健康
宿迁	0.6685	176	健康	0.8209	49	健康	0.73	95	健康
杭州	0.87	28	很健康	0.856	17	很健康	0.7412	83	健康
宁波	0.9057	16	很健康	0.8567	15	很健康	0.6533	153	健康
温州	0.8361	39	健康	0.8521	20	很健康	0.5885	195	亚健康
嘉兴	0.8291	43	健康	0.8327	38	健康	0.6058	180	亚健康
湖州	0.7605	99	健康	0.8506	24	很健康	0.7254	100	健康
绍兴	0.8903	18	很健康	0.8178	52	健康	0.718	105	健康
金华	0.7711	91	健康	0.8688	12	很健康	0.532	221	不健康
衢州	0.7306	126	健康	0.7764	95	健康	0.6708	142	健康
舟山	0.9262	4	很健康	0.8423	30	健康	0.8367	38	健康
台州	0.8283	47	健康	0.8694	11	很健康	0.5539	210	亚健康
丽水	0.6854	159	健康	0.8986	6	很健康	0.5622	205	亚健康
合肥	0.8785	25	很健康	0.8658	13	很健康	0.7965	54	健康
芜湖	0.8222	54	健康	0.8885	7	很健康	0.7408	84	健康
蚌埠	0.8392	36	健康	0.8324	40	健康	0.8042	50	健康
淮南	0.7025	145	健康	0.7359	140	健康	0.8569	21	很健康
马鞍山	0.8031	67	健康	0.69	202	健康	0.69	123	健康

续表

城市	生态环境			生态经济			生态社会		
	健康指数	排名	等级	健康指数	排名	等级	健康指数	排名	等级
淮北	0.7183	133	健康	0.7764	94	健康	0.6825	133	健康
铜陵	0.8122	60	健康	0.7859	83	健康	0.6956	118	健康
安庆	0.7507	109	健康	0.796	74	健康	0.612	174	亚健康
黄山	0.9199	7	很健康	0.8287	43	健康	0.8173	43	健康
滁州	0.6496	193	亚健康	0.7879	79	健康	0.7349	88	健康
阜阳	0.5659	258	亚健康	0.714	170	健康	0.5741	198	亚健康
宿州	0.5208	270	不健康	0.7462	129	健康	0.7484	77	健康
六安	0.7086	142	健康	0.6534	228	健康	0.7554	75	健康
亳州	0.5967	237	亚健康	0.7433	134	健康	0.7449	79	健康
池州	0.7108	141	健康	0.755	120	健康	0.763	69	健康
宣城	0.6926	155	健康	0.808	61	健康	0.7277	96	健康
福州	0.9092	15	很健康	0.8422	31	健康	0.7968	53	健康
厦门	0.9205	6	很健康	0.8787	9	很健康	0.8441	31	健康
莆田	0.8372	38	健康	0.8515	21	很健康	0.5172	234	不健康
三明	0.6715	170	健康	0.8163	53	健康	0.5195	232	不健康
泉州	0.8249	51	健康	0.8004	68	健康	0.3453	281	很不健康
漳州	0.7363	121	健康	0.816	54	健康	0.4708	250	不健康
南平	0.7206	130	健康	0.8107	60	健康	0.5296	224	不健康
龙岩	0.8158	57	健康	0.844	29	健康	0.5407	217	不健康
宁德	0.6288	213	亚健康	0.8265	46	健康	0.5305	222	不健康
南昌	0.9144	9	很健康	0.8324	39	健康	0.8783	13	很健康
景德镇	0.8107	62	健康	0.8567	16	很健康	0.6666	145	健康
萍乡	0.662	180	健康	0.7577	117	健康	0.7228	101	健康
九江	0.7147	136	健康	0.7858	84	健康	0.6772	136	健康
新余	0.7986	71	健康	0.7335	145	健康	0.6883	126	健康
鹰潭	0.7499	111	健康	0.8646	14	很健康	0.5055	238	不健康
赣州	0.654	191	健康	0.7821	87	健康	0.6154	172	亚健康
吉安	0.6045	229	亚健康	0.8075	63	健康	0.6581	150	健康
宜春	0.598	235	亚健康	0.7098	176	健康	0.6217	169	亚健康
抚州	0.6727	169	健康	0.7701	104	健康	0.596	189	亚健康
上饶	0.6302	212	亚健康	0.6201	248	亚健康	0.6765	138	健康
济南	0.7669	94	健康	0.8056	65	健康	0.8524	24	很健康
青岛	0.9133	10	很健康	0.8389	33	健康	0.6839	132	健康
淄博	0.6486	194	亚健康	0.7082	179	健康	0.7225	102	健康

续表

城市	生态环境			生态经济			生态社会		
	健康指数	排名	等级	健康指数	排名	等级	健康指数	排名	等级
枣庄	0.6627	179	健康	0.711	175	健康	0.6848	131	健康
东营	0.7146	137	健康	0.7719	101	健康	0.7877	60	健康
烟台	0.8845	22	很健康	0.7932	77	健康	0.6105	176	亚健康
潍坊	0.5918	240	亚健康	0.836	34	健康	0.5653	201	亚健康
济宁	0.6153	222	亚健康	0.7983	72	健康	0.4764	248	不健康
泰安	0.6503	192	健康	0.7709	103	健康	0.6381	158	亚健康
威海	0.91	14	很健康	0.8349	36	健康	0.8384	36	健康
日照	0.73	127	健康	0.6567	226	健康	0.6014	182	亚健康
莱芜	0.6465	196	亚健康	0.6706	216	健康	0.5333	219	不健康
临沂	0.5735	252	亚健康	0.777	92	健康	0.7147	107	健康
德州	0.5215	269	不健康	0.7481	127	健康	0.5052	239	不健康
聊城	0.4713	276	不健康	0.6942	193	健康	0.4342	260	很不健康
滨州	0.6549	190	健康	0.6368	243	亚健康	0.4597	253	不健康
菏泽	0.447	279	很不健康	0.7028	186	健康	0.5445	213	不健康
郑州	0.7423	115	健康	0.7954	75	健康	0.5643	204	亚健康
开封	0.6952	150	健康	0.7274	154	健康	0.5912	192	亚健康
洛阳	0.6308	211	亚健康	0.7164	167	健康	0.4815	246	不健康
平顶山	0.5464	264	不健康	0.6526	229	健康	0.527	226	不健康
安阳	0.4745	275	不健康	0.6993	189	健康	0.4275	261	很不健康
鹤壁	0.6961	149	健康	0.7235	160	健康	0.8434	34	健康
新乡	0.5967	236	亚健康	0.7384	139	健康	0.4268	263	很不健康
焦作	0.6485	195	亚健康	0.6933	196	健康	0.5522	211	亚健康
濮阳	0.5962	238	亚健康	0.815	55	健康	0.5299	223	不健康
许昌	0.6391	205	亚健康	0.7626	110	健康	0.4766	247	不健康
漯河	0.6784	165	健康	0.6894	203	健康	0.5377	218	不健康
三门峡	0.5556	261	亚健康	0.6937	194	健康	0.5457	212	不健康
南阳	0.588	242	亚健康	0.7261	159	健康	0.7156	106	健康
商丘	0.4653	278	不健康	0.7495	126	健康	0.389	270	很不健康
信阳	0.628	214	亚健康	0.779	91	健康	0.4226	264	很不健康
周口	0.5629	259	亚健康	0.7552	119	健康	0.3147	283	很不健康
驻马店	0.5768	250	亚健康	0.7604	114	健康	0.3871	271	很不健康
武汉	0.838	37	健康	0.8348	37	健康	0.8917	6	很健康
黄石	0.7148	135	健康	0.6934	195	健康	0.7471	78	健康
十堰	0.8018	68	健康	0.7347	143	健康	0.7637	68	健康

续表

城市	生态环境			生态经济			生态社会		
	健康指数	排名	等级	健康指数	排名	等级	健康指数	排名	等级
宜昌	0.8286	45	健康	0.605	256	亚健康	0.8384	37	健康
襄阳	0.784	80	健康	0.6545	227	健康	0.8735	15	很健康
鄂州	0.7549	104	健康	0.6945	192	健康	0.8512	25	很健康
荆门	0.6944	153	健康	0.6428	235	亚健康	0.7568	74	健康
孝感	0.5952	239	亚健康	0.6397	238	亚健康	0.8114	47	健康
荆州	0.6416	201	亚健康	0.7284	152	健康	0.6066	179	亚健康
黄冈	0.6196	219	亚健康	0.6718	214	健康	0.4927	244	不健康
咸宁	0.6667	178	健康	0.7506	124	健康	0.4182	265	很不健康
随州	0.7118	140	健康	0.7653	108	健康	0.5993	184	亚健康
长沙	0.8842	23	很健康	0.7967	73	健康	0.6901	122	健康
株洲	0.8174	55	健康	0.768	106	健康	0.5244	230	不健康
湘潭	0.7373	120	健康	0.6903	201	健康	0.6873	129	健康
衡阳	0.6413	203	亚健康	0.7274	156	健康	0.4706	251	不健康
邵阳	0.6132	224	亚健康	0.6632	221	健康	0.5432	215	不健康
岳阳	0.7529	107	健康	0.6729	213	健康	0.6098	177	亚健康
常德	0.7044	143	健康	0.7461	131	健康	0.3709	275	很不健康
张家界	0.6395	204	亚健康	0.8185	51	健康	0.4985	240	不健康
益阳	0.6564	189	健康	0.7267	157	健康	0.3869	272	很不健康
郴州	0.7342	123	健康	0.6825	207	健康	0.292	284	很不健康
永州	0.6968	147	健康	0.7307	146	健康	0.5896	193	亚健康
怀化	0.6565	188	健康	0.6713	215	健康	0.3681	276	很不健康
娄底	0.5802	247	亚健康	0.6184	250	亚健康	0.4154	266	很不健康
广州	0.8785	26	很健康	0.8281	44	健康	0.8969	5	很健康
韶关	0.8015	70	健康	0.766	107	健康	0.6315	162	亚健康
深圳	0.9122	11	很健康	0.8534	19	很健康	0.7625	70	健康
珠海	0.8879	19	很健康	0.9225	3	很健康	0.9007	4	很健康
汕头	0.9116	12	很健康	0.8541	18	很健康	0.7355	87	健康
佛山	0.9019	17	很健康	0.79	78	健康	0.7384	85	健康
江门	0.9105	13	很健康	0.8476	27	健康	0.7825	61	健康
湛江	0.7279	128	健康	0.765	109	健康	0.6572	151	健康
茂名	0.7316	125	健康	0.7579	116	健康	0.4269	262	很不健康
肇庆	0.748	113	健康	0.7073	181	健康	0.632	161	亚健康
惠州	0.9277	2	很健康	0.8788	8	很健康	0.7734	63	健康
梅州	0.6079	226	亚健康	0.7356	141	健康	0.6988	115	健康

续表

城市	生态环境			生态经济			生态社会		
	健康指数	排名	等级	健康指数	排名	等级	健康指数	排名	等级
汕尾	0.6835	161	健康	0.77	105	健康	0.4941	243	不健康
河源	0.6449	199	亚健康	0.7462	130	健康	0.5269	227	不健康
阳江	0.7227	129	健康	0.7718	102	健康	0.6256	165	亚健康
清远	0.6416	202	亚健康	0.7221	161	健康	0.6131	173	亚健康
东莞	0.8161	56	健康	0.8317	41	健康	0.8639	18	很健康
中山	0.9171	8	很健康	0.8712	10	很健康	0.5331	220	不健康
潮州	0.7673	93	健康	0.7858	85	健康	0.5722	199	亚健康
揭阳	0.7486	112	健康	0.64	237	亚健康	0.4952	242	不健康
云浮	0.5999	233	亚健康	0.7458	133	健康	0.3765	273	很不健康
南宁	0.9247	5	很健康	0.8237	48	健康	0.8693	17	很健康
柳州	0.858	32	很健康	0.7131	171	健康	0.8887	7	很健康
桂林	0.7386	119	健康	0.7988	71	健康	0.773	64	健康
梧州	0.7829	82	健康	0.678	211	健康	0.6964	116	健康
北海	0.8821	24	很健康	0.8075	62	健康	0.7613	72	健康
防城港	0.7041	144	健康	0.7079	180	健康	0.8167	44	健康
钦州	0.7748	86	健康	0.7623	111	健康	0.3198	282	很不健康
贵港	0.6043	230	亚健康	0.5838	262	亚健康	0.6092	178	亚健康
玉林	0.6988	146	健康	0.7459	132	健康	0.6378	159	亚健康
百色	0.6036	232	亚健康	0.4894	283	不健康	0.4691	252	不健康
贺州	0.6906	156	健康	0.6365	244	亚健康	0.5889	194	亚健康
河池	0.5816	245	亚健康	0.7187	165	健康	0.5841	196	亚健康
来宾	0.6275	215	亚健康	0.637	242	亚健康	0.5563	208	亚健康
崇左	0.6316	209	亚健康	0.5662	268	亚健康	0.6175	171	亚健康
海口	0.9384	1	很健康	0.8416	32	健康	0.7902	56	健康
三亚	0.9271	3	很健康	0.9299	1	很健康	0.9093	3	很健康
重庆	0.8273	49	健康	0.8511	22	很健康	0.79	57	健康
成都	0.812	61	健康	0.7845	86	健康	0.7719	65	健康
自贡	0.7395	117	健康	0.7617	112	健康	0.5264	228	不健康
攀枝花	0.7932	75	健康	0.5407	275	不健康	0.6922	120	健康
泸州	0.6341	208	亚健康	0.7863	81	健康	0.7312	94	健康
德阳	0.6429	200	亚健康	0.7127	172	健康	0.514	235	不健康
绵阳	0.7872	76	健康	0.8203	50	健康	0.6783	135	健康
广元	0.6952	151	健康	0.7793	90	健康	0.8542	22	很健康
遂宁	0.7556	102	健康	0.7588	115	健康	0.6949	119	健康

续表

城市	生态环境			生态经济			生态社会		
	健康指数	排名	等级	健康指数	排名	等级	健康指数	排名	等级
内江	0.5629	260	亚健康	0.6832	206	健康	0.4429	258	很不健康
乐山	0.5672	257	亚健康	0.6499	231	亚健康	0.6892	124	健康
南充	0.7197	131	健康	0.7162	168	健康	0.6496	155	亚健康
眉山	0.5731	254	亚健康	0.801	67	健康	0.6532	154	健康
宜宾	0.6187	220	亚健康	0.7819	88	健康	0.5961	188	亚健康
广安	0.5698	256	亚健康	0.7564	118	健康	0.5176	233	不健康
达州市	0.5227	268	不健康	0.647	234	亚健康	0.392	269	很不健康
雅安	0.7392	118	健康	0.7209	163	健康	0.7083	108	健康
巴中	0.7127	139	健康	0.7348	142	健康	0.5593	207	亚健康
资阳	0.6672	177	健康	0.7294	150	健康	0.5967	187	亚健康
贵阳	0.8324	42	健康	0.7815	89	健康	0.5436	214	不健康
六盘水	0.5993	234	亚健康	0.6088	252	亚健康	0.3558	278	很不健康
遵义	0.6104	225	亚健康	0.6818	208	健康	0.4531	257	不健康
安顺	0.6598	182	健康	0.7181	166	健康	0.5202	231	不健康
昆明	0.8251	50	健康	0.6914	199	健康	0.7268	99	健康
曲靖	0.5765	251	亚健康	0.6762	212	健康	0.4576	255	不健康
玉溪	0.6449	198	亚健康	0.7041	185	健康	0.6311	163	亚健康
保山	0.578	249	亚健康	0.6605	222	健康	0.4759	249	不健康
昭通	0.4257	282	很不健康	0.5931	259	亚健康	0.4093	268	很不健康
丽江	0.6743	167	健康	0.7265	158	健康	0.6878	127	健康
临沧	0.5367	266	不健康	0.7511	123	健康	0.3518	280	很不健康
拉萨	0.8753	27	很健康	0.7537	121	健康	0.7544	76	健康
西安	0.8016	69	健康	0.8108	59	健康	0.8435	33	健康
铜川	0.6613	181	健康	0.7126	174	健康	0.8411	35	健康
宝鸡	0.6702	172	健康	0.7287	151	健康	0.8835	11	很健康
咸阳	0.5801	248	亚健康	0.7303	148	健康	0.7591	73	健康
渭南	0.4074	284	很不健康	0.6662	220	健康	0.7022	114	健康
延安	0.6711	171	健康	0.815	56	健康	0.5993	185	亚健康
汉中	0.5504	263	亚健康	0.6798	210	健康	0.7414	82	健康
榆林	0.584	243	亚健康	0.761	113	健康	0.6609	149	健康
安康	0.6964	148	健康	0.743	135	健康	0.6721	141	健康
商洛	0.5813	246	亚健康	0.7094	177	健康	0.7194	103	健康
兰州	0.6691	174	健康	0.7397	138	健康	0.8275	41	健康
嘉峪关	0.7753	85	健康	0.5426	273	不健康	0.8495	27	健康

续表

城市	生态环境			生态经济			生态社会		
	健康指数	排名	等级	健康指数	排名	等级	健康指数	排名	等级
金昌	0.7748	87	健康	0.5776	265	亚健康	0.8873	9	很健康
白银	0.6941	154	健康	0.5913	261	亚健康	0.7024	113	健康
天水	0.6575	185	健康	0.7739	99	健康	0.5424	216	不健康
武威	0.645	197	亚健康	0.6926	197	健康	0.6204	170	亚健康
张掖	0.7619	97	健康	0.7002	187	健康	0.6648	146	健康
平凉	0.5911	241	亚健康	0.651	230	健康	0.5753	197	亚健康
酒泉	0.7455	114	健康	0.6984	190	健康	0.6337	160	亚健康
庆阳	0.6077	227	亚健康	0.7468	128	健康	0.4135	267	很不健康
定西	0.5377	265	不健康	0.7126	173	健康	0.4957	241	不健康
陇南	0.4358	280	很不健康	0.5319	278	不健康	0.4896	245	不健康
西宁	0.752	108	健康	0.7274	155	健康	0.7898	58	健康
银川	0.7769	84	健康	0.6485	233	亚健康	0.7077	109	健康
石嘴山	0.7325	124	健康	0.5249	281	不健康	0.7647	67	健康
吴忠	0.7422	116	健康	0.5409	274	不健康	0.6702	143	健康
固原	0.6264	216	亚健康	0.6378	241	亚健康	0.7614	71	健康
中卫	0.6148	223	亚健康	0.5432	272	不健康	0.6264	164	亚健康
乌鲁木齐	0.755	103	健康	0.6848	205	健康	0.8468	29	健康
克拉玛依	0.7619	98	健康	0.7201	164	健康	0.8829	12	很健康

（三）生态环境健康指数考核排名

水资源、土地资源、生物资源以及空气资源的数量与质量总称为生态环境。生态环境影响着人类的生存与发展，关系到社会和经济的可持续发展。对城市生态环境状况的分析也应侧重于对上述三方面状况的全面分析。生态环境质量是指生态环境的优劣程度，它以生态学理论为基础，在特定的时间和空间范围内，从生态系统层次上，反映生态环境对人类生存及社会经济持续发展的适宜程度，是根据人类具体要求对生态环境性质及变化状态的结果进行评定。

生态环境质量评价就是根据特定目的，选择具有代表性、可比性、可操作性的评价指标和方法，对生态环境质量优劣程度进行定性或定量的分析和判别。

生态环境质量评价类型主要包括：1. 生态安全评价；2. 生态风险评价；3. 生态系统健康评价；4. 生态系统稳定性评价；5. 生态系统服务功能评价；

6. 生态环境承载力评价。

以下按照如下指标（表10）所采集的数据对城市生态环境健康进行了评价，虽然略显单薄，但也在不同程度上反映了城市生态环境的健康指数。

表10　生态环境评价指标

生态环境	1	森林覆盖率[建成区人均绿地面积平方米/人]
	2	空气质量优良天数(天)
	3	河湖水质[人均用水量(吨/人)]
	4	单位GDP工业二氧化硫排放量(千克/万元)
	5	生活垃圾无害化处理率(%)

良好的生态环境是人和社会持续发展的根本基础。2016年中国284个城市生态环境排名前十位的城市分别为：海口市、惠州市、三亚市、舟山市、南宁市、厦门市、黄山市、中山市、南昌市、青岛市。

前100名具体排名情况见表11。

2016年中国284个城市生态环境排名中有33个城市健康等级是很健康，占全部排名城市的11.6%；有159个城市健康等级是健康，占全部排名城市的56%；有71个城市健康等级是亚健康，占全部排名城市的25%；有15个城市健康等级是不健康，占全部排名城市的5.3%，有6个城市健康等级是很不健康，占全部排名城市的2.1%。其中很不健康的6个城市为：菏泽市、陇南市、衡水市、昭通市、邢台市、渭南市。

表11　2016年284个城市生态环境健康指数排名前100名

城市名称	健康指数	排名	等级	森林覆盖率指数	空气质量优良天数指数	河湖水质指数	工业二氧化硫排放量指数	生活垃圾无害化处理率指数
				排名	排名	排名	排名	排名
海　口	0.938446	1	很健康	30	9	85	4	1
惠　州	0.927738	2	很健康	35	30	33	61	1
三　亚	0.927118	3	很健康	16	6	130	3	1
舟　山	0.926238	4	很健康	52	46	20	15	1
南　宁	0.92469	5	很健康	91	40	17	20	206
厦　门	0.920492	6	很健康	7	8	128	9	218

续表

城市名称	健康指数	排名	等级	森林覆盖率指数	空气质量优良天数指数	河湖水质指数	工业二氧化硫排放量指数	生活垃圾无害化处理率指数
				排名	排名	排名	排名	排名
黄　山	0.919947	7	很健康	70	24	93	60	1
中　山	0.917078	8	很健康	23	72	51	18	1
南　昌	0.914381	9	很健康	53	82	28	30	189
青　岛	0.913265	10	很健康	38	123	11	11	1
深　圳	0.912199	11	很健康	4	30	236	1	1
汕　头	0.911626	12	很健康	64	22	26	67	264
江　门	0.910459	13	很健康	78	113	6	59	1
威　海	0.91004	14	很健康	25	78	54	71	1
福　州	0.90917	15	很健康	84	9	14	83	207
宁　波	0.905709	16	很健康	59	101	58	56	1
佛　山	0.901911	17	很健康	86	106	83	39	1
绍　兴	0.890297	18	很健康	74	140	37	73	1
珠　海	0.887878	19	很健康	9	40	205	16	1
大　庆	0.887783	20	很健康	19	72	62	92	1
长　春	0.886674	21	很健康	54	141	27	35	262
烟　台	0.8845	22	很健康	76	91	97	81	1
长　沙	0.884219	23	很健康	79	186	40	5	1
北　海	0.88207	24	很健康	92	37	60	105	1
合　肥	0.878508	25	很健康	48	195	13	13	1
广　州	0.878461	26	很健康	11	101	178	8	236
拉　萨	0.875281	27	很健康	10	101	165	10	259
杭　州	0.869994	28	很健康	37	201	36	33	1
大　连	0.8662	29	很健康	29	130	15	109	1
上　海	0.861171	30	很健康	51	175	144	19	1
哈尔滨	0.861038	31	很健康	98	150	59	48	267
柳　州	0.857999	32	很健康	66	91	63	115	1
扬　州	0.850419	33	很健康	103	190	56	32	1
常　州	0.849804	34	健康	40	220	29	69	1
太　原	0.842882	35	健康	22	232	43	65	1
蚌　埠	0.839191	36	健康	104	206	34	44	1
武　汉	0.837998	37	健康	50	229	117	14	1
莆　田	0.83719	38	健康	133	33	123	37	203

续表

城市名称	健康指数	排名	等级	森林覆盖率指数	空气质量优良天数指数	河湖水质指数	工业二氧化硫排放量指数	生活垃圾无害化处理率指数
				排名	排名	排名	排名	排名
温　　州	0.836087	39	健康	139	61	80	25	1
镇　　江	0.83526	40	健康	58	179	2	120	1
南　　京	0.835112	41	健康	13	222	131	22	1
贵　　阳	0.832427	42	健康	33	47	32	160	238
嘉　　兴	0.829051	43	健康	102	171	84	102	1
沈　　阳	0.828684	44	健康	45	210	42	97	192
宜　　昌	0.828613	45	健康	83	203	64	100	1
佳 木 斯	0.828418	46	健康	77	58	105	156	1
台　　州	0.828266	47	健康	143	64	101	31	1
天　　津	0.827957	48	健康	27	236	31	27	255
重　　庆	0.827294	49	健康	87	150	68	136	190
昆　　明	0.825118	50	健康	32	6	24	201	225
泉　　州	0.824861	51	健康	113	18	151	94	208
苏　　州	0.824079	52	健康	42	207	75	101	1
无　　锡	0.823599	53	健康	39	219	38	93	1
芜　　湖	0.822163	54	健康	81	133	30	154	1
株　　洲	0.817381	55	健康	99	147	45	134	1
东　　莞	0.816114	56	健康	1	87	269	137	1
龙　　岩	0.815795	57	健康	166	9	98	58	200
鄂尔多斯	0.813649	58	健康	34	82	119	164	220
南　　通	0.81302	59	健康	115	195	65	68	1
铜　　陵	0.812213	60	健康	61	144	50	161	1
成　　都	0.812043	61	健康	57	249	22	12	1
景 德 镇	0.810723	62	健康	47	66	77	196	1
辽　　源	0.80978	63	健康	107	167	100	108	1
呼和浩特	0.804327	64	健康	18	156	8	184	1
北　　京	0.804114	65	健康	6	261	91	2	193
包　　头	0.803796	66	健康	20	190	23	146	214
马 鞍 山	0.803123	67	健康	72	175	18	159	1
十　　堰	0.80177	68	健康	129	133	72	95	1
西　　安	0.801569	69	健康	56	259	10	6	196

续表

城市名称	健康指数	排名	等级	森林覆盖率指数	空气质量优良天数指数	河湖水质指数	工业二氧化硫排放量指数	生活垃圾无害化处理率指数
				排名	排名	排名	排名	排名
韶　关	0.801534	70	健康	106	45	95	168	1
新　余	0.798583	71	健康	31	66	25	247	1
牡丹江	0.796226	72	健康	196	61	1	66	1
鸡　西	0.795047	73	健康	85	44	87	197	266
大　同	0.793985	74	健康	95	78	90	211	195
攀枝花	0.793248	75	健康	43	1	74	274	1
绵　阳	0.787161	76	健康	142	163	137	62	1
辽　阳	0.784382	77	健康	55	163	53	204	1
连云港	0.784381	78	健康	90	168	103	179	1
七台河	0.784207	79	健康	24	87	4	267	213
襄　阳	0.783994	80	健康	138	148	94	98	1
秦皇岛	0.783745	81	健康	75	168	48	195	1
梧　州	0.782897	82	健康	190	34	134	47	1
抚　顺	0.778473	83	健康	49	150	49	237	1
银　川	0.776942	84	健康	15	201	16	177	224
嘉峪关	0.775346	85	健康	2	97	122	284	1
钦　州	0.774826	86	健康	168	40	191	57	1
金　昌	0.774755	87	健康	28	119	7	279	1
吉　林	0.774558	88	健康	93	138	44	173	271
盘　锦	0.771961	89	健康	41	171	12	239	1
鞍　山	0.771608	90	健康	67	139	55	261	1
金　华	0.771091	91	健康	161	130	154	52	1
丹　东	0.769857	92	健康	112	106	96	162	1
潮　州	0.767316	93	健康	131	47	81	103	274
济　南	0.76692	94	健康	46	272	5	51	1
松　原	0.763617	95	健康	176	119	139	54	228
阜　新	0.762827	96	健康	82	121	61	282	1
张　掖	0.761912	97	健康	65	96	161	232	1
克拉玛依	0.761894	98	健康	3	57	235	229	205
湖　州	0.760548	99	健康	69	223	76	157	1
双鸭山	0.756753	100	健康	94	47	120	245	268

1. 森林覆盖率［建成区人均绿地面积（平方米/人）］

2016 年全国 284 个城市建成区人均绿地面积的平均值为 15.01，最大值为 205.98，最小值为 0.47。相比 2015 年生态城市建设评价时森林覆盖率有明显的提高。

2. 空气质量优良天数（天）

2015 年中国全年空气质量优良的城市有 2 个，而 2014 年全年空气质量优良的城市数达到 8 个，2013 年全年空气质量优良的城市数达到 25 个，这个数字逐年递减。而 2014～2016 年空气质量优良天数的平均值分别是：2014 年为 285.04 天，2015 年为 278.17 天，2016 年为 283.10 天，说明治理空气污染有些改善。

3. 河湖水质［人均用水量（吨/人）］

河湖水质与人类的生活密切相关。但官方统计数据并无此项指标，我们采用人均用水量来替代该指标。该指标为半负向指标，我们将该指标平均值的 1.5 倍作为基准，超过平均值的为负向，不足平均值的为正向。

近三年全国 284 个城市的人均用水量的平均值是：2014 年为 41.65 吨，2015 年为 42.45 吨，2016 年为 43.14 吨，呈上升趋势。同样，近三年该指标的最小值分别为：2014 年为 1.63 吨，2015 年为 1.68 吨，2016 年为 1.81 吨。它们也是呈上升趋势的。

4. 单位 GDP 工业二氧化硫排放量（万元/吨）

近两年全国 284 个城市的单位 GDP 工业二氧化硫排放量的平均值是：2015 年为 3.43，2016 年为 1.76，呈下降趋势。同样，近两年该指标的最小值分别为：2015 年为 0.02，2016 年为 0.02，几乎相同。

5. 生活垃圾无害化处理率（%）

城市生活垃圾是影响城市环境的重要因素之一，生活垃圾的无害化处理已经成为全球关注的环境治理措施。

2015 年全国 284 个城市的生活垃圾无害化处理率的平均值是 96.20%，2014 年全国 284 个城市的生活垃圾无害化处理率的平均值是 91.99%，而 2016 年的平均值则是 96.96%，有所提高。

（四）生态经济健康指数考核排名

生态经济是指在生态系统承载能力范围内，运用生态经济学原理和系统工程方法改变生产和消费方式，挖掘一切可以利用的资源潜力，发展一些经济发达、生态高效的产业，建设体制合理、社会和谐的文化以及生态健康、景观适宜的环境。生态经济是实现经济腾飞与环境保护、物质文明与精神文明、自然生态与人类生态高度统一和可持续发展的经济。

2016 年根据表 12 的指标对全国 284 个城市的生态经济健康指数进行排名，排名前十的城市分别为：三亚市、北京市、珠海市、上海市、天津市、丽水市、芜湖市、惠州市、厦门市、中山市。

前 100 名具体排名情况见表 13，有 7 个城市连续两年生态经济健康指数排名前十：三亚市、天津市、珠海市、上海市、北京市、丽水市和厦门市。

表 12　生态经济评价指标

生态经济	1	单位 GDP 综合能耗（吨标准煤/万元）
	2	一般工业固体废物综合利用率（%）
	3	R&D 经费占 GDP 比重（%）[科学技术支出和教育支出占 GDP 比重（%）]
	4	信息化基础设施[互联网宽带接入用户数（万户）/全市年末总人口（万人）]
	5	人均 GDP（元/人）

2016 年中国 284 个城市生态经济排名中有 25 个城市健康等级是很健康，占全部排名城市的 8.8%；有 205 个城市健康等级是健康，占全部排名城市的 72.2%；有 40 个城市健康等级是亚健康，占全部排名城市的 14.1%；有 14 个城市健康等级是不健康，占全部排名城市的 4.9%。这 14 个健康等级不健康的城市分别为：包头市、中卫市、嘉峪关市、吴忠市、攀枝花市、运城市、本溪市、陇南市、朔州市、鞍山市、石嘴山市、辽阳市、百色市、赤峰市。

表 13　2016 年 284 个城市生态经济健康指数排名前 100 名

城市名称	健康指数	排名	等级	单位 GDP 综合能耗指数	一般工业固体废物综合利用率指数	R&D 经费占 GDP 比重指数	信息化基础设施指数	人均 GDP 指数
				排名	排名	排名	排名	排名
三　亚	0.929858	1	很健康	5	1	56	23	81
北　京	0.924501	2	很健康	1	158	72	43	15

续表

城市名称	健康指数	排名	等级	单位GDP综合能耗指数	一般工业固体废物综合利用率指数	R&D经费占GDP比重指数	信息化基础设施指数	人均GDP指数
				排名	排名	排名	排名	排名
珠　海	0.922467	3	很健康	22	101	101	6	9
上　海	0.91422	4	很健康	30	66	95	25	16
天　津	0.90031	5	很健康	60	27	139	3	18
丽　水	0.898641	6	很健康	41	127	44	82	106
芜　湖	0.888525	7	很健康	33	120	104	100	55
惠　州	0.878756	8	很健康	120	66	127	30	59
厦　门	0.878736	9	很健康	28	167	143	7	30
中　山	0.871181	10	很健康	38	1	195	4	26
台　州	0.869413	11	很健康	11	72	181	45	73
金　华	0.868794	12	很健康	35	55	172	26	65
合　肥	0.865781	13	很健康	6	199	135	59	47
鹰　潭	0.864609	14	很健康	7	128	180	52	91
宁　波	0.85673	15	很健康	45	85	191	15	21
景德镇	0.856727	16	很健康	43	104	150	94	128
杭　州	0.856041	17	很健康	12	161	198	10	11
汕　头	0.854114	18	很健康	25	69	108	126	176
深　圳	0.85337	19	很健康	14	263	94	1	2
温　州	0.85212	20	很健康	17	207	142	35	107
莆　田	0.851483	21	很健康	39	177	177	8	79
重　庆	0.851091	22	很健康	72	192	132	80	100
廊　坊	0.850688	23	很健康	112	93	170	78	97
湖　州	0.850645	24	很健康	90	19	188	24	50
连云港	0.850056	25	很健康	102	102	133	109	118
盐　城	0.849599	26	健康	110	88	131	119	80
江　门	0.847561	27	健康	44	164	173	33	116
南　通	0.847386	28	健康	8	68	221	60	34
龙　岩	0.844037	29	健康	113	139	169	85	58
舟　山	0.842325	30	健康	71	112	203	21	23
福　州	0.842219	31	健康	31	46	219	41	42
海　口	0.841567	32	健康	13	134	215	37	105
青　岛	0.838903	33	健康	69	97	208	38	22

续表

城市名称	健康指数	排名	等级	单位GDP综合能耗指数	一般工业固体废物综合利用率指数	R&D经费占GDP比重指数	信息化基础设施指数	人均GDP指数
				排名	排名	排名	排名	排名
潍　　坊	0.835952	34	健康	155	95	136	95	94
秦皇岛	0.83501	35	健康	163	176	112	58	54
威　　海	0.834887	36	健康	88	80	213	42	19
武　　汉	0.834838	37	健康	123	47	217	13	20
嘉　　兴	0.832736	38	健康	99	115	205	22	40
南　　昌	0.832443	39	健康	4	80	249	70	45
蚌　　埠	0.832412	40	健康	21	35	74	186	157
东　　莞	0.831651	41	健康	42	131	233	5	41
保　　定	0.830566	42	健康	93	30	109	125	224
黄　　山	0.828663	43	健康	2	185	114	146	156
广　　州	0.828149	44	健康	26	57	256	14	5
石家庄	0.82675	45	健康	137	83	199	71	109
宁　　德	0.826509	46	健康	66	175	166	108	104
扬　　州	0.826031	47	健康	9	49	260	53	27
南　　宁	0.823688	48	健康	122	89	207	75	119
宿　　迁	0.820946	49	健康	10	126	158	154	134
绵　　阳	0.820283	50	健康	83	146	156	91	174
张家界	0.818495	51	健康	87	1	77	159	208
绍　　兴	0.817818	52	健康	121	87	232	32	31
三　　明	0.816275	53	健康	152	92	184	90	56
漳　　州	0.816026	54	健康	16	79	252	92	87
濮　　阳	0.815046	55	健康	150	21	165	61	166
延　　安	0.815042	56	健康	79	163	55	185	135
苏　　州	0.811791	57	健康	98	136	248	9	4
南　　京	0.811552	58	健康	92	156	235	16	10
西　　安	0.810837	59	健康	34	151	246	31	60
南　　平	0.810749	60	健康	144	149	162	115	110
宣　　城	0.807988	61	健康	81	191	76	147	164
北　　海	0.807473	62	健康	143	80	183	114	89
吉　　安	0.807451	63	健康	3	64	31	218	227
泰　　州	0.806908	64	健康	65	29	264	76	38

续表

城市名称	健康指数	排名	等级	单位GDP综合能耗指数	一般工业固体废物综合利用率指数	R&D经费占GDP比重指数	信息化基础设施指数	人均GDP指数
				排名	排名	排名	排名	排名
济　　南	0.805552	65	健康	125	24	259	29	35
镇　　江	0.802161	66	健康	54	123	265	34	14
眉　　山	0.801019	67	健康	146	91	141	106	178
泉　　州	0.800353	68	健康	80	78	262	48	49
无　　锡	0.799024	69	健康	64	84	276	18	6
衡　　水	0.798832	70	健康	145	28	125	128	212
桂　　林	0.798784	71	健康	52	174	118	171	160
济　　宁	0.798297	72	健康	124	108	179	144	124
长　　沙	0.796704	73	健康	50	94	271	50	12
安　　庆	0.796039	74	健康	61	48	67	208	202
郑　　州	0.795389	75	健康	40	172	258	49	39
常　　州	0.794836	76	健康	89	40	277	20	13
烟　　台	0.793164	77	健康	68	173	255	67	28
佛　　山	0.790041	78	健康	32	153	278	12	17
滁　　州	0.787886	79	健康	47	190	78	182	194
淮　　安	0.786562	80	健康	82	183	201	131	84
泸　　州	0.786342	81	健康	160	52	64	163	197
大　　连	0.786158	82	健康	95	73	275	79	29
铜　　陵	0.785918	83	健康	157	113	155	149	92
九　　江	0.785813	84	健康	91	225	91	145	151
潮　　州	0.785782	85	健康	190	12	111	121	181
成　　都	0.784487	86	健康	37	201	253	27	51
赣　　州	0.782059	87	健康	23	202	18	170	252
宜　　宾	0.781875	88	健康	148	70	98	189	184
贵　　阳	0.781461	89	健康	128	267	120	56	64
广　　元	0.779339	90	健康	96	125	33	194	259
信　　阳	0.778956	91	健康	103	150	68	202	214
临　　沂	0.776977	92	健康	159	19	138	153	170
哈 尔 滨	0.776666	93	健康	100	18	263	124	78
淮　　北	0.776381	94	健康	151	71	152	132	187
衢　　州	0.776356	95	健康	225	111	92	117	99
白　　城	0.776292	96	健康	140	14	80	223	190

续表

城市名称	健康指数	排名	等级	单位 GDP 综合能耗指数	一般工业固体废物综合利用率指数	R&D 经费占 GDP 比重指数	信息化基础设施指数	人均 GDP 指数
				排名	排名	排名	排名	排名
四　平	0. 774283	97	健康	62	100	126	217	185
齐齐哈尔	0. 774049	98	健康	115	75	59	209	253
天　水	0. 773925	99	健康	141	206	6	116	278
牡丹江	0. 773331	100	健康	100	16	223	157	133

1. 单位 GDP 综合能耗（吨标准煤/万元）

单位 GDP 综合能耗是负向指标。2014 年全国 284 个城市的单位 GDP 综合能耗的平均值是 0. 99，2015 年的平均值是 0. 91，2016 年的平均值 0. 85，整体呈下降趋势。从结果中还可以看出，西部发展中城市的单位 GDP 综合能耗要远高于东部沿海发达城市。

2. 一般工业固体废物综合利用率（%）

2014 年全国 284 个城市的一般工业固体废物综合利用率的平均值是 82. 67，2015 年的平均值是 83. 52，2016 年的平均值是 79. 36，整体呈缓慢下降趋势，不乐观。

3. R&D 经费占 GDP 比重（%）[科学技术支出和教育支出占 GDP 比重（%）]

2016 年全国 284 个城市的 R&D 经费占 GDP 比重的平均值为 3. 92，最大值为 15. 08，最小值为 1. 33. 相比 2015 年有所提高。

4. 信息化基础设施 [互联网宽带接入用户数（万户）/全市年末总人口（万人）]

2015 年该项指标的平均值为 0. 2，2016 年的平均值为 0. 24，整体呈增长趋势。

5. 人均 GDP（万元/人）

2015 年全国 284 个城市人均 GDP 的平均值是 51526. 95，2014 年的平均值是 49830. 31，2016 年的平均值是 54169. 47，整体呈上升趋势。这与我国经济增长相一致。

（五）生态社会健康指数考核排名

生态社会是人与人、人与自然和谐共生的健康可持续社会，确保一代比一代活得更有保障、更健康、更有尊严。在这个意义上生态社会的评价指标体系（表 14）十分复杂。

表 14　生态社会评价指标

生态社会	1	人口密度（人口数/平方千米）
	2	生态环保知识、法规普及率，基础设施完好率［水利、环境和公共设施管理业全市从业人员数（万人）/城市年底总人口（万人）］
	3	公众对城市生态环境满意率［民用车辆数（辆）/城市道路长度（千米）］
	4	政府投入与建设效果［城市维护建设资金支出/（万元）城市 GDP（万元）］

2016 年在全国 284 个城市中生态社会健康指数排名前十的城市分别为：乌海市、伊春市、三亚市、珠海市、广州市、武汉市、柳州市、鸡西市、金昌市、天津市。

前 100 名具体排名情况见表 15。

2016 年中国 284 个城市生态社会排名中有 25 个城市健康等级是很健康，占全部排名城市的 8.8%；有 129 个城市健康等级是健康，占全部排名城市的 45.4%；有 57 个城市健康等级是亚健康，占全部排名城市的 20.1%；有 46 个城市健康等级是不健康，占全部排名城市的 16.2%，有 27 个城市健康等级是很不健康，占全部排名城市的 9.5%。其中很不健康的 27 个城市为：内江市、邢台市、聊城市、安阳市、茂名市、新乡市、信阳市、咸宁市、娄底市、庆阳市、昭通市、达州市、商丘市、驻马店市、益阳市、云浮市、沧州市、常德市、怀化市、运城市、六盘水市、衡水市、临沧市、泉州市、钦州市、周口市、郴州市。

表 15　2016 年 284 个城市生态社会健康指数排名前 100 名

城市名称	健康指数	排名	等级	人口密度指数	生态环保知识、法规普及率，基础设施完好率指数	公众对城市生态环境满意率指数	政府投入与建设效果指数
				排名	排名	排名	排名
乌　　海	0.920659	1	很健康	95	6	5	8
伊　　春	0.91583	2	很健康	57	109	1	62
三　　亚	0.909315	3	很健康	128	1	100	63
珠　　海	0.900671	4	很健康	171	4	11	5
广　　州	0.896905	5	很健康	38	15	31	68

续表

城市名称	健康指数	排名	等级	人口密度指数	生态环保知识、法规普及率，基础设施完好率指数	公众对城市生态环境满意率指数	政府投入与建设效果指数
				排名	排名	排名	排名
武　汉	0.89167	6	很健康	28	28	59	25
柳　州	0.8887	7	很健康	99	33	92	12
鸡　西	0.887592	8	很健康	110	10	53	87
金　昌	0.887264	9	很健康	87	20	47	76
天　津	0.883543	10	很健康	92	26	41	73
宝　鸡	0.883458	11	很健康	1	105	104	52
克拉玛依	0.882882	12	很健康	21	24	21	95
南　昌	0.878296	13	很健康	75	40	105	80
太　原	0.875079	14	很健康	145	18	115	16
襄　阳	0.873541	15	很健康	112	77	103	55
阳　泉	0.87352	16	很健康	130	91	32	81
南　宁	0.869256	17	很健康	93	71	128	4
东　莞	0.863876	18	很健康	155	119	44	9
哈尔滨	0.861173	19	很健康	134	43	81	94
常　州	0.859465	20	很健康	162	59	66	69
淮　南	0.856856	21	很健康	177	95	36	38
广　元	0.854248	22	很健康	176	101	73	41
长春市	0.852512	23	很健康	213	32	24	58
济　南	0.852368	24	很健康	189	112	39	36
鄂　州	0.851211	25	很健康	225	67	7	65
淮　安	0.849529	26	健康	15	136	15	75
嘉峪关	0.849466	27	健康	219	2	8	100
南　京	0.847514	28	健康	243	36	22	14
乌鲁木齐	0.846829	29	健康	202	92	60	64
大　同	0.84654	30	健康	121	47	132	49
厦　门	0.844134	31	健康	116	9	168	2
乌兰察布	0.84354	32	健康	23	111	113	102
西　安	0.84346	33	健康	89	53	148	3
鹤　壁	0.843397	34	健康	96	73	123	96
铜　川	0.841086	35	健康	67	138	40	34
威　海	0.838427	36	健康	241	23	78	74
宜　昌	0.838387	37	健康	228	83	51	48
舟　山	0.836699	38	健康	267	14	23	59
双鸭山	0.835525	39	健康	66	27	25	122
七台河	0.834055	40	健康	186	72	2	104

续表

城市名称	健康指数	排名	等级	人口密度指数	生态环保知识、法规普及率，基础设施完好率指数	公众对城市生态环境满意率指数	政府投入与建设效果指数
				排名	排名	排名	排名
兰　州	0.827474	41	健康	70	19	63	128
朔　州	0.818256	42	健康	160	54	144	21
黄　山	0.817289	43	健康	277	74	48	29
防城港	0.816674	44	健康	276	66	34	66
秦皇岛	0.816132	45	健康	45	93	126	107
大　连	0.812509	46	健康	169	88	61	114
孝　感	0.811355	47	健康	25	165	67	13
北　京	0.808179	48	健康	262	5	143	6
苏　州	0.805913	49	健康	200	65	70	113
蚌　埠	0.804167	50	健康	146	150	35	37
沈　阳	0.801774	51	健康	240	22	138	45
南　通	0.797063	52	健康	63	167	89	43
福　州	0.796782	53	健康	165	103	155	32
合　肥	0.79647	54	健康	101	184	124	1
连云港	0.795807	55	健康	245	141	38	11
海　口	0.790248	56	健康	143	11	99	147
重　庆	0.790043	57	健康	209	132	125	40
西　宁	0.789847	58	健康	106	100	190	7
营　口	0.788119	59	健康	229	46	82	120
东　营	0.787746	60	健康	281	108	118	91
江　门	0.782468	61	健康	166	163	76	30
鹤　岗	0.781892	62	健康	43	29	13	170
惠　州	0.773424	63	健康	230	114	149	71
桂　林	0.773034	64	健康	238	116	150	26
成　都	0.771922	65	健康	17	44	215	20
白　城	0.769133	66	健康	58	17	217	51
石嘴山	0.764711	67	健康	69	12	6	199
十　堰	0.763712	68	健康	250	152	42	53
池　州	0.76303	69	健康	260	97	27	129
深　圳	0.762525	70	健康	20	55	88	176
固　原	0.761353	71	健康	37	124	191	46
北　海	0.76125	72	健康	283	98	55	111
咸　阳	0.759118	73	健康	204	94	181	47
荆　门	0.756844	74	健康	192	147	94	103
六　安	0.755371	75	健康	94	42	170	123

续表

城市名称	健康指数	排名	等级	人口密度指数	生态环保知识、法规普及率，基础设施完好率指数	公众对城市生态环境满意率指数	政府投入与建设效果指数
				排名	排名	排名	排名
拉　　萨	0. 754444	76	健康	163	120	18	156
宿　　州	0. 748377	77	健康	105	219	83	67
黄　　石	0. 747052	78	健康	85	233	14	27
亳　　州	0. 74486	79	健康	72	226	91	57
巴彦淖尔	0. 744359	80	健康	29	48	50	202
徐　　州	0. 743621	81	健康	124	173	54	115
汉　　中	0. 741412	82	健康	51	128	203	70
杭　　州	0. 741155	83	健康	80	39	163	131
芜　　湖	0. 740772	84	健康	216	197	30	78
佛　　山	0. 738449	85	健康	139	64	230	60
上　　海	0. 737665	86	健康	79	13	133	175
汕　　头	0. 735522	87	健康	53	244	58	24
滁　　州	0. 734904	88	健康	236	186	64	82
抚　　顺	0. 733582	89	健康	185	31	33	180
白　　山	0. 733301	90	健康	269	96	37	146
辽　　源	0. 73255	91	健康	136	104	102	192
牡 丹 江	0. 732542	92	健康	84	133	4	182
鞍　　山	0. 731771	93	健康	181	34	178	109
泸　　州	0. 73121	94	健康	111	236	45	84
宿　　迁	0. 73001	95	健康	197	157	109	118
宣　　城	0. 727748	96	健康	142	188	142	17
丹　　东	0. 727606	97	健康	129	30	197	116
本　　溪	0. 727112	98	健康	282	38	9	149
昆　　明	0. 726757	99	健康	179	75	229	23
湖　　州	0. 725429	100	健康	247	122	179	86

1. 人口密度（人口数/平方千米）

人口密度是半负向指标（实际处理时以平均值的 1. 5 倍作为基准，越远离基准越差)。2015 年全国 284 个城市的人口密度的平均值是 437.53，最大值是 2501.14，最小值是 5.77。2016 年全国 284 个城市人口密度的平均值是 3632.349，最大值是 14073，最小值是 450。

2. 生态环保知识法规普及率，基础设施完好率［水利、环境和公共设施管理业全市从业人员数（万人）/城市年末总人口（万人）］

该指标 2016 年与 2015 年的数值相比几乎一样。

3. 公众对城市生态环境满意率［民用车辆数(辆)/城市道路长度(千米)］

该指标为负指标，它表示城市的交通拥堵情况。2015 年全国 284 个城市该指标的平均值是 790.28，2014 年的平均值是 716.98，而 2016 年的平均值是 893.22。这个数字的增加说明城市拥堵状况进一步加剧。随着城市的迅速扩张，道路设施建设不能满足城市车辆需求，寻求有效的解决道路拥堵问题的措施和方法，是生态社会问题的重中之重。

4. 政府投入与建设效果［城市维护建设资金支出（万元）/城市 GDP（万元）］

该指标 2016 年与 2015 年的数值相比差不多。

三　中国生态城市健康指数评价指导

（一）建设侧重度、建设难度、建设综合度的计算原理

生态城市健康指数复合指标建设侧重度、建设难度、建设综合度虽然都是辅助决策参数，但定量时必须客观、合理、科学。

设 $A_i(t)$ 是城市 A 在第 t 年关于第 i 个指标的排序名次，称

$$\lambda A_i(t+1) = \frac{A_i(t)}{\sum_{j=1}^{n} A_j(t)} \quad i = 1,2,\cdots,N$$

为城市 A 在第 $t+1$ 年关于第 i 个指标的建设侧重度，这里 N 是城市个数，n 是指标个数。

如果 $\lambda A_i(t+1) > \lambda A_j(t+1)$，则表明在第 $t+1$ 年第 i 个指标建设应优先于第 j 个指标。这是因为在第 t 年，第 i 个指标在全国的排名比第 j 个指标靠后，所以在第 $t+1$ 年，第 i 个指标应优先于第 j 个指标建设，这样可以缩短同

全国的差距，使生态建设与全国同步发展。

用 $\max_i(t)$，$\min_i(t)$ 分别表示第 i 个指标在第 t 年的最大值和最小值，$\alpha A_i(t)$ 为城市 A 在第 t 年关于第 i 个指标的值，令

$$\mu A_i(t)=\begin{cases}\dfrac{\max_i(t)+1}{\alpha A_i(t)+1} & \text{指标 } i \text{ 为正向}\\[2ex] \dfrac{\alpha A_i(t)+1}{\min_i(t)+1} & \text{指标 } i \text{ 为负向}\end{cases}$$

称

$$\gamma A_i(t+1)=\frac{\mu A_i(t)}{\sum_{j=1}^{n}\mu A_i(t)}$$

为城市 A 在第 $t+1$ 年指标 i 的建设难度（$i=1,2,\cdots,N$）。

如果 $\gamma A_i(t+1)>\gamma A_j(t+1)$，则表明在第 t 年第 i 个指标比第 j 个指标偏离全国最好值更远，所以在第 $t+1$ 年，第 i 个指标应优先于第 j 个指标建设。称

$$\nu A_i(t+1)=\frac{\lambda A_i(t)\mu A_i(t)}{\sum_{j=1}^{n}\lambda A_j(t)\mu A_j(t)}$$

为城市 A 在第 $t+1$ 年指标 i 的建设综合度（$i=1,2,\cdots,N$）。

如果 $\nu A_i(t+1)>\nu A_j(t+1)$，则表明在第 $t+1$ 年，第 i 个指标理论上应优先于第 j 个指标建设。

（二）生态城市年度建设侧重度

建设侧重度的含义是：城市的某项指标建设侧重度越大，排名越靠前，就意味着下一个年度该城市越应侧重这项指标的建设。表 16 中同时还列出了 2016 年全国 284 个生态城市健康指数的 14 个指标建设侧重度的排序。

从表 16 中可以看出，2016 年北京市 14 个指标建设侧重度排在前 4 位的是：单位 GDP 综合能耗，单位 GDP 工业二氧化硫排放量，生态环保知识、法规普及率及基础设施完好率，政府投入与建设效果/森林覆盖率。

（三）生态城市年度建设难度

建设难度的含义是：城市的某项指标建设难度越大，排名越靠前，就

意味着该项指标比其他指标距离全国最好值越远，下一个年度该城市这项指标的建设难度越大。我们计算了 2016 年全国 284 个生态城市健康指数的 14 个指标的建设难度，并将结果列于表 17 中。从表 17 中可以看出，2016 年北京市 14 个指标建设难度排在前 4 位的是：生活垃圾无害化处理率，生态环保知识、法规普及率及基础设施完好率，政府投入与建设效果，人均 GDP。

其他城市的情况也可以从表 17 中获知。

（四）生态城市年度建设综合度

城市健康指数各三级指标的建设综合度同时考虑了建设侧重度和建设难度，反映的是由本年建设现状决定的下年度各建设项目的投入力度，综合度大表明在下年度建设投入力度应该大，反之应该小。我们计算了 2018 年全国 284 个生态城市健康指数的 14 个指标的建设综合度，并将结果列于表 18 中。

（五）结论与建议

2016 年中国城市生态健康评价延续了 2015 年的工作。从总体上看，2016 年在全国 284 个城市生态建设健康评价中，有 17 个城市的健康等级是很健康，占评价总数的 6%。2016 年健康等级为很健康的城市为：三亚市、珠海市、厦门市、南昌市、南宁市、舟山市、惠州市、海口市、天津市、威海市、广州市、黄山市、福州市、江门市、深圳市、合肥市、武汉市。

2015 年在全国 284 个城市生态建设健康评价中，有 16 个城市的健康等级是很健康，占评价总数的 5.6%。2015 年健康等级为很健康的城市为：珠海市、厦门市、舟山市、三亚市、天津市、惠州市、广州市、福州市、南宁市、威海市、北海市、黄山市、深圳市、青岛市、镇江市、拉萨市。

对于所调查的 284 个城市的生态建设，我们给出的建设侧重度、建设难度以及建设综合度为决策者提供了有力的数据支持，指明了方向。

总之，生态文明建设是社会文明发展的必经阶段，生态城市建设是生态文明建设的主战场。我们通过建立模型对我国生态城市的生态健康指数进行定量评价分析，为政府的决策提供理论支撑。

表 16　2016 年 284 个城市生态健康指数 14 个指标的建设侧重度

城市名称	森林覆盖率		空气质量优良天数		河湖水质		单位 GDP 工业二氧化硫排放量		生活垃圾无害化处理率		单位 GDP 综合能耗		一般工业固体废物综合利用率	
	数值	排名	数值	排名	数值	排名	数值	排名	数值	排名	数值	排名	数值	排名
北　京	0.0048	10	0.2075	2	0.0723	6	0.0016	13	0.1534	3	0.0008	14	0.1256	4
天　津	0.0256	9	0.2237	2	0.0294	8	0.0256	9	0.2417	1	0.0569	6	0.02559	9
石家庄	0.0715	8	0.161	1	0.021	12	0.1045	4	0.0006	14	0.0823	5	0.04985	10
唐　山	0.0488	10	0.1095	3	0.0304	12	0.0886	8	0.0004	14	0.1044	4	0.089	7
秦皇岛	0.0528	9	0.1182	3	0.0338	12	0.1372	1	0.0007	14	0.1147	4	0.12386	2
邯　郸	0.079	6	0.1113	1	0.0713	9	0.0913	3	0.0004	14	0.0981	2	0.06667	10
邢　台	0.0996	4	0.1042	1	0.1023	2	0.0949	5	0.0004	14	0.0799	8	0.02316	13
保　定	0.0931	7	0.1224	1	0.1014	5	0.0498	9	0.1018	4	0.0406	11	0.01311	14
张家口	0.0636	10	0.0602	12	0.0619	11	0.0717	7	0.1027	1	0.0895	4	0.10098	2
承　德	0.0401	13	0.0638	8	0.0627	9	0.0929	3	0.0918	4	0.0762	7	0.10022	2
沧　州	0.1041	3	0.0967	5	0.1061	2	0.0311	13	0.0004	14	0.0629	9	0.09013	6
廊　坊	0.0915	5	0.1153	2	0.1053	3	0.0568	9	0.0005	14	0.0513	10	0.04256	12
衡　水	0.0747	9	0.104	1	0.0893	5	0.0352	13	0.1014	2	0.0531	10	0.01025	14
太　原	0.0155	11	0.163	2	0.0302	9	0.0457	7	0.0007	14	0.1405	4	0.17287	1
大　同	0.052	9	0.0427	11	0.0493	10	0.1156	3	0.1068	4	0.1375	1	0.06462	8
阳　泉	0.0463	9	0.1279	4	0.0411	11	0.1455	1	0.0005	14	0.132	3	0.14553	1
长　治	0.0645	10	0.092	5	0.0426	12	0.0954	4	0.1063	1	0.1003	3	0.0735	7
晋　城	0.0508	10	0.1004	5	0.0681	8	0.1159	2	0.0004	14	0.1073	4	0.081	6
朔　州	0.054	11	0.0983	5	0.082	7	0.102	3	0.0005	14	0.1267	1	0.11411	2
晋　中	0.0714	10	0.1002	3	0.0723	9	0.0989	4	0.0004	14	0.109	1	0.09129	6

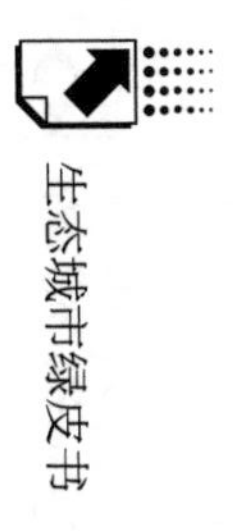

续表

城市名称	森林覆盖率		空气质量优良天数		河湖水质		单位 GDP 工业二氧化硫排放量		生活垃圾无害化处理率		单位 GDP 综合能耗		一般工业固体废物综合利用率	
	数值	排名	数值	排名	数值	排名	数值	排名	数值	排名	数值	排名	数值	排名
运　城	0. 0889	8	0. 0746	9	0. 0971	4	0. 095	7	0. 0004	14	0. 0978	3	0. 09711	4
忻　州	0. 0979	4	0. 0703	10	0. 0998	3	0. 107	1	0. 0004	14	0. 0919	5	0. 0794	9
吕　梁	0. 1103	2	0. 0577	10	0. 1123	1	0. 1103	2	0. 0004	14	0. 1063	4	0. 07859	8
呼和浩特	0. 0105	11	0. 0912	7	0. 0047	12	0. 1076	5	0. 0006	14	0. 1175	4	0. 15205	2
包　头	0. 0098	13	0. 0929	6	0. 0112	12	0. 0714	8	0. 1046	5	0. 1158	4	0. 1261	3
乌　海	0. 0048	11	0. 1014	6	0. 0423	8	0. 1649	2	0. 1262	4	0. 1691	1	0. 15217	3
赤　峰	0. 0682	7	0. 0447	12	0. 0478	11	0. 1062	3	0. 0004	14	0. 1244	1	0. 12085	2
通　辽	0. 0818	7	0. 0593	10	0. 0833	6	0. 1019	4	0. 0005	14	0. 1268	1	0. 06366	9
鄂尔多斯	0. 017	12	0. 041	10	0. 0595	9	0. 082	7	0. 1101	4	0. 0845	6	0. 12706	3
呼伦贝尔	0. 0762	7	0. 0114	13	0. 1048	3	0. 091	5	0. 0005	14	0. 0733	9	0. 12571	1
巴彦淖尔	0. 0631	8	0. 056	10	0. 0835	6	0. 1232	3	0. 0005	14	0. 1263	2	0. 13798	1
乌兰察布	0. 0681	7	0. 0264	13	0. 1151	2	0. 1046	4	0. 1006	5	0. 1147	3	0. 09315	6
沈　阳	0. 0257	11	0. 12	3	0. 024	13	0. 0554	8	0. 1097	4	0. 0954	6	0. 108	5
大　连	0. 0229	11	0. 1026	3	0. 0118	13	0. 086	5	0. 0008	14	0. 075	6	0. 05762	9
鞍　山	0. 0327	11	0. 0678	8	0. 0268	12	0. 1273	2	0. 0005	14	0. 1171	4	0. 13561	1
抚　顺	0. 0257	10	0. 0785	8	0. 0257	10	0. 1241	4	0. 0005	14	0. 1246	3	0. 13665	1
本　溪	0. 0096	13	0. 0415	10	0. 0501	9	0. 1198	4	0. 1226	3	0. 1271	2	0. 11617	5
丹　东	0. 0648	8	0. 0613	9	0. 0556	11	0. 0938	4	0. 0006	14	0. 1522	1	0. 06713	6
锦　州	0. 0539	11	0. 1029	2	0. 0199	13	0. 0854	7	0. 0005	14	0. 099	3	0. 0655	9
营　口	0. 0328	12	0. 0942	6	0. 024	13	0. 1127	3	0. 127	1	0. 109	4	0. 04571	9

续表

城市名称	森林覆盖率		空气质量优良天数		河湖水质		单位GDP工业二氧化硫排放量		生活垃圾无害化处理率		单位GDP综合能耗		一般工业固体废物综合利用率	
	数值	排名	数值	排名	数值	排名	数值	排名	数值	排名	数值	排名	数值	排名
阜新	0.0433	9	0.0639	7	0.0322	11	0.1489	1	0.0005	14	0.114	4	0.09398	6
辽阳	0.0272	10	0.0806	8	0.0262	11	0.1008	5	0.0005	14	0.1295	3	0.13989	1
盘锦	0.0239	11	0.0997	6	0.007	12	0.1394	3	0.0006	14	0.1015	5	0.07755	7
铁岭	0.0744	10	0.0771	8	0.081	7	0.0895	5	0.0004	14	0.0911	3	0.08643	6
朝阳	0.1015	4	0.0307	12	0.0737	10	0.0995	5	0.0004	14	0.0749	8	0.07532	7
葫芦岛	0.0466	12	0.0776	7	0.0585	10	0.1027	2	0.0987	4	0.0808	5	0.05892	9
长春	0.0374	7	0.0978	5	0.0187	13	0.0243	9	0.1817	2	0.0201	12	0.02288	10
吉林	0.0434	11	0.0644	9	0.0205	14	0.0807	6	0.1264	1	0.0816	5	0.11614	2
四平	0.0952	4	0.0601	9	0.0921	5	0.0756	8	0.1157	2	0.0276	13	0.04448	12
辽源	0.0668	7	0.1042	4	0.0624	10	0.0674	6	0.0006	13	0.0393	12	0.00062	13
通化	0.0693	9	0.0464	11	0.0702	8	0.0836	5	0.112	1	0.101	3	0.08356	5
白山	0.0671	7	0.0624	9	0.0615	10	0.0509	11	0.1226	2	0.1203	3	0.06475	8
松原	0.0788	7	0.0533	9	0.0622	8	0.0242	13	0.1021	5	0.0833	6	0.047	11
白城	0.1037	5	0.0611	9	0.1168	3	0.0726	8	0.1247	1	0.0737	7	0.00737	14
哈尔滨	0.0629	7	0.0963	3	0.0379	11	0.0308	12	0.1715	1	0.0642	6	0.01156	14
齐齐哈尔	0.0634	8	0.0284	13	0.0815	7	0.1025	3	0.1286	1	0.0536	9	0.03495	12
鸡西	0.0435	11	0.0225	13	0.0445	9	0.1008	6	0.1361	1	0.1095	5	0.12436	2
鹤岗	0.0342	9	0.0292	10	0.0364	8	0.1159	5	0.1562	1	0.1269	3	0.07285	7
双鸭山	0.0511	9	0.0256	12	0.0653	8	0.1333	2	0.1458	1	0.0974	5	0.10881	4
大庆	0.0137	12	0.0519	8	0.0447	9	0.0663	7	0.0007	14	0.1601	2	0.07859	5

续表

城市名称	森林覆盖率		空气质量优良天数		河湖水质		单位 GDP 工业二氧化硫排放量		生活垃圾无害化处理率		单位 GDP 综合能耗		一般工业固体废物综合利用率	
	数值	排名	数值	排名	数值	排名	数值	排名	数值	排名	数值	排名	数值	排名
伊　春	0.0072	13	0.0082	12	0.0398	9	0.1348	3	0.143	1	0.1134	4	0.10674	5
佳木斯	0.0419	11	0.0315	12	0.0571	10	0.0848	6	0.0005	14	0.0696	9	0.12017	1
七台河	0.0132	12	0.0478	9	0.0022	13	0.1467	2	0.117	4	0.15	1	0.04176	10
牡丹江	0.1444	2	0.045	10	0.0007	13	0.0486	9	0.0007	13	0.0737	7	0.01179	11
黑　河	0.1205	4	0.0046	13	0.1352	2	0.1042	6	0.0005	14	0.0295	10	0.14438	1
绥　化	0.1503	1	0.0299	11	0.1359	4	0.0213	12	0.0005	13	0.0309	10	0.00053	13
上　海	0.0499	8	0.1712	1	0.1409	3	0.0186	11	0.001	14	0.0294	9	0.06458	7
南　京	0.0107	12	0.183	3	0.108	5	0.0181	8	0.0008	14	0.0758	6	0.12861	4
无　锡	0.0278	10	0.1559	2	0.027	11	0.0662	6	0.0007	14	0.0456	9	0.05979	7
徐　州	0.0738	6	0.1283	2	0.0619	10	0.0994	3	0.0006	14	0.1448	1	0.03066	12
常　州	0.0347	9	0.1906	2	0.0251	11	0.0598	5	0.0009	14	0.0771	4	0.03466	9
苏　州	0.0307	11	0.1512	2	0.0548	8	0.0738	6	0.0007	14	0.0716	7	0.09934	4
南　通	0.0961	4	0.1629	2	0.0543	8	0.0568	6	0.0008	14	0.0067	13	0.05681	6
连云港	0.0584	11	0.1091	3	0.0669	8	0.1162	2	0.0006	14	0.0662	9	0.06623	9
淮　安	0.0749	7	0.1491	1	0.0605	8	0.0811	6	0.0007	14	0.0564	10	0.12577	3
盐　城	0.0988	4	0.0819	6	0.1092	2	0.0486	11	0.0005	14	0.06	10	0.04803	12
扬　州	0.0796	6	0.1468	2	0.0433	7	0.0247	11	0.0008	14	0.007	13	0.03787	10
镇　江	0.042	8	0.1296	4	0.0014	13	0.0869	6	0.0007	14	0.0391	9	0.08907	5
泰　州	0.0913	5	0.1295	2	0.0851	6	0.0225	12	0.0006	14	0.0407	10	0.01814	13
宿　迁	0.112	1	0.1099	2	0.105	4	0.0463	12	0.0005	14	0.0054	13	0.06785	9

续表

城市名称	森林覆盖率		空气质量优良天数		河湖水质		单位GDP工业二氧化硫排放量		生活垃圾无害化处理率		单位GDP综合能耗		一般工业固体废物综合利用率	
	数值	排名	数值	排名	数值	排名	数值	排名	数值	排名	数值	排名	数值	排名
杭州	0.0332	8	0.1806	1	0.0323	9	0.0296	10	0.0009	14	0.0108	11	0.14465	4
宁波	0.0481	8	0.0824	5	0.0473	9	0.0457	10	0.0008	14	0.0367	11	0.06933	6
温州	0.0951	6	0.0417	9	0.0547	8	0.0171	11	0.0007	14	0.0116	13	0.14159	3
嘉兴	0.068	6	0.114	4	0.056	9	0.068	6	0.0007	14	0.066	8	0.07667	5
湖州	0.0451	10	0.1457	2	0.0496	9	0.1025	5	0.0007	14	0.0588	7	0.01241	13
绍兴	0.0543	9	0.1026	3	0.0271	11	0.0535	10	0.0007	14	0.0887	6	0.06378	8
金华	0.1022	5	0.0825	7	0.0977	6	0.033	11	0.0006	14	0.0222	12	0.0349	10
衢州	0.0736	5	0.0445	12	0.0582	8	0.1088	4	0.0005	14	0.1236	2	0.06099	7
舟山	0.0561	6	0.0496	7	0.0216	11	0.0162	12	0.0011	14	0.0766	4	0.12082	3
台州	0.095	5	0.0425	10	0.0671	7	0.0206	12	0.0007	14	0.0073	13	0.04784	9
丽水	0.1259	3	0.0195	13	0.1047	4	0.0755	6	0.0006	14	0.0235	12	0.07265	7
合肥	0.0426	8	0.1732	2	0.0115	10	0.0115	10	0.0009	13	0.0053	12	0.17673	1
芜湖	0.0608	8	0.0998	4	0.0225	12	0.1156	3	0.0008	14	0.0248	11	0.09009	5
蚌埠	0.0846	6	0.1675	1	0.0276	12	0.0358	8	0.0008	14	0.0171	13	0.02846	10
淮南	0.0651	8	0.0828	7	0.0624	9	0.1382	1	0.0005	14	0.0866	6	0.09624	4
马鞍山	0.0442	9	0.1074	4	0.011	13	0.0975	5	0.0006	14	0.1509	1	0.07485	7
淮北	0.0409	10	0.1231	3	0.0627	8	0.1433	2	0.0006	14	0.0845	6	0.03973	11
铜陵	0.038	10	0.0898	7	0.0312	12	0.1004	2	0.0006	14	0.0979	3	0.07045	8
安庆	0.0959	5	0.0882	7	0.0898	6	0.0353	11	0.0006	14	0.0336	12	0.02645	13
黄山	0.0547	8	0.0188	12	0.0727	6	0.0469	9	0.0008	14	0.0016	13	0.14464	2

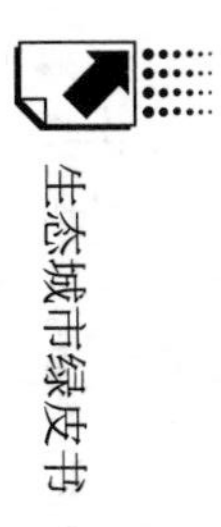

续表

城市名称	森林覆盖率		空气质量优良天数		河湖水质		单位 GDP 工业二氧化硫排放量		生活垃圾无害化处理率		单位 GDP 综合能耗		一般工业固体废物综合利用率	
	数值	排名	数值	排名	数值	排名	数值	排名	数值	排名	数值	排名	数值	排名
滁　州	0.0892	8	0.1137	2	0.0969	4	0.0576	9	0.0005	14	0.024	13	0.09689	4
阜　阳	0.1055	5	0.0887	6	0.1063	4	0.0599	10	0.0004	14	0.0565	11	0.06697	9
宿　州	0.1074	5	0.1083	4	0.1194	2	0.0931	7	0.0005	14	0.0253	13	0.06682	8
六　安	0.1197	4	0.065	7	0.1181	5	0.0198	12	0.0005	14	0.0255	10	0.13788	3
亳　州	0.1384	3	0.0947	6	0.125	4	0.0628	7	0.0005	14	0.0103	13	0.02726	11
池　州	0.0864	5	0.0707	8	0.081	6	0.0701	9	0.0005	14	0.0924	2	0.07663	7
宣　城	0.0969	4	0.0717	9	0.1221	1	0.0655	10	0.0006	14	0.0454	11	0.107	2
福　州	0.0682	6	0.0073	14	0.0114	13	0.0674	7	0.1682	2	0.0252	12	0.03737	8
厦　门	0.0067	12	0.0077	11	0.1231	5	0.0087	9	0.2096	1	0.0269	8	0.16058	3
莆　田	0.0775	7	0.0192	13	0.0717	8	0.0216	12	0.1183	3	0.0227	11	0.10315	4
三　明	0.0995	3	0.0041	14	0.0931	5	0.0679	10	0.0959	4	0.0697	8	0.0422	11
泉　州	0.0554	8	0.0088	14	0.074	7	0.0461	9	0.1019	5	0.0392	10	0.03822	11
漳　州	0.1161	3	0.0095	12	0.0972	7	0.0415	10	0.1029	5	0.0084	13	0.04149	10
南　平	0.1023	3	0.0018	14	0.0952	5	0.034	13	0.1113	2	0.0643	9	0.06658	8
龙　岩	0.0888	6	0.0048	14	0.0524	9	0.031	12	0.107	3	0.0604	8	0.07433	7
宁　德	0.1167	2	0.0062	14	0.1189	1	0.0573	10	0.1022	4	0.0291	13	0.07709	6
南　昌	0.0469	9	0.0726	4	0.0248	13	0.0265	12	0.1673	2	0.0035	14	0.0708	5
景德镇	0.0322	11	0.0452	10	0.0527	9	0.1342	2	0.0007	14	0.0294	12	0.07118	7
萍　乡	0.0739	9	0.1003	4	0.0812	7	0.1451	1	0.0006	14	0.1076	3	0.02465	12
九　江	0.0758	9	0.0808	8	0.0948	3	0.0842	6	0.0006	14	0.0511	11	0.12626	1

续表

城市名称	森林覆盖率		空气质量优良天数		河湖水质		单位 GDP 工业二氧化硫排放量		生活垃圾无害化处理率		单位 GDP 综合能耗		一般工业固体废物综合利用率	
	数值	排名	数值	排名	数值	排名	数值	排名	数值	排名	数值	排名	数值	排名
新余	0. 0195	11	0. 0414	9	0. 0157	13	0. 1551	3	0. 0006	14	0. 123	5	0. 05587	6
鹰潭	0. 0699	8	0. 0478	11	0. 0973	4	0. 0839	6	0. 0006	14	0. 0041	13	0. 07455	7
赣州	0. 108	3	0. 0387	10	0. 1064	4	0. 0924	6	0. 0005	14	0. 0124	12	0. 10854	2
吉安	0. 1227	2	0. 034	10	0. 1325	1	0. 0959	6	0. 0005	14	0. 0015	13	0. 03301	11
宜春	0. 105	5	0. 0432	10	0. 109	1	0. 0986	6	0. 0005	14	0. 0482	9	0. 10722	3
抚州	0. 1012	5	0. 0262	11	0. 0964	6	0. 087	8	0. 0005	14	0. 0079	13	0. 10639	4
上饶	0. 1188	4	0. 0318	10	0. 1188	4	0. 076	7	0. 0005	14	0. 0094	12	0. 14016	1
济南	0. 0376	7	0. 2224	1	0. 0041	13	0. 0417	6	0. 0008	14	0. 1022	4	0. 01962	12
青岛	0. 0311	9	0. 1007	4	0. 009	12	0. 009	12	0. 0008	14	0. 0565	8	0. 07944	5
淄博	0. 0252	11	0. 1551	1	0. 0017	13	0. 1437	2	0. 0006	14	0. 1311	4	0. 03721	10
枣庄	0. 0532	11	0. 1405	1	0. 0553	10	0. 0995	4	0. 0005	13	0. 1107	3	0. 00053	13
东营	0. 0161	11	0. 1608	3	0. 0056	12	0. 0981	4	0. 0006	14	0. 067	6	0. 06083	8
烟台	0. 0465	10	0. 0557	8	0. 0594	7	0. 0496	9	0. 0006	14	0. 0416	11	0. 10594	4
潍坊	0. 0768	6	0. 1247	2	0. 0919	5	0. 0685	8	0. 0005	14	0. 0758	7	0. 04645	10
济宁	0. 0662	8	0. 1136	1	0. 0721	6	0. 0635	10	0. 0005	14	0. 0559	11	0. 04867	13
泰安	0. 0617	7	0. 1386	1	0. 0969	5	0. 0351	12	0. 0005	14	0. 0668	6	0. 02108	13
威海	0. 023	11	0. 0718	5	0. 0497	9	0. 0653	8	0. 0009	14	0. 081	3	0. 0736	4
日照	0. 0445	12	0. 1067	3	0. 0613	8	0. 0766	6	0. 0005	14	0. 1193	1	0. 06821	7
莱芜	0. 0083	12	0. 1302	4	0. 0401	9	0. 1282	5	0. 0005	14	0. 1361	1	0. 02741	11
临沂	0. 0957	3	0. 1246	1	0. 0714	9	0. 0911	4	0. 0005	14	0. 0805	7	0. 00962	13

续表

城市名称	森林覆盖率		空气质量优良天数		河湖水质		单位GDP工业二氧化硫排放量		生活垃圾无害化处理率		单位GDP综合能耗		一般工业固体废物综合利用率	
	数值	排名	数值	排名	数值	排名	数值	排名	数值	排名	数值	排名	数值	排名
德州	0.0597	9	0.1206	1	0.0575	10	0.0852	5	0.0004	14	0.0635	8	0.05283	13
聊城	0.0759	6	0.1071	1	0.0713	9	0.0812	5	0.0004	14	0.0652	11	0.06862	10
滨州	0.0413	11	0.1014	4	0.0454	10	0.1104	1	0.0004	14	0.101	5	0.09771	6
菏泽	0.0935	4	0.1106	1	0.0979	2	0.0748	8	0.0004	14	0.0724	10	0.0171	13
郑州	0.0365	8	0.1628	1	0.0272	11	0.0284	9	0.0006	14	0.0232	12	0.09965	6
开封	0.0977	4	0.1297	2	0.07	9	0.0222	11	0.0005	14	0.0288	10	0.02225	11
洛阳	0.0534	8	0.1143	1	0.0517	9	0.0446	12	0.1026	4	0.0475	11	0.1055	2
平顶山	0.0996	5	0.1089	2	0.0633	9	0.0599	10	0.0004	14	0.0776	8	0.01646	13
安阳	0.0971	3	0.1112	1	0.0722	8	0.093	6	0.0004	14	0.0901	7	0.01826	12
鹤壁	0.0596	8	0.1373	1	0.0607	7	0.101	4	0.0006	14	0.1124	3	0.04143	12
新乡	0.0822	6	0.1253	1	0.0543	11	0.0377	12	0.0004	14	0.066	9	0.09475	5
焦作	0.0563	9	0.1243	2	0.0563	9	0.0396	12	0.0995	4	0.0779	7	0.09595	5
濮阳	0.1079	4	0.1237	1	0.0772	6	0.013	13	0.0902	5	0.0697	9	0.00976	14
许昌	0.092	7	0.1161	2	0.1098	4	0.0376	10	0.0005	14	0.0361	11	0.02938	12
漯河	0.0843	6	0.1355	3	0.046	10	0.0088	11	0.0005	13	0.0616	9	0.00052	13
三门峡	0.0616	11	0.1065	2	0.082	5	0.0803	6	0.0945	4	0.0753	8	0.11194	1
南阳	0.1035	4	0.1064	1	0.1047	3	0.0098	14	0.0975	5	0.0102	13	0.08694	7
商丘	0.1067	2	0.1032	3	0.1079	1	0.0541	9	0.0004	14	0.0456	12	0.01324	13
信阳	0.1074	3	0.089	6	0.1158	1	0.0109	13	0.0004	14	0.0432	11	0.06295	10
周口	0.1098	2	0.0949	8	0.1094	3	0.0082	12	0.0792	9	0.0071	13	0.00667	14

续表

城市名称	森林覆盖率		空气质量优良天数		河湖水质		单位GDP工业二氧化硫排放量		生活垃圾无害化处理率		单位GDP综合能耗		一般工业固体废物综合利用率	
	数值	排名	数值	排名	数值	排名	数值	排名	数值	排名	数值	排名	数值	排名
驻马店	0.1029	1	0.0934	5	0.1002	3	0.0191	13	0.0934	5	0.0267	12	0.00495	14
武汉	0.0515	6	0.2358	1	0.1205	4	0.0144	12	0.001	14	0.1267	3	0.0484	7
黄石	0.0741	7	0.0998	5	0.0403	11	0.1132	3	0.0006	14	0.133	2	0.06009	9
十堰	0.0747	8	0.077	7	0.0417	11	0.055	10	0.0006	14	0.0973	3	0.1297	2
宜昌	0.0494	7	0.1209	5	0.0381	9	0.0596	6	0.0006	14	0.1269	4	0.16438	1
襄阳	0.0819	6	0.0878	4	0.0558	10	0.0581	9	0.0006	14	0.1115	3	0.14828	1
鄂州	0.0485	8	0.1438	1	0.0237	12	0.0892	6	0.0006	14	0.1359	4	0.10073	5
荆门	0.0882	5	0.0897	4	0.0544	11	0.0596	9	0.0005	14	0.0849	7	0.11159	2
孝感	0.1296	1	0.0874	7	0.1031	4	0.0741	9	0.0005	14	0.0992	6	0.11537	2
荆州	0.1105	2	0.1078	3	0.093	7	0.029	12	0.0005	14	0.0544	10	0.12252	1
黄冈	0.1066	1	0.0753	9	0.1063	2	0.0213	12	0.0784	8	0.0603	11	0.09274	4
咸宁	0.0756	6	0.0738	7	0.0921	5	0.0683	11	0.0005	14	0.094	4	0.00687	13
随州	0.0907	3	0.0893	5	0.0842	8	0.0033	14	0.1112	1	0.0167	13	0.02279	12
长沙	0.0586	8	0.1381	2	0.0297	11	0.0037	13	0.0007	14	0.0371	9	0.06978	7
株洲	0.051	10	0.0758	5	0.0232	13	0.0691	7	0.0005	14	0.0675	8	0.05464	9
湘潭	0.0757	9	0.0811	7	0.0342	11	0.1087	4	0.0006	14	0.1147	2	0.00661	13
衡阳	0.0955	3	0.0705	9	0.0517	11	0.0872	6	0.0004	14	0.0469	12	0.06045	10
邵阳	0.1022	4	0.0588	9	0.0814	6	0.0475	11	0.0814	6	0.0505	10	0.08069	8
岳阳	0.091	5	0.077	7	0.0495	11	0.041	12	0.0005	14	0.071	9	0.10195	3
常德	0.0979	5	0.0917	6	0.0707	8	0.0368	10	0.0005	14	0.022	12	0.02819	11

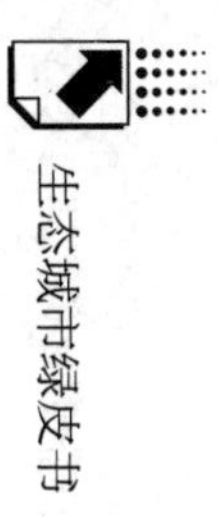

续表

城市名称	森林覆盖率		空气质量优良天数		河湖水质		单位GDP工业二氧化硫排放量		生活垃圾无害化处理率		单位GDP综合能耗		一般工业固体废物综合利用率	
	数值	排名	数值	排名	数值	排名	数值	排名	数值	排名	数值	排名	数值	排名
张家界	0.0947	5	0.0546	9	0.0819	7	0.1287	2	0.0005	13	0.0448	10	0.00051	13
益阳	0.0865	6	0.0497	11	0.0968	5	0.0621	9	0.0004	14	0.0476	12	0.06941	8
郴州	0.0831	6	0.0287	13	0.0663	8	0.0356	12	0.0004	14	0.0565	11	0.10278	4
永州	0.1288	2	0.0479	9	0.0967	6	0.0355	10	0.0005	14	0.0651	8	0.07844	7
怀化	0.1002	4	0.0314	12	0.0831	7	0.0518	9	0.0004	14	0.0518	9	0.10432	3
娄底	0.1017	2	0.0387	11	0.0881	7	0.0989	4	0.0004	14	0.1009	3	0.02512	13
广州	0.0105	12	0.0967	4	0.1705	3	0.0077	13	0.2261	2	0.0249	9	0.0546	6
韶关	0.0604	8	0.0256	12	0.0541	9	0.0957	5	0.0006	14	0.1247	2	0.10649	3
深圳	0.0041	10	0.0305	7	0.2396	2	0.001	12	0.001	12	0.0142	9	0.26701	1
珠海	0.0128	9	0.0571	5	0.2924	1	0.0228	7	0.0014	14	0.0314	6	0.14408	3
汕头	0.0483	8	0.0166	14	0.0196	11	0.0505	7	0.1991	1	0.0189	12	0.05204	6
佛山	0.0662	6	0.0815	5	0.0638	7	0.03	10	0.0008	14	0.0246	11	0.11769	3
江门	0.0638	7	0.0925	6	0.0049	13	0.0483	9	0.0008	14	0.036	10	0.13421	3
湛江	0.128	2	0.0136	13	0.1002	4	0.0481	10	0.0006	14	0.0736	8	0.02039	12
茂名	0.1119	5	0.0118	13	0.1143	4	0.0167	12	0.0005	14	0.0751	7	0.04711	10
肇庆	0.0787	5	0.0425	11	0.0476	10	0.0678	8	0.0005	14	0.0383	13	0.13568	1
惠州	0.0311	10	0.0266	12	0.0293	11	0.0542	8	0.0009	14	0.1066	4	0.05861	7
梅州	0.1258	3	0.009	11	0.1117	5	0.1112	6	0.0005	14	0.0822	8	0.01253	10
汕尾	0.1252	1	0.0072	13	0.0983	7	0.013	11	0.1149	5	0.0121	12	0.00359	14
河源	0.1138	3	0.01	12	0.0692	9	0.0842	8	0.0005	14	0.0383	11	0.08971	7

续表

城市名称	森林覆盖率		空气质量优良天数		河湖水质		单位 GDP 工业二氧化硫排放量		生活垃圾无害化处理率		单位 GDP 综合能耗		一般工业固体废物综合利用率	
	数值	排名	数值	排名	数值	排名	数值	排名	数值	排名	数值	排名	数值	排名
阳江	0. 0797	7	0. 0198	13	0. 0738	8	0. 0872	5	0. 0005	14	0. 0412	11	0. 06471	10
清远	0. 0934	4	0. 0316	13	0. 0631	10	0. 0689	9	0. 1209	1	0. 0885	5	0. 03824	11
东莞	0. 0008	13	0. 0683	7	0. 2111	1	0. 1075	4	0. 0008	13	0. 033	9	0. 10283	5
中山	0. 02	10	0. 0627	6	0. 0444	7	0. 0157	11	0. 0009	13	0. 0331	8	0. 00087	13
潮州	0. 0701	6	0. 0251	13	0. 0433	10	0. 0551	9	0. 1466	1	0. 1017	4	0. 00642	14
揭阳	0. 0715	8	0. 021	13	0. 1018	4	0. 0177	14	0. 0984	5	0. 0362	11	0. 10765	3
云浮	0. 1078	2	0. 0207	12	0. 0805	10	0. 0954	4	0. 0004	14	0. 0809	9	0. 09	6
南宁	0. 071	7	0. 0312	11	0. 0133	13	0. 0156	12	0. 1607	2	0. 0952	4	0. 06942	8
柳州	0. 0542	9	0. 0747	6	0. 0517	10	0. 0944	3	0. 0008	14	0. 2053	1	0. 02627	12
桂林	0. 1043	2	0. 0687	7	0. 0594	11	0. 0652	10	0. 0006	14	0. 0303	12	0. 10134	3
梧州	0. 1037	5	0. 0185	11	0. 0731	8	0. 0256	10	0. 0005	14	0. 1173	4	0. 08456	7
北海	0. 0634	8	0. 0255	13	0. 0414	11	0. 0724	6	0. 0007	14	0. 0986	3	0. 05513	10
防城港	0. 1031	5	0. 0025	13	0. 0293	10	0. 1603	2	0. 0006	14	0. 1253	4	0. 01463	12
钦州	0. 0774	8	0. 0184	12	0. 088	7	0. 0263	11	0. 0005	14	0. 0336	10	0. 0175	13
贵港	0. 116	3	0. 0226	12	0. 067	8	0. 0959	7	0. 0004	14	0. 1139	5	0. 02601	11
玉林	0. 1355	1	0. 0173	13	0. 1208	4	0. 0233	11	0. 0005	14	0. 0259	10	0. 07306	7
百色	0. 092	6	0. 014	12	0. 0928	5	0. 0811	8	0. 0004	14	0. 1019	3	0. 10379	2
贺州	0. 1159	4	0. 0139	12	0. 1101	7	0. 0476	9	0. 0005	14	0. 1149	5	0. 03702	10
河池	0. 1261	1	0. 018	12	0. 1216	3	0. 075	8	0. 0004	14	0. 0256	10	0. 08887	7
来宾	0. 0968	5	0. 0324	12	0. 0997	4	0. 0729	8	0. 0004	14	0. 0823	7	0. 09378	6

续表

城市名称	森林覆盖率		空气质量优良天数		河湖水质		单位 GDP 工业二氧化硫排放量		生活垃圾无害化处理率		单位 GDP 综合能耗		一般工业固体废物综合利用率	
	数值	排名	数值	排名	数值	排名	数值	排名	数值	排名	数值	排名	数值	排名
崇左	0.1028	4	0.0128	14	0.1068	2	0.0212	13	0.1112	1	0.0936	7	0.1036	3
海口	0.029	9	0.0087	12	0.0823	7	0.0039	13	0.001	14	0.0126	10	0.12972	4
三亚	0.0261	8	0.0098	9	0.2117	1	0.0049	11	0.0016	12	0.0081	10	0.00163	12
重庆	0.0508	10	0.0876	4	0.0397	13	0.0794	5	0.1109	3	0.042	12	0.11208	2
成都	0.0473	5	0.2065	2	0.0182	10	0.01	13	0.0008	14	0.0307	8	0.16667	4
自贡	0.0536	10	0.1191	3	0.071	8	0.0447	11	0.0005	14	0.0333	12	0.05806	9
攀枝花	0.0236	10	0.0005	13	0.0406	8	0.1505	2	0.0005	13	0.145	3	0.15321	1
泸州	0.0744	8	0.1249	2	0.0939	5	0.1026	4	0.0005	14	0.0869	7	0.02823	12
德阳	0.0752	7	0.0909	4	0.072	8	0.0447	12	0.0865	6	0.0467	11	0.09292	3
绵阳	0.082	7	0.0942	3	0.0791	9	0.0358	13	0.0006	14	0.0479	12	0.08434	6
广元	0.0946	5	0.0351	12	0.1004	4	0.068	7	0.1185	2	0.051	10	0.06642	8
遂宁	0.0937	6	0.0725	8	0.1136	4	0.0137	11	0.0006	14	0.0594	9	0.01256	12
内江	0.0808	5	0.077	6	0.0831	3	0.1005	2	0.0004	14	0.075	8	0.04254	13
乐山	0.0749	6	0.0726	8	0.0718	9	0.093	2	0.1042	1	0.0872	3	0.05519	12
南充	0.0955	5	0.0786	7	0.0994	4	0.0217	13	0.0005	14	0.0502	11	0.11095	2
眉山	0.0986	2	0.1009	1	0.0986	2	0.0887	5	0.0005	14	0.0682	9	0.0425	13
宜宾	0.1049	2	0.0898	5	0.1044	3	0.0742	8	0.0005	14	0.0722	9	0.03416	12
广安	0.1087	2	0.0587	10	0.1108	1	0.0794	7	0.0004	14	0.0521	11	0.06945	9
达州	0.0828	5	0.0733	11	0.0757	10	0.0787	7	0.0821	6	0.0608	12	0.07669	8
雅安	0.0697	8	0.0483	11	0.0875	5	0.0415	13	0.0966	3	0.0852	6	0.09977	2

续表

城市名称	森林覆盖率		空气质量优良天数		河湖水质		单位 GDP 工业二氧化硫排放量		生活垃圾无害化处理率		单位 GDP 综合能耗		一般工业固体废物综合利用率	
	数值	排名	数值	排名	数值	排名	数值	排名	数值	排名	数值	排名	数值	排名
巴中	0.0948	5	0.0338	12	0.1074	2	0.0186	13	0.0939	6	0.0472	11	0.07359	7
资阳	0.1034	4	0.0845	6	0.1191	2	0.0346	11	0.0005	14	0.0254	12	0.02355	13
贵阳	0.0176	13	0.025	12	0.017	14	0.0852	6	0.1267	3	0.0681	7	0.1421	2
六盘水	0.06	11	0.0383	13	0.0783	8	0.0908	4	0.0854	5	0.0789	7	0.07656	9
遵义	0.0834	6	0.0196	13	0.0878	5	0.0752	9	0.0926	2	0.0504	12	0.08966	4
安顺	0.0694	10	0.0061	14	0.0913	7	0.0997	3	0.1102	2	0.0725	8	0.01098	12
昆明	0.0182	11	0.0034	14	0.0136	12	0.1143	4	0.1279	3	0.1001	7	0.15236	1
曲靖	0.0944	5	0.0069	14	0.0959	3	0.1059	1	0.073	10	0.0833	7	0.07416	9
玉溪	0.1104	4	0.0016	13	0.0947	6	0.1187	3	0.0005	14	0.1104	4	0.1291	2
保山	0.093	6	0.0223	12	0.0961	4	0.0849	7	0.1011	3	0.0792	8	0.06341	10
昭通	0.0987	2	0.0303	12	0.0984	3	0.0788	9	0.098	6	0.0645	10	0.07953	8
丽江	0.0837	6	0.0005	14	0.0754	9	0.1051	4	0.1255	3	0.0807	8	0.08317	7
临沧	0.1002	5	0.009	12	0.1032	2	0.0885	7	0.1028	3	0.0523	11	0.06815	10
拉萨	0.0062	12	0.0627	8	0.1024	3	0.0062	12	0.1607	2	0.0602	9	0.16749	1
西安	0.0417	8	0.193	1	0.0075	12	0.0045	13	0.1461	3	0.0253	10	0.11252	4
铜川	0.0325	10	0.1367	2	0.0689	8	0.1209	4	0.1415	1	0.1312	3	0.02007	12
宝鸡	0.0763	6	0.1192	2	0.0742	7	0.0715	8	0.1038	3	0.045	12	0.12765	1
咸阳	0.0917	4	0.1205	1	0.051	10	0.047	11	0.1001	2	0.0416	12	0.09792	3
渭南	0.0958	3	0.1041	2	0.0821	8	0.1045	1	0.0954	4	0.0927	5	0.00303	14
延安	0.0891	4	0.0848	7	0.1066	3	0.0493	10	0.1095	2	0.0374	12	0.07725	8

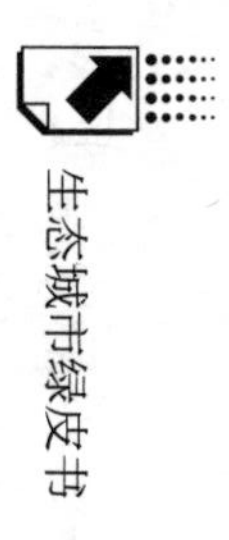

续表

城市名称	森林覆盖率		空气质量优良天数		河湖水质		单位GDP工业二氧化硫排放量		生活垃圾无害化处理率		单位GDP综合能耗		一般工业固体废物综合利用率	
	数值	排名	数值	排名	数值	排名	数值	排名	数值	排名	数值	排名	数值	排名
汉　中	0. 107	1	0. 0743	10	0. 1029	2	0. 0842	6	0. 0862	5	0. 0772	9	0. 08905	4
榆　林	0. 0905	5	0. 0562	11	0. 1111	2	0. 1036	3	0. 1129	1	0. 0755	7	0. 06675	8
安　康	0. 1009	3	0. 0559	9	0. 1132	2	0. 0336	12	0. 0891	7	0. 0345	11	0. 09773	5
商　洛	0. 1216	2	0. 0483	11	0. 122	1	0. 0584	8	0. 1032	4	0. 0211	12	0. 10053	5
兰　州	0. 023	12	0. 1446	3	0. 0134	13	0. 0774	6	0. 1817	1	0. 1612	2	0. 03711	10
嘉峪关	0. 0012	12	0. 057	8	0. 0717	6	0. 167	1	0. 0006	14	0. 167	1	0. 13933	3
金　昌	0. 0181	11	0. 0769	6	0. 0045	13	0. 1802	2	0. 0006	14	0. 1654	3	0. 18152	1
白　银	0. 0527	9	0. 0544	8	0. 0371	12	0. 12	1	0. 1041	4	0. 1166	2	0. 08333	7
天　水	0. 1028	4	0. 0521	12	0. 1111	3	0. 0549	10	0. 0005	14	0. 065	8	0. 09497	5
武　威	0. 1098	2	0. 0475	12	0. 0916	3	0. 0532	11	0. 0869	7	0. 0908	4	0. 0592	9
张　掖	0. 033	11	0. 0488	10	0. 0819	7	0. 1179	3	0. 0005	14	0. 1225	2	0. 09456	6
平　凉	0. 0884	7	0. 0409	12	0. 1068	2	0. 1019	4	0. 0004	14	0. 0929	6	0. 04378	11
酒　泉	0. 0468	12	0. 0753	6	0. 0753	6	0. 1024	5	0. 0005	14	0. 112	3	0. 11733	2
庆　阳	0. 1129	3	0. 0376	10	0. 1162	1	0. 048	9	0. 0918	7	0. 0322	12	0. 00413	14
定　西	0. 12	3	0. 0354	11	0. 1221	2	0. 0941	6	0. 0004	14	0. 0682	8	0. 05568	10
陇　南	0. 097	1	0. 0506	11	0. 097	1	0. 0714	9	0. 0953	5	0. 0605	10	0. 09464	6
西　宁	0. 0377	11	0. 0948	5	0. 0105	13	0. 147	2	0. 137	3	0. 1486	1	0. 01719	12
银　川	0. 0076	14	0. 1025	6	0. 0082	13	0. 0903	7	0. 1142	4	0. 1382	2	0. 06068	8
石嘴山	0. 006	12	0. 0959	7	0. 0364	9	0. 1403	2	0. 1093	5	0. 1408	1	0. 12332	3
吴　忠	0. 0411	10	0. 0729	7	0. 0589	9	0. 127	2	0. 0005	14	0. 1289	1	0. 10883	4

续表

城市名称	森林覆盖率		空气质量优良天数		河湖水质		单位 GDP 工业二氧化硫排放量		生活垃圾无害化处理率		单位 GDP 综合能耗		一般工业固体废物综合利用率	
	数值	排名	数值	排名	数值	排名	数值	排名	数值	排名	数值	排名	数值	排名
固　原	0.0747	7	0.0417	10	0.1245	3	0.1216	4	0.0005	13	0.1058	5	0.07375	8
中　卫	0.0595	11	0.0688	7	0.1081	4	0.1144	2	0.0004	14	0.1195	1	0.05994	10
乌鲁木齐	0.0028	14	0.1215	3	0.0379	9	0.1034	5	0.1357	2	0.1566	1	0.06444	7
克拉玛依	0.002	13	0.0389	8	0.1602	2	0.1561	3	0.1397	4	0.1875	1	0.1152	5

城市名称	R&D 经费占 GDP 比重		信息化基础设施		人均 GDP		人口密度		生态环保知识、法规普及率，基础设施完好率		公众对城市生态环境满意率		政府投入与建设效果	
	数值	排名	数值	排名	数值	排名	数值	排名	数值	排名	数值	排名	数值	排名
北　京	0.0572	7	0.0342	8	0.0119	9	0.2083	1	0.004	12	0.1137	5	0.0048	10
天　津	0.1318	3	0.0028	14	0.0171	13	0.0872	4	0.0246	12	0.0389	7	0.0692	5
石家庄	0.1195	3	0.0426	11	0.0655	9	0.0012	13	0.0751	7	0.1261	2	0.0793	6
唐　山	0.1151	1	0.0432	11	0.0197	13	0.1001	5	0.0501	9	0.0903	6	0.1104	2
秦皇岛	0.0788	6	0.0408	10	0.038	11	0.0317	13	0.0654	8	0.0887	5	0.0753	7
邯　郸	0.0654	11	0.0879	4	0.0828	5	0.0463	13	0.0718	8	0.0739	7	0.0539	12
邢　台	0.0336	12	0.0637	10	0.0938	7	0.0386	11	0.0702	9	0.1007	3	0.0949	5
保　定	0.0476	10	0.0546	8	0.0979	6	0.017	13	0.1171	2	0.1097	3	0.0337	12
张家口	0.0246	14	0.067	9	0.0861	5	0.073	6	0.0339	13	0.0959	3	0.0687	8
承　德	0.0295	14	0.0587	11	0.0594	10	0.1013	1	0.0528	12	0.0805	6	0.09	5
沧　州	0.0684	8	0.054	10	0.054	10	0.0443	12	0.0796	7	0.1092	1	0.0991	4
廊　坊	0.0778	8	0.0357	13	0.0444	11	0.0966	4	0.0796	6	0.1231	1	0.0796	6

续表

城市名称	R&D 经费占GDP 比重		信息化基础设施		人均 GDP		人口密度		生态环保知识、法规普及率，基础设施完好率		公众对城市生态环境满意率		政府投入与建设效果	
	数值	排名	数值	排名	数值	排名	数值	排名	数值	排名	数值	排名	数值	排名
衡　水	0.0458	12	0.0469	11	0.0776	8	0.0886	6	0.0868	7	0.0901	4	0.0963	3
太　原	0.1532	3	0.0274	10	0.0443	8	0.1019	5	0.0126	12	0.0808	6	0.0112	13
大　同	0.0246	14	0.0936	5	0.1221	2	0.0663	7	0.0257	13	0.0723	6	0.0268	12
阳　泉	0.0764	6	0.0343	12	0.0769	5	0.0676	7	0.0473	8	0.0166	13	0.0421	10
长　治	0.0415	13	0.0671	9	0.0678	8	0.0475	11	0.017	14	0.0825	6	0.1021	2
晋　城	0.0702	7	0.0358	12	0.0616	9	0.0495	11	0.0263	13	0.1116	3	0.1211	1
朔　州	0.1006	4	0.0885	6	0.0568	10	0.0745	8	0.0252	12	0.0671	9	0.0098	13
晋　中	0.0359	11	0.0845	8	0.0875	7	0.0207	13	0.0254	12	0.1036	2	0.0989	4
运　城	0.0218	12	0.0486	11	0.0953	6	0.0107	13	0.0746	9	0.0996	1	0.0985	2
忻　州	0.0087	13	0.0836	8	0.1017	2	0.0877	6	0.0318	12	0.0862	7	0.0537	11
吕　梁	0.0108	12	0.0794	7	0.0998	6	0.002	13	0.0521	11	0.1051	5	0.075	9
呼和浩特	0.1637	1	0.0789	8	0.014	10	0.0398	9	0.0018	13	0.1216	3	0.0959	6
包　头	0.1383	1	0.0577	9	0.0039	14	0.0909	7	0.0239	10	0.0225	11	0.131	2
乌　海	0.1232	5	0.032	9	0.0151	10	0.0574	7	0.0036	13	0.003	14	0.0048	11
赤　峰	0.0367	13	0.0969	5	0.0637	8	0.0983	4	0.0629	9	0.0527	10	0.0761	6
通　辽	0.1024	3	0.1156	2	0.0416	12	0.0108	13	0.0661	8	0.095	5	0.0514	11
鄂尔多斯	0.1421	1	0.088	5	0.0005	14	0.0705	8	0.0035	13	0.0375	11	0.1366	2
呼伦贝尔	0.0757	8	0.0705	10	0.0357	11	0.1186	2	0.0329	12	0.09	6	0.0938	4
巴彦淖尔	0.0835	6	0.1003	5	0.058	9	0.0148	13	0.0244	12	0.0255	11	0.1029	4

续表

城市名称	R&D 经费占 GDP 比重		信息化基础设施		人均 GDP		人口密度		生态环保知识、法规普及率，基础设施完好率		公众对城市生态环境满意率		政府投入与建设效果	
	数值	排名	数值	排名	数值	排名	数值	排名	数值	排名	数值	排名	数值	排名
乌兰察布	0.0439	12	0.116	1	0.0641	8	0.0101	14	0.0488	10	0.0496	9	0.0448	11
沈阳	0.1337	2	0.036	10	0.0377	9	0.1371	1	0.0126	14	0.0789	7	0.0257	11
大连	0.217	1	0.0624	8	0.0229	11	0.1334	2	0.0695	7	0.0481	10	0.09	4
鞍山	0.1239	3	0.0429	10	0.0805	7	0.0883	5	0.0166	13	0.0868	6	0.0532	9
抚顺	0.1346	2	0.0424	9	0.0827	7	0.0969	5	0.0162	13	0.0173	12	0.0942	6
本溪	0.1034	6	0.026	11	0.0661	8	0.1285	1	0.0173	12	0.0041	14	0.0679	7
丹东	0.0561	10	0.0503	12	0.125	2	0.0747	5	0.0174	13	0.114	3	0.0671	6
锦州	0.0941	5	0.05	12	0.097	4	0.0893	6	0.0597	10	0.0786	8	0.1043	1
营口	0.1256	2	0.0443	10	0.0646	7	0.1057	5	0.0212	14	0.0379	11	0.0554	8
阜新	0.018	13	0.0444	8	0.1415	2	0.1193	3	0.0275	12	0.0422	10	0.1103	5
辽阳	0.0924	7	0.0366	9	0.0949	6	0.1325	2	0.0173	12	0.0094	13	0.1122	4
盘锦	0.1592	1	0.0426	8	0.0356	10	0.1446	2	0.0047	13	0.0362	9	0.1277	4
铁岭	0.0178	13	0.0694	11	0.105	1	0.076	9	0.0446	12	0.0969	2	0.0903	4
朝阳	0.0291	13	0.0749	8	0.1064	2	0.1081	1	0.0311	11	0.1056	3	0.0888	6
葫芦岛	0.0259	14	0.0518	11	0.1023	3	0.1091	1	0.0394	13	0.0796	6	0.0681	8
长春	0.1872	1	0.1498	3	0.0333	8	0.1477	4	0.0222	11	0.0166	14	0.0402	6
吉林	0.1049	3	0.0779	7	0.0471	10	0.0714	8	0.0238	13	0.0368	12	0.1049	3
四平	0.056	10	0.0965	3	0.0823	7	0.0053	14	0.0476	11	0.0836	6	0.1179	1
辽源	0.1492	1	0.128	2	0.0481	11	0.0849	5	0.0649	8	0.0637	9	0.1199	3

续表

城市名称	R&D 经费占 GDP 比重		信息化基础设施		人均 GDP		人口密度		生态环保知识、法规普及率，基础设施完好率		公众对城市生态环境满意率		政府投入与建设效果	
	数值	排名	数值	排名	数值	排名	数值	排名	数值	排名	数值	排名	数值	排名
通化	0. 0344	13	0. 0932	4	0. 0707	7	0. 0275	14	0. 039	12	0. 0624	10	0. 1065	2
白山	0. 0689	5	0. 0809	4	0. 0472	12	0. 1244	1	0. 0444	13	0. 0171	14	0. 0675	6
松原	0. 1168	2	0. 103	4	0. 0416	12	0. 0121	14	0. 0474	10	0. 1079	3	0. 1204	1
白城	0. 0421	10	0. 1174	2	0. 1	6	0. 0305	11	0. 0089	13	0. 1142	4	0. 0268	12
哈尔滨	0. 1689	2	0. 0796	5	0. 0501	10	0. 0861	4	0. 0276	13	0. 052	9	0. 0604	8
齐齐哈尔	0. 0275	14	0. 0974	4	0. 1179	2	0. 0354	11	0. 0513	10	0. 0895	5	0. 0881	6
鸡西	0. 0476	8	0. 1187	4	0. 1192	3	0. 0563	7	0. 0051	14	0. 0271	12	0. 0445	9
鹤岗	0. 027	11	0. 1181	4	0. 1424	2	0. 0237	12	0. 016	13	0. 0072	14	0. 0938	6
双鸭山	0. 0468	10	0. 0729	6	0. 1224	3	0. 0359	11	0. 0147	13	0. 0136	14	0. 0664	7
大庆	0. 2026	1	0. 0735	6	0. 0231	11	0. 0339	10	0. 1103	4	0. 0123	13	0. 1283	3
伊春	0. 093	7	0. 0975	6	0. 1394	2	0. 0291	11	0. 0557	8	0. 0005	14	0. 0317	10
佳木斯	0. 1033	4	0. 1093	2	0. 099	5	0. 0179	13	0. 0745	8	0. 0848	6	0. 1055	3
七台河	0. 0577	7	0. 0879	6	0. 1357	3	0. 1022	5	0. 0396	11	0. 0011	14	0. 0571	8
牡丹江	0. 1643	1	0. 1157	4	0. 098	5	0. 0619	8	0. 098	5	0. 0029	12	0. 1341	3
黑河	0. 0574	8	0. 0097	11	0. 1205	4	0. 0081	12	0. 0356	9	0. 0996	7	0. 1301	3
绥化	0. 0421	8	0. 1498	2	0. 1402	3	0. 0378	9	0. 1018	6	0. 0458	7	0. 113	5
上海	0. 093	5	0. 0245	10	0. 0157	12	0. 0773	6	0. 0127	13	0. 1301	4	0. 1712	1
南京	0. 1937	2	0. 0132	10	0. 0082	13	0. 2003	1	0. 0297	7	0. 0181	8	0. 0115	11
无锡	0. 1964	1	0. 0128	12	0. 0043	13	0. 1473	3	0. 0804	5	0. 0484	8	0. 1274	4

续表

城市名称	R&D 经费占 GDP 比重		信息化基础设施		人均 GDP		人口密度		生态环保知识、法规普及率，基础设施完好率		公众对城市生态环境满意率		政府投入与建设效果	
	数值	排名	数值	排名	数值	排名	数值	排名	数值	排名	数值	排名	数值	排名
徐　州	0. 0954	5	0. 0625	9	0. 038	11	0. 0704	7	0. 0982	4	0. 0307	12	0. 0653	8
常　州	0. 24	1	0. 0173	12	0. 0113	13	0. 1404	3	0. 0511	8	0. 0572	7	0. 0598	5
苏　州	0. 1812	1	0. 0066	12	0. 0029	13	0. 1461	3	0. 0475	10	0. 0511	9	0. 0825	5
南　通	0. 1846	1	0. 0501	10	0. 0284	12	0. 0526	9	0. 1395	3	0. 0744	5	0. 0359	11
连云港	0. 0864	5	0. 0708	7	0. 0766	6	0. 1591	1	0. 0916	4	0. 0247	12	0. 0071	13
淮　安	0. 1381	2	0. 09	5	0. 0577	9	0. 0103	12	0. 0935	4	0. 0103	12	0. 0515	11
盐　城	0. 0715	7	0. 065	8	0. 0437	13	0. 0972	5	0. 1037	3	0. 0622	9	0. 1097	1
扬　州	0. 2009	1	0. 041	8	0. 0209	12	0. 1059	5	0. 1144	4	0. 0402	9	0. 1368	3
镇　江	0. 1919	1	0. 0246	11	0. 0101	12	0. 1702	2	0. 0456	7	0. 0311	10	0. 1376	3
泰　州	0. 1651	1	0. 0475	9	0. 0238	11	0. 1176	3	0. 1126	4	0. 0607	8	0. 0851	6
宿　迁	0. 0851	5	0. 0829	7	0. 0722	8	0. 1061	3	0. 0845	6	0. 0587	11	0. 0635	10
杭　州	0. 1779	2	0. 009	13	0. 0099	12	0. 0719	6	0. 035	7	0. 1465	3	0. 1177	5
宁　波	0. 1558	2	0. 0122	13	0. 0171	12	0. 1199	3	0. 0644	7	0. 1819	1	0. 1183	4
温　州	0. 0971	5	0. 0239	10	0. 0732	7	0. 1088	4	0. 1731	1	0. 1464	2	0. 015	12
嘉　兴	0. 1367	3	0. 0147	13	0. 0267	12	0. 0433	10	0. 0413	11	0. 15	1	0. 138	2
湖　州	0. 1228	3	0. 0157	12	0. 0327	11	0. 1613	1	0. 0797	6	0. 1169	4	0. 0562	8
绍　兴	0. 1701	1	0. 0235	12	0. 0227	13	0. 0916	5	0. 0748	7	0. 129	2	0. 0975	4
金　华	0. 1091	4	0. 0165	13	0. 0412	8	0. 1275	2	0. 0368	9	0. 1732	1	0. 1225	3
衢　州	0. 0505	11	0. 0643	6	0. 0544	10	0. 1209	3	0. 1478	1	0. 0582	8	0. 0335	13

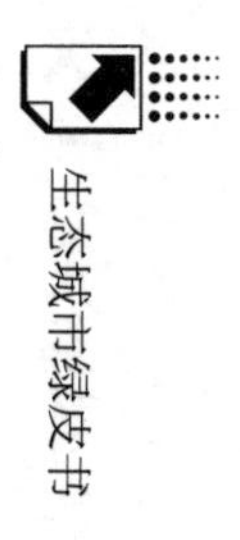

续表

城市名称	R&D 经费占 GDP 比重		信息化基础设施		人均 GDP		人口密度		生态环保知识、法规普及率，基础设施完好率		公众对城市生态环境满意率		政府投入与建设效果	
	数值	排名	数值	排名	数值	排名	数值	排名	数值	排名	数值	排名	数值	排名
舟山	0. 219	2	0. 0227	10	0. 0248	8	0. 288	1	0. 0151	13	0. 0248	8	0. 0636	5
台州	0. 1203	4	0. 0299	11	0. 0485	8	0. 1668	1	0. 1369	2	0. 0811	6	0. 1355	3
丽水	0. 0252	11	0. 0469	10	0. 0606	8	0. 1459	2	0. 0938	5	0. 1487	1	0. 0566	9
合肥	0. 1199	4	0. 0524	7	0. 0417	9	0. 0897	6	0. 1634	3	0. 1101	5	0. 0009	13
芜湖	0. 0781	6	0. 0751	7	0. 0413	10	0. 1622	1	0. 1479	2	0. 0225	12	0. 0586	9
蚌埠	0. 0602	7	0. 1512	2	0. 1276	3	0. 1187	5	0. 122	4	0. 0285	10	0. 0301	9
淮南	0. 0516	10	0. 1038	3	0. 1269	2	0. 0952	5	0. 0511	11	0. 0194	13	0. 0204	12
马鞍山	0. 1264	2	0. 0607	8	0. 0423	10	0. 0344	12	0. 1196	3	0. 0423	10	0. 0877	6
淮北	0. 0851	5	0. 0739	7	0. 1046	4	0. 0571	9	0. 1584	1	0. 0157	12	0. 0106	13
铜陵	0. 0966	5	0. 0929	6	0. 0574	9	0. 0973	4	0. 1665	1	0. 0349	11	0. 0262	13
安庆	0. 0369	10	0. 1146	2	0. 1113	3	0. 0964	4	0. 1185	1	0. 0711	9	0. 0815	8
黄山	0. 0891	5	0. 1142	4	0. 122	3	0. 2166	1	0. 0579	7	0. 0375	10	0. 0227	11
滁州	0. 0398	11	0. 0928	7	0. 0989	3	0. 1203	1	0. 0948	6	0. 0326	12	0. 0418	10
阜阳	0. 0063	13	0. 1118	3	0. 1168	2	0. 0699	7	0. 1189	1	0. 0695	8	0. 0226	12
宿州	0. 0263	12	0. 1143	3	0. 1203	1	0. 0484	9	0. 1009	6	0. 0382	10	0. 0309	11
六安	0. 0135	13	0. 1384	1	0. 1384	1	0. 0489	9	0. 0219	11	0. 0884	6	0. 064	8
亳州	0. 0273	11	0. 143	1	0. 1415	2	0. 037	9	0. 1163	5	0. 0468	8	0. 0293	10
池州	0. 0663	11	0. 0891	3	0. 088	4	0. 1413	1	0. 0527	12	0. 0147	13	0. 0701	9
宣城	0. 0426	12	0. 0824	6	0. 0919	5	0. 0796	7	0. 1053	3	0. 0796	7	0. 0095	13

续表

城市名称	R&D 经费占GDP 比重		信息化基础设施		人均 GDP		人口密度		生态环保知识、法规普及率，基础设施完好率		公众对城市生态环境满意率		政府投入与建设效果	
	数值	排名	数值	排名	数值	排名	数值	排名	数值	排名	数值	排名	数值	排名
福州	0.1779	1	0.0333	10	0.0341	9	0.134	3	0.0837	5	0.1259	4	0.026	11
厦门	0.1375	4	0.0067	12	0.0288	7	0.1115	6	0.0087	9	0.1615	2	0.0019	14
莆田	0.1031	4	0.0047	14	0.046	9	0.0839	6	0.1591	1	0.0286	10	0.1404	2
三明	0.0844	6	0.0413	12	0.0257	13	0.1248	1	0.0683	9	0.0729	7	0.1101	2
泉州	0.1284	3	0.0235	13	0.024	12	0.0774	6	0.1367	1	0.1161	4	0.1303	2
漳州	0.1324	2	0.0483	8	0.0457	9	0.0026	14	0.1155	4	0.1014	6	0.1371	1
南平	0.0724	7	0.0514	10	0.0492	11	0.0996	4	0.0858	6	0.1189	1	0.0474	12
龙岩	0.0904	5	0.0455	11	0.031	12	0.1037	4	0.1187	2	0.1428	1	0.0492	10
宁德	0.0731	7	0.0476	11	0.0458	12	0.0722	8	0.1137	3	0.0806	5	0.0595	9
南昌	0.2204	1	0.0619	8	0.0398	10	0.0664	7	0.0354	11	0.0929	3	0.0708	5
景德镇	0.1027	4	0.0643	8	0.0876	5	0.1191	3	0.0862	6	0.011	13	0.1636	1
萍乡	0.0829	6	0.0852	5	0.0678	10	0.0028	13	0.1199	2	0.0768	8	0.0314	11
九江	0.0511	11	0.0814	7	0.0847	5	0.0196	13	0.1049	2	0.0533	10	0.0915	4
新余	0.1576	2	0.0559	6	0.0232	10	0.1243	4	0.1645	1	0.0182	12	0.0452	8
鹰潭	0.1048	3	0.0303	12	0.053	10	0.0693	9	0.1206	2	0.0932	5	0.1508	1
赣州	0.0097	13	0.0913	7	0.1354	1	0.022	11	0.1053	5	0.0865	8	0.0828	9
吉安	0.016	12	0.1124	4	0.1171	3	0.1062	5	0.0866	8	0.0892	7	0.0521	9
宜春	0.0214	12	0.1077	2	0.095	8	0.0209	13	0.0959	7	0.1068	4	0.0409	11
抚州	0.0262	11	0.1101	3	0.1158	2	0.0325	10	0.0938	7	0.0577	9	0.1384	1

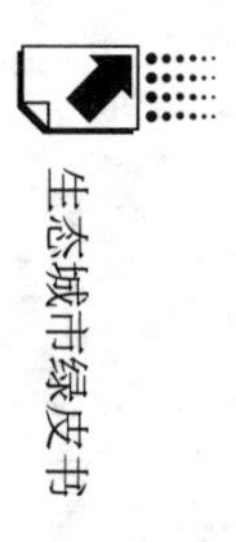

续表

城市名称	R&D 经费占 GDP 比重		信息化基础设施		人均 GDP		人口密度		生态环保知识、法规普及率，基础设施完好率		公众对城市生态环境满意率		政府投入与建设效果	
	数值	排名	数值	排名	数值	排名	数值	排名	数值	排名	数值	排名	数值	排名
上　饶	0.0189	11	0.1188	4	0.1213	3	0.0388	9	0.1367	2	0.0651	8	0.005	13
济　南	0.2118	2	0.0237	11	0.0286	10	0.1545	3	0.0916	5	0.0319	8	0.0294	9
青　岛	0.1704	3	0.0311	9	0.018	11	0.1728	2	0.0639	7	0.0737	6	0.1835	1
淄　博	0.1397	3	0.0389	9	0.0189	12	0.0876	6	0.0509	8	0.0561	7	0.1133	5
枣　庄	0.1293	2	0.0639	8	0.0591	9	0.0718	7	0.0915	5	0.0383	12	0.0857	6
东　营	0.175	1	0.0428	10	0.0019	13	0.1744	2	0.067	6	0.0732	5	0.0565	9
烟　台	0.1562	1	0.041	12	0.0171	13	0.1255	2	0.0802	6	0.1035	5	0.117	3
潍　坊	0.0665	9	0.0465	10	0.046	12	0.1301	1	0.0244	13	0.1042	3	0.0978	4
济　宁	0.0807	5	0.0649	9	0.0559	11	0.1009	3	0.1005	4	0.0708	7	0.1059	2
泰　安	0.134	2	0.0567	9	0.0482	10	0.114	4	0.123	3	0.0437	11	0.0597	8
威　海	0.196	2	0.0386	10	0.0175	13	0.2217	1	0.0212	12	0.0718	5	0.0681	7
日　照	0.1021	4	0.0515	11	0.0399	13	0.0965	5	0.1123	2	0.0603	9	0.0603	9
莱　芜	0.0817	6	0.0318	10	0.0612	8	0.1322	3	0.1351	2	0.0059	13	0.0813	7
临　沂	0.0699	10	0.0775	8	0.0861	6	0.118	2	0.0678	11	0.0896	5	0.0177	12
德　州	0.1023	3	0.055	11	0.055	11	0.1044	2	0.078	6	0.0746	7	0.0912	4
聊　城	0.09	3	0.0595	12	0.0526	13	0.0743	7	0.0957	2	0.0839	4	0.0743	7
滨　州	0.0859	7	0.0262	13	0.0311	12	0.1075	3	0.1079	2	0.0601	9	0.0838	8
菏　泽	0.0457	12	0.0971	3	0.0899	5	0.0855	7	0.0859	6	0.0732	9	0.0561	11
郑　州	0.1495	2	0.0284	9	0.0226	13	0.1118	5	0.0504	7	0.1414	3	0.1176	4

续表

城市名称	R&D 经费占 GDP 比重		信息化基础设施		人均 GDP		人口密度		生态环保知识、法规普及率，基础设施完好率		公众对城市生态环境满意率		政府投入与建设效果	
	数值	排名	数值	排名	数值	排名	数值	排名	数值	排名	数值	排名	数值	排名
开封	0.0966	5	0.1454	1	0.0939	6	0.0016	13	0.1275	3	0.0825	7	0.0814	8
洛阳	0.0892	5	0.0509	10	0.043	13	0.0246	14	0.0809	7	0.0863	6	0.1055	2
平顶山	0.081	6	0.1152	1	0.0785	7	0.0384	12	0.0544	11	0.1063	3	0.1	4
安阳	0.0652	11	0.0702	9	0.0693	10	0.0149	13	0.1067	2	0.0959	4	0.0955	5
鹤壁	0.1294	2	0.0596	8	0.0778	5	0.0545	10	0.0414	12	0.0698	6	0.0545	10
新乡	0.0723	8	0.0597	10	0.0786	7	0.004	13	0.0979	4	0.1145	2	0.1123	3
焦作	0.1257	1	0.018	13	0.0428	11	0.005	14	0.0712	8	0.0833	6	0.1041	3
濮阳	0.0767	8	0.0284	12	0.0772	6	0.04	11	0.1144	3	0.1176	2	0.0544	10
许昌	0.1146	3	0.0838	8	0.0544	9	0.0063	13	0.0983	6	0.1199	1	0.1012	5
漯河	0.1148	4	0.1428	1	0.0833	7	0.0041	12	0.1035	5	0.0724	8	0.1417	2
三门峡	0.0787	7	0.0046	14	0.0408	12	0.0225	13	0.0961	3	0.0749	9	0.0703	10
南阳	0.0496	11	0.106	2	0.092	6	0.0632	9	0.0742	8	0.0428	12	0.053	10
商丘	0.0498	10	0.0892	7	0.0938	6	0.046	11	0.0989	5	0.1024	4	0.0888	8
信阳	0.0285	12	0.0848	8	0.0898	5	0.0764	9	0.094	4	0.0877	7	0.1091	2
周口	0.0322	10	0.1078	5	0.0996	6	0.029	11	0.1106	1	0.1082	4	0.0973	7
驻马店	0.032	11	0.0976	4	0.0896	8	0.0575	10	0.101	2	0.0888	9	0.093	7
武汉	0.2235	2	0.0134	13	0.0206	11	0.0288	8	0.0288	8	0.0608	5	0.0257	10
黄石	0.1015	4	0.0998	5	0.0683	8	0.0496	10	0.1359	1	0.0082	13	0.0158	12
十堰	0.0672	9	0.0793	6	0.0898	4	0.1448	1	0.088	5	0.0243	13	0.0307	12
宜昌	0.1441	2	0.0304	10	0.0214	13	0.1358	3	0.0494	7	0.0304	10	0.0286	12

续表

城市名称	R&D 经费占 GDP 比重		信息化基础设施		人均 GDP		人口密度		生态环保知识、法规普及率，基础设施完好率		公众对城市生态环境满意率		政府投入与建设效果	
	数值	排名	数值	排名	数值	排名	数值	排名	数值	排名	数值	排名	数值	排名
襄　阳	0. 1251	2	0. 0836	5	0. 0415	12	0. 0664	7	0. 0457	11	0. 0611	8	0. 0326	13
鄂　州	0. 1402	2	0. 0649	7	0. 0316	11	0. 1365	3	0. 0407	9	0. 0042	13	0. 0394	10
荆　门	0. 113	1	0. 0854	6	0. 0572	10	0. 0916	3	0. 0701	8	0. 0448	13	0. 0491	12
孝　感	0. 0442	10	0. 1109	3	0. 1031	4	0. 0123	12	0. 081	8	0. 0329	11	0. 0064	13
荆　州	0. 0456	11	0. 0585	8	0. 1013	4	0. 0567	9	0. 0935	6	0. 0263	13	0. 1004	5
黄　冈	0. 0143	13	0. 0893	7	0. 0923	5	0. 0124	14	0. 0896	6	0. 0638	10	0. 0974	3
咸　宁	0. 0545	12	0. 0687	9	0. 0687	9	0. 072	8	0. 0995	3	0. 1091	2	0. 1164	1
随　州	0. 0898	4	0. 087	6	0. 0795	9	0. 1014	2	0. 0679	11	0. 0712	10	0. 0851	7
长　沙	0. 2012	1	0. 0371	9	0. 0089	12	0. 0943	5	0. 1121	4	0. 1269	3	0. 0817	6
株　洲	0. 1242	3	0. 0711	6	0. 0454	11	0. 1325	2	0. 1041	4	0. 0433	12	0. 1376	1
湘　潭	0. 1646	1	0. 0853	5	0. 0408	10	0. 0186	12	0. 0763	8	0. 1093	3	0. 0835	6
衡　阳	0. 0767	7	0. 1042	1	0. 074	8	0. 0469	12	0. 0929	4	0. 1016	2	0. 0911	5
邵　阳	0. 0196	14	0. 1063	1	0. 1033	3	0. 0392	12	0. 1044	2	0. 0913	5	0. 0332	13
岳　阳	0. 1339	1	0. 098	4	0. 056	10	0. 021	13	0. 072	8	0. 1089	2	0. 0785	6
常　德	0. 118	3	0. 0917	6	0. 0621	9	0. 0086	13	0. 1147	4	0. 1214	2	0. 1357	1
张家界	0. 0396	11	0. 0819	7	0. 1071	3	0. 0376	12	0. 0875	6	0. 1004	4	0. 1401	1
益　阳	0. 0587	10	0. 1054	3	0. 0853	7	0. 0111	13	0. 1003	4	0. 1058	2	0. 1208	1
郴　州	0. 0594	9	0. 088	5	0. 0577	10	0. 1085	3	0. 0823	7	0. 1159	1	0. 1147	2
永　州	0. 0326	11	0. 1307	1	0. 1145	5	0. 002	13	0. 1228	3	0. 1199	4	0. 0247	12
怀　化	0. 0257	13	0. 0982	5	0. 0954	6	0. 0497	11	0. 0811	8	0. 1133	2	0. 1137	1

续表

城市名称	R&D 经费占 GDP 比重		信息化基础设施		人均 GDP		人口密度		生态环保知识、法规普及率，基础设施完好率		公众对城市生态环境满意率		政府投入与建设效果	
	数值	排名	数值	排名	数值	排名	数值	排名	数值	排名	数值	排名	数值	排名
娄　底	0. 0582	10	0. 0929	6	0. 0754	9	0. 0351	12	0. 0829	8	0. 1069	1	0. 0949	5
广　州	0. 2452	1	0. 0134	11	0. 0048	14	0. 0364	7	0. 0144	10	0. 0297	8	0. 0651	5
韶　关	0. 0507	10	0. 0097	13	0. 0905	6	0. 1617	1	0. 0797	7	0. 037	11	0. 1031	4
深　圳	0. 0954	4	0. 001	12	0. 002	11	0. 0203	8	0. 0558	6	0. 0893	5	0. 1787	3
珠　海	0. 1441	3	0. 0086	11	0. 0128	9	0. 2439	2	0. 0057	13	0. 0157	8	0. 0071	12
汕　头	0. 0814	5	0. 095	4	0. 1327	3	0. 04	10	0. 184	2	0. 0437	9	0. 0181	13
佛　山	0. 2138	1	0. 0092	13	0. 0131	12	0. 1069	4	0. 0492	8	0. 1769	2	0. 0462	9
江　门	0. 1416	1	0. 027	11	0. 0949	5	0. 1358	2	0. 1334	4	0. 0622	8	0. 0245	12
湛　江	0. 0578	9	0. 1421	1	0. 1082	3	0. 0459	11	0. 0906	6	0. 0764	7	0. 0946	5
茂　名	0. 0525	9	0. 1187	3	0. 0746	8	0. 0216	11	0. 1281	2	0. 0913	6	0. 1359	1
肇　庆	0. 102	4	0. 0725	6	0. 0658	9	0. 1305	2	0. 1088	3	0. 0399	12	0. 0694	7
惠　州	0. 1128	3	0. 0266	12	0. 0524	9	0. 2043	1	0. 1012	5	0. 1323	2	0. 0631	6
梅　州	0. 006	13	0. 1142	4	0. 1323	1	0. 1293	2	0. 0882	7	0. 0696	9	0. 0075	12
汕　尾	0. 0175	10	0. 1158	4	0. 1077	6	0. 1252	1	0. 123	3	0. 0485	9	0. 088	8
河　源	0. 0091	13	0. 1034	5	0. 1052	4	0. 1243	1	0. 1148	2	0. 0934	6	0. 0442	10
阳　江	0. 1134	2	0. 0888	4	0. 0701	9	0. 1396	1	0. 0968	3	0. 0396	12	0. 085	6
清　远	0. 0178	14	0. 0943	3	0. 0836	7	0. 0716	8	0. 1023	2	0. 088	6	0. 0378	12
东　莞	0. 1829	2	0. 0039	12	0. 0322	10	0. 1217	3	0. 0934	6	0. 0345	8	0. 0071	11
中　山	0. 1697	2	0. 0035	12	0. 0226	9	0. 114	5	0. 121	4	0. 2306	1	0. 161	3
潮　州	0. 0594	8	0. 0647	7	0. 0968	5	0. 0412	11	0. 1182	3	0. 038	12	0. 1332	2

续表

城市名称	R&D 经费占 GDP 比重		信息化基础设施		人均 GDP		人口密度		生态环保知识、法规普及率，基础设施完好率		公众对城市生态环境满意率		政府投入与建设效果	
	数值	排名	数值	排名	数值	排名	数值	排名	数值	排名	数值	排名	数值	排名
揭　阳	0.0542	10	0.1165	2	0.0862	7	0.0231	12	0.1169	1	0.0563	9	0.0925	6
云　浮	0.0257	11	0.0191	13	0.0892	7	0.0871	8	0.1124	1	0.0929	5	0.0979	3
南　宁	0.1615	1	0.0585	9	0.0928	5	0.0725	6	0.0554	10	0.0998	3	0.0031	14
柳　州	0.1609	2	0.0706	7	0.0673	8	0.0813	4	0.0271	11	0.0755	5	0.0099	13
桂　林	0.0687	7	0.0996	4	0.0932	5	0.1386	1	0.0676	9	0.0874	6	0.0151	13
梧　州	0.0562	9	0.1326	2	0.0917	6	0.1397	1	0.1244	3	0.0142	13	0.018	12
北　海	0.1261	2	0.0786	4	0.0613	9	0.195	1	0.0675	7	0.0379	12	0.0765	5
防城港	0.1559	3	0.091	6	0.0363	9	0.1756	1	0.042	7	0.0216	11	0.042	7
钦　州	0.0405	9	0.1239	3	0.0912	6	0.1248	1	0.1193	4	0.1142	5	0.1244	2
贵　港	0.0128	13	0.1168	2	0.1151	4	0.1041	6	0.1198	1	0.0542	9	0.0354	10
玉　林	0.0218	12	0.1324	2	0.1228	3	0.0852	6	0.1152	5	0.0715	8	0.0548	9
百　色	0.0106	13	0.0966	4	0.0826	7	0.1061	1	0.0674	11	0.0803	9	0.0705	10
贺　州	0.0115	13	0.1212	2	0.1226	1	0.0577	8	0.1188	3	0.1135	6	0.0149	11
河　池	0.0031	13	0.1167	4	0.1243	2	0.0664	9	0.1068	6	0.1073	5	0.0197	11
来　宾	0.0149	13	0.1117	2	0.1044	3	0.0482	11	0.1134	1	0.0618	10	0.0673	9
崇　左	0.0276	12	0.1028	4	0.0716	8	0.0392	11	0.0964	6	0.0484	10	0.062	9
海　口	0.2081	1	0.0358	8	0.1016	5	0.1384	3	0.0106	11	0.0958	6	0.1423	2
三　亚	0.0912	6	0.0375	7	0.1319	4	0.2085	2	0.0016	12	0.1629	3	0.1026	5
重　庆	0.0771	6	0.0467	11	0.0584	9	0.122	1	0.0771	6	0.073	8	0.0234	14
成　都	0.2098	1	0.0224	9	0.0423	6	0.0141	12	0.0365	7	0.1783	3	0.0166	11

续表

城市名称	R&D 经费占 GDP 比重		信息化基础设施		人均 GDP		人口密度		生态环保知识、法规普及率，基础设施完好率		公众对城市生态环境满意率		政府投入与建设效果	
	数值	排名	数值	排名	数值	排名	数值	排名	数值	排名	数值	排名	数值	排名
自贡	0. 1112	5	0. 0749	6	0. 073	7	0. 1186	4	0. 1206	1	0. 0015	13	0. 1201	2
攀枝花	0. 1263	4	0. 0395	9	0. 0236	10	0. 1192	6	0. 0494	7	0. 0055	12	0. 1225	5
泸州	0. 0347	11	0. 0885	6	0. 1069	3	0. 0603	9	0. 1281	1	0. 0244	13	0. 0456	10
德阳	0. 107	1	0. 0418	14	0. 0531	10	0. 0434	13	0. 0648	9	0. 0941	2	0. 0869	5
绵阳	0. 0901	4	0. 0526	11	0. 1005	1	0. 0797	8	0. 089	5	0. 0641	10	0. 0999	2
广元	0. 0175	14	0. 1031	3	0. 1376	1	0. 0935	6	0. 0537	9	0. 0388	11	0. 0218	13
遂宁	0. 0742	7	0. 1268	2	0. 1251	3	0. 1028	5	0. 1485	1	0. 0114	13	0. 0451	10
内江	0. 0715	10	0. 0723	9	0. 0758	7	0. 0669	11	0. 1083	1	0. 0634	12	0. 0824	4
乐山	0. 078	5	0. 071	10	0. 0591	11	0. 0733	7	0. 0455	13	0. 0328	14	0. 0814	4
南充	0. 0352	12	0. 1027	3	0. 1206	1	0. 0642	10	0. 0801	6	0. 0728	8	0. 0675	9
眉山	0. 0659	10	0. 0495	12	0. 0831	6	0. 0948	4	0. 0799	7	0. 0542	11	0. 0747	8
宜宾	0. 0478	11	0. 0922	4	0. 0898	5	0. 0254	13	0. 1327	1	0. 0771	7	0. 0547	10
广安	0. 0223	13	0. 0967	5	0. 0843	6	0. 0703	8	0. 1033	4	0. 0397	12	0. 1038	3
达州	0. 0139	14	0. 0858	3	0. 0838	4	0. 0328	13	0. 076	9	0. 0892	1	0. 0885	2
雅安	0. 0688	9	0. 0442	12	0. 0879	4	0. 1153	1	0. 0711	7	0. 0665	10	0. 0178	14
巴中	0. 0035	14	0. 1039	3	0. 1216	1	0. 0606	10	0. 1035	4	0. 0723	8	0. 0654	9
资阳	0. 0789	8	0. 1214	1	0. 0817	7	0. 102	5	0. 1057	3	0. 0429	10	0. 0762	9
贵阳	0. 0639	8	0. 0298	11	0. 0341	10	0. 0974	5	0. 0431	9	0. 0995	4	0. 1506	1
六盘水	0. 0237	14	0. 0915	2	0. 0481	12	0. 0803	6	0. 0627	10	0. 0915	2	0. 0942	1
遵义	0. 0178	14	0. 1008	1	0. 0637	11	0. 0793	7	0. 0734	10	0. 0763	8	0. 09	3

续表

城市名称	R&D 经费占GDP 比重		信息化基础设施		人均 GDP		人口密度		生态环保知识、法规普及率，基础设施完好率		公众对城市生态环境满意率		政府投入与建设效果	
	数值	排名	数值	排名	数值	排名	数值	排名	数值	排名	数值	排名	数值	排名
安　顺	0. 0097	13	0. 119	1	0. 0975	4	0. 0514	11	0. 0698	9	0. 0949	6	0. 0975	4
昆　明	0. 1137	5	0. 0267	10	0. 0421	9	0. 1018	6	0. 0426	8	0. 1302	2	0. 0131	13
曲　靖	0. 0161	13	0. 0745	8	0. 0879	6	0. 0344	12	0. 0948	4	0. 1036	2	0. 055	11
玉　溪	0. 075	8	0. 0323	11	0. 0562	9	0. 0333	10	0. 0807	7	0. 1426	1	0. 0146	12
保　山	0. 0081	14	0. 0949	5	0. 1018	2	0. 0131	13	0. 0623	11	0. 1076	1	0. 0723	9
昭　通	0. 0014	14	0. 0991	1	0. 0984	3	0. 0066	13	0. 0893	7	0. 0984	3	0. 0586	11
丽　江	0. 0049	13	0. 1026	5	0. 1274	2	0. 0233	11	0. 0078	12	0. 1323	1	0. 0477	10
临　沧	0. 0053	13	0. 0749	9	0. 1024	4	0. 0053	13	0. 096	6	0. 1069	1	0. 0851	8
拉　萨	0. 0056	14	0. 1005	5	0. 0447	10	0. 1011	4	0. 0744	7	0. 0112	11	0. 0968	6
西　安	0. 1833	2	0. 0231	11	0. 0447	7	0. 0663	6	0. 0395	9	0. 1103	5	0. 0022	14
铜　川	0. 0136	14	0. 0841	6	0. 0992	5	0. 0363	9	0. 0748	7	0. 0217	11	0. 0184	13
宝　鸡	0. 081	5	0. 0959	4	0. 0667	9	0. 0005	14	0. 0556	10	0. 0551	11	0. 0275	13
咸　阳	0. 0824	6	0. 0744	8	0. 0603	9	0. 0904	5	0. 0416	12	0. 0802	7	0. 0208	14
渭　南	0. 0227	13	0. 0772	9	0. 0901	7	0. 0753	10	0. 031	12	0. 0908	6	0. 0352	11
延　安	0. 0261	13	0. 0877	5	0. 064	9	0. 019	14	0. 0408	11	0. 1213	1	0. 0872	6
汉　中	0. 0208	13	0. 0915	3	0. 0821	8	0. 0208	13	0. 0523	11	0. 0829	7	0. 0286	12
榆　林	0. 0588	10	0. 0777	6	0. 0193	13	0. 0452	12	0. 018	14	0. 0975	4	0. 0668	8
安　康	0. 0073	14	0. 1	4	0. 0968	6	0. 0868	8	0. 1227	1	0. 0532	10	0. 0082	13
商　洛	0. 0158	13	0. 1111	3	0. 1001	6	0. 0105	14	0. 083	7	0. 0492	10	0. 0553	9
兰　州	0. 0896	4	0. 0352	11	0. 0576	7	0. 0448	8	0. 0122	14	0. 0403	9	0. 0819	5

续表

城市名称	R&D 经费占GDP 比重		信息化基础设施		人均 GDP		人口密度		生态环保知识、法规普及率，基础设施完好率		公众对城市生态环境满意率		政府投入与建设效果	
	数值	排名	数值	排名	数值	排名	数值	排名	数值	排名	数值	排名	数值	排名
嘉峪关	0. 1329	4	0. 0212	10	0. 0488	9	0. 1287	5	0. 0012	12	0. 0047	11	0. 0588	7
金昌	0. 0782	5	0. 0497	8	0. 0963	4	0. 0562	7	0. 0129	12	0. 0304	10	0. 0491	9
白银	0. 0073	14	0. 0972	6	0. 1084	3	0. 0216	13	0. 0522	10	0. 0462	11	0. 0989	5
天水	0. 0028	13	0. 0535	11	0. 1282	1	0. 0701	7	0. 1213	2	0. 0793	6	0. 0636	9
武威	0. 0048	14	0. 089	5	0. 1106	1	0. 057	10	0. 0246	13	0. 086	8	0. 089	5
张掖	0. 0163	13	0. 0625	9	0. 1047	4	0. 1317	1	0. 0188	12	0. 1037	5	0. 063	8
平凉	0. 002	13	0. 1002	5	0. 1146	1	0. 1039	3	0. 0724	9	0. 0822	8	0. 0495	10
酒泉	0. 0512	10	0. 0473	11	0. 0594	8	0. 1115	4	0. 0101	13	0. 0579	9	0. 1328	1
庆阳	0. 0054	13	0. 1153	2	0. 1017	6	0. 0343	11	0. 0881	8	0. 1062	4	0. 1062	4
定西	0. 0009	13	0. 1075	5	0. 1226	1	0. 0043	12	0. 0833	7	0. 1196	4	0. 066	9
陇南	0. 001	14	0. 0967	3	0. 0967	3	0. 0208	13	0. 0489	12	0. 094	7	0. 0755	8
西宁	0. 0682	6	0. 0516	10	0. 0638	7	0. 0588	8	0. 0555	9	0. 1054	4	0. 0039	14
银川	0. 1275	3	0. 0224	11	0. 027	10	0. 1402	1	0. 0127	12	0. 103	5	0. 0454	9
石嘴山	0. 1143	4	0. 0554	8	0. 0354	10	0. 0344	11	0. 006	12	0. 003	14	0. 0994	6
吴忠	0. 0135	13	0. 1098	3	0. 0986	6	0. 0383	11	0. 0318	12	0. 106	5	0. 064	8
固原	0. 0005	13	0. 1341	1	0. 1322	2	0. 0177	12	0. 0594	9	0. 0915	6	0. 022	11
中卫	0. 008	13	0. 1093	3	0. 0967	6	0. 0633	9	0. 0236	12	0. 065	8	0. 1034	5
乌鲁木齐	0. 0904	6	0. 0158	13	0. 035	11	0. 1142	4	0. 052	8	0. 0339	12	0. 0362	10
克拉玛依	0. 0845	6	0. 0014	14	0. 0048	12	0. 0143	10	0. 0164	9	0. 0143	10	0. 0648	7

注：建设侧重度数值越大的越应该侧重建设，建设侧重度排名靠前的应该优先考虑。

表 17　2016 年 284 个城市生态健康指数 14 个指标的建设难度

城市名称	森林覆盖率		空气质量优良天数		河湖水质		单位 GDP 工业二氧化硫排放量		生活垃圾无害化处理率		单位 GDP 综合能耗		一般工业固体废物综合利用率	
	数值	排名	数值	排名	数值	排名	数值	排名	数值	排名	数值	排名	数值	排名
北　京	0. 0611	9	0. 0803	5	0. 0622	6	0. 0974	2	0. 0581	14	0. 1001	1	0. 0608	10
天　津	0. 0638	8	0. 0739	4	0. 0621	11	0. 0968	3	0. 0618	12	0. 0982	1	0. 0602	14
石家庄	0. 072	7	0. 0875	2	0. 0627	12	0. 0734	6	0. 0603	14	0. 0961	1	0. 0613	13
唐　山	0. 0683	7	0. 0786	4	0. 0617	12	0. 0673	8	0. 0583	14	0. 0744	6	0. 0653	9
秦皇岛	0. 0668	8	0. 0682	5	0. 0653	13	0. 0733	3	0. 0625	14	0. 0947	2	0. 0663	12
邯　郸	0. 0793	3	0. 0805	2	0. 0721	8	0. 0662	11	0. 058	14	0. 0763	5	0. 0608	13
邢　台	0. 0849	3	0. 0822	4	0. 0864	2	0. 0613	11	0. 0561	14	0. 078	6	0. 0568	13
保　定	0. 0793	5	0. 0871	2	0. 0798	4	0. 0785	6	0. 0569	13	0. 0906	1	0. 0561	14
张家口	0. 0766	4	0. 0632	12	0. 0712	10	0. 0729	7	0. 0606	14	0. 0818	1	0. 0716	9
承　德	0. 0657	10	0. 0622	11	0. 0708	6	0. 0615	12	0. 0581	14	0. 0786	4	0. 0826	3
沧　州	0. 0849	3	0. 0717	7	0. 0869	1	0. 0838	4	0. 0546	14	0. 083	5	0. 065	9
廊　坊	0. 0794	3	0. 0753	7	0. 081	2	0. 0782	4	0. 057	14	0. 0922	1	0. 0581	13
衡　水	0. 0727	8	0. 0896	1	0. 0771	5	0. 0773	4	0. 0675	10	0. 0812	3	0. 0521	14
太　原	0. 063	10	0. 0716	6	0. 0617	13	0. 0953	1	0. 0592	14	0. 0836	3	0. 074	5
大　同	0. 0672	7	0. 0645	12	0. 0667	8	0. 0715	5	0. 0623	14	0. 0777	3	0. 0639	13
阳　泉	0. 0647	8	0. 0782	3	0. 0642	12	0. 0615	13	0. 0604	14	0. 075	4	0. 0951	2
长　治	0. 0772	3	0. 0736	4	0. 0627	12	0. 0627	11	0. 091	2	0. 069	8	0. 063	10
晋　城	0. 0723	5	0. 0737	4	0. 0743	3	0. 063	13	0. 0608	14	0. 0762	2	0. 0656	10
朔　州	0. 0712	7	0. 07	9	0. 0756	4	0. 0681	10	0. 06	14	0. 0706	8	0. 0749	5
晋　中	0. 0792	2	0. 0733	6	0. 074	5	0. 0655	10	0. 0593	14	0. 0726	7	0. 068	9

续表

城市名称	森林覆盖率		空气质量优良天数		河湖水质		单位 GDP 工业二氧化硫排放量		生活垃圾无害化处理率		单位 GDP 综合能耗		一般工业固体废物综合利用率	
	数值	排名	数值	排名	数值	排名	数值	排名	数值	排名	数值	排名	数值	排名
运　城	0.085	3	0.0654	9	0.0893	2	0.0593	12	0.0565	14	0.0656	8	0.08	5
忻　州	0.0868	2	0.0638	10	0.0882	1	0.0581	13	0.0573	14	0.0733	6	0.0644	9
吕　梁	0.0935	2	0.0621	10	0.0982	1	0.0599	13	0.0582	14	0.0697	6	0.0639	9
呼和浩特	0.0641	10	0.065	9	0.0613	13	0.0718	6	0.0604	14	0.0849	2	0.079	4
包　头	0.0607	11	0.064	9	0.0589	13	0.074	5	0.0577	14	0.074	6	0.0743	4
乌　海	0.0666	9	0.069	5	0.0668	7	0.0652	13	0.0637	14	0.0668	8	0.0818	2
赤　峰	0.0767	6	0.0613	13	0.0633	10	0.0644	9	0.0586	14	0.0618	12	0.0839	2
通　辽	0.0809	2	0.064	12	0.0758	5	0.07	7	0.0607	14	0.0743	6	0.0628	13
鄂尔多斯	0.0602	10	0.0587	11	0.0624	9	0.0703	7	0.0572	13	0.0848	4	0.0734	5
呼伦贝尔	0.0754	7	0.0576	13	0.0796	4	0.0673	9	0.0571	14	0.0883	1	0.0764	5
巴彦淖尔	0.071	7	0.0618	13	0.0729	6	0.0646	9	0.0589	14	0.0739	5	0.0826	3
乌兰察布	0.0774	4	0.0607	13	0.0903	2	0.0649	9	0.0601	14	0.072	5	0.0669	8
沈　阳	0.0632	9	0.069	6	0.0618	13	0.088	3	0.0592	14	0.0888	2	0.0639	7
大　连	0.0628	9	0.0626	10	0.0604	12	0.0848	4	0.059	14	0.0957	1	0.0599	13
鞍　山	0.0644	9	0.064	11	0.0632	13	0.0643	10	0.0602	14	0.0776	4	0.0909	1
抚　顺	0.063	11	0.0632	10	0.0617	13	0.0651	8	0.059	14	0.0764	5	0.0779	4
本　溪	0.0624	11	0.0611	14	0.0634	9	0.0623	12	0.064	8	0.0645	7	0.0762	4
丹　东	0.0733	5	0.0658	12	0.0675	9	0.0781	3	0.0628	14	0.0761	4	0.0644	13
锦　州	0.0688	9	0.069	8	0.0615	12	0.0713	7	0.0589	14	0.0825	3	0.0611	13
营　口	0.0633	11	0.0679	7	0.0621	13	0.0648	9	0.0721	5	0.0769	4	0.0604	14

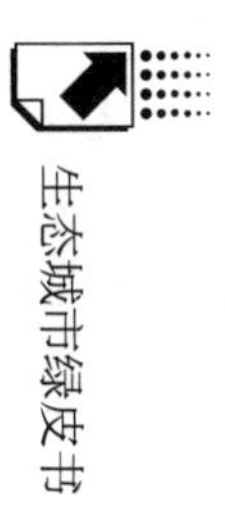

续表

城市名称	森林覆盖率		空气质量优良天数		河湖水质		单位 GDP 工业二氧化硫排放量		生活垃圾无害化处理率		单位 GDP 综合能耗		一般工业固体废物综合利用率	
	数值	排名	数值	排名	数值	排名	数值	排名	数值	排名	数值	排名	数值	排名
阜　新	0.0639	7	0.0629	12	0.0629	11	0.0607	13	0.0597	14	0.0819	5	0.0634	9
辽　阳	0.0605	11	0.0614	9	0.0595	13	0.0657	8	0.0567	14	0.0687	7	0.0971	1
盘　锦	0.0626	9	0.0642	7	0.0598	13	0.0644	6	0.0587	14	0.0873	3	0.0607	12
铁　岭	0.0795	3	0.0654	10	0.0787	4	0.0639	11	0.0576	14	0.0749	5	0.0669	9
朝　阳	0.0855	2	0.0591	13	0.0727	6	0.0626	9	0.0572	14	0.0843	3	0.0612	10
葫芦岛	0.0695	7	0.0662	9	0.0703	6	0.0629	10	0.0599	14	0.0822	3	0.061	13
长　春	0.0611	8	0.0609	9	0.0591	13	0.0923	3	0.0601	12	0.0948	1	0.0574	14
吉　林	0.0622	10	0.0615	13	0.0603	14	0.0704	7	0.0643	9	0.086	3	0.0743	5
四　平	0.0807	3	0.0604	11	0.0774	4	0.0696	8	0.0596	13	0.0931	1	0.0581	14
辽　源	0.0654	8	0.0628	9	0.062	10	0.083	3	0.0576	13	0.0942	1	0.0576	13
通　化	0.0764	5	0.0618	13	0.0712	6	0.0703	7	0.0604	14	0.0805	3	0.0629	12
白　山	0.0738	4	0.0615	12	0.0675	8	0.0831	3	0.0612	13	0.0706	7	0.0601	14
松　原	0.0768	6	0.0599	12	0.0672	8	0.0917	2	0.0579	14	0.0836	3	0.0581	13
白　城	0.0821	3	0.062	11	0.0828	2	0.078	5	0.0602	13	0.0934	1	0.0591	14
哈尔滨	0.0643	7	0.0626	9	0.0615	13	0.0943	3	0.0625	10	0.0948	1	0.0587	14
齐齐哈尔	0.0719	8	0.0596	13	0.0731	6	0.0657	9	0.0723	7	0.0937	1	0.0588	14
鸡　西	0.0641	9	0.0609	14	0.064	10	0.0702	6	0.0639	12	0.0823	4	0.0745	5
鹤　岗	0.0619	9	0.0592	14	0.0611	12	0.0665	7	0.0967	1	0.0764	6	0.0598	13
双鸭山	0.0652	11	0.0617	14	0.0674	6	0.0661	8	0.066	10	0.0896	2	0.0667	7
大　庆	0.0623	9	0.0605	12	0.0618	10	0.0876	3	0.0586	14	0.0794	5	0.06	13

续表

城市名称	森林覆盖率		空气质量优良天数		河湖水质		单位GDP工业二氧化硫排放量		生活垃圾无害化处理率		单位GDP综合能耗		一般工业固体废物综合利用率	
	数值	排名	数值	排名	数值	排名	数值	排名	数值	排名	数值	排名	数值	排名
伊　春	0.0624	12	0.0591	14	0.0624	11	0.0622	13	0.0803	3	0.0796	4	0.066	7
佳木斯	0.0626	11	0.06	13	0.0632	10	0.0738	6	0.0585	14	0.0943	1	0.0678	8
七台河	0.0656	9	0.0641	11	0.0624	13	0.0643	10	0.0622	14	0.072	5	0.0626	12
牡丹江	0.079	4	0.0585	11	0.0574	12	0.0915	3	0.0568	14	0.0921	2	0.0569	13
黑　河	0.0817	5	0.0553	13	0.086	4	0.0637	8	0.0551	14	0.0903	2	0.095	1
绥　化	0.0862	1	0.0539	12	0.0796	6	0.0848	4	0.0526	13	0.0862	2	0.0526	13
上　海	0.0634	9	0.0652	7	0.0711	5	0.096	2	0.0594	14	0.0983	1	0.0602	13
南　京	0.061	9	0.0686	6	0.0666	7	0.0932	3	0.0577	14	0.0936	2	0.0604	12
无　锡	0.0612	9	0.0679	7	0.0598	11	0.0856	4	0.0574	14	0.0939	1	0.0584	13
徐　州	0.074	4	0.0727	6	0.0655	11	0.0736	5	0.0606	14	0.0749	3	0.0612	13
常　州	0.0623	8	0.0693	6	0.0604	12	0.0937	3	0.0584	14	0.0948	1	0.0588	13
苏　州	0.0627	8	0.0679	7	0.0623	10	0.086	3	0.0588	14	0.0952	1	0.061	12
南　通	0.0691	6	0.066	7	0.0617	11	0.0936	3	0.0584	14	0.0982	1	0.0592	13
连云港	0.0641	11	0.0654	8	0.0645	10	0.072	4	0.0599	14	0.097	2	0.0611	13
淮　安	0.0682	7	0.0698	5	0.0632	10	0.0824	3	0.0591	14	0.0962	2	0.0632	11
盐　城	0.0762	5	0.06	11	0.0751	6	0.0845	3	0.0561	14	0.0908	1	0.0571	13
扬　州	0.0639	9	0.0641	8	0.0601	12	0.0924	3	0.0572	14	0.0963	1	0.0577	13
镇　江	0.0618	8	0.0638	7	0.0585	13	0.0801	6	0.0578	14	0.0949	1	0.0596	12
泰　州	0.0717	7	0.0647	10	0.0656	9	0.0904	2	0.056	14	0.0916	1	0.0562	13
宿　迁	0.0787	4	0.064	11	0.074	5	0.0844	3	0.0558	14	0.0938	1	0.0576	13

续表

城市名称	森林覆盖率		空气质量优良天数		河湖水质		单位 GDP 工业二氧化硫排放量		生活垃圾无害化处理率		单位 GDP 综合能耗		一般工业固体废物综合利用率	
	数值	排名	数值	排名	数值	排名	数值	排名	数值	排名	数值	排名	数值	排名
杭　州	0. 0637	8	0. 0679	6	0. 0621	12	0. 0964	2	0. 0597	14	0. 1003	1	0. 0627	11
宁　波	0. 0645	7	0. 0632	11	0. 0634	10	0. 0973	2	0. 0604	14	0. 0993	1	0. 0614	13
温　州	0. 0731	5	0. 0604	13	0. 0623	10	0. 0947	2	0. 0587	14	0. 0981	1	0. 0654	8
嘉　兴	0. 0663	6	0. 0658	7	0. 0642	9	0. 0879	2	0. 0601	14	0. 0975	1	0. 0617	13
湖　州	0. 0645	9	0. 0719	6	0. 064	10	0. 0758	4	0. 0603	14	0. 0979	1	0. 0605	13
绍　兴	0. 0642	7	0. 0639	9	0. 0624	12	0. 0945	2	0. 06	14	0. 0968	1	0. 0611	13
金　华	0. 0774	4	0. 0622	12	0. 0708	6	0. 0945	2	0. 0586	14	0. 0968	1	0. 0593	13
衢　州	0. 0737	5	0. 062	12	0. 0645	8	0. 07	6	0. 0598	14	0. 0808	4	0. 0612	13
舟　山	0. 0625	7	0. 0597	13	0. 0602	11	0. 095	3	0. 0585	14	0. 0957	1	0. 0599	12
台　州	0. 0705	7	0. 0577	12	0. 0604	9	0. 0904	2	0. 0561	14	0. 0941	1	0. 0569	13
丽　水	0. 0846	3	0. 0598	13	0. 0755	5	0. 0789	4	0. 059	14	0. 0972	1	0. 0609	12
合　肥	0. 0633	10	0. 0671	6	0. 0605	12	0. 0964	2	0. 0593	13	0. 1002	1	0. 0654	8
芜　湖	0. 0641	8	0. 0635	11	0. 062	12	0. 0761	5	0. 0599	14	0. 0989	1	0. 0615	13
蚌　埠	0. 065	9	0. 0668	8	0. 0604	12	0. 0937	3	0. 0581	14	0. 0967	1	0. 0584	13
淮　南	0. 0716	6	0. 0638	9	0. 0649	7	0. 064	8	0. 0595	14	0. 0909	2	0. 0633	13
马鞍山	0. 065	10	0. 0667	8	0. 0623	13	0. 076	6	0. 0607	14	0. 0768	4	0. 0625	12
淮　北	0. 0627	11	0. 0695	5	0. 0635	9	0. 0635	10	0. 0586	14	0. 0912	3	0. 0595	13
铜　陵	0. 0635	8	0. 0634	10	0. 0622	12	0. 074	4	0. 0594	14	0. 0913	2	0. 0609	13
安　庆	0. 0745	5	0. 0598	11	0. 0683	10	0. 0892	2	0. 0554	14	0. 0907	1	0. 0559	13
黄　山	0. 0613	10	0. 0578	13	0. 0616	8	0. 0924	4	0. 0574	14	0. 0974	1	0. 0614	9

续表

城市名称	森林覆盖率		空气质量优良天数		河湖水质		单位 GDP 工业二氧化硫排放量		生活垃圾无害化处理率		单位 GDP 综合能耗		一般工业固体废物综合利用率	
	数值	排名	数值	排名	数值	排名	数值	排名	数值	排名	数值	排名	数值	排名
滁州	0.0747	5	0.0662	10	0.0727	6	0.0786	4	0.0555	14	0.0913	1	0.0601	11
阜阳	0.0805	5	0.0625	10	0.0806	4	0.0697	8	0.0534	14	0.0856	2	0.0561	13
宿州	0.0806	4	0.0676	8	0.0837	3	0.0639	9	0.055	14	0.0901	1	0.0573	13
六安	0.0795	5	0.0577	12	0.0771	6	0.0881	2	0.0547	14	0.0898	1	0.0732	8
亳州	0.0842	3	0.06	9	0.08	6	0.0746	8	0.054	14	0.0901	1	0.0545	13
池州	0.0755	5	0.0608	12	0.069	9	0.077	4	0.0574	14	0.0856	3	0.0596	13
宣城	0.0773	5	0.0609	12	0.08	4	0.0805	3	0.0575	14	0.0935	1	0.0623	10
福州	0.0648	6	0.0608	14	0.0617	11	0.0921	2	0.0609	13	0.1002	1	0.061	12
厦门	0.0643	7	0.0612	14	0.0699	5	0.0996	2	0.0617	13	0.1012	1	0.0642	8
莆田	0.0688	6	0.0565	13	0.0629	9	0.0901	3	0.0561	14	0.0921	1	0.0593	11
三明	0.0802	5	0.0565	14	0.0755	6	0.0723	7	0.0566	13	0.0875	2	0.0573	12
泉州	0.0658	9	0.0567	14	0.0678	8	0.0839	4	0.0567	13	0.0917	1	0.0572	12
漳州	0.0802	4	0.0563	13	0.072	8	0.0865	3	0.056	14	0.0936	1	0.0568	12
南平	0.0835	3	0.0577	14	0.0799	4	0.09	2	0.059	13	0.0903	1	0.0601	12
龙岩	0.0786	4	0.0595	13	0.0637	9	0.0954	2	0.0593	14	0.0957	1	0.0615	12
宁德	0.086	3	0.0562	14	0.0883	2	0.075	6	0.057	13	0.0915	1	0.0594	12
南昌	0.0634	8	0.0617	11	0.0614	12	0.0959	2	0.0594	14	0.1008	1	0.0604	13
景德镇	0.0632	10	0.061	12	0.0629	11	0.0694	5	0.0592	14	0.0974	1	0.0605	13
萍乡	0.0744	4	0.0668	8	0.0726	6	0.0651	10	0.0606	14	0.0873	2	0.061	13
九江	0.0713	7	0.0615	13	0.0718	6	0.0737	5	0.0576	14	0.0935	1	0.0669	10

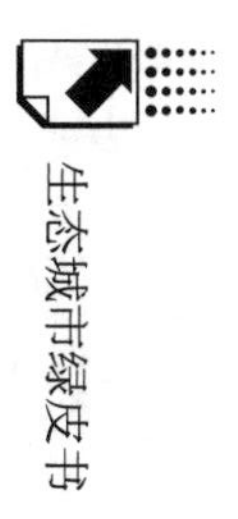

续表

城市名称	森林覆盖率		空气质量优良天数		河湖水质		单位 GDP 工业二氧化硫排放量		生活垃圾无害化处理率		单位 GDP 综合能耗		一般工业固体废物综合利用率	
	数值	排名	数值	排名	数值	排名	数值	排名	数值	排名	数值	排名	数值	排名
新余	0.0637	9	0.0617	12	0.0618	11	0.0654	6	0.0599	14	0.0855	3	0.061	13
鹰潭	0.0691	8	0.0599	12	0.0716	6	0.075	5	0.0577	14	0.0973	1	0.0595	13
赣州	0.0793	4	0.0588	13	0.0758	5	0.0693	9	0.0569	14	0.0946	1	0.063	10
吉安	0.0833	3	0.0579	12	0.0853	2	0.0667	9	0.0562	14	0.0955	1	0.057	13
宜春	0.0835	3	0.0597	13	0.0841	2	0.0651	9	0.0573	14	0.0927	1	0.0688	8
抚州	0.0768	4	0.0566	13	0.0712	7	0.0688	9	0.0554	14	0.0928	1	0.0613	10
上饶	0.079	5	0.0549	13	0.0781	6	0.0681	9	0.0533	14	0.0889	2	0.0903	1
济南	0.0614	8	0.0855	4	0.0583	12	0.0927	3	0.0575	14	0.0928	2	0.0577	13
青岛	0.0615	8	0.0609	10	0.0588	13	0.094	2	0.0577	14	0.0944	1	0.0589	12
淄博	0.0636	10	0.088	2	0.0603	13	0.065	7	0.0596	14	0.0789	5	0.0604	12
枣庄	0.0646	10	0.0817	2	0.0633	11	0.0695	7	0.0587	13	0.0814	3	0.0587	13
东营	0.0607	10	0.0782	5	0.058	13	0.0716	6	0.057	14	0.0923	3	0.0582	12
烟台	0.0622	9	0.0605	13	0.0625	8	0.089	2	0.0581	14	0.095	1	0.0615	11
潍坊	0.0752	6	0.0766	4	0.0746	7	0.0755	5	0.0573	14	0.0886	2	0.0585	13
济宁	0.0713	8	0.0734	6	0.0681	9	0.0731	7	0.0555	14	0.0896	1	0.0568	13
泰安	0.065	9	0.0813	4	0.0715	8	0.0862	3	0.054	14	0.0867	2	0.0543	13
威海	0.0627	8	0.0611	12	0.0618	10	0.0941	3	0.059	14	0.0957	1	0.0599	13
日照	0.0636	11	0.071	8	0.0685	9	0.0731	5	0.0589	14	0.0721	6	0.0613	13
莱芜	0.0616	12	0.0831	4	0.0617	11	0.0618	10	0.058	14	0.0639	7	0.0587	13
临沂	0.0798	4	0.0754	5	0.0691	9	0.0698	8	0.0582	14	0.0894	1	0.0584	13

续表

城市名称	森林覆盖率		空气质量优良天数		河湖水质		单位 GDP 工业二氧化硫排放量		生活垃圾无害化处理率		单位 GDP 综合能耗		一般工业固体废物综合利用率	
	数值	排名	数值	排名	数值	排名	数值	排名	数值	排名	数值	排名	数值	排名
德州	0.069	8	0.0922	1	0.0648	9	0.0647	10	0.0553	14	0.0862	2	0.057	13
聊城	0.0769	5	0.0864	1	0.0714	7	0.0633	11	0.0552	14	0.0824	2	0.0588	13
滨州	0.0633	9	0.0746	5	0.0622	10	0.0596	13	0.0575	14	0.0724	7	0.0704	8
菏泽	0.0803	4	0.0827	1	0.0812	2	0.0646	11	0.0545	14	0.0804	3	0.0549	13
郑州	0.0609	8	0.0892	3	0.0595	13	0.0919	2	0.057	14	0.0939	1	0.0602	12
开封	0.0747	6	0.0684	9	0.0634	11	0.0887	2	0.055	14	0.0903	1	0.0554	13
洛阳	0.0677	9	0.0828	3	0.0628	11	0.08	4	0.0569	14	0.0898	1	0.0721	7
平顶山	0.0829	3	0.0764	5	0.0676	9	0.0736	6	0.0561	14	0.0827	4	0.0565	13
安阳	0.0835	3	0.0824	4	0.0713	6	0.0639	11	0.0567	14	0.0777	5	0.0572	13
鹤壁	0.0677	7	0.0765	4	0.0653	11	0.0729	5	0.0605	14	0.0862	2	0.0614	13
新乡	0.0757	6	0.0855	3	0.062	12	0.0843	4	0.0556	14	0.0867	2	0.0626	11
焦作	0.068	8	0.0845	4	0.0635	10	0.0846	3	0.0568	14	0.0836	5	0.0635	9
濮阳	0.0828	3	0.0809	5	0.0699	6	0.0912	1	0.0565	14	0.088	2	0.0566	13
许昌	0.0763	5	0.0702	8	0.0787	4	0.0865	2	0.0556	14	0.0908	1	0.0564	13
漯河	0.0711	9	0.0746	6	0.0575	11	0.0872	2	0.0538	13	0.0868	3	0.0538	13
三门峡	0.0733	8	0.0768	5	0.0756	7	0.0669	10	0.0579	14	0.084	1	0.0779	3
南阳	0.0791	5	0.0698	8	0.0792	4	0.0856	2	0.0539	14	0.0881	1	0.059	12
商丘	0.0852	3	0.0749	7	0.087	1	0.0706	9	0.0534	14	0.0863	2	0.0537	13
信阳	0.0803	5	0.0622	11	0.0857	3	0.0858	2	0.0531	14	0.086	1	0.0554	13
周口	0.0845	4	0.0655	9	0.086	3	0.0838	5	0.052	13	0.0866	1	0.0519	14

续表

城市名称	森林覆盖率		空气质量优良天数		河湖水质		单位GDP工业二氧化硫排放量		生活垃圾无害化处理率		单位GDP综合能耗		一般工业固体废物综合利用率	
	数值	排名	数值	排名	数值	排名	数值	排名	数值	排名	数值	排名	数值	排名
驻马店	0.082	3	0.0671	9	0.0802	5	0.0846	2	0.0537	13	0.0857	1	0.0525	14
武汉	0.0634	8	0.0715	5	0.0649	6	0.0966	1	0.0595	14	0.0959	3	0.0599	13
黄石	0.0731	5	0.0657	9	0.0635	12	0.0705	7	0.06	14	0.0799	3	0.0613	13
十堰	0.0703	5	0.0612	12	0.0611	13	0.0858	3	0.0576	14	0.0864	2	0.0669	9
宜昌	0.0621	8	0.0663	7	0.0613	12	0.0852	3	0.058	14	0.0799	5	0.0859	2
襄阳	0.0731	6	0.0628	10	0.0631	9	0.0869	2	0.0587	14	0.086	3	0.0756	5
鄂州	0.064	8	0.0739	6	0.0623	13	0.0769	5	0.0598	14	0.0809	3	0.0629	12
荆门	0.0777	5	0.0636	11	0.0619	13	0.078	3	0.057	14	0.0844	2	0.0683	8
孝感	0.0869	2	0.0624	10	0.0776	4	0.0725	7	0.0567	14	0.0797	3	0.0681	9
荆州	0.0792	4	0.065	10	0.0716	8	0.0859	3	0.0534	14	0.0861	2	0.0718	7
黄冈	0.0843	2	0.0593	11	0.0838	3	0.0845	1	0.0527	14	0.081	5	0.0645	10
咸宁	0.0766	5	0.0625	12	0.0774	4	0.0741	6	0.0578	14	0.0808	2	0.0579	13
随州	0.076	4	0.0619	12	0.0698	8	0.0899	2	0.056	13	0.0906	1	0.0553	14
长沙	0.0628	9	0.0654	8	0.0612	11	0.0966	1	0.0587	14	0.0964	2	0.0599	13
株洲	0.0615	9	0.0598	10	0.0584	12	0.0746	6	0.056	14	0.0902	2	0.0572	13
湘潭	0.0734	5	0.0642	11	0.0635	12	0.0723	6	0.0605	14	0.0874	2	0.0605	13
衡阳	0.0819	3	0.062	12	0.0632	11	0.0671	9	0.0573	14	0.0928	1	0.0595	13
邵阳	0.0852	4	0.0586	11	0.0756	6	0.0744	7	0.055	14	0.0873	3	0.0621	9
岳阳	0.0783	4	0.0616	12	0.0619	10	0.0877	2	0.0575	14	0.0907	1	0.064	9
常德	0.0773	5	0.0622	10	0.0663	8	0.086	3	0.0551	14	0.0906	2	0.0558	13

续表

城市名称	森林覆盖率		空气质量优良天数		河湖水质		单位 GDP 工业二氧化硫排放量		生活垃圾无害化处理率		单位 GDP 综合能耗		一般工业固体废物综合利用率	
	数值	排名	数值	排名	数值	排名	数值	排名	数值	排名	数值	排名	数值	排名
张家界	0.079	3	0.0607	12	0.0709	7	0.0631	10	0.0579	13	0.094	2	0.0579	13
益阳	0.077	6	0.058	13	0.0778	5	0.0719	8	0.0553	14	0.0894	2	0.0581	12
郴州	0.0764	5	0.0564	12	0.0672	9	0.0826	4	0.0547	14	0.087	2	0.0705	8
永州	0.0853	3	0.0584	13	0.0743	7	0.0883	2	0.056	14	0.0901	1	0.0587	12
怀化	0.082	3	0.0569	13	0.0741	7	0.0749	6	0.0549	14	0.0885	2	0.0713	9
娄底	0.0876	2	0.0606	12	0.0811	3	0.0634	11	0.058	14	0.0721	7	0.0588	13
广州	0.0621	8	0.0615	10	0.0744	5	0.096	2	0.06	13	0.0976	1	0.0595	14
韶关	0.0654	8	0.0593	13	0.0625	10	0.0721	5	0.0582	14	0.0793	4	0.0626	9
深圳	0.0597	10	0.0579	12	0.0831	4	0.099	1	0.0574	13	0.0961	2	0.0765	6
珠海	0.0627	7	0.0603	13	0.0804	4	0.0964	3	0.0594	14	0.0989	1	0.0607	12
汕头	0.0624	9	0.0588	14	0.0603	12	0.0937	3	0.0615	11	0.097	1	0.0592	13
佛山	0.0643	6	0.0629	11	0.064	8	0.0968	2	0.06	14	0.0993	1	0.0628	12
江门	0.0632	8	0.062	12	0.0599	13	0.0952	3	0.0591	14	0.0972	1	0.0621	11
湛江	0.0813	4	0.0566	12	0.0709	8	0.0851	2	0.0561	14	0.0904	1	0.0564	13
茂名	0.079	5	0.055	13	0.0781	6	0.088	2	0.0546	14	0.0848	3	0.0557	12
肇庆	0.0722	7	0.0579	13	0.0598	12	0.0747	5	0.0558	14	0.0911	1	0.0738	6
惠州	0.0642	8	0.0608	13	0.0625	11	0.0971	2	0.0603	14	0.0972	1	0.0611	12
梅州	0.0846	3	0.0566	12	0.0788	6	0.0635	9	0.0562	14	0.0851	2	0.0564	13
汕尾	0.0834	3	0.0515	13	0.0713	10	0.0827	4	0.0529	12	0.085	2	0.0512	14
河源	0.0839	3	0.0561	13	0.0672	8	0.0662	9	0.0557	14	0.0905	2	0.0614	11

续表

城市名称	森林覆盖率		空气质量优良天数		河湖水质		单位 GDP 工业二氧化硫排放量		生活垃圾无害化处理率		单位 GDP 综合能耗		一般工业固体废物综合利用率	
	数值	排名	数值	排名	数值	排名	数值	排名	数值	排名	数值	排名	数值	排名
阳江	0.0727	6	0.0572	13	0.0662	10	0.0701	8	0.0564	14	0.0918	1	0.058	12
清远	0.0824	2	0.0601	13	0.0694	9	0.0738	7	0.0662	10	0.0829	1	0.0593	14
东莞	0.0588	13	0.0611	10	0.0925	3	0.0779	5	0.0588	13	0.0968	1	0.0608	12
中山	0.0642	8	0.0624	11	0.0632	10	0.0977	2	0.0604	13	0.0997	1	0.0604	13
潮州	0.0699	7	0.0582	13	0.0606	12	0.0831	4	0.0666	8	0.0832	3	0.057	14
揭阳	0.0701	8	0.0536	13	0.0771	7	0.0846	3	0.0534	14	0.0852	1	0.0681	10
云浮	0.0861	3	0.0578	13	0.0749	7	0.0628	10	0.0566	14	0.0808	4	0.0649	9
南宁	0.0647	7	0.0614	13	0.0619	11	0.0977	1	0.0607	14	0.0975	2	0.0615	12
柳州	0.0666	7	0.0649	12	0.0658	10	0.0873	2	0.0623	14	0.0781	4	0.0625	13
桂林	0.0789	5	0.0612	13	0.0628	10	0.0824	4	0.0582	14	0.0956	1	0.0616	12
梧州	0.0765	7	0.0566	13	0.0653	9	0.09	2	0.0558	14	0.0767	6	0.0585	12
北海	0.0622	8	0.0588	13	0.0611	11	0.0842	4	0.058	14	0.091	3	0.0589	12
防城港	0.078	5	0.0591	13	0.0616	11	0.0642	7	0.059	14	0.0843	3	0.0592	12
钦州	0.0714	7	0.0544	12	0.0703	8	0.0863	3	0.0536	14	0.0874	1	0.0539	13
贵港	0.0878	2	0.0571	12	0.068	7	0.0629	9	0.0558	14	0.0665	8	0.0565	13
玉林	0.0836	3	0.0546	13	0.0789	6	0.0869	2	0.0539	14	0.0885	1	0.0561	12
百色	0.0816	2	0.0555	13	0.0812	3	0.0628	11	0.0547	14	0.0647	10	0.0789	5
贺州	0.0849	1	0.0576	13	0.0808	6	0.0843	2	0.0571	14	0.0736	7	0.058	12
河池	0.09	1	0.0558	13	0.0868	3	0.0681	7	0.0549	14	0.09	2	0.0605	10
来宾	0.08	4	0.0572	13	0.0793	6	0.0676	9	0.0553	14	0.0796	5	0.064	10

续表

城市名称	森林覆盖率		空气质量优良天数		河湖水质		单位 GDP 工业二氧化硫排放量		生活垃圾无害化处理率		单位 GDP 综合能耗		一般工业固体废物综合利用率	
	数值	排名	数值	排名	数值	排名	数值	排名	数值	排名	数值	排名	数值	排名
崇左	0. 0804	4	0. 0537	14	0. 083	3	0. 0857	1	0. 0693	8	0. 0692	9	0. 0694	7
海口	0. 0625	9	0. 0589	13	0. 0627	8	0. 0978	2	0. 0587	14	0. 0985	1	0. 0607	12
三亚	0. 0641	9	0. 0605	11	0. 0697	4	0. 1007	2	0. 0603	12	0. 102	1	0. 0603	12
重庆	0. 0645	8	0. 0645	10	0. 0637	13	0. 0801	3	0. 0603	14	0. 0985	1	0. 0654	7
成都	0. 0636	7	0. 0783	4	0. 0614	13	0. 0969	2	0. 0596	14	0. 0984	1	0. 0659	6
自贡	0. 0616	12	0. 0675	8	0. 0644	10	0. 0809	4	0. 0539	14	0. 0881	2	0. 0553	13
攀枝花	0. 0631	9	0. 0591	13	0. 0627	10	0. 0609	12	0. 0591	13	0. 0714	6	0. 0911	2
泸州	0. 072	6	0. 0699	8	0. 0725	5	0. 0686	9	0. 058	14	0. 0889	2	0. 0585	13
德阳	0. 0768	5	0. 0674	9	0. 0714	6	0. 0797	4	0. 0567	14	0. 0908	1	0. 0666	10
绵阳	0. 0713	5	0. 0615	11	0. 0665	9	0. 0914	2	0. 0568	14	0. 0922	1	0. 0591	13
广元	0. 0774	4	0. 0589	12	0. 0747	6	0. 0769	5	0. 058	14	0. 0927	1	0. 0589	13
遂宁	0. 0726	8	0. 0579	12	0. 0731	7	0. 0885	3	0. 0548	14	0. 0887	2	0. 0549	13
内江	0. 0784	5	0. 0629	11	0. 077	6	0. 0594	12	0. 0555	14	0. 0799	3	0. 0568	13
乐山	0. 079	3	0. 0637	10	0. 0736	5	0. 0625	12	0. 0628	11	0. 0766	4	0. 0593	14
南充	0. 0766	5	0. 0597	12	0. 0746	6	0. 0888	2	0. 0551	14	0. 0891	1	0. 0651	10
眉山	0. 0799	3	0. 0664	10	0. 0776	4	0. 0668	9	0. 0565	14	0. 088	2	0. 0575	13
宜宾	0. 0806	4	0. 0631	10	0. 0788	5	0. 0726	6	0. 0568	14	0. 0885	1	0. 0576	13
广安	0. 0817	5	0. 0571	11	0. 0838	4	0. 063	10	0. 0535	14	0. 0863	1	0. 0565	13
达州	0. 0828	2	0. 0654	8	0. 0779	6	0. 0613	12	0. 0567	14	0. 0818	3	0. 065	9
雅安	0. 0743	6	0. 0596	13	0. 0749	5	0. 0853	1	0. 0573	14	0. 0834	4	0. 0654	10

续表

城市名称	森林覆盖率		空气质量优良天数		河湖水质		单位 GDP 工业二氧化硫排放量		生活垃圾无害化处理率		单位 GDP 综合能耗		一般工业固体废物综合利用率	
	数值	排名	数值	排名	数值	排名	数值	排名	数值	排名	数值	排名	数值	排名
巴　中	0.0768	6	0.0556	13	0.0805	4	0.0865	3	0.0542	14	0.0869	1	0.0567	11
资　阳	0.0762	6	0.0586	12	0.0804	4	0.0827	3	0.0528	14	0.0866	1	0.0533	13
贵　阳	0.0627	10	0.0601	13	0.061	12	0.0735	6	0.0601	14	0.0948	2	0.0793	3
六盘水	0.077	5	0.0597	12	0.0812	3	0.0591	13	0.0584	14	0.074	6	0.0667	8
遵　义	0.0793	5	0.0561	14	0.0795	4	0.0635	11	0.0562	13	0.0874	1	0.0679	10
安　顺	0.0758	6	0.0579	13	0.0783	5	0.0646	9	0.059	12	0.0871	1	0.0578	14
昆　明	0.0659	10	0.0621	14	0.0639	12	0.0721	6	0.0629	13	0.092	1	0.0844	2
曲　靖	0.0871	2	0.0587	13	0.0879	1	0.0597	12	0.0583	14	0.0798	5	0.0634	10
玉　溪	0.0875	1	0.0618	13	0.079	3	0.0687	7	0.0617	14	0.0851	2	0.0782	4
保　山	0.0859	2	0.0592	14	0.0867	1	0.0652	8	0.0607	11	0.0804	5	0.0606	12
昭　通	0.087	4	0.0547	12	0.0895	2	0.059	10	0.0804	5	0.0773	7	0.062	9
丽　江	0.0814	3	0.0608	14	0.0734	5	0.0692	6	0.063	13	0.0919	1	0.0642	10
临　沧	0.0862	3	0.0562	13	0.0887	1	0.0615	9	0.0636	8	0.0887	2	0.0593	10
拉　萨	0.06	11	0.0595	12	0.0704	6	0.0927	2	0.0593	13	0.0922	3	0.0784	4
西　安	0.063	7	0.0808	5	0.06	13	0.0968	2	0.0591	14	0.0974	1	0.0615	11
铜　川	0.0649	10	0.0803	2	0.0692	7	0.0686	8	0.0638	13	0.078	3	0.0611	14
宝　鸡	0.074	4	0.0696	7	0.069	8	0.0775	3	0.0583	14	0.0945	1	0.0719	6
咸　阳	0.0796	4	0.0842	2	0.0616	11	0.0821	3	0.0575	14	0.0919	1	0.0657	9
渭　南	0.0878	1	0.0874	2	0.0809	4	0.0599	12	0.0597	13	0.074	7	0.0582	14
延　安	0.0797	5	0.0642	9	0.0818	3	0.0846	2	0.0593	14	0.0948	1	0.0612	13

续表

城市名称	森林覆盖率		空气质量优良天数		河湖水质		单位GDP工业二氧化硫排放量		生活垃圾无害化处理率		单位GDP综合能耗		一般工业固体废物综合利用率	
	数值	排名	数值	排名	数值	排名	数值	排名	数值	排名	数值	排名	数值	排名
汉中	0.0885	1	0.0642	10	0.0875	2	0.0671	7	0.0585	14	0.0849	3	0.0667	8
榆林	0.0835	3	0.063	11	0.0897	1	0.0656	9	0.0616	14	0.0887	2	0.0622	13
安康	0.0774	6	0.0569	12	0.081	5	0.0849	3	0.054	14	0.0879	1	0.0617	10
商洛	0.0875	3	0.0566	13	0.0885	2	0.0721	7	0.055	14	0.0887	1	0.0638	10
兰州	0.0631	11	0.071	6	0.061	13	0.0819	3	0.1021	1	0.0736	4	0.0599	14
嘉峪关	0.0642	10	0.0652	9	0.0697	6	0.0625	12	0.0625	12	0.0625	12	0.0753	4
金昌	0.0658	9	0.065	10	0.0627	13	0.0631	12	0.0618	14	0.0756	3	0.0998	2
白银	0.0717	5	0.063	11	0.0637	10	0.061	13	0.0609	14	0.0703	6	0.0647	8
天水	0.0795	5	0.0579	12	0.081	4	0.0765	7	0.0551	14	0.0871	2	0.0614	11
武威	0.0862	1	0.0599	11	0.0791	5	0.0787	6	0.0573	14	0.0792	4	0.0593	13
张掖	0.0652	10	0.0636	13	0.0749	5	0.0675	8	0.061	14	0.0785	4	0.0655	9
平凉	0.0802	4	0.0589	11	0.0862	2	0.0616	10	0.0564	14	0.0751	6	0.0577	13
酒泉	0.0643	9	0.0632	11	0.0712	6	0.0674	7	0.0587	14	0.0772	4	0.0731	5
庆阳	0.0847	4	0.056	12	0.091	1	0.0753	7	0.0545	13	0.0876	2	0.0538	14
定西	0.0906	3	0.0577	11	0.096	1	0.0632	8	0.0556	14	0.0853	4	0.0575	12
陇南	0.0899	2	0.0557	13	0.0908	1	0.0601	10	0.0681	8	0.0774	6	0.0776	5
西宁	0.0699	8	0.0716	5	0.0672	12	0.0691	10	0.0669	13	0.0778	2	0.0656	14
银川	0.0653	9	0.0699	6	0.0629	13	0.0743	4	0.0624	14	0.0725	5	0.0632	12
石嘴山	0.0648	10	0.0691	5	0.0649	9	0.0623	13	0.062	14	0.0646	11	0.0775	4
吴忠	0.0666	10	0.067	9	0.0708	6	0.0643	13	0.0622	14	0.0698	7	0.0745	5

续表

城市名称	森林覆盖率		空气质量优良天数		河湖水质		单位 GDP 工业二氧化硫排放量		生活垃圾无害化处理率		单位 GDP 综合能耗		一般工业固体废物综合利用率	
	数值	排名	数值	排名	数值	排名	数值	排名	数值	排名	数值	排名	数值	排名
固　原	0.0769	6	0.0609	12	0.0895	3	0.0636	8	0.0586	13	0.0795	4	0.0613	11
中　卫	0.0734	6	0.0634	8	0.0887	2	0.0604	12	0.0585	14	0.0604	13	0.0608	11
乌鲁木齐	0.0658	12	0.0734	5	0.0661	11	0.0744	3	0.0639	14	0.07	6	0.0641	13
克拉玛依	0.0656	10	0.0648	12	0.0913	2	0.0703	5	0.0635	14	0.072	3	0.0666	8

城市名称	R&D 经费占 GDP 比重		信息化基础设施		人均 GDP		人口密度		生态环保知识、法规普及率，基础设施完好率		公众对城市生态环境满意率		政府投入与建设效果	
	数值	排名	数值	排名	数值	排名	数值	排名	数值	排名	数值	排名	数值	排名
北　京	0.0619	7	0.0618	8	0.0604	11	0.0898	3	0.0599	13	0.0858	4	0.0604	12
天　津	0.0683	5	0.0617	13	0.0625	10	0.0662	6	0.0633	9	0.0972	2	0.0641	7
石家庄	0.0759	4	0.0644	10	0.0645	9	0.0634	11	0.067	8	0.0773	3	0.0742	5
唐　山	0.0873	2	0.0645	10	0.0617	13	0.0822	3	0.0633	11	0.0746	5	0.0926	1
秦皇岛	0.068	6	0.0667	10	0.0663	11	0.0673	7	0.0668	9	0.0963	1	0.0717	4
邯　郸	0.068	10	0.0766	4	0.0748	6	0.0646	12	0.0726	7	0.0808	1	0.0694	9
邢　台	0.0599	12	0.0687	8	0.0794	5	0.062	10	0.0723	7	0.0645	9	0.0874	1
保　定	0.0603	10	0.0638	9	0.0764	7	0.06	11	0.085	3	0.0664	8	0.0598	12
张家口	0.063	13	0.072	8	0.0782	2	0.0737	6	0.0633	11	0.0741	5	0.0777	3
承　德	0.0605	13	0.0691	7	0.069	8	0.0946	1	0.0673	9	0.0716	5	0.0884	2
沧　州	0.0661	8	0.0648	10	0.0622	11	0.061	12	0.0731	6	0.0563	13	0.0864	2
廊　坊	0.0682	9	0.061	11	0.0609	12	0.0758	6	0.0725	8	0.063	10	0.0773	5

续表

城市名称	R&D 经费占 GDP 比重		信息化基础设施		人均 GDP		人口密度		生态环保知识、法规普及率，基础设施完好率		公众对城市生态环境满意率		政府投入与建设效果	
	数值	排名	数值	排名	数值	排名	数值	排名	数值	排名	数值	排名	数值	排名
衡　水	0. 058	13	0. 0597	12	0. 0695	9	0. 075	6	0. 0747	7	0. 0623	11	0. 0833	2
太　原	0. 0777	4	0. 063	9	0. 063	8	0. 0692	7	0. 062	12	0. 0942	2	0. 0624	11
大　同	0. 0661	11	0. 0773	4	0. 0851	2	0. 0698	6	0. 0662	10	0. 0952	1	0. 0664	9
阳　泉	0. 0702	6	0. 0645	11	0. 0708	5	0. 0681	7	0. 0646	10	0. 0981	1	0. 0647	9
长　治	0. 0625	13	0. 0724	7	0. 0729	5	0. 0649	9	0. 0613	14	0. 0729	6	0. 094	1
晋　城	0. 0716	6	0. 0651	11	0. 0708	8	0. 0679	9	0. 0648	12	0. 0708	7	0. 1032	1
朔　州	0. 0786	2	0. 0768	3	0. 0655	11	0. 0728	6	0. 0638	12	0. 0886	1	0. 0635	13
晋　中	0. 0633	12	0. 077	4	0. 0787	3	0. 0641	11	0. 0632	13	0. 0715	8	0. 0902	1
运　城	0. 0601	11	0. 0666	7	0. 0838	4	0. 0604	10	0. 0764	6	0. 0587	13	0. 093	1
忻　州	0. 0604	12	0. 0776	5	0. 0854	3	0. 0803	4	0. 0612	11	0. 0712	8	0. 0718	7
吕　梁	0. 0614	11	0. 0754	5	0. 0834	3	0. 0613	12	0. 0656	8	0. 0669	7	0. 0807	4
呼和浩特	0. 0937	1	0. 0711	7	0. 0633	11	0. 0659	8	0. 0622	12	0. 0781	5	0. 0795	3
包　头	0. 094	1	0. 0647	8	0. 0591	12	0. 0731	7	0. 0607	10	0. 0925	2	0. 0923	3
乌　海	0. 0808	3	0. 0674	6	0. 0663	10	0. 0698	4	0. 0654	12	0. 1045	1	0. 0659	11
赤　峰	0. 0626	11	0. 079	5	0. 0684	7	0. 08	3	0. 0684	8	0. 0925	1	0. 0791	4
通　辽	0. 0783	4	0. 0845	1	0. 0648	10	0. 0647	11	0. 0698	8	0. 0803	3	0. 0692	9
鄂尔多斯	0. 0975	1	0. 0707	6	0. 0565	14	0. 0658	8	0. 0585	12	0. 0912	3	0. 0928	2
呼伦贝尔	0. 0671	10	0. 0686	8	0. 0609	12	0. 084	2	0. 0609	11	0. 0762	6	0. 0808	3
巴彦淖尔	0. 0698	8	0. 0763	4	0. 0631	10	0. 063	11	0. 0626	12	0. 0953	1	0. 0842	2

续表

城市名称	R&D 经费占GDP 比重		信息化基础设施		人均 GDP		人口密度		生态环保知识、法规普及率，基础设施完好率		公众对城市生态环境满意率		政府投入与建设效果	
	数值	排名	数值	排名	数值	排名	数值	排名	数值	排名	数值	排名	数值	排名
乌兰察布	0.0632	11	0.0876	3	0.0693	6	0.063	12	0.0633	10	0.0944	1	0.0669	7
沈　阳	0.0803	5	0.0633	8	0.0631	11	0.0853	4	0.0622	12	0.0888	1	0.0631	10
大　连	0.0896	3	0.0632	7	0.062	11	0.0731	5	0.0631	8	0.0954	2	0.0683	6
鞍　山	0.0853	2	0.0649	8	0.0734	6	0.0764	5	0.0638	12	0.0825	3	0.0691	7
抚　顺	0.0847	2	0.0632	9	0.0711	7	0.0753	6	0.0625	12	0.0959	1	0.081	3
本　溪	0.0786	3	0.0626	10	0.0686	6	0.1025	1	0.0622	13	0.0965	2	0.0751	5
丹　东	0.0671	10	0.0675	8	0.0846	1	0.0708	7	0.0665	11	0.0826	2	0.0729	6
锦　州	0.0738	6	0.0652	11	0.0773	4	0.0751	5	0.0653	10	0.0838	2	0.0863	1
营　口	0.0898	2	0.0647	10	0.0675	8	0.0825	3	0.0629	12	0.0955	1	0.0695	6
阜　新	0.0632	10	0.0639	6	0.0887	2	0.0824	4	0.0635	8	0.0963	1	0.0867	3
辽　阳	0.0707	6	0.0606	10	0.0729	5	0.089	3	0.0601	12	0.0924	2	0.0848	4
盘　锦	0.089	2	0.0627	8	0.0624	10	0.086	5	0.0609	11	0.0948	1	0.0867	4
铁　岭	0.0611	13	0.0727	7	0.0865	2	0.0744	6	0.0622	12	0.0686	8	0.0876	1
朝　阳	0.0609	12	0.0724	7	0.0836	5	0.0891	1	0.061	11	0.0666	8	0.0838	4
葫芦岛	0.0623	12	0.0681	8	0.0845	2	0.0956	1	0.0626	11	0.0765	5	0.0785	4
长　春	0.0859	4	0.0769	5	0.0606	11	0.0761	6	0.0606	10	0.0931	2	0.0611	7
吉　林	0.0774	4	0.0716	6	0.0618	11	0.069	8	0.0615	12	0.0933	1	0.0863	2
四　平	0.0636	9	0.0766	5	0.0722	7	0.0601	12	0.0609	10	0.0763	6	0.0914	2
辽　源	0.0789	5	0.0758	6	0.0614	12	0.0659	7	0.0616	11	0.0928	2	0.0809	4

续表

城市名称	R&D 经费占 GDP 比重		信息化基础设施		人均 GDP		人口密度		生态环保知识、法规普及率，基础设施完好率		公众对城市生态环境满意率		政府投入与建设效果	
	数值	排名	数值	排名	数值	排名	数值	排名	数值	排名	数值	排名	数值	排名
通化	0.063	11	0.077	4	0.0703	8	0.0643	9	0.0631	10	0.0889	2	0.0897	1
白山	0.0674	9	0.0723	6	0.0619	10	0.0918	2	0.0619	11	0.0939	1	0.0731	5
松原	0.0821	4	0.0785	5	0.0608	10	0.0607	11	0.0609	9	0.0696	7	0.0921	1
白城	0.063	9	0.08	4	0.0756	6	0.0642	8	0.0619	12	0.0748	7	0.063	10
哈尔滨	0.0849	4	0.0668	5	0.0624	11	0.0667	6	0.0622	12	0.0944	2	0.0638	8
齐齐哈尔	0.0616	12	0.0766	5	0.0833	2	0.0636	10	0.062	11	0.0768	4	0.0807	3
鸡西	0.064	11	0.0828	3	0.0831	2	0.0667	7	0.0623	13	0.0968	1	0.0642	8
鹤岗	0.0615	10	0.0775	4	0.0837	3	0.0623	8	0.0613	11	0.0948	2	0.0773	5
双鸭山	0.0646	12	0.0708	5	0.0827	3	0.066	9	0.064	13	0.0983	1	0.0711	4
大庆	0.0929	2	0.0648	7	0.0617	11	0.0632	8	0.0711	6	0.0957	1	0.0804	4
伊春	0.0723	6	0.0754	5	0.0895	2	0.0639	8	0.0629	9	0.1013	1	0.0628	10
佳木斯	0.0732	7	0.076	4	0.0741	5	0.0626	12	0.0675	9	0.084	2	0.0824	3
七台河	0.066	7	0.0752	4	0.0878	2	0.0789	3	0.0658	8	0.1028	1	0.0702	6
牡丹江	0.0755	6	0.0689	7	0.0634	9	0.0626	10	0.0649	8	0.0945	1	0.078	5
黑河	0.0605	9	0.0581	12	0.0772	6	0.0583	11	0.0588	10	0.0726	7	0.0874	3
绥化	0.0561	11	0.0831	5	0.0771	7	0.0576	10	0.0688	9	0.0848	3	0.0766	8
上海	0.0635	8	0.0629	10	0.0619	12	0.0653	6	0.062	11	0.0903	3	0.0805	4
南京	0.0789	5	0.0608	10	0.0599	13	0.0834	4	0.0612	8	0.0939	1	0.0607	11
无锡	0.0874	3	0.0605	10	0.0592	12	0.0755	6	0.0616	8	0.0927	2	0.0788	5

续表

城市名称	R&D 经费占 GDP 比重		信息化基础设施		人均 GDP		人口密度		生态环保知识、法规普及率，基础设施完好率		公众对城市生态环境满意率		政府投入与建设效果	
	数值	排名	数值	排名	数值	排名	数值	排名	数值	排名	数值	排名	数值	排名
徐州	0.0725	7	0.0678	10	0.0645	12	0.0681	9	0.0763	2	0.098	1	0.0703	8
常州	0.0895	4	0.0617	10	0.0608	11	0.0712	5	0.0622	9	0.0944	2	0.0625	7
苏州	0.0823	4	0.0615	11	0.0605	13	0.0764	5	0.0626	9	0.0949	2	0.0679	6
南通	0.0771	4	0.0623	9	0.0615	12	0.0636	8	0.073	5	0.0941	2	0.0622	10
连云港	0.068	6	0.067	7	0.0648	9	0.0868	3	0.0697	5	0.097	1	0.0629	12
淮安	0.075	4	0.069	6	0.0631	12	0.0626	13	0.0681	8	0.0967	1	0.0633	9
盐城	0.0636	10	0.0636	9	0.0598	12	0.0707	8	0.0732	7	0.0894	2	0.0798	4
扬州	0.0822	4	0.061	10	0.0601	11	0.0656	7	0.0686	6	0.0926	2	0.0782	5
镇江	0.0844	3	0.0614	10	0.0602	11	0.0817	4	0.0616	9	0.0937	2	0.0806	5
泰州	0.0813	4	0.0599	11	0.0591	12	0.0718	6	0.0719	5	0.0903	3	0.0694	8
宿迁	0.0656	9	0.0675	8	0.0631	12	0.0723	6	0.0683	7	0.0899	2	0.0649	10
杭州	0.0752	4	0.0628	10	0.0621	13	0.0657	7	0.0634	9	0.0849	3	0.0731	5
宁波	0.0755	5	0.0636	9	0.0631	12	0.0716	6	0.0645	8	0.0761	4	0.0762	3
温州	0.0675	7	0.0623	11	0.0628	9	0.0709	6	0.087	3	0.0747	4	0.0621	12
嘉兴	0.0772	4	0.0637	11	0.0636	12	0.0655	8	0.064	10	0.0753	5	0.0872	3
湖州	0.0752	5	0.0639	12	0.0639	11	0.0881	2	0.0665	7	0.0827	3	0.0647	8
绍兴	0.081	4	0.0637	10	0.0631	11	0.0674	6	0.0642	8	0.0834	3	0.0741	5
金华	0.0704	7	0.0622	11	0.0624	10	0.0763	5	0.0624	9	0.0641	8	0.0825	3
衢州	0.0639	10	0.0676	7	0.0639	9	0.0814	3	0.091	2	0.0963	1	0.0639	11

续表

城市名称	R&D 经费占 GDP 比重		信息化基础设施		人均 GDP		人口密度		生态环保知识、法规普及率，基础设施完好率		公众对城市生态环境满意率		政府投入与建设效果	
	数值	排名	数值	排名	数值	排名	数值	排名	数值	排名	数值	排名	数值	排名
舟　山	0.0746	5	0.0619	8	0.0612	9	0.0918	4	0.0611	10	0.0952	2	0.0625	6
台　州	0.0684	8	0.0597	11	0.0597	10	0.0827	4	0.075	6	0.0878	3	0.0805	5
丽　水	0.0626	11	0.0631	9	0.0631	10	0.088	2	0.0734	6	0.0681	7	0.0659	8
合　肥	0.0675	5	0.0633	9	0.0628	11	0.0657	7	0.0766	4	0.0924	3	0.0593	13
芜　湖	0.0641	9	0.0662	6	0.0636	10	0.0802	3	0.0785	4	0.0973	2	0.0641	7
蚌　埠	0.062	10	0.0741	4	0.0699	6	0.0686	7	0.0701	5	0.0943	2	0.0618	11
淮　南	0.0636	10	0.0765	4	0.0833	3	0.0748	5	0.0636	11	0.0966	1	0.0634	12
马鞍山	0.0781	3	0.067	7	0.0647	11	0.066	9	0.0796	2	0.0981	1	0.0765	5
淮　北	0.0686	6	0.0686	7	0.0746	4	0.0648	8	0.0977	1	0.0952	2	0.062	12
铜　陵	0.0697	7	0.0714	5	0.0634	9	0.0714	6	0.0902	3	0.096	1	0.0633	11
安　庆	0.059	12	0.0732	6	0.073	7	0.0692	9	0.0759	4	0.0852	3	0.0706	8
黄　山	0.063	7	0.0688	6	0.069	5	0.095	2	0.0612	11	0.0928	3	0.0609	12
滁　州	0.0593	13	0.0703	9	0.0716	8	0.0787	3	0.0719	7	0.0897	2	0.0595	12
阜　阳	0.0561	12	0.0795	6	0.0851	3	0.0659	9	0.0921	1	0.0758	7	0.057	11
宿　州	0.0585	12	0.0789	6	0.0804	5	0.061	10	0.0756	7	0.0887	2	0.0588	11
六　安	0.0577	13	0.0813	3	0.0809	4	0.0604	10	0.058	11	0.0771	7	0.0644	9
亳　州	0.0574	12	0.0833	4	0.0827	5	0.0592	10	0.0754	7	0.0871	2	0.0577	11
池　州	0.0638	10	0.0703	6	0.0697	7	0.0877	2	0.0613	11	0.0933	1	0.0691	8
宣　城	0.0614	11	0.069	8	0.07	7	0.0669	9	0.0747	6	0.0854	2	0.0607	13

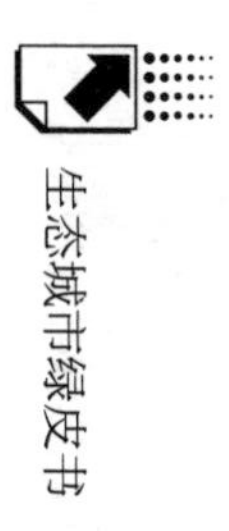

续表

城市名称	R&D 经费占GDP 比重		信息化基础设施		人均 GDP		人口密度		生态环保知识、法规普及率，基础设施完好率		公众对城市生态环境满意率		政府投入与建设效果	
	数值	排名	数值	排名	数值	排名	数值	排名	数值	排名	数值	排名	数值	排名
福　州	0.0796	4	0.0644	8	0.064	10	0.0743	5	0.0648	7	0.087	3	0.0644	9
厦　门	0.0702	4	0.0636	10	0.0641	9	0.0682	6	0.0634	11	0.0862	3	0.0624	12
莆　田	0.0676	7	0.0583	12	0.0596	10	0.0652	8	0.087	4	0.0904	2	0.0861	5
三　明	0.0695	8	0.0607	10	0.0597	11	0.0896	1	0.0674	9	0.0804	4	0.0867	3
泉　州	0.0816	5	0.06	10	0.0597	11	0.0679	7	0.0914	2	0.0692	6	0.0905	3
漳　州	0.079	5	0.0605	9	0.0597	10	0.0589	11	0.077	6	0.074	7	0.0895	2
南　平	0.0678	7	0.0649	10	0.0616	11	0.0788	5	0.0753	6	0.0651	9	0.0659	8
龙　岩	0.0709	6	0.0634	10	0.0629	11	0.0764	5	0.0822	3	0.0665	7	0.0641	8
宁　德	0.0667	9	0.0626	10	0.0599	11	0.0686	8	0.0836	4	0.076	5	0.0693	7
南　昌	0.0833	4	0.0635	7	0.0628	10	0.0651	5	0.063	9	0.0957	3	0.0636	6
景德镇	0.0692	6	0.0643	9	0.0653	8	0.0739	4	0.0659	7	0.0968	2	0.0912	3
萍　乡	0.0706	7	0.0731	5	0.066	9	0.0638	12	0.083	3	0.091	1	0.0647	11
九　江	0.0615	12	0.069	8	0.0683	9	0.0617	11	0.0746	4	0.0928	2	0.0757	3
新　余	0.0846	4	0.0646	7	0.0631	10	0.0776	5	0.0899	2	0.0973	1	0.064	8
鹰　潭	0.0703	7	0.0615	11	0.0616	10	0.0646	9	0.0778	4	0.0822	3	0.0918	2
赣　州	0.0599	12	0.0707	8	0.0818	2	0.0612	11	0.0746	6	0.081	3	0.0732	7
吉　安	0.0594	11	0.0756	6	0.077	5	0.0738	7	0.0703	8	0.0784	4	0.0633	10
宜　春	0.0608	12	0.0799	4	0.0763	6	0.0617	11	0.0777	5	0.0705	7	0.0618	10
抚　州	0.0589	12	0.0733	6	0.0755	5	0.0604	11	0.071	8	0.0892	2	0.0889	3

续表

城市名称	R&D 经费占 GDP 比重		信息化基础设施		人均 GDP		人口密度		生态环保知识、法规普及率，基础设施完好率		公众对城市生态环境满意率		政府投入与建设效果	
	数值	排名	数值	排名	数值	排名	数值	排名	数值	排名	数值	排名	数值	排名
上　饶	0. 0565	11	0. 0749	8	0. 0754	7	0. 0585	10	0. 0845	3	0. 0818	4	0. 0559	12
济　南	0. 0826	5	0. 0611	10	0. 0606	11	0. 0738	6	0. 0616	7	0. 0932	1	0. 0612	9
青　岛	0. 0743	6	0. 0614	9	0. 0604	11	0. 0768	5	0. 0616	7	0. 0931	3	0. 0861	4
淄　博	0. 0826	4	0. 0637	8	0. 0627	11	0. 0711	6	0. 0637	9	0. 0961	1	0. 0844	3
枣　庄	0. 0812	4	0. 0666	9	0. 0628	12	0. 0668	8	0. 0734	6	0. 0947	1	0. 0767	5
东　营	0. 0926	2	0. 061	9	0. 0583	11	0. 0993	1	0. 061	8	0. 0902	4	0. 0616	7
烟　台	0. 0826	3	0. 0621	10	0. 061	12	0. 0762	6	0. 0657	7	0. 0821	4	0. 0814	5
潍　坊	0. 0652	9	0. 0625	10	0. 0612	11	0. 0896	1	0. 0609	12	0. 073	8	0. 0813	3
济　宁	0. 0677	10	0. 0662	11	0. 0608	12	0. 0762	5	0. 0772	4	0. 0794	3	0. 0847	2
泰　安	0. 0794	5	0. 0607	11	0. 0577	12	0. 0745	7	0. 0785	6	0. 087	1	0. 0632	10
威　海	0. 0763	5	0. 0627	7	0. 0615	11	0. 0849	4	0. 0621	9	0. 0951	2	0. 0631	6
日　照	0. 0776	3	0. 0662	10	0. 0628	12	0. 0774	4	0. 0854	2	0. 0905	1	0. 0717	7
莱　芜	0. 0693	6	0. 062	9	0. 0636	8	0. 0922	3	0. 0926	2	0. 0951	1	0. 0766	5
临　沂	0. 0663	11	0. 0703	7	0. 0723	6	0. 0819	2	0. 0669	10	0. 0802	3	0. 062	12
德　州	0. 0758	6	0. 0643	11	0. 0611	12	0. 0803	4	0. 0713	7	0. 077	5	0. 0809	3
聊　城	0. 0755	6	0. 0668	10	0. 0628	12	0. 0713	8	0. 0816	3	0. 0698	9	0. 0779	4
滨　州	0. 0742	6	0. 0614	11	0. 0613	12	0. 0896	1	0. 0865	2	0. 0843	3	0. 083	4
菏　泽	0. 0601	12	0. 0772	5	0. 0746	7	0. 0728	9	0. 0748	6	0. 0737	8	0. 0683	10
郑　州	0. 0818	4	0. 0607	10	0. 0602	11	0. 0733	6	0. 0609	9	0. 0688	7	0. 0815	5

续表

城市名称	R&D 经费占GDP 比重		信息化基础设施		人均 GDP		人口密度		生态环保知识、法规普及率，基础设施完好率		公众对城市生态环境满意率		政府投入与建设效果	
	数值	排名	数值	排名	数值	排名	数值	排名	数值	排名	数值	排名	数值	排名
开　封	0.0668	10	0.082	3	0.0685	8	0.0579	12	0.0786	5	0.0796	4	0.0706	7
洛　阳	0.0722	6	0.0633	10	0.0594	13	0.0605	12	0.0727	5	0.0719	8	0.0878	2
平顶山	0.0702	8	0.0847	2	0.0712	7	0.0619	12	0.0633	11	0.0666	10	0.0861	1
安　阳	0.0667	10	0.0703	7	0.0699	9	0.0608	12	0.0844	2	0.07	8	0.0854	1
鹤　壁	0.0812	3	0.0674	8	0.0686	6	0.0669	9	0.0646	12	0.0943	1	0.0662	10
新　乡	0.0654	8	0.0651	10	0.0697	7	0.0585	13	0.0764	5	0.0652	9	0.0873	1
焦　作	0.0868	1	0.0597	12	0.0599	11	0.0592	13	0.069	7	0.0757	6	0.0851	2
濮　阳	0.0672	8	0.0603	12	0.0692	7	0.0622	11	0.0826	4	0.0668	9	0.0656	10
许　昌	0.0762	6	0.0694	9	0.0596	11	0.0588	12	0.0743	7	0.0664	10	0.0809	3
漯　河	0.0711	8	0.0826	4	0.0652	10	0.0566	12	0.0712	7	0.0802	5	0.0883	1
三门峡	0.0711	9	0.0599	13	0.0608	12	0.0618	11	0.0805	2	0.0779	4	0.0757	6
南　阳	0.0584	13	0.0764	6	0.0716	7	0.063	10	0.0674	9	0.0854	3	0.0629	11
商　丘	0.0599	11	0.0735	8	0.0753	6	0.0598	12	0.0794	5	0.0609	10	0.0801	4
信　阳	0.0566	12	0.0691	8	0.0712	7	0.0675	10	0.0739	6	0.0685	9	0.0846	4
周　口	0.0553	12	0.0794	7	0.0745	8	0.0568	10	0.0863	2	0.0563	11	0.081	6
驻马店	0.056	12	0.0767	7	0.0731	8	0.0625	11	0.0796	6	0.0647	10	0.0815	4
武　汉	0.078	4	0.0626	11	0.0621	12	0.0635	7	0.0629	10	0.0961	2	0.0631	9
黄　石	0.0724	6	0.0746	4	0.065	10	0.0661	8	0.0856	2	0.0984	1	0.0638	11
十　堰	0.0635	10	0.0681	8	0.0692	7	0.085	4	0.0699	6	0.0934	1	0.0615	11
宜　昌	0.0799	6	0.0619	11	0.0612	13	0.0806	4	0.062	9	0.0938	1	0.0619	10

续表

城市名称	R&D 经费占 GDP 比重		信息化基础设施		人均 GDP		人口密度		生态环保知识、法规普及率，基础设施完好率		公众对城市生态环境满意率		政府投入与建设效果	
	数值	排名	数值	排名	数值	排名	数值	排名	数值	排名	数值	排名	数值	排名
襄阳	0.0758	4	0.0698	7	0.0626	13	0.0655	8	0.0627	12	0.0946	1	0.0627	11
鄂州	0.0806	4	0.0668	7	0.0634	11	0.0822	2	0.0637	10	0.0986	1	0.0639	9
荆门	0.078	4	0.0718	7	0.0619	12	0.0731	6	0.0678	9	0.0918	1	0.0647	10
孝感	0.0606	11	0.0775	5	0.0756	6	0.0604	12	0.0707	8	0.0916	1	0.0597	13
荆州	0.057	13	0.0613	11	0.0727	6	0.0599	12	0.0712	9	0.0862	1	0.0786	5
黄冈	0.0556	13	0.0725	9	0.0739	8	0.0561	12	0.0745	6	0.0744	7	0.0829	4
咸宁	0.0638	11	0.0696	9	0.0681	10	0.0697	8	0.0793	3	0.0709	7	0.0914	1
随州	0.0686	9	0.07	7	0.0681	10	0.0739	6	0.0652	11	0.0791	3	0.0754	5
长沙	0.0885	3	0.0626	10	0.061	12	0.0661	7	0.0711	5	0.082	4	0.0676	6
株洲	0.0769	5	0.0663	8	0.0597	11	0.0845	4	0.0745	7	0.0903	1	0.09	3
湘潭	0.0918	1	0.0719	7	0.0644	10	0.0647	9	0.0675	8	0.0822	3	0.0757	4
衡阳	0.0691	8	0.0803	4	0.071	6	0.0637	10	0.0784	5	0.0707	7	0.0831	2
邵阳	0.0578	13	0.0883	1	0.083	5	0.0603	10	0.0878	2	0.0661	8	0.0584	12
岳阳	0.0856	3	0.0744	6	0.0616	13	0.0619	11	0.0675	8	0.0728	7	0.0746	5
常德	0.077	6	0.0708	7	0.061	11	0.0585	12	0.0796	4	0.0648	9	0.0951	1
张家界	0.0618	11	0.0705	8	0.0771	4	0.0634	9	0.0724	6	0.0764	5	0.0946	1
益阳	0.0629	10	0.0792	3	0.0724	7	0.059	11	0.0789	4	0.0661	9	0.094	1
郴州	0.0633	10	0.0732	6	0.0628	11	0.0855	3	0.0727	7	0.0552	13	0.0925	1
永州	0.0596	10	0.083	4	0.0776	6	0.0589	11	0.0824	5	0.0675	8	0.0597	9
怀化	0.0585	11	0.0776	4	0.0764	5	0.0616	10	0.0721	8	0.0582	12	0.0929	1

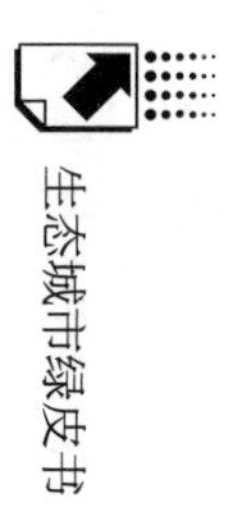

续表

城市名称	R&D 经费占 GDP 比重		信息化基础设施		人均 GDP		人口密度		生态环保知识、法规普及率，基础设施完好率		公众对城市生态环境满意率		政府投入与建设效果	
	数值	排名	数值	排名	数值	排名	数值	排名	数值	排名	数值	排名	数值	排名
娄　底	0. 0672	8	0. 0803	4	0. 0742	6	0. 064	10	0. 0783	5	0. 065	9	0. 0893	1
广　州	0. 0837	4	0. 0619	9	0. 0606	12	0. 0631	6	0. 0614	11	0. 0955	3	0. 0628	7
韶　关	0. 0621	11	0. 0613	12	0. 0703	6	0. 1055	1	0. 0676	7	0. 0939	2	0. 0799	3
深　圳	0. 0613	7	0. 0574	13	0. 0585	11	0. 0611	8	0. 0611	9	0. 0925	3	0. 0783	5
珠　海	0. 0635	6	0. 062	8	0. 0615	10	0. 0738	5	0. 0612	11	0. 0975	2	0. 0617	9
汕　头	0. 0625	8	0. 0669	6	0. 0736	5	0. 0633	7	0. 0847	4	0. 0943	2	0. 0619	10
佛　山	0. 0923	3	0. 0632	10	0. 0626	13	0. 0694	5	0. 0639	9	0. 0744	4	0. 0641	7
江　门	0. 0711	6	0. 0627	10	0. 0637	7	0. 0727	5	0. 0731	4	0. 0953	2	0. 0628	9
湛　江	0. 06	11	0. 0812	5	0. 0721	7	0. 0618	10	0. 0692	9	0. 0847	3	0. 0742	6
茂　名	0. 0584	11	0. 0772	7	0. 0648	9	0. 0587	10	0. 0818	4	0. 0735	8	0. 0904	1
肇　庆	0. 0701	8	0. 0662	10	0. 0614	11	0. 0825	3	0. 0755	4	0. 09	2	0. 069	9
惠　州	0. 0674	5	0. 064	10	0. 064	9	0. 0845	4	0. 0649	6	0. 0875	3	0. 0644	7
梅　州	0. 0589	11	0. 077	7	0. 0824	5	0. 0854	1	0. 0718	8	0. 0842	4	0. 0592	10
汕　尾	0. 0543	11	0. 075	7	0. 0722	9	0. 0857	1	0. 0801	6	0. 0825	5	0. 0724	8
河　源	0. 0586	12	0. 0762	6	0. 0769	5	0. 0908	1	0. 0824	4	0. 0723	7	0. 0619	10
阳　江	0. 0729	5	0. 0691	9	0. 0624	11	0. 0863	3	0. 0724	7	0. 091	2	0. 0736	4
清　远	0. 0618	12	0. 0776	4	0. 0744	6	0. 071	8	0. 0823	3	0. 0763	5	0. 0625	11
东　莞	0. 0794	4	0. 0608	11	0. 0622	8	0. 0702	6	0. 0641	7	0. 0952	2	0. 0614	9
中　山	0. 0758	4	0. 0624	12	0. 0634	9	0. 0685	6	0. 07	5	0. 0685	7	0. 0833	3
潮　州	0. 062	11	0. 0648	9	0. 0722	6	0. 0626	10	0. 0786	5	0. 092	1	0. 0892	2

续表

城市名称	R&D 经费占GDP 比重		信息化基础设施		人均 GDP		人口密度		生态环保知识、法规普及率，基础设施完好率		公众对城市生态环境满意率		政府投入与建设效果	
	数值	排名	数值	排名	数值	排名	数值	排名	数值	排名	数值	排名	数值	排名
揭阳	0.0591	11	0.0806	4	0.0693	9	0.057	12	0.0851	2	0.0793	5	0.0776	6
云浮	0.0602	12	0.0602	11	0.076	5	0.0751	6	0.0872	1	0.0709	8	0.0864	2
南宁	0.0778	4	0.0646	8	0.0656	6	0.0667	5	0.0645	9	0.093	3	0.0624	10
柳州	0.0782	3	0.067	6	0.0665	8	0.0689	5	0.066	9	0.1004	1	0.0655	11
桂林	0.0643	8	0.0723	6	0.0705	7	0.0829	3	0.0629	9	0.0844	2	0.0618	11
梧州	0.0597	10	0.079	4	0.0691	8	0.0841	3	0.0785	5	0.0908	1	0.0593	11
北海	0.0714	5	0.0652	7	0.0619	10	0.1047	1	0.062	9	0.0937	2	0.0668	6
防城港	0.082	4	0.0703	6	0.0627	10	0.0976	1	0.0629	9	0.0958	2	0.0631	8
钦州	0.0572	11	0.0798	6	0.0699	9	0.0851	4	0.08	5	0.064	10	0.0869	2
贵港	0.059	11	0.0851	4	0.0838	5	0.0809	6	0.091	1	0.0859	3	0.0598	10
玉林	0.0572	11	0.0793	5	0.0762	7	0.0667	9	0.0758	8	0.0803	4	0.0619	10
百色	0.0578	12	0.0799	4	0.0741	7	0.0932	1	0.07	8	0.0697	9	0.0758	6
贺州	0.0602	11	0.0828	4	0.0822	5	0.064	9	0.0839	3	0.0703	8	0.0606	10
河池	0.057	12	0.0807	5	0.0861	4	0.0652	9	0.079	6	0.0674	8	0.0586	11
来宾	0.0585	12	0.0815	2	0.0783	7	0.0616	11	0.0838	1	0.0813	3	0.072	8
崇左	0.0567	13	0.0778	5	0.0672	11	0.0588	12	0.0769	6	0.0835	2	0.0685	10
海口	0.0763	4	0.0624	10	0.0628	7	0.0683	6	0.0612	11	0.0946	3	0.0745	5
三亚	0.0641	8	0.0639	10	0.0643	7	0.068	5	0.0603	12	0.0973	3	0.0645	6
重庆	0.0684	5	0.0645	9	0.0644	11	0.0797	4	0.0684	6	0.0933	2	0.0642	12
成都	0.0844	3	0.0632	10	0.0632	11	0.0632	9	0.0633	8	0.0757	5	0.0631	12

续表

城市名称	R&D 经费占 GDP 比重		信息化基础设施		人均 GDP		人口密度		生态环保知识、法规普及率，基础设施完好率		公众对城市生态环境满意率		政府投入与建设效果	
	数值	排名	数值	排名	数值	排名	数值	排名	数值	排名	数值	排名	数值	排名
自贡	0.0717	7	0.0649	9	0.0632	11	0.0773	6	0.0781	5	0.0897	1	0.0836	3
攀枝花	0.0795	4	0.0632	7	0.0625	11	0.0793	5	0.0632	8	0.097	1	0.088	3
泸州	0.0617	12	0.0709	7	0.0754	4	0.0646	10	0.083	3	0.0938	1	0.0621	11
德阳	0.0822	3	0.0624	13	0.0626	11	0.0624	12	0.0693	7	0.0692	8	0.0823	2
绵阳	0.0666	8	0.0613	12	0.0709	6	0.0655	10	0.0689	7	0.0911	3	0.0769	4
广元	0.0605	11	0.0736	7	0.0828	3	0.0714	8	0.0611	9	0.0923	2	0.0609	10
遂宁	0.0619	10	0.0742	6	0.0743	5	0.0693	9	0.0819	4	0.0892	1	0.0586	11
内江	0.0686	10	0.0708	8	0.072	7	0.069	9	0.0902	1	0.0787	4	0.081	2
乐山	0.0726	7	0.0722	8	0.0677	9	0.0731	6	0.062	13	0.0919	1	0.0829	2
南充	0.0587	13	0.0734	7	0.079	4	0.0626	11	0.0686	9	0.0797	3	0.0689	8
眉山	0.0648	11	0.063	12	0.0713	7	0.074	5	0.0706	8	0.0898	1	0.0737	6
宜宾	0.0607	12	0.0725	7	0.0721	8	0.0616	11	0.0884	2	0.0812	3	0.0656	9
广安	0.0569	12	0.0743	7	0.0707	8	0.0664	9	0.0789	6	0.0863	2	0.0846	3
达州	0.0588	13	0.0805	4	0.0795	5	0.0613	11	0.0771	7	0.0631	10	0.0888	1
雅安	0.0664	9	0.0623	11	0.0733	7	0.0843	2	0.0694	8	0.0835	3	0.0605	12
巴中	0.0558	12	0.0755	8	0.0869	2	0.0622	10	0.0773	5	0.0761	7	0.0689	9
资阳	0.0634	11	0.0781	5	0.0666	10	0.072	8	0.0745	7	0.0852	2	0.0696	9
贵阳	0.0652	7	0.0628	9	0.0626	11	0.0749	5	0.0628	8	0.079	4	0.1011	1
六盘水	0.0606	11	0.0852	2	0.0662	9	0.0809	4	0.0735	7	0.0627	10	0.0948	1
遵义	0.0582	12	0.0824	3	0.0681	9	0.073	6	0.072	7	0.0712	8	0.0851	2

续表

城市名称	R&D 经费占 GDP 比重		信息化基础设施		人均 GDP		人口密度		生态环保知识、法规普及率，基础设施完好率		公众对城市生态环境满意率		政府投入与建设效果	
	数值	排名	数值	排名	数值	排名	数值	排名	数值	排名	数值	排名	数值	排名
安　顺	0.0606	11	0.0865	2	0.0785	4	0.0644	10	0.071	8	0.073	7	0.0856	3
昆　明	0.078	4	0.066	9	0.066	8	0.0783	3	0.0661	7	0.0768	5	0.0656	11
曲　靖	0.0618	11	0.0752	6	0.0804	4	0.0643	8	0.0858	3	0.0642	9	0.0735	7
玉　溪	0.0712	6	0.0659	11	0.066	10	0.0672	8	0.0749	5	0.0672	9	0.0655	12
保　山	0.0607	10	0.0827	4	0.085	3	0.0617	9	0.0712	7	0.0599	13	0.0801	6
昭　通	0.0538	14	0.0907	1	0.0879	3	0.0559	11	0.0781	6	0.0538	13	0.0699	8
丽　江	0.0635	12	0.0804	4	0.0891	2	0.0655	9	0.0635	11	0.0664	8	0.0678	7
临　沧	0.0586	12	0.0723	7	0.084	4	0.059	11	0.0828	6	0.0557	14	0.0834	5
拉　萨	0.0593	14	0.0695	8	0.0606	10	0.0697	7	0.0622	9	0.0929	1	0.0733	5
西　安	0.0819	4	0.0626	10	0.0627	9	0.065	6	0.0627	8	0.0858	3	0.0607	12
铜　川	0.0641	12	0.0735	5	0.077	4	0.0663	9	0.0701	6	0.0985	1	0.0646	11
宝　鸡	0.0682	9	0.0736	5	0.064	10	0.0613	13	0.0623	11	0.0938	2	0.0621	12
咸　阳	0.0705	7	0.0702	8	0.0642	10	0.0743	6	0.0606	12	0.0773	5	0.0604	13
渭　南	0.0619	11	0.0763	5	0.0817	3	0.0756	6	0.0622	10	0.0713	8	0.0633	9
延　安	0.0619	12	0.0741	6	0.0658	8	0.0625	10	0.0622	11	0.0679	7	0.0801	4
汉　中	0.0617	13	0.0791	4	0.0762	5	0.0628	11	0.0653	9	0.0755	6	0.0621	12
榆　林	0.0676	7	0.0746	6	0.0629	12	0.0659	8	0.0632	10	0.075	5	0.0764	4
安　康	0.0567	13	0.0727	7	0.0722	8	0.0692	9	0.0831	4	0.0854	2	0.057	11
商　洛	0.0571	12	0.0783	5	0.0741	6	0.0575	11	0.0703	8	0.0863	4	0.0642	9
兰　州	0.0678	7	0.0631	10	0.0632	9	0.0647	8	0.062	12	0.0956	2	0.071	5

续表

城市名称	R&D 经费占 GDP 比重		信息化基础设施		人均 GDP		人口密度		生态环保知识、法规普及率，基础设施完好率		公众对城市生态环境满意率		政府投入与建设效果	
	数值	排名	数值	排名	数值	排名	数值	排名	数值	排名	数值	排名	数值	排名
嘉峪关	0.0836	3	0.0664	8	0.0666	7	0.0843	2	0.064	11	0.103	1	0.0702	5
金昌	0.0687	5	0.0661	8	0.0726	4	0.0681	6	0.0647	11	0.1	1	0.0661	7
白银	0.0627	12	0.0814	4	0.0856	3	0.0644	9	0.0653	7	0.096	1	0.0895	2
天水	0.0572	13	0.0623	10	0.0876	1	0.0657	9	0.0829	3	0.077	6	0.0688	8
武威	0.0597	12	0.0752	7	0.0824	3	0.0648	9	0.0608	10	0.0748	8	0.0825	2
张掖	0.0645	12	0.0696	7	0.0808	2	0.0928	1	0.0647	11	0.0793	3	0.072	6
平凉	0.0579	12	0.0801	5	0.0899	1	0.084	3	0.0721	8	0.0737	7	0.0663	9
酒泉	0.0629	12	0.0647	8	0.0643	10	0.0823	3	0.0617	13	0.0924	2	0.0965	1
庆阳	0.0564	11	0.0835	5	0.0764	6	0.0592	10	0.0736	8	0.0627	9	0.0853	3
定西	0.0559	13	0.0801	5	0.0959	2	0.0587	10	0.0728	6	0.0593	9	0.0714	7
陇南	0.0533	14	0.0882	3	0.0874	4	0.0568	11	0.061	9	0.0567	12	0.0771	7
西宁	0.0728	3	0.0708	6	0.0703	7	0.0726	4	0.0699	9	0.0872	1	0.0682	11
银川	0.0863	2	0.0655	8	0.0653	10	0.1014	1	0.0649	11	0.0801	3	0.0661	7
石嘴山	0.0822	3	0.0688	6	0.0653	8	0.0669	7	0.0639	12	0.101	1	0.0868	2
吴忠	0.0657	12	0.0864	1	0.0831	2	0.0685	8	0.0663	11	0.0774	3	0.0773	4
固原	0.0586	13	0.0922	1	0.0908	2	0.0627	9	0.0651	7	0.0778	5	0.0625	10
中卫	0.0615	10	0.0857	3	0.0803	5	0.0696	7	0.0623	9	0.0841	4	0.0911	1
乌鲁木齐	0.0735	4	0.0663	10	0.0665	9	0.0814	2	0.0668	8	0.101	1	0.0668	7
克拉玛依	0.0704	4	0.0645	13	0.0653	11	0.0673	7	0.0665	9	0.1029	1	0.069	6

注：建设难度数值越大的表明建设难度越大，建设难度排名越靠前的越难以取得建设成效。

表 18　2015 年 286 个城市生态健康指数 14 个指标的建设综合度

城市名称	森林覆盖率		空气质量优良天数		河湖水质		单位 GDP 工业二氧化硫排放量		生活垃圾无害化处理率		单位 GDP 综合能耗		一般工业固体废物综合利用率	
	数值	排名	数值	排名	数值	排名	数值	排名	数值	排名	数值	排名	数值	排名
北　京	0.004	10	0.2263	2	0.0611	6	0.0021	13	0.1211	4	0.0011	14	0.1038	5
天　津	0.0232	10	0.2352	1	0.0259	9	0.0352	8	0.2123	2	0.0794	5	0.0219	12
石家庄	0.0677	7	0.1853	1	0.0173	12	0.1009	5	0.0005	14	0.104	4	0.0402	10
唐　山	0.0439	9	0.1137	3	0.0248	12	0.0787	7	0.0003	14	0.1025	5	0.0766	8
秦皇岛	0.0477	9	0.109	5	0.0298	12	0.1358	2	0.0006	14	0.1468	1	0.111	4
邯　郸	0.0855	4	0.1223	1	0.0702	9	0.0825	6	0.0003	14	0.1022	2	0.0553	11
邢　台	0.1122	3	0.1137	2	0.1173	1	0.0772	8	0.0003	14	0.0827	7	0.0175	13
保　定	0.0992	5	0.1434	1	0.1088	3	0.0526	8	0.0779	7	0.0495	9	0.0099	14
张家口	0.0675	9	0.0528	12	0.0611	11	0.0724	8	0.0862	5	0.1015	1	0.1001	2
承　德	0.036	13	0.0542	11	0.0607	8	0.0781	6	0.073	7	0.0818	4	0.1131	2
沧　州	0.1206	2	0.0946	4	0.1257	1	0.0355	13	0.0003	14	0.0713	8	0.0799	6
廊　坊	0.0991	5	0.1185	1	0.1162	2	0.0605	10	0.0004	14	0.0644	9	0.0337	12
衡　水	0.0737	8	0.1265	1	0.0935	3	0.0369	12	0.093	4	0.0586	10	0.0073	14
太　原	0.0128	11	0.1535	4	0.0245	9	0.0573	7	0.0005	14	0.1546	3	0.1683	1
大　同	0.0475	9	0.0375	11	0.0447	10	0.1124	3	0.0906	6	0.1452	1	0.0562	8
阳　泉	0.0408	9	0.1362	2	0.0359	11	0.1221	4	0.0004	14	0.1349	3	0.1886	1
长　治	0.0675	7	0.0917	4	0.0362	12	0.0811	6	0.1311	1	0.0939	3	0.0628	10
晋　城	0.0496	10	0.0998	4	0.0683	7	0.0985	5	0.0004	14	0.1103	2	0.0716	6
朔　州	0.0524	10	0.0937	5	0.0845	7	0.0946	4	0.0004	14	0.1218	1	0.1164	2
晋　中	0.0765	9	0.0994	4	0.0724	10	0.0877	7	0.0003	14	0.1071	2	0.084	8

续表

城市名称	森林覆盖率		空气质量优良天数		河湖水质		单位GDP工业二氧化硫排放量		生活垃圾无害化处理率		单位GDP综合能耗		一般工业固体废物综合利用率	
	数值	排名	数值	排名	数值	排名	数值	排名	数值	排名	数值	排名	数值	排名
运城	0.101	5	0.0652	10	0.1158	2	0.0753	9	0.0003	14	0.0858	6	0.1038	4
忻州	0.114	3	0.0602	10	0.118	1	0.0834	7	0.0003	14	0.0903	5	0.0686	9
吕梁	0.1364	2	0.0474	10	0.1459	1	0.0874	6	0.0003	14	0.0979	4	0.0665	9
呼和浩特	0.0086	11	0.0757	7	0.0037	12	0.0986	5	0.0005	14	0.1274	3	0.1533	2
包头	0.0078	13	0.0785	7	0.0088	12	0.0698	8	0.0797	6	0.1132	4	0.1239	3
乌海	0.0046	11	0.0991	6	0.04	8	0.152	3	0.1137	5	0.1599	2	0.1761	1
赤峰	0.0715	7	0.0375	12	0.0414	11	0.0936	5	0.0004	14	0.1052	3	0.1388	1
通辽	0.0891	6	0.051	10	0.0849	7	0.096	5	0.0004	14	0.1269	2	0.0538	9
鄂尔多斯	0.0133	12	0.0314	11	0.0484	9	0.0752	7	0.082	5	0.0934	4	0.1215	3
呼伦贝尔	0.0761	8	0.0087	13	0.1105	3	0.0812	7	0.0004	14	0.0858	6	0.1273	2
巴彦淖尔	0.0611	8	0.0471	10	0.0829	6	0.1084	4	0.0004	14	0.127	2	0.1552	1
乌兰察布	0.0718	7	0.0218	13	0.1417	1	0.0925	4	0.0824	6	0.1125	3	0.0849	5
沈阳	0.0218	11	0.1109	4	0.0199	13	0.0653	8	0.0871	7	0.1136	3	0.0925	6
大连	0.0189	11	0.0842	5	0.0094	13	0.0957	3	0.0006	14	0.0942	4	0.0453	10
鞍山	0.0278	11	0.0574	8	0.0224	12	0.1082	4	0.0004	14	0.12	3	0.1629	1
抚顺	0.0218	11	0.067	8	0.0214	12	0.1091	4	0.0004	14	0.1286	3	0.1438	2
本溪	0.0082	13	0.0348	10	0.0437	9	0.1027	6	0.108	5	0.1127	3	0.1217	2
丹东	0.0639	7	0.0543	9	0.0505	11	0.0986	4	0.0005	14	0.1559	1	0.0582	8
锦州	0.0499	11	0.0956	4	0.0165	13	0.0821	8	0.0004	14	0.11	2	0.0539	9
营口	0.0282	12	0.0869	6	0.0203	13	0.0992	5	0.1244	2	0.1139	4	0.0375	11

续表

城市名称	森林覆盖率		空气质量优良天数		河湖水质		单位 GDP 工业二氧化硫排放量		生活垃圾无害化处理率		单位 GDP 综合能耗		一般工业固体废物综合利用率	
	数值	排名	数值	排名	数值	排名	数值	排名	数值	排名	数值	排名	数值	排名
阜新	0.0369	10	0.0537	8	0.027	11	0.1206	5	0.0004	14	0.1246	4	0.0796	6
辽阳	0.0216	10	0.065	8	0.0205	11	0.0869	6	0.0004	14	0.1169	4	0.1783	1
盘锦	0.0194	11	0.083	6	0.0054	12	0.1164	4	0.0004	14	0.1148	5	0.061	7
铁岭	0.0801	6	0.0682	10	0.0863	5	0.0774	8	0.0003	14	0.0923	3	0.0782	7
朝阳	0.1156	3	0.0242	12	0.0713	9	0.0829	7	0.0003	14	0.0841	6	0.0613	10
葫芦岛	0.0442	12	0.0702	8	0.0562	9	0.0883	4	0.0808	6	0.0907	3	0.0491	10
长春	0.0318	7	0.0828	5	0.0154	14	0.0311	8	0.1518	4	0.0265	10	0.0183	13
吉林	0.037	12	0.0543	9	0.017	14	0.078	6	0.1116	3	0.0964	5	0.1185	2
四平	0.1053	2	0.0497	9	0.0976	4	0.0721	8	0.0944	5	0.0352	13	0.0354	12
辽源	0.0592	8	0.0887	4	0.0525	10	0.0758	7	0.0005	13	0.0502	11	0.0005	13
通化	0.0727	7	0.0393	11	0.0687	9	0.0807	5	0.0929	4	0.1116	2	0.0722	8
白山	0.0695	5	0.0539	11	0.0583	9	0.0594	8	0.1054	3	0.1193	2	0.0547	10
松原	0.0821	6	0.0433	9	0.0568	8	0.0301	13	0.0802	7	0.0944	5	0.0371	11
白城	0.1138	4	0.0506	9	0.1293	1	0.0757	8	0.1004	6	0.092	7	0.0058	14
哈尔滨	0.0563	8	0.084	4	0.0325	12	0.0405	11	0.1493	2	0.0848	3	0.0094	14
齐齐哈尔	0.0618	9	0.023	14	0.0808	7	0.0914	6	0.1262	2	0.0681	8	0.0279	12
鸡西	0.038	11	0.0187	13	0.0388	10	0.0964	6	0.1185	5	0.1227	4	0.1263	3
鹤岗	0.0278	9	0.0228	10	0.0293	8	0.1014	5	0.1986	1	0.1275	3	0.0573	7
双鸭山	0.0467	9	0.0221	12	0.0616	8	0.1233	3	0.1347	2	0.1222	4	0.1017	5
大庆	0.0111	13	0.0411	8	0.0361	9	0.076	5	0.0006	14	0.166	2	0.0616	7

续表

城市名称	森林覆盖率		空气质量优良天数		河湖水质		单位GDP工业二氧化硫排放量		生活垃圾无害化处理率		单位GDP综合能耗		一般工业固体废物综合利用率	
	数值	排名	数值	排名	数值	排名	数值	排名	数值	排名	数值	排名	数值	排名
伊春	0.0061	13	0.0066	12	0.0339	9	0.1144	4	0.1567	2	0.1231	3	0.0961	6
佳木斯	0.0353	11	0.0255	12	0.0485	10	0.0842	8	0.0004	14	0.0883	7	0.1097	3
七台河	0.0121	12	0.043	9	0.0019	13	0.1322	3	0.1021	5	0.1514	2	0.0367	10
牡丹江	0.155	2	0.0357	10	0.0006	13	0.0605	8	0.0006	14	0.0922	5	0.0091	11
黑河	0.1241	4	0.0032	13	0.1467	2	0.0838	7	0.0004	14	0.0336	9	0.173	1
绥化	0.1677	1	0.0208	12	0.1401	3	0.0234	11	0.0004	13	0.0345	8	0.0004	13
上海	0.0435	8	0.1534	3	0.1377	4	0.0245	10	0.0008	14	0.0397	9	0.0535	7
南京	0.0088	12	0.1685	3	0.0966	5	0.0227	9	0.0006	14	0.0953	6	0.1043	4
无锡	0.0223	10	0.139	3	0.0212	11	0.0744	5	0.0005	14	0.0562	8	0.0458	9
徐州	0.0754	6	0.1288	2	0.056	10	0.1011	4	0.0005	14	0.1499	1	0.0259	13
常州	0.0279	9	0.1707	2	0.0196	11	0.0723	5	0.0007	14	0.0944	4	0.0263	10
苏州	0.0257	11	0.137	3	0.0455	9	0.0846	5	0.0006	14	0.091	4	0.0808	6
南通	0.0922	5	0.1494	2	0.0465	8	0.0738	6	0.0007	14	0.0091	13	0.0467	7
连云港	0.0515	11	0.0981	3	0.0594	9	0.1151	2	0.0005	14	0.0884	4	0.0557	10
淮安	0.0721	8	0.1467	1	0.0539	9	0.0943	4	0.0006	14	0.0764	7	0.1121	3
盐城	0.1031	4	0.0673	8	0.1122	2	0.0562	11	0.0004	14	0.0746	7	0.0376	12
扬州	0.0709	6	0.1312	3	0.0362	8	0.0318	10	0.0006	14	0.0093	13	0.0305	11
镇江	0.0342	10	0.1088	4	0.0011	13	0.0915	5	0.0006	14	0.0488	7	0.0698	6
泰州	0.0898	5	0.1149	3	0.0765	7	0.0279	11	0.0005	14	0.0511	9	0.014	13
宿迁	0.1249	1	0.0997	4	0.1102	2	0.0554	11	0.0004	14	0.0072	13	0.0554	12

续表

城市名称	森林覆盖率		空气质量优良天数		河湖水质		单位 GDP 工业二氧化硫排放量		生活垃圾无害化处理率		单位 GDP 综合能耗		一般工业固体废物综合利用率	
	数值	排名	数值	排名	数值	排名	数值	排名	数值	排名	数值	排名	数值	排名
杭　州	0.0294	9	0.1704	3	0.0279	10	0.0397	7	0.0007	14	0.015	11	0.126	4
宁　波	0.0426	10	0.0714	5	0.0412	11	0.0609	6	0.0007	14	0.05	9	0.0584	7
温　州	0.0962	5	0.0349	9	0.0472	8	0.0224	10	0.0006	14	0.0158	12	0.1282	3
嘉　兴	0.0603	8	0.1004	4	0.0481	9	0.0799	6	0.0005	14	0.086	5	0.0633	7
湖　州	0.0382	10	0.1378	2	0.0418	9	0.1023	5	0.0005	14	0.0757	6	0.0099	13
绍　兴	0.0465	10	0.0874	5	0.0226	11	0.0675	7	0.0006	14	0.1145	3	0.0519	9
金　华	0.1101	4	0.0714	7	0.0963	6	0.0434	8	0.0005	14	0.0299	11	0.0288	12
衢　州	0.072	6	0.0366	12	0.0498	8	0.101	4	0.0004	14	0.1325	2	0.0495	9
舟　山	0.0456	6	0.0385	7	0.0169	12	0.02	9	0.0008	14	0.0953	3	0.0942	4
台　州	0.0911	6	0.0334	10	0.0551	7	0.0253	11	0.0005	14	0.0094	13	0.037	9
丽　水	0.1431	2	0.0156	13	0.1064	4	0.0801	6	0.0005	14	0.0307	11	0.0595	7
合　肥	0.038	8	0.1638	2	0.0098	11	0.0157	10	0.0007	13	0.0075	12	0.163	3
芜　湖	0.0544	8	0.0886	4	0.0195	13	0.1228	3	0.0006	14	0.0342	11	0.0774	5
蚌　埠	0.0784	6	0.1594	2	0.0238	11	0.0478	8	0.0007	14	0.0235	13	0.0237	12
淮　南	0.0646	8	0.0732	7	0.0561	9	0.1226	2	0.0004	14	0.109	4	0.0844	6
马鞍山	0.0389	10	0.097	5	0.0093	13	0.1005	4	0.0005	14	0.1571	1	0.0635	7
淮　北	0.0344	10	0.1151	3	0.0536	8	0.1224	2	0.0004	14	0.1037	5	0.0318	11
铜　陵	0.0323	11	0.0762	7	0.0259	12	0.0995	3	0.0005	14	0.1196	2	0.0574	8
安　庆	0.0987	4	0.0727	9	0.0847	6	0.0434	10	0.0004	14	0.0421	11	0.0204	13
黄　山	0.0459	10	0.0148	12	0.0612	6	0.0592	7	0.0006	14	0.0021	13	0.1213	2

续表

城市名称	森林覆盖率		空气质量优良天数		河湖水质		单位 GDP 工业二氧化硫排放量		生活垃圾无害化处理率		单位 GDP 综合能耗		一般工业固体废物综合利用率	
	数值	排名	数值	排名	数值	排名	数值	排名	数值	排名	数值	排名	数值	排名
滁州	0. 0933	6	0. 1054	2	0. 0986	4	0. 0633	9	0. 0004	14	0. 0306	13	0. 0815	8
阜阳	0. 1107	5	0. 0724	6	0. 1117	4	0. 0544	10	0. 0003	14	0. 0631	8	0. 049	11
宿州	0. 1169	4	0. 0988	6	0. 1349	1	0. 0803	7	0. 0003	14	0. 0308	11	0. 0517	8
六安	0. 127	4	0. 0501	8	0. 1216	5	0. 0233	11	0. 0004	14	0. 0305	10	0. 1348	3
亳州	0. 1526	3	0. 0744	6	0. 1309	4	0. 0613	7	0. 0004	14	0. 0121	13	0. 0195	12
池州	0. 0896	3	0. 059	10	0. 0768	6	0. 0742	7	0. 0004	14	0. 1087	2	0. 0627	9
宣城	0. 1024	3	0. 0597	10	0. 1335	1	0. 0721	9	0. 0004	14	0. 0581	11	0. 0911	5
福州	0. 0603	7	0. 0061	14	0. 0096	13	0. 0847	5	0. 1396	3	0. 0344	8	0. 0311	9
厦门	0. 0061	12	0. 0067	11	0. 1221	5	0. 0122	9	0. 1836	2	0. 0387	7	0. 1463	3
莆田	0. 0744	7	0. 0151	13	0. 0629	8	0. 0271	12	0. 0925	4	0. 0292	11	0. 0853	5
三明	0. 1061	3	0. 0031	14	0. 0935	4	0. 0653	9	0. 0722	8	0. 0811	5	0. 0321	12
泉州	0. 0482	9	0. 0066	14	0. 0665	7	0. 0512	8	0. 0765	5	0. 0476	10	0. 029	11
漳州	0. 1254	3	0. 0072	13	0. 0942	6	0. 0483	8	0. 0776	7	0. 0106	12	0. 0317	11
南平	0. 1184	1	0. 0014	14	0. 1054	4	0. 0424	12	0. 091	5	0. 0806	7	0. 0555	9
龙岩	0. 0972	4	0. 004	14	0. 0465	9	0. 0412	11	0. 0883	6	0. 0805	7	0. 0636	8
宁德	0. 1365	2	0. 0047	14	0. 1427	1	0. 0584	9	0. 0792	5	0. 0362	13	0. 0623	8
南昌	0. 042	9	0. 0632	5	0. 0215	13	0. 0359	10	0. 1403	2	0. 005	14	0. 0603	7
景德镇	0. 0282	12	0. 0383	11	0. 046	9	0. 1293	2	0. 0006	14	0. 0398	10	0. 0598	7
萍乡	0. 0742	9	0. 0904	5	0. 0795	7	0. 1274	2	0. 0005	14	0. 1267	3	0. 0203	12
九江	0. 075	8	0. 0689	9	0. 0944	4	0. 0861	5	0. 0004	14	0. 0662	11	0. 1171	1

续表

城市名称	森林覆盖率		空气质量优良天数		河湖水质		单位 GDP 工业二氧化硫排放量		生活垃圾无害化处理率		单位 GDP 综合能耗		一般工业固体废物综合利用率	
	数值	排名	数值	排名	数值	排名	数值	排名	数值	排名	数值	排名	数值	排名
新余	0. 0162	12	0. 0335	9	0. 0127	13	0. 1328	4	0. 0005	14	0. 1377	3	0. 0446	7
鹰潭	0. 0655	7	0. 0388	11	0. 0945	5	0. 0854	6	0. 0005	14	0. 0054	13	0. 0602	9
赣州	0. 1162	2	0. 0309	10	0. 1094	3	0. 0869	8	0. 0004	14	0. 0159	12	0. 0927	6
吉安	0. 137	2	0. 0264	10	0. 1514	1	0. 0857	7	0. 0004	14	0. 002	13	0. 0252	11
宜春	0. 1172	2	0. 0345	10	0. 1226	1	0. 0858	8	0. 0003	14	0. 0597	9	0. 0987	6
抚州	0. 1052	4	0. 0201	12	0. 093	5	0. 0811	8	0. 0004	14	0. 0099	13	0. 0884	7
上饶	0. 1209	3	0. 0225	10	0. 1196	4	0. 0667	8	0. 0003	14	0. 0108	12	0. 163	1
济南	0. 0294	8	0. 242	1	0. 003	13	0. 0492	6	0. 0006	14	0. 1207	4	0. 0144	12
青岛	0. 0255	9	0. 0818	5	0. 0071	13	0. 0113	12	0. 0006	14	0. 0711	6	0. 0624	7
淄博	0. 0208	11	0. 1774	1	0. 0013	13	0. 1213	5	0. 0004	14	0. 1344	3	0. 0292	10
枣庄	0. 0461	12	0. 1538	1	0. 047	11	0. 0927	4	0. 0004	13	0. 1208	3	0. 0004	13
东营	0. 0121	11	0. 155	3	0. 004	12	0. 0866	4	0. 0004	14	0. 0763	6	0. 0437	8
烟台	0. 039	11	0. 0454	10	0. 05	9	0. 0595	7	0. 0005	14	0. 0533	8	0. 0877	5
潍坊	0. 0764	7	0. 1265	2	0. 0907	5	0. 0684	8	0. 0004	14	0. 0888	6	0. 0359	12
济宁	0. 0642	9	0. 1132	2	0. 0668	8	0. 0631	10	0. 0003	14	0. 068	7	0. 0376	13
泰安	0. 0536	7	0. 1506	1	0. 0926	5	0. 0405	11	0. 0004	14	0. 0774	6	0. 0153	13
威海	0. 0187	11	0. 057	7	0. 0399	9	0. 0799	5	0. 0007	14	0. 1006	3	0. 0573	6
日照	0. 0384	12	0. 1028	4	0. 0569	9	0. 076	6	0. 0004	14	0. 1167	2	0. 0568	10
莱芜	0. 0068	13	0. 1442	3	0. 033	9	0. 1056	5	0. 0004	14	0. 1158	4	0. 0214	11
临沂	0. 1019	3	0. 1253	2	0. 0659	9	0. 085	6	0. 0004	14	0. 0961	4	0. 0075	13

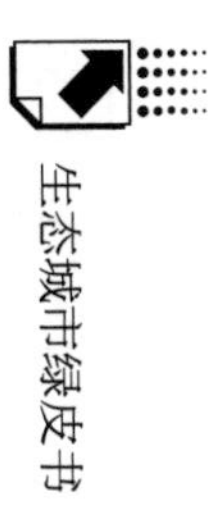

续表

城市名称	森林覆盖率		空气质量优良天数		河湖水质		单位 GDP 工业二氧化硫排放量		生活垃圾无害化处理率		单位 GDP 综合能耗		一般工业固体废物综合利用率	
	数值	排名	数值	排名	数值	排名	数值	排名	数值	排名	数值	排名	数值	排名
德州	0.0551	9	0.1488	1	0.0499	10	0.0738	7	0.0003	14	0.0733	8	0.0403	13
聊城	0.0793	5	0.1259	1	0.0692	10	0.0699	9	0.0003	14	0.073	7	0.0548	11
滨州	0.035	11	0.1013	3	0.0378	10	0.0881	7	0.0003	14	0.0979	4	0.0922	6
菏泽	0.1	3	0.1219	1	0.1059	2	0.0643	10	0.0003	14	0.0776	8	0.0125	13
郑州	0.0296	9	0.1935	1	0.0216	12	0.0347	8	0.0004	14	0.029	10	0.0799	6
开封	0.099	4	0.1204	3	0.0603	9	0.0268	11	0.0004	14	0.0352	10	0.0167	12
洛阳	0.0497	9	0.1303	1	0.0447	11	0.0491	10	0.0803	7	0.0587	8	0.1047	3
平顶山	0.1098	4	0.1107	3	0.0569	10	0.0587	9	0.0003	14	0.0854	6	0.0124	13
安阳	0.1076	4	0.1217	1	0.0684	8	0.0789	7	0.0003	14	0.0929	5	0.0139	12
鹤壁	0.0542	7	0.141	1	0.0532	9	0.0988	4	0.0005	14	0.13	3	0.0342	13
新乡	0.0838	5	0.1442	1	0.0454	11	0.0428	12	0.0003	14	0.0771	7	0.08	6
焦作	0.0514	9	0.1411	2	0.048	10	0.0451	11	0.076	7	0.0875	4	0.0819	6
濮阳	0.1225	3	0.1373	1	0.0741	6	0.0163	13	0.07	9	0.0842	5	0.0076	14
许昌	0.0953	7	0.1106	4	0.1174	2	0.0441	10	0.0004	14	0.0446	9	0.0225	12
漯河	0.0786	6	0.1327	3	0.0347	10	0.0101	11	0.0004	13	0.0701	9	0.0004	13
三门峡	0.0615	11	0.1115	2	0.0844	5	0.0732	9	0.0745	8	0.0862	4	0.1188	1
南阳	0.1176	2	0.1068	4	0.1192	1	0.012	14	0.0756	6	0.0129	13	0.0737	7
商丘	0.1208	2	0.1027	4	0.1247	1	0.0508	10	0.0003	14	0.0522	9	0.0094	13
信阳	0.1174	3	0.0753	8	0.1351	1	0.0127	13	0.0003	14	0.0506	10	0.0475	11
周口	0.126	3	0.0845	7	0.1278	2	0.0094	12	0.056	9	0.0083	13	0.0047	14

续表

城市名称	森林覆盖率		空气质量优良天数		河湖水质		单位 GDP 工业二氧化硫排放量		生活垃圾无害化处理率		单位 GDP 综合能耗		一般工业固体废物综合利用率	
	数值	排名	数值	排名	数值	排名	数值	排名	数值	排名	数值	排名	数值	排名
驻马店	0. 1161	1	0. 0862	7	0. 1106	2	0. 0222	13	0. 0689	9	0. 0315	11	0. 0036	14
武汉	0. 0435	6	0. 2245	2	0. 1041	4	0. 0185	11	0. 0008	14	0. 1618	3	0. 0386	7
黄石	0. 0744	7	0. 0901	6	0. 0351	11	0. 1096	3	0. 0005	14	0. 146	2	0. 0506	9
十堰	0. 0721	7	0. 0647	9	0. 035	11	0. 0648	8	0. 0005	14	0. 1154	3	0. 1192	2
宜昌	0. 0403	7	0. 1054	5	0. 0307	10	0. 0666	6	0. 0005	14	0. 1332	4	0. 1854	1
襄阳	0. 081	4	0. 0746	7	0. 0476	10	0. 0684	8	0. 0005	14	0. 1298	2	0. 1518	1
鄂州	0. 0421	8	0. 1439	4	0. 02	12	0. 0929	5	0. 0005	14	0. 149	3	0. 0858	6
荆门	0. 0944	4	0. 0786	7	0. 0463	12	0. 064	9	0. 0004	14	0. 0987	3	0. 105	2
孝感	0. 1506	1	0. 0729	8	0. 107	3	0. 0719	9	0. 0004	14	0. 1057	4	0. 105	5
荆州	0. 1213	2	0. 0971	5	0. 0922	7	0. 0345	12	0. 0003	14	0. 0649	8	0. 1218	1
黄冈	0. 1224	1	0. 0609	10	0. 1212	2	0. 0245	12	0. 0563	11	0. 0665	8	0. 0814	7
咸宁	0. 0774	6	0. 0616	11	0. 0952	5	0. 0676	7	0. 0004	14	0. 1015	4	0. 0053	13
随州	0. 0996	2	0. 0799	9	0. 0848	7	0. 0042	14	0. 09	4	0. 0219	12	0. 0182	13
长沙	0. 0501	8	0. 1229	3	0. 0247	11	0. 0049	13	0. 0006	14	0. 0487	9	0. 0568	7
株洲	0. 0415	10	0. 0599	8	0. 0179	13	0. 0681	6	0. 0004	14	0. 0805	5	0. 0413	11
湘潭	0. 0723	7	0. 0678	8	0. 0283	11	0. 1023	4	0. 0005	14	0. 1305	2	0. 0052	13
衡阳	0. 1068	2	0. 0597	9	0. 0446	12	0. 0798	6	0. 0003	14	0. 0594	10	0. 0491	11
邵阳	0. 1172	3	0. 0463	11	0. 0828	5	0. 0476	10	0. 0602	8	0. 0594	9	0. 0674	7
岳阳	0. 0967	4	0. 0644	9	0. 0416	12	0. 0488	10	0. 0004	14	0. 0874	6	0. 0886	5
常德	0. 1016	5	0. 0766	7	0. 063	8	0. 0425	10	0. 0004	14	0. 0267	11	0. 0211	12

续表

城市名称	森林覆盖率		空气质量优良天数		河湖水质		单位GDP工业二氧化硫排放量		生活垃圾无害化处理率		单位GDP综合能耗		一般工业固体废物综合利用率	
	数值	排名	数值	排名	数值	排名	数值	排名	数值	排名	数值	排名	数值	排名
张家界	0.0996	5	0.0441	10	0.0772	7	0.1082	3	0.0004	13	0.0561	9	0.0004	13
益阳	0.0889	6	0.0385	12	0.1005	4	0.0595	8	0.0003	14	0.0567	9	0.0537	10
郴州	0.0863	6	0.0219	13	0.0605	9	0.04	12	0.0003	14	0.0668	8	0.0984	3
永州	0.1444	1	0.0368	10	0.0944	6	0.0412	9	0.0004	14	0.0771	7	0.0606	8
怀化	0.1103	2	0.0239	12	0.0826	7	0.052	10	0.0003	14	0.0614	9	0.0998	4
娄底	0.1195	1	0.0314	11	0.0958	5	0.0841	8	0.0003	14	0.0976	4	0.0198	13
广州	0.0092	13	0.0838	4	0.1788	3	0.0104	12	0.1908	2	0.0342	8	0.0457	6
韶关	0.0516	8	0.0198	12	0.0441	10	0.09	4	0.0004	14	0.1292	2	0.087	5
深圳	0.0032	10	0.023	7	0.2591	2	0.0013	12	0.0008	13	0.0178	8	0.266	1
珠海	0.0111	9	0.0474	5	0.3236	1	0.0303	7	0.0012	14	0.0427	6	0.1202	4
汕头	0.0421	9	0.0136	14	0.0165	12	0.0661	6	0.1709	2	0.0255	11	0.043	8
佛山	0.0574	6	0.0692	5	0.0551	7	0.0392	10	0.0006	14	0.033	11	0.0998	4
江门	0.0565	9	0.0803	7	0.0041	13	0.0643	8	0.0007	14	0.049	10	0.1167	4
湛江	0.1376	2	0.0102	13	0.094	4	0.0541	9	0.0004	14	0.088	6	0.0152	12
茂名	0.1153	5	0.0084	13	0.1164	4	0.0191	11	0.0003	14	0.083	7	0.0342	10
肇庆	0.0779	5	0.0337	13	0.0391	12	0.0694	6	0.0004	14	0.0479	11	0.1374	2
惠州	0.026	10	0.0211	13	0.0239	11	0.0684	6	0.0007	14	0.1349	3	0.0466	8
梅州	0.1356	3	0.0065	11	0.1122	4	0.0899	6	0.0004	14	0.0891	7	0.009	10
汕尾	0.1401	2	0.005	13	0.094	6	0.0144	10	0.0815	8	0.0138	11	0.0025	14
河源	0.1255	2	0.0074	12	0.0611	9	0.0733	7	0.0003	14	0.0455	10	0.0724	8

续表

城市名称	森林覆盖率		空气质量优良天数		河湖水质		单位 GDP 工业二氧化硫排放量		生活垃圾无害化处理率		单位 GDP 综合能耗		一般工业固体废物综合利用率	
	数值	排名	数值	排名	数值	排名	数值	排名	数值	排名	数值	排名	数值	排名
阳江	0.0792	7	0.0155	13	0.0668	8	0.0835	6	0.0004	14	0.0517	10	0.0513	11
清远	0.1041	3	0.0257	13	0.0593	10	0.0689	8	0.1084	2	0.0992	4	0.0307	12
东莞	0.0006	13	0.0545	7	0.255	1	0.1094	4	0.0006	13	0.0416	9	0.0815	5
中山	0.0176	11	0.0536	6	0.0385	8	0.021	9	0.0007	13	0.0452	7	0.0007	13
潮州	0.0659	6	0.0197	13	0.0354	11	0.0617	7	0.1315	2	0.1139	4	0.0049	14
揭阳	0.069	8	0.0155	14	0.108	3	0.0206	12	0.0724	7	0.0424	11	0.101	4
云浮	0.1226	2	0.0158	12	0.0796	8	0.0791	9	0.0003	14	0.0862	7	0.0771	10
南宁	0.0634	7	0.0264	11	0.0113	13	0.021	12	0.1347	2	0.128	4	0.0589	8
柳州	0.048	9	0.0644	6	0.0452	10	0.1096	3	0.0007	14	0.213	1	0.0218	12
桂林	0.1128	2	0.0577	10	0.0511	11	0.0737	7	0.0005	14	0.0397	12	0.0856	6
梧州	0.1071	5	0.0142	13	0.0644	8	0.0312	10	0.0004	14	0.1214	4	0.0668	7
北海	0.0509	8	0.0193	13	0.0326	12	0.0786	4	0.0005	14	0.1157	3	0.0419	11
防城港	0.1035	5	0.0019	13	0.0232	11	0.1325	4	0.0005	14	0.1359	3	0.0111	12
钦州	0.073	8	0.0132	12	0.0816	7	0.0299	11	0.0003	14	0.0388	9	0.0124	13
贵港	0.1313	2	0.0166	12	0.0587	9	0.0778	7	0.0003	14	0.0977	6	0.019	11
玉林	0.1513	1	0.0126	13	0.1272	3	0.0271	11	0.0004	14	0.0306	10	0.0547	8
百色	0.0993	5	0.0103	12	0.0996	4	0.0672	10	0.0003	14	0.087	6	0.1082	2
贺州	0.1269	4	0.0104	12	0.1147	5	0.0517	8	0.0004	14	0.1091	6	0.0277	10
河池	0.1471	1	0.013	12	0.1368	3	0.0662	8	0.0003	14	0.0298	10	0.0697	7
来宾	0.1026	5	0.0245	12	0.1048	4	0.0652	9	0.0003	14	0.0868	6	0.0795	7

续表

城市名称	森林覆盖率		空气质量优良天数		河湖水质		单位 GDP 工业二氧化硫排放量		生活垃圾无害化处理率		单位 GDP 综合能耗		一般工业固体废物综合利用率	
	数值	排名	数值	排名	数值	排名	数值	排名	数值	排名	数值	排名	数值	排名
崇　左	0. 1126	2	0. 0094	14	0. 1209	1	0. 0248	12	0. 105	4	0. 0883	7	0. 098	6
海　口	0. 0255	9	0. 0072	12	0. 0724	7	0. 0053	13	0. 0008	14	0. 0174	10	0. 1105	5
三　亚	0. 0232	8	0. 0082	10	0. 2049	2	0. 0068	11	0. 0014	12	0. 0115	9	0. 0014	12
重　庆	0. 046	11	0. 0792	6	0. 0355	13	0. 0892	5	0. 0938	4	0. 0581	9	0. 1027	2
成　都	0. 0402	6	0. 2159	2	0. 015	10	0. 0129	12	0. 0007	14	0. 0403	5	0. 1467	4
自　贡	0. 0459	10	0. 1119	4	0. 0635	8	0. 0502	9	0. 0004	14	0. 0407	12	0. 0446	11
攀枝花	0. 0197	10	0. 0004	13	0. 0337	8	0. 1213	6	0. 0004	13	0. 1372	3	0. 185	1
泸　州	0. 0729	8	0. 1188	2	0. 0927	6	0. 0958	5	0. 0004	14	0. 1051	4	0. 0225	13
德　阳	0. 0808	6	0. 0856	5	0. 0719	7	0. 0497	11	0. 0686	8	0. 0592	10	0. 0865	4
绵　阳	0. 0826	5	0. 0818	7	0. 0743	8	0. 0462	12	0. 0005	14	0. 0624	11	0. 0704	10
广　元	0. 101	4	0. 0285	12	0. 1034	3	0. 0721	7	0. 0947	5	0. 0652	8	0. 0539	9
遂　宁	0. 0934	6	0. 0577	9	0. 1142	4	0. 0167	11	0. 0004	14	0. 0724	7	0. 0095	13
内　江	0. 0862	4	0. 0659	11	0. 0871	3	0. 0812	6	0. 0003	14	0. 0815	5	0. 0328	13
乐　山	0. 0834	4	0. 0652	10	0. 0745	8	0. 0821	5	0. 0924	3	0. 0943	2	0. 0462	12
南　充	0. 1014	4	0. 065	8	0. 1026	3	0. 0267	13	0. 0004	14	0. 062	10	0. 1001	5
眉　山	0. 1079	1	0. 0918	4	0. 1048	2	0. 0812	6	0. 0004	14	0. 0823	5	0. 0335	13
宜　宾	0. 1123	2	0. 0752	8	0. 1092	3	0. 0715	9	0. 0004	14	0. 0849	6	0. 0261	12
广　安	0. 1194	2	0. 045	12	0. 1248	1	0. 0672	7	0. 0003	14	0. 0604	9	0. 0527	10
达　州	0. 0942	3	0. 0659	11	0. 081	5	0. 0663	10	0. 064	12	0. 0684	9	0. 0685	8
雅　安	0. 0716	8	0. 0398	12	0. 0905	3	0. 0489	11	0. 0766	7	0. 0982	2	0. 0902	4

续表

城市名称	森林覆盖率		空气质量优良天数		河湖水质		单位 GDP 工业二氧化硫排放量		生活垃圾无害化处理率		单位 GDP 综合能耗		一般工业固体废物综合利用率	
	数值	排名	数值	排名	数值	排名	数值	排名	数值	排名	数值	排名	数值	排名
巴中	0.0996	5	0.0257	12	0.1181	2	0.022	13	0.0696	7	0.056	10	0.057	9
资阳	0.1081	3	0.0679	9	0.1314	1	0.0393	11	0.0003	14	0.0302	12	0.0172	13
贵阳	0.0144	13	0.0197	12	0.0136	14	0.0818	7	0.0994	4	0.0844	6	0.1473	2
六盘水	0.0635	10	0.0314	13	0.0873	4	0.0738	7	0.0685	9	0.0804	5	0.0702	8
遵义	0.0906	4	0.0151	13	0.0956	3	0.0655	10	0.0712	9	0.0603	11	0.0834	5
安顺	0.0704	9	0.0048	14	0.0958	4	0.0862	7	0.0871	6	0.0845	8	0.0085	12
昆明	0.0158	11	0.0028	14	0.0115	12	0.1089	5	0.1062	6	0.1217	3	0.1698	1
曲靖	0.1116	2	0.0055	14	0.1144	1	0.0858	7	0.0578	10	0.0902	6	0.0638	9
玉溪	0.1289	2	0.0013	13	0.0999	6	0.1089	5	0.0004	14	0.1254	4	0.1348	1
保山	0.1079	3	0.0178	12	0.1126	2	0.0748	9	0.0829	7	0.0861	6	0.052	11
昭通	0.1131	4	0.0218	12	0.1159	2	0.0612	10	0.1038	5	0.0657	8	0.0649	9
丽江	0.0917	7	0.0004	14	0.0745	8	0.0979	6	0.1064	4	0.0999	5	0.0719	9
临沧	0.1157	2	0.0068	12	0.1226	1	0.0729	8	0.0877	6	0.0622	10	0.0542	11
拉萨	0.0053	13	0.0534	9	0.1031	3	0.0082	12	0.1363	2	0.0794	7	0.1879	1
西安	0.0361	8	0.2143	1	0.0061	12	0.0059	13	0.1185	4	0.0339	10	0.0952	5
铜川	0.0292	11	0.1517	1	0.0659	8	0.1147	4	0.1249	3	0.1416	2	0.0169	12
宝鸡	0.0791	5	0.1163	2	0.0717	9	0.0777	6	0.0849	4	0.0597	11	0.1288	1
咸阳	0.1013	2	0.1408	1	0.0435	12	0.0535	10	0.08	7	0.0531	11	0.0893	4
渭南	0.1135	2	0.1227	1	0.0896	5	0.0844	7	0.0768	9	0.0926	4	0.0024	14
延安	0.0993	3	0.0762	7	0.122	1	0.0584	10	0.0908	6	0.0497	11	0.0661	8

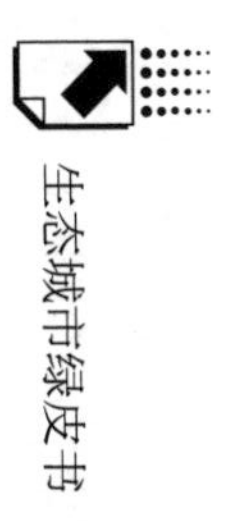

续表

城市名称	森林覆盖率		空气质量优良天数		河湖水质		单位 GDP 工业二氧化硫排放量		生活垃圾无害化处理率		单位 GDP 综合能耗		一般工业固体废物综合利用率	
	数值	排名	数值	排名	数值	排名	数值	排名	数值	排名	数值	排名	数值	排名
汉中	0.128	1	0.0645	10	0.1218	2	0.0763	8	0.0682	9	0.0886	4	0.0803	7
榆林	0.1032	2	0.0484	11	0.1362	1	0.0929	5	0.0949	4	0.0915	6	0.0568	9
安康	0.1073	3	0.0437	10	0.126	2	0.0392	12	0.0661	8	0.0417	11	0.0829	6
商洛	0.1445	2	0.0371	11	0.1467	1	0.0572	9	0.0771	7	0.0254	12	0.0871	5
兰州	0.0189	12	0.1337	3	0.0107	13	0.0826	4	0.2416	1	0.1546	2	0.0289	10
嘉峪关	0.0011	12	0.052	8	0.07	6	0.1459	4	0.0005	14	0.1459	4	0.1467	3
金昌	0.0158	11	0.0666	6	0.0038	13	0.1514	3	0.0005	14	0.1666	2	0.2412	1
白银	0.0521	9	0.0472	10	0.0326	12	0.1009	5	0.0874	6	0.1129	3	0.0743	7
天水	0.1078	4	0.0398	12	0.1188	3	0.0554	10	0.0003	14	0.0747	7	0.077	6
武威	0.1271	1	0.0382	12	0.0973	4	0.0562	9	0.0668	8	0.0964	5	0.0471	11
张掖	0.0286	11	0.0413	10	0.0814	7	0.1057	5	0.0004	14	0.1279	2	0.0824	6
平凉	0.0929	5	0.0316	12	0.1207	2	0.0823	7	0.0003	14	0.0915	6	0.0331	11
酒泉	0.04	12	0.0632	8	0.0712	6	0.0915	5	0.0004	14	0.1148	3	0.1138	4
庆阳	0.1261	3	0.0278	11	0.1394	1	0.0476	9	0.0659	8	0.0372	10	0.0029	14
定西	0.139	3	0.0261	11	0.1501	2	0.0761	7	0.0003	14	0.0745	8	0.0409	10
陇南	0.1155	2	0.0373	12	0.1167	1	0.0568	10	0.086	6	0.062	9	0.0973	5
西宁	0.0362	11	0.0932	5	0.0097	13	0.1394	2	0.1259	4	0.1588	1	0.0155	12
银川	0.0065	14	0.0938	5	0.0067	13	0.0878	7	0.0933	6	0.1311	3	0.0502	8
石嘴山	0.0055	12	0.0937	7	0.0335	9	0.1236	4	0.0958	6	0.1287	3	0.1351	1
吴忠	0.0372	10	0.0664	8	0.0566	9	0.111	5	0.0004	14	0.1224	2	0.1102	6

续表

城市名称	森林覆盖率		空气质量优良天数		河湖水质		单位 GDP 工业二氧化硫排放量		生活垃圾无害化处理率		单位 GDP 综合能耗		一般工业固体废物综合利用率	
	数值	排名	数值	排名	数值	排名	数值	排名	数值	排名	数值	排名	数值	排名
固　原	0.0736	7	0.0325	10	0.1429	3	0.0992	5	0.0004	13	0.1079	4	0.058	8
中　卫	0.0586	9	0.0586	10	0.1286	1	0.0928	6	0.0003	14	0.0969	5	0.0489	11
乌鲁木齐	0.0026	14	0.1243	3	0.0349	10	0.1074	5	0.1209	4	0.1528	1	0.0576	7
克拉玛依	0.0018	13	0.0346	8	0.2014	1	0.1511	3	0.1221	4	0.1858	2	0.1057	5

城市名称	R&D 经费占 GDP 比重		信息化基础设施		人均 GDP		人口密度		生态环保知识、法规普及率，基础设施完好率		公众对城市生态环境满意率		政府投入与建设效果	
	数值	排名	数值	排名	数值	排名	数值	排名	数值	排名	数值	排名	数值	排名
北　京	0.0481	7	0.0287	8	0.0098	9	0.2542	1	0.0032	12	0.1325	3	0.0039	11
天　津	0.1279	3	0.0025	14	0.0152	13	0.0821	4	0.0222	11	0.0537	7	0.0631	6
石家庄	0.1194	3	0.0362	11	0.0556	9	0.001	13	0.0662	8	0.1283	2	0.0774	6
唐　山	0.1326	2	0.0368	11	0.016	13	0.1086	4	0.0418	10	0.0889	6	0.1349	1
秦皇岛	0.0724	7	0.0368	10	0.034	11	0.0288	13	0.059	8	0.1154	3	0.0729	6
邯　郸	0.0607	10	0.0919	3	0.0845	5	0.0408	13	0.0711	8	0.0815	7	0.0511	12
邢　台	0.0267	12	0.0581	10	0.0988	5	0.0318	11	0.0674	9	0.0863	6	0.1101	4
保　定	0.0386	11	0.0469	10	0.1005	4	0.0138	13	0.1338	2	0.098	6	0.0271	12
张家口	0.0215	14	0.0669	10	0.0933	4	0.0745	6	0.0298	13	0.0984	3	0.074	7
承　德	0.0244	14	0.0554	10	0.056	9	0.1311	1	0.0486	12	0.0788	5	0.1088	3
沧　州	0.0616	9	0.0478	10	0.0458	11	0.0368	12	0.0794	7	0.0838	5	0.1168	3
廊　坊	0.0724	8	0.0297	13	0.0369	11	0.0998	4	0.0787	7	0.1058	3	0.0839	6

续表

城市名称	R&D 经费占 GDP 比重		信息化基础设施		人均 GDP		人口密度		生态环保知识、法规普及率，基础设施完好率		公众对城市生态环境满意率		政府投入与建设效果	
	数值	排名	数值	排名	数值	排名	数值	排名	数值	排名	数值	排名	数值	排名
衡　水	0. 036	13	0. 038	11	0. 0732	9	0. 0902	5	0. 088	6	0. 0762	7	0. 1089	2
太　原	0. 1565	2	0. 0227	10	0. 0367	8	0. 0928	6	0. 0103	12	0. 1001	5	0. 0092	13
大　同	0. 0221	14	0. 0985	4	0. 1413	2	0. 0629	7	0. 0232	13	0. 0936	5	0. 0242	12
阳　泉	0. 0731	6	0. 0302	12	0. 0743	5	0. 0627	7	0. 0416	8	0. 0222	13	0. 0371	10
长　治	0. 0351	13	0. 0658	9	0. 0671	8	0. 0418	11	0. 0141	14	0. 0816	5	0. 1302	2
晋　城	0. 0678	8	0. 0314	12	0. 0588	9	0. 0454	11	0. 023	13	0. 1065	3	0. 1685	1
朔　州	0. 1077	3	0. 0926	6	0. 0507	11	0. 0739	9	0. 0219	12	0. 081	8	0. 0085	13
晋　中	0. 0308	11	0. 088	6	0. 0932	5	0. 018	13	0. 0217	12	0. 1001	3	0. 1207	1
运　城	0. 0175	12	0. 0432	11	0. 1067	3	0. 0086	13	0. 0762	8	0. 0781	7	0. 1225	1
忻　州	0. 007	13	0. 087	6	0. 1165	2	0. 0945	4	0. 0261	12	0. 0823	8	0. 0517	11
吕　梁	0. 0088	12	0. 0792	8	0. 1102	3	0. 0016	13	0. 0452	11	0. 093	5	0. 08	7
呼和浩特	0. 1959	1	0. 0716	8	0. 0113	10	0. 0335	9	0. 0014	13	0. 1212	4	0. 0973	6
包　头	0. 1719	1	0. 0493	9	0. 0031	14	0. 0878	5	0. 0192	11	0. 0275	10	0. 1597	2
乌　海	0. 1409	4	0. 0305	9	0. 0142	10	0. 0567	7	0. 0034	14	0. 0045	13	0. 0045	12
赤　峰	0. 0315	13	0. 1048	4	0. 0597	9	0. 1075	2	0. 0588	10	0. 0667	8	0. 0824	6
通　辽	0. 1079	3	0. 1314	1	0. 0363	12	0. 0094	13	0. 0622	8	0. 1027	4	0. 0479	11
鄂尔多斯	0. 1804	1	0. 0811	6	0. 0004	14	0. 0605	8	0. 0027	13	0. 0446	10	0. 1651	2
呼伦贝尔	0. 0673	9	0. 0641	10	0. 0288	11	0. 132	1	0. 0265	12	0. 0908	5	0. 1004	4
巴彦淖尔	0. 0794	7	0. 1042	5	0. 0499	9	0. 0127	13	0. 0208	12	0. 033	11	0. 1179	3

续表

城市名称	R&D 经费占 GDP 比重		信息化基础设施		人均 GDP		人口密度		生态环保知识、法规普及率，基础设施完好率		公众对城市生态环境满意率		政府投入与建设效果	
	数值	排名	数值	排名	数值	排名	数值	排名	数值	排名	数值	排名	数值	排名
乌兰察布	0. 0378	12	0. 1384	2	0. 0605	9	0. 0087	14	0. 042	10	0. 0639	8	0. 0409	11
沈　阳	0. 1439	2	0. 0305	10	0. 0319	9	0. 1567	1	0. 0105	14	0. 0939	5	0. 0218	12
大　连	0. 2551	1	0. 0517	9	0. 0186	12	0. 128	2	0. 0575	8	0. 0602	7	0. 0806	6
鞍　山	0. 1397	2	0. 0368	10	0. 0781	7	0. 0891	6	0. 014	13	0. 0947	5	0. 0486	9
抚　顺	0. 1541	1	0. 0362	9	0. 0795	7	0. 0986	6	0. 0137	13	0. 0224	10	0. 1032	5
本　溪	0. 1118	4	0. 0224	11	0. 0623	8	0. 1812	1	0. 0148	12	0. 0054	14	0. 0701	7
丹　东	0. 0507	10	0. 0458	12	0. 1424	2	0. 0711	5	0. 0155	13	0. 1267	3	0. 0659	6
锦　州	0. 0936	5	0. 0439	12	0. 1011	3	0. 0904	6	0. 0525	10	0. 0888	7	0. 1213	1
营　口	0. 1532	1	0. 039	10	0. 0593	7	0. 1185	3	0. 0182	14	0. 0491	9	0. 0523	8
阜　新	0. 0151	13	0. 0378	9	0. 1677	1	0. 1312	2	0. 0233	12	0. 0543	7	0. 1277	3
辽　阳	0. 0858	7	0. 0291	9	0. 0908	5	0. 1548	2	0. 0137	12	0. 0114	13	0. 1249	3
盘　锦	0. 1836	1	0. 0346	9	0. 0287	10	0. 1612	2	0. 0037	13	0. 0444	8	0. 1435	3
铁　岭	0. 0148	13	0. 0682	11	0. 123	1	0. 0765	9	0. 0375	12	0. 09	4	0. 1071	2
朝　阳	0. 0236	13	0. 0722	8	0. 1185	2	0. 1282	1	0. 0253	11	0. 0936	5	0. 0991	4
葫芦岛	0. 022	14	0. 0481	11	0. 1181	2	0. 1424	1	0. 0337	13	0. 0832	5	0. 073	7
长　春	0. 2236	1	0. 1601	2	0. 028	9	0. 1562	3	0. 0187	12	0. 0215	11	0. 0341	6
吉　林	0. 1115	4	0. 0765	7	0. 04	11	0. 0676	8	0. 0201	13	0. 0472	10	0. 1243	1
四　平	0. 0488	10	0. 1012	3	0. 0814	7	0. 0044	14	0. 0397	11	0. 0873	6	0. 1475	1
辽　源	0. 1596	1	0. 1315	2	0. 04	12	0. 0758	6	0. 0542	9	0. 0801	5	0. 1314	3

续表

城市名称	R&D 经费占 GDP 比重		信息化基础设施		人均 GDP		人口密度		生态环保知识、法规普及率，基础设施完好率		公众对城市生态环境满意率		政府投入与建设效果	
	数值	排名	数值	排名	数值	排名	数值	排名	数值	排名	数值	排名	数值	排名
通化	0.0298	13	0.0985	3	0.0682	10	0.0243	14	0.0338	12	0.0762	6	0.1312	1
白山	0.0653	7	0.0822	4	0.041	12	0.1604	1	0.0386	13	0.0226	14	0.0694	6
松原	0.1303	2	0.1097	3	0.0343	12	0.01	14	0.0392	10	0.1019	4	0.1506	1
白城	0.0355	10	0.1255	2	0.101	5	0.0262	11	0.0074	13	0.1142	3	0.0226	12
哈尔滨	0.1998	1	0.0741	6	0.0435	10	0.0799	5	0.0239	13	0.0684	7	0.0536	9
齐齐哈尔	0.023	13	0.1012	3	0.1333	1	0.0306	11	0.0431	10	0.0932	5	0.0964	4
鸡西	0.0415	8	0.1339	2	0.135	1	0.0512	7	0.0043	14	0.0358	12	0.039	9
鹤岗	0.0218	11	0.1203	4	0.1566	2	0.0194	12	0.0129	13	0.0089	14	0.0954	6
双鸭山	0.0423	10	0.0723	6	0.1417	1	0.0332	11	0.0132	14	0.0187	13	0.0661	7
大庆	0.246	1	0.0623	6	0.0186	11	0.028	10	0.1024	4	0.0153	12	0.1349	3
伊春	0.0917	7	0.1003	5	0.1702	1	0.0254	11	0.0477	8	0.0007	14	0.0271	10
佳木斯	0.1017	4	0.1119	2	0.0988	5	0.0151	13	0.0676	9	0.0959	6	0.117	1
七台河	0.0534	8	0.0927	6	0.1671	1	0.1131	4	0.0365	11	0.0016	14	0.0562	7
牡丹江	0.1686	1	0.1083	4	0.0845	7	0.0526	9	0.0864	6	0.0038	12	0.1422	3
黑河	0.0438	8	0.0071	11	0.1173	5	0.006	12	0.0264	10	0.0912	6	0.1435	3
绥化	0.0306	9	0.1611	2	0.1399	4	0.0282	10	0.0906	6	0.0503	7	0.112	5
上海	0.0811	5	0.0212	11	0.0133	12	0.0694	6	0.0108	13	0.1615	2	0.1896	1
南京	0.2051	2	0.0108	10	0.0066	13	0.2241	1	0.0244	7	0.0229	8	0.0094	11
无锡	0.2253	1	0.0102	12	0.0033	13	0.1459	2	0.0651	6	0.0589	7	0.1318	4

续表

城市名称	R&D 经费占GDP 比重		信息化基础设施		人均 GDP		人口密度		生态环保知识、法规普及率，基础设施完好率		公众对城市生态环境满意率		政府投入与建设效果	
	数值	排名	数值	排名	数值	排名	数值	排名	数值	排名	数值	排名	数值	排名
徐　州	0. 0955	5	0. 0585	9	0. 0339	12	0. 0662	7	0. 1035	3	0. 0415	11	0. 0634	8
常　州	0. 2773	1	0. 0138	12	0. 0088	13	0. 1291	3	0. 0411	8	0. 0697	6	0. 0482	7
苏　州	0. 1989	1	0. 0054	12	0. 0024	13	0. 149	2	0. 0397	10	0. 0647	8	0. 0748	7
南　通	0. 1977	1	0. 0434	10	0. 0242	12	0. 0465	9	0. 1414	3	0. 0972	4	0. 031	11
连云港	0. 0808	6	0. 0652	8	0. 0683	7	0. 19	1	0. 0878	5	0. 0329	12	0. 0062	13
淮　安	0. 146	2	0. 0876	6	0. 0514	10	0. 0091	13	0. 0898	5	0. 0141	12	0. 046	11
盐　城	0. 0622	9	0. 0565	10	0. 0358	13	0. 094	5	0. 104	3	0. 0762	6	0. 1199	1
扬　州	0. 2302	1	0. 0348	9	0. 0175	12	0. 0968	5	0. 1093	4	0. 0518	7	0. 149	2
镇　江	0. 2131	1	0. 0199	11	0. 008	12	0. 1829	2	0. 037	9	0. 0384	8	0. 1459	3
泰　州	0. 1841	1	0. 0391	10	0. 0193	12	0. 1157	2	0. 111	4	0. 0751	8	0. 081	6
宿　迁	0. 0791	7	0. 0793	6	0. 0645	9	0. 1088	3	0. 0819	5	0. 0748	8	0. 0584	10
杭　州	0. 1858	1	0. 0078	13	0. 0085	12	0. 0656	6	0. 0309	8	0. 1726	2	0. 1196	5
宁　波	0. 1613	2	0. 0107	13	0. 0148	12	0. 1178	4	0. 057	8	0. 1897	1	0. 1236	3
温　州	0. 0907	6	0. 0207	11	0. 0636	7	0. 1068	4	0. 2084	1	0. 1514	2	0. 0129	13
嘉　兴	0. 141	3	0. 0125	13	0. 0227	12	0. 038	10	0. 0354	11	0. 151	2	0. 1609	1
湖　州	0. 1215	4	0. 0132	12	0. 0275	11	0. 187	1	0. 0697	7	0. 1272	3	0. 0478	8
绍　兴	0. 1837	1	0. 0199	12	0. 0191	13	0. 0824	6	0. 064	8	0. 1435	2	0. 0963	4
金　华	0. 107	5	0. 0143	13	0. 0358	9	0. 1354	3	0. 032	10	0. 1545	1	0. 1406	2
衢　州	0. 0428	11	0. 0576	7	0. 0461	10	0. 1305	3	0. 1784	1	0. 0744	5	0. 0284	13

续表

城市名称	R&D 经费占GDP 比重		信息化基础设施		人均 GDP		人口密度		生态环保知识、法规普及率，基础设施完好率		公众对城市生态环境满意率		政府投入与建设效果	
	数值	排名	数值	排名	数值	排名	数值	排名	数值	排名	数值	排名	数值	排名
舟　山	0.2125	2	0.0182	11	0.0198	10	0.3438	1	0.012	13	0.0307	8	0.0517	5
台　州	0.1119	4	0.0243	12	0.0394	8	0.1876	1	0.1397	3	0.0968	5	0.1484	2
丽　水	0.0212	12	0.0398	10	0.0515	8	0.1727	1	0.0926	5	0.1362	3	0.0502	9
合　肥	0.114	5	0.0468	7	0.037	9	0.083	6	0.1765	1	0.1434	4	0.0007	13
芜　湖	0.0698	6	0.0693	7	0.0366	10	0.1817	1	0.162	2	0.0306	12	0.0524	9
蚌　埠	0.0531	7	0.1597	1	0.1272	3	0.1161	5	0.1218	4	0.0382	9	0.0265	10
淮　南	0.0455	10	0.1101	3	0.1465	1	0.0987	5	0.0451	11	0.0259	12	0.0179	13
马鞍山	0.1339	2	0.0551	9	0.0371	11	0.0308	12	0.129	3	0.0563	8	0.091	6
淮　北	0.0785	6	0.0682	7	0.105	4	0.0498	9	0.2082	1	0.0201	12	0.0089	13
铜　陵	0.0902	5	0.0888	6	0.0487	9	0.0929	4	0.201	1	0.0449	10	0.0222	13
安　庆	0.0301	12	0.1159	2	0.1121	3	0.0922	5	0.1241	1	0.0836	7	0.0795	8
黄　山	0.0768	5	0.1073	4	0.115	3	0.2811	1	0.0484	8	0.0476	9	0.0189	11
滁　州	0.033	12	0.0912	7	0.0991	3	0.1325	1	0.0954	5	0.041	10	0.0348	11
阜　阳	0.0046	13	0.1159	3	0.1295	2	0.0601	9	0.1428	1	0.0687	7	0.0168	12
宿　州	0.0207	13	0.1217	3	0.1306	2	0.0398	10	0.1031	5	0.0458	9	0.0245	12
六　安	0.0104	13	0.1501	1	0.1495	2	0.0394	9	0.0169	12	0.091	6	0.055	7
亳　州	0.0205	11	0.156	1	0.1532	2	0.0287	9	0.1148	5	0.0534	8	0.0222	10
池　州	0.0581	11	0.086	4	0.0843	5	0.1703	1	0.0444	12	0.0188	13	0.0665	8
宣　城	0.0357	12	0.0777	7	0.0879	6	0.0728	8	0.1076	2	0.0929	4	0.0079	13

续表

城市名称	R&D 经费占 GDP 比重		信息化基础设施		人均 GDP		人口密度		生态环保知识、法规普及率，基础设施完好率		公众对城市生态环境满意率		政府投入与建设效果	
	数值	排名	数值	排名	数值	排名	数值	排名	数值	排名	数值	排名	数值	排名
福　州	0. 1932	1	0. 0293	11	0. 0298	10	0. 1358	4	0. 0739	6	0. 1494	2	0. 0228	12
厦　门	0. 137	4	0. 0061	13	0. 0262	8	0. 1079	6	0. 0078	10	0. 1976	1	0. 0017	14
莆　田	0. 0973	3	0. 0038	14	0. 0382	9	0. 0763	6	0. 1931	1	0. 036	10	0. 1687	2
三　明	0. 078	6	0. 0333	11	0. 0204	13	0. 1487	1	0. 0613	10	0. 078	7	0. 1269	2
泉　州	0. 1388	3	0. 0187	13	0. 019	12	0. 0696	6	0. 1656	1	0. 1065	4	0. 1562	2
漳　州	0. 1409	2	0. 0394	9	0. 0367	10	0. 0021	14	0. 1198	4	0. 101	5	0. 1652	1
南　平	0. 068	8	0. 0463	10	0. 042	13	0. 1089	2	0. 0896	6	0. 1072	3	0. 0433	11
龙　岩	0. 0891	5	0. 0401	12	0. 0272	13	0. 1103	3	0. 1359	1	0. 1322	2	0. 0439	10
宁　德	0. 0663	7	0. 0405	11	0. 0373	12	0. 0674	6	0. 1292	3	0. 0833	4	0. 056	10
南　昌	0. 2593	1	0. 0555	8	0. 0353	11	0. 061	6	0. 0315	12	0. 1255	3	0. 0636	4
景德镇	0. 0986	4	0. 0574	8	0. 0794	5	0. 1221	3	0. 0789	6	0. 0147	13	0. 207	1
萍　乡	0. 0789	8	0. 0839	6	0. 0603	10	0. 0024	13	0. 1341	1	0. 0942	4	0. 0274	11
九　江	0. 0436	12	0. 0779	7	0. 0803	6	0. 0168	13	0. 1086	2	0. 0686	10	0. 0961	3
新　余	0. 1745	2	0. 0472	6	0. 0192	11	0. 1263	5	0. 1937	1	0. 0232	10	0. 0379	8
鹰　潭	0. 1001	4	0. 0253	12	0. 0443	10	0. 0608	8	0. 1273	2	0. 104	3	0. 1879	1
赣　州	0. 0079	13	0. 0876	7	0. 1502	1	0. 0183	11	0. 1066	4	0. 095	5	0. 0821	9
吉　安	0. 0127	12	0. 1138	4	0. 1208	3	0. 105	5	0. 0816	8	0. 0937	6	0. 0442	9
宜　春	0. 0174	12	0. 1151	3	0. 0969	7	0. 0173	13	0. 0997	5	0. 1008	4	0. 0338	11
抚　州	0. 0209	11	0. 1093	3	0. 1185	2	0. 0266	10	0. 0902	6	0. 0697	9	0. 1666	1

续表

城市名称	R&D 经费占 GDP 比重		信息化基础设施		人均 GDP		人口密度		生态环保知识、法规普及率，基础设施完好率		公众对城市生态环境满意率		政府投入与建设效果	
	数值	排名	数值	排名	数值	排名	数值	排名	数值	排名	数值	排名	数值	排名
上　饶	0.0137	11	0.1146	6	0.1178	5	0.0292	9	0.1487	2	0.0686	7	0.0036	13
济　南	0.2225	2	0.0184	11	0.0221	10	0.1451	3	0.0718	5	0.0378	7	0.0229	9
青　岛	0.1688	3	0.0255	10	0.0145	11	0.1769	2	0.0525	8	0.0915	4	0.2106	1
淄　博	0.1499	2	0.0322	9	0.0154	12	0.0809	6	0.0422	8	0.0701	7	0.1243	4
枣　庄	0.1408	2	0.057	8	0.0497	9	0.0644	7	0.0901	5	0.0486	10	0.0881	6
东　营	0.1998	2	0.0322	10	0.0013	13	0.2136	1	0.0505	7	0.0815	5	0.0429	9
烟　台	0.1737	1	0.0343	12	0.0141	13	0.1289	2	0.071	6	0.1144	4	0.1283	3
潍　坊	0.0574	9	0.0384	10	0.0372	11	0.1543	1	0.0197	13	0.1006	4	0.1052	3
济　宁	0.0742	6	0.0584	11	0.0462	12	0.1046	4	0.1054	3	0.0763	5	0.1218	1
泰　安	0.1424	2	0.0461	10	0.0372	12	0.1136	4	0.1292	3	0.0508	8	0.0505	9
威　海	0.1943	2	0.0315	10	0.014	13	0.2446	1	0.0171	12	0.0887	4	0.0558	8
日　照	0.1075	3	0.0462	11	0.034	13	0.1014	5	0.1301	1	0.0741	7	0.0587	8
莱　芜	0.0754	7	0.0263	10	0.0518	8	0.1623	2	0.1666	1	0.0074	12	0.0829	6
临　沂	0.0619	10	0.0727	8	0.0831	7	0.129	1	0.0606	11	0.096	5	0.0147	12
德　州	0.1038	3	0.0473	11	0.0449	12	0.1122	2	0.0745	6	0.0769	5	0.0988	4
聊　城	0.0924	3	0.054	12	0.0449	13	0.072	8	0.1061	2	0.0795	4	0.0787	6
滨　州	0.0853	8	0.0215	13	0.0255	12	0.129	1	0.125	2	0.0678	9	0.0931	5
菏　泽	0.0366	12	0.0998	4	0.0894	5	0.083	7	0.0856	6	0.0719	9	0.051	11
郑　州	0.1628	2	0.023	11	0.0181	13	0.1092	5	0.0409	7	0.1295	3	0.1277	4

续表

城市名称	R&D 经费占GDP 比重		信息化基础设施		人均 GDP		人口密度		生态环保知识、法规普及率，基础设施完好率		公众对城市生态环境满意率		政府投入与建设效果	
	数值	排名	数值	排名	数值	排名	数值	排名	数值	排名	数值	排名	数值	排名
开封	0.0875	6	0.1618	1	0.0873	7	0.0013	13	0.1361	2	0.0891	5	0.078	8
洛阳	0.0886	4	0.0444	12	0.0351	13	0.0205	14	0.081	6	0.0854	5	0.1275	2
平顶山	0.0756	7	0.1298	1	0.0744	8	0.0316	12	0.0458	11	0.0942	5	0.1145	2
安阳	0.0577	11	0.0655	9	0.0643	10	0.0121	13	0.1195	2	0.0891	6	0.1083	3
鹤壁	0.141	2	0.0539	8	0.0716	6	0.0489	10	0.0359	12	0.0884	5	0.0484	11
新乡	0.0637	9	0.0524	10	0.0738	8	0.0032	13	0.1007	3	0.1006	4	0.132	2
焦作	0.1466	1	0.0144	13	0.0344	12	0.0039	14	0.066	8	0.0848	5	0.1189	3
濮阳	0.0707	8	0.0235	12	0.0733	7	0.0341	11	0.1296	2	0.1079	4	0.049	10
许昌	0.1186	1	0.079	8	0.044	11	0.005	13	0.0991	6	0.1082	5	0.1111	3
漯河	0.1071	4	0.1547	2	0.0712	8	0.0031	12	0.0966	5	0.0762	7	0.1641	1
三门峡	0.0762	7	0.0037	14	0.0338	12	0.0189	13	0.1054	3	0.0795	6	0.0725	10
南阳	0.0417	12	0.1163	3	0.0947	5	0.0572	9	0.0719	8	0.0526	10	0.0479	11
商丘	0.0397	11	0.0871	7	0.094	6	0.0365	12	0.1044	3	0.0829	8	0.0945	5
信阳	0.022	12	0.0798	7	0.0871	5	0.0702	9	0.0945	4	0.0818	6	0.1257	2
周口	0.0242	10	0.1164	4	0.1009	6	0.0224	11	0.1296	1	0.0828	8	0.107	5
驻马店	0.0247	12	0.1029	5	0.0901	6	0.0495	10	0.1106	3	0.079	8	0.1043	4
武汉	0.232	1	0.0112	13	0.017	12	0.0244	8	0.0242	9	0.0778	5	0.0216	10
黄石	0.101	5	0.1022	4	0.0609	8	0.045	10	0.1598	1	0.011	13	0.0138	12
十堰	0.0586	10	0.0741	6	0.0853	4	0.169	1	0.0844	5	0.0312	12	0.0259	13
宜昌	0.1513	2	0.0247	11	0.0172	13	0.1438	3	0.0402	8	0.0374	9	0.0232	12

续表

城市名称	R&D 经费占GDP 比重		信息化基础设施		人均 GDP		人口密度		生态环保知识、法规普及率，基础设施完好率		公众对城市生态环境满意率		政府投入与建设效果	
	数值	排名	数值	排名	数值	排名	数值	排名	数值	排名	数值	排名	数值	排名
襄阳	0. 1284	3	0. 079	5	0. 0352	12	0. 0589	9	0. 0388	11	0. 0783	6	0. 0277	13
鄂州	0. 1531	1	0. 0587	7	0. 0271	11	0. 152	2	0. 0351	9	0. 0057	13	0. 0341	10
荆门	0. 1213	1	0. 0844	6	0. 0488	11	0. 0922	5	0. 0655	8	0. 0567	10	0. 0438	13
孝感	0. 0358	11	0. 1149	2	0. 1041	6	0. 0099	12	0. 0765	7	0. 0403	10	0. 0051	13
荆州	0. 036	11	0. 0497	9	0. 102	4	0. 047	10	0. 0923	6	0. 0314	13	0. 1094	3
黄冈	0. 0108	13	0. 0881	6	0. 093	4	0. 0094	14	0. 091	5	0. 0646	9	0. 1099	3
咸宁	0. 0465	12	0. 0639	9	0. 0625	10	0. 067	8	0. 1054	2	0. 1034	3	0. 1422	1
随州	0. 089	5	0. 088	6	0. 0783	10	0. 1082	1	0. 064	11	0. 0813	8	0. 0927	3
长沙	0. 2423	1	0. 0316	10	0. 0074	12	0. 0848	5	0. 1084	4	0. 1417	2	0. 0751	6
株洲	0. 1263	3	0. 0623	7	0. 0358	12	0. 1479	2	0. 1026	4	0. 0517	9	0. 1637	1
湘潭	0. 1967	1	0. 0799	6	0. 0343	10	0. 0157	12	0. 067	9	0. 1171	3	0. 0823	5
衡阳	0. 0724	7	0. 1143	1	0. 0718	8	0. 0408	13	0. 0995	4	0. 0981	5	0. 1034	3
邵阳	0. 0153	14	0. 1263	1	0. 1153	4	0. 0318	12	0. 1233	2	0. 0811	6	0. 0261	13
岳阳	0. 1557	1	0. 099	3	0. 0468	11	0. 0176	13	0. 0659	8	0. 1077	2	0. 0795	7
常德	0. 122	3	0. 0872	6	0. 0509	9	0. 0068	13	0. 1225	2	0. 1055	4	0. 1732	1
张家界	0. 0326	11	0. 0769	8	0. 11	2	0. 0317	12	0. 0844	6	0. 1021	4	0. 1763	1
益阳	0. 0493	11	0. 1114	2	0. 0823	7	0. 0088	13	0. 1055	3	0. 0933	5	0. 1514	1
郴州	0. 051	10	0. 0875	4	0. 0492	11	0. 1259	2	0. 0813	7	0. 0869	5	0. 144	1
永州	0. 0255	11	0. 1426	2	0. 1168	4	0. 0015	13	0. 133	3	0. 1064	5	0. 0194	12
怀化	0. 0201	13	0. 1023	3	0. 0977	5	0. 0411	11	0. 0785	8	0. 0885	6	0. 1416	1

续表

城市名称	R&D 经费占 GDP 比重		信息化基础设施		人均 GDP		人口密度		生态环保知识、法规普及率，基础设施完好率		公众对城市生态环境满意率		政府投入与建设效果	
	数值	排名	数值	排名	数值	排名	数值	排名	数值	排名	数值	排名	数值	排名
娄　底	0. 0525	10	0. 1	3	0. 075	9	0. 0301	12	0. 0871	7	0. 0932	6	0. 1136	2
广　州	0. 289	1	0. 0117	11	0. 0041	14	0. 0324	9	0. 0124	10	0. 0399	7	0. 0576	5
韶　关	0. 0411	11	0. 0077	13	0. 0831	6	0. 2227	1	0. 0703	7	0. 0454	9	0. 1074	3
深　圳	0. 0762	5	0. 0008	13	0. 0015	11	0. 0162	9	0. 0444	6	0. 1077	4	0. 1821	3
珠　海	0. 1259	3	0. 0073	11	0. 0109	10	0. 2477	2	0. 0048	13	0. 021	8	0. 0061	12
汕　头	0. 0711	5	0. 0887	4	0. 1363	3	0. 0353	10	0. 2175	1	0. 0576	7	0. 0156	13
佛　山	0. 2664	1	0. 0079	13	0. 011	12	0. 1002	3	0. 0425	8	0. 1777	2	0. 04	9
江　门	0. 1409	1	0. 0237	11	0. 0847	5	0. 1382	2	0. 1364	3	0. 083	6	0. 0216	12
湛　江	0. 0459	10	0. 1526	1	0. 1031	3	0. 0375	11	0. 083	8	0. 0857	7	0. 0928	5
茂　名	0. 04	9	0. 1195	3	0. 063	8	0. 0165	12	0. 1365	2	0. 0875	6	0. 1602	1
肇　庆	0. 098	4	0. 0659	7	0. 0553	9	0. 1475	1	0. 1126	3	0. 0492	10	0. 0656	8
惠　州	0. 0989	4	0. 0222	12	0. 0437	9	0. 2245	1	0. 0856	5	0. 1507	2	0. 0529	7
梅　州	0. 0045	13	0. 1121	5	0. 139	2	0. 1406	1	0. 0807	8	0. 0747	9	0. 0057	12
汕　尾	0. 0127	12	0. 1165	4	0. 1043	5	0. 144	1	0. 1322	3	0. 0536	9	0. 0854	7
河　源	0. 007	13	0. 1036	5	0. 1063	4	0. 1484	1	0. 1243	3	0. 0888	6	0. 036	11
阳　江	0. 1129	2	0. 0839	5	0. 0598	9	0. 1646	1	0. 0958	3	0. 0492	12	0. 0855	4
清　远	0. 0149	14	0. 099	5	0. 0842	7	0. 0688	9	0. 114	1	0. 091	6	0. 0319	11
东　莞	0. 1894	2	0. 0031	12	0. 0261	10	0. 1115	3	0. 0781	6	0. 0429	8	0. 0057	11
中　山	0. 1763	3	0. 003	12	0. 0197	10	0. 1071	5	0. 116	4	0. 2166	1	0. 1839	2
潮　州	0. 0496	9	0. 0564	8	0. 0941	5	0. 0347	12	0. 1251	3	0. 0471	10	0. 16	1

续表

城市名称	R&D 经费占 GDP 比重		信息化基础设施		人均 GDP		人口密度		生态环保知识、法规普及率，基础设施完好率		公众对城市生态环境满意率		政府投入与建设效果	
	数值	排名	数值	排名	数值	排名	数值	排名	数值	排名	数值	排名	数值	排名
揭　阳	0. 0441	10	0. 1292	2	0. 0822	6	0. 0181	13	0. 137	1	0. 0615	9	0. 0988	5
云　浮	0. 0204	11	0. 0152	13	0. 0894	4	0. 0863	6	0. 1294	1	0. 087	5	0. 1117	3
南　宁	0. 1733	1	0. 0522	9	0. 084	5	0. 0668	6	0. 0493	10	0. 1281	3	0. 0027	14
柳　州	0. 1672	2	0. 0628	7	0. 0595	8	0. 0745	5	0. 0238	11	0. 1008	4	0. 0086	13
桂　林	0. 0605	8	0. 0987	4	0. 0901	5	0. 1576	1	0. 0582	9	0. 1011	3	0. 0128	13
梧　州	0. 0453	9	0. 1414	2	0. 0855	6	0. 1586	1	0. 1319	3	0. 0174	11	0. 0144	12
北　海	0. 1162	2	0. 0661	5	0. 049	9	0. 2635	1	0. 054	7	0. 0458	10	0. 0659	6
防城港	0. 1645	2	0. 0823	6	0. 0293	9	0. 2205	1	0. 034	8	0. 0267	10	0. 0341	7
钦　州	0. 0306	10	0. 1305	3	0. 0841	6	0. 1403	2	0. 126	4	0. 0965	5	0. 1426	1
贵　港	0. 0097	13	0. 1282	3	0. 1243	4	0. 1085	5	0. 1406	1	0. 06	8	0. 0273	10
玉　林	0. 0167	12	0. 1402	2	0. 1249	4	0. 0759	7	0. 1165	5	0. 0767	6	0. 0453	9
百　色	0. 0081	13	0. 1019	3	0. 0808	7	0. 1305	1	0. 0624	11	0. 074	8	0. 0706	9
贺　州	0. 009	13	0. 1294	2	0. 1301	1	0. 0476	9	0. 1285	3	0. 1029	7	0. 0117	11
河　池	0. 0023	13	0. 1221	4	0. 1386	2	0. 0562	9	0. 1093	5	0. 0936	6	0. 015	11
来　宾	0. 0116	13	0. 1205	2	0. 1083	3	0. 0393	11	0. 1259	1	0. 0665	8	0. 0642	10
崇　左	0. 0213	13	0. 109	3	0. 0655	8	0. 0314	11	0. 101	5	0. 0551	10	0. 0578	9
海　口	0. 2226	1	0. 0313	8	0. 0895	6	0. 1327	3	0. 0091	11	0. 1271	4	0. 1486	2
三　亚	0. 0813	6	0. 0333	7	0. 1179	4	0. 1968	3	0. 0014	12	0. 22	1	0. 0919	5
重　庆	0. 0739	7	0. 0422	12	0. 0527	10	0. 1364	1	0. 0739	8	0. 0955	3	0. 021	14
成　都	0. 2367	1	0. 0189	9	0. 0357	7	0. 0119	13	0. 0309	8	0. 1803	3	0. 014	11

续表

城市名称	R&D 经费占GDP 比重		信息化基础设施		人均 GDP		人口密度		生态环保知识、法规普及率，基础设施完好率		公众对城市生态环境满意率		政府投入与建设效果	
	数值	排名	数值	排名	数值	排名	数值	排名	数值	排名	数值	排名	数值	排名
自贡	0. 1109	5	0. 0676	6	0. 0641	7	0. 1275	3	0. 1311	2	0. 0019	13	0. 1396	1
攀枝花	0. 133	4	0. 0331	9	0. 0196	11	0. 1252	5	0. 0414	7	0. 0071	12	0. 1428	2
泸州	0. 0292	12	0. 0854	7	0. 1097	3	0. 053	9	0. 1448	1	0. 0312	11	0. 0385	10
德阳	0. 123	1	0. 0365	14	0. 0465	12	0. 0379	13	0. 0628	9	0. 0911	3	0. 1	2
绵阳	0. 0848	4	0. 0455	13	0. 1006	2	0. 0737	9	0. 0865	3	0. 0824	6	0. 1084	1
广元	0. 0146	14	0. 1046	2	0. 1571	1	0. 0921	6	0. 0452	11	0. 0493	10	0. 0183	13
遂宁	0. 0632	8	0. 1293	2	0. 1278	3	0. 0979	5	0. 1672	1	0. 014	12	0. 0364	10
内江	0. 0667	10	0. 0696	8	0. 0742	7	0. 0628	12	0. 1329	1	0. 0679	9	0. 0907	2
乐山	0. 0799	6	0. 0724	9	0. 0564	11	0. 0756	7	0. 0398	14	0. 0425	13	0. 0953	1
南充	0. 0286	12	0. 1045	2	0. 132	1	0. 0557	11	0. 0761	7	0. 0805	6	0. 0645	9
眉山	0. 0585	11	0. 0427	12	0. 0812	7	0. 0961	3	0. 0773	8	0. 0667	10	0. 0755	9
宜宾	0. 0385	11	0. 0888	4	0. 0859	5	0. 0207	13	0. 1557	1	0. 0831	7	0. 0476	10
广安	0. 0171	13	0. 0967	5	0. 0801	6	0. 0627	8	0. 1097	4	0. 046	11	0. 1179	3
达州	0. 0112	14	0. 095	2	0. 0916	4	0. 0276	13	0. 0806	6	0. 0774	7	0. 1081	1
雅安	0. 0632	10	0. 0381	13	0. 089	5	0. 1343	1	0. 0681	9	0. 0767	6	0. 0149	14
巴中	0. 0026	14	0. 1073	4	0. 1445	1	0. 0515	11	0. 1093	3	0. 0752	6	0. 0615	8
资阳	0. 0687	8	0. 1302	2	0. 0748	6	0. 1008	5	0. 1081	4	0. 0502	10	0. 0727	7
贵阳	0. 0544	8	0. 0245	11	0. 0279	10	0. 0954	5	0. 0354	9	0. 1028	3	0. 1991	1
六盘水	0. 0198	14	0. 1071	2	0. 0438	12	0. 0893	3	0. 0634	11	0. 0789	6	0. 1228	1
遵义	0. 0142	14	0. 1137	1	0. 0595	12	0. 0793	6	0. 0723	8	0. 0744	7	0. 1049	2

续表

城市名称	R&D 经费占 GDP 比重		信息化基础设施		人均 GDP		人口密度		生态环保知识、法规普及率，基础设施完好率		公众对城市生态环境满意率		政府投入与建设效果	
	数值	排名	数值	排名	数值	排名	数值	排名	数值	排名	数值	排名	数值	排名
安　顺	0. 0078	13	0. 1377	1	0. 1024	3	0. 0443	11	0. 0663	10	0. 0927	5	0. 1116	2
昆　明	0. 1172	4	0. 0233	10	0. 0367	9	0. 1053	7	0. 0372	8	0. 1322	2	0. 0113	13
曲　靖	0. 0135	13	0. 0761	8	0. 0959	4	0. 03	12	0. 1103	3	0. 0902	5	0. 0549	11
玉　溪	0. 0712	8	0. 0284	11	0. 0495	9	0. 0299	10	0. 0807	7	0. 1279	3	0. 0127	12
保　山	0. 0066	14	0. 1061	4	0. 117	1	0. 0109	13	0. 0599	10	0. 0871	5	0. 0782	8
昭　通	0. 001	14	0. 1182	1	0. 1139	3	0. 0049	13	0. 0919	6	0. 0697	7	0. 0539	11
丽　江	0. 0042	13	0. 1112	3	0. 1529	1	0. 0206	11	0. 0067	12	0. 1183	2	0. 0435	10
临　沧	0. 0041	14	0. 0726	9	0. 1153	3	0. 0042	13	0. 1066	4	0. 0799	7	0. 0951	5
拉　萨	0. 0047	14	0. 0998	6	0. 0387	10	0. 1008	5	0. 0662	8	0. 0148	11	0. 1014	4
西　安	0. 2064	2	0. 0199	11	0. 0385	7	0. 0593	6	0. 034	9	0. 13	3	0. 0019	14
铜　川	0. 012	14	0. 0854	6	0. 1057	5	0. 0333	9	0. 0726	7	0. 0295	10	0. 0165	13
宝　鸡	0. 0775	7	0. 0989	3	0. 0599	10	0. 0005	14	0. 0486	12	0. 0724	8	0. 024	13
咸　阳	0. 0807	6	0. 0725	8	0. 0537	9	0. 0932	3	0. 035	13	0. 086	5	0. 0175	14
渭　南	0. 019	13	0. 0795	8	0. 0993	3	0. 0768	10	0. 026	12	0. 0874	6	0. 0301	11
延　安	0. 0226	13	0. 0909	5	0. 0589	9	0. 0166	14	0. 0355	12	0. 1152	2	0. 0978	4
汉　中	0. 0174	14	0. 0978	3	0. 0846	6	0. 0177	13	0. 0462	11	0. 0846	5	0. 024	12
榆　林	0. 0544	10	0. 0793	7	0. 0166	13	0. 0407	12	0. 0155	14	0. 0999	3	0. 0697	8
安　康	0. 0057	14	0. 0999	4	0. 0961	5	0. 0825	7	0. 1401	1	0. 0624	9	0. 0064	13
商　洛	0. 0123	13	0. 1182	3	0. 1008	4	0. 0082	14	0. 0793	6	0. 0577	8	0. 0482	10
兰　州	0. 0791	5	0. 0289	11	0. 0474	8	0. 0377	9	0. 0098	14	0. 0502	7	0. 0758	6

续表

城市名称	R&D 经费占 GDP 比重		信息化基础设施		人均 GDP		人口密度		生态环保知识、法规普及率，基础设施完好率		公众对城市生态环境满意率		政府投入与建设效果	
	数值	排名	数值	排名	数值	排名	数值	排名	数值	排名	数值	排名	数值	排名
嘉峪关	0.1554	1	0.0197	10	0.0455	9	0.1518	2	0.0011	13	0.0068	11	0.0577	7
金昌	0.0715	5	0.0438	8	0.0931	4	0.051	7	0.0111	12	0.0404	10	0.0432	9
白银	0.0063	14	0.109	4	0.1278	1	0.0192	13	0.047	11	0.0611	8	0.122	2
天水	0.0021	13	0.044	11	0.1482	1	0.0608	8	0.1326	2	0.0806	5	0.0578	9
武威	0.0038	14	0.0899	6	0.1224	2	0.0496	10	0.0201	13	0.0864	7	0.0986	3
张掖	0.0139	13	0.0578	9	0.1125	3	0.1623	1	0.0162	12	0.1093	4	0.0603	8
平凉	0.0016	13	0.1053	4	0.1352	1	0.1145	3	0.0685	9	0.0795	8	0.0431	10
酒泉	0.0427	10	0.0406	11	0.0507	9	0.1219	2	0.0083	13	0.071	7	0.17	1
庆阳	0.004	13	0.1271	2	0.1024	5	0.0268	12	0.0855	7	0.0878	6	0.1195	4
定西	0.0006	13	0.1101	4	0.1504	1	0.0032	12	0.0776	6	0.0907	5	0.0604	9
陇南	0.0007	14	0.113	3	0.112	4	0.0157	13	0.0395	11	0.0706	8	0.0771	7
西宁	0.0682	6	0.0501	10	0.0615	7	0.0586	8	0.0532	9	0.1261	3	0.0036	14
银川	0.1441	2	0.0192	11	0.0231	10	0.1861	1	0.0108	12	0.108	4	0.0393	9
石嘴山	0.133	2	0.054	8	0.0327	10	0.0326	11	0.0054	13	0.0043	14	0.122	5
吴忠	0.0121	13	0.129	1	0.1114	4	0.0357	11	0.0287	12	0.1117	3	0.0673	7
固原	0.0004	13	0.1585	1	0.1538	2	0.0143	12	0.0496	9	0.0913	6	0.0176	11
中卫	0.0066	13	0.1257	3	0.1042	4	0.0591	8	0.0198	12	0.0734	7	0.1265	2
乌鲁木齐	0.0928	6	0.0146	13	0.0325	12	0.1296	2	0.0485	8	0.0478	9	0.0337	11
克拉玛依	0.0819	6	0.0012	14	0.0043	12	0.0133	11	0.015	10	0.0203	9	0.0616	7

注：建设综合度数值越大表明下一年度建设投入力度应该大，建设综合度排名靠前的表明下一年度建设投入力度应该大。

分类评价报告

Categorized Evaluation Reports

G.3
环境友好型城市建设评价报告

常国华*　岳 斌　胡鹏飞

摘　要： 本报告根据环境友好型城市评价指标体系，对2016年全国地级及以上城市环境友好建设的状况进行了评价与分析，列出了2016年前100名城市的排名。对2017年被欧盟评为“欧洲绿色之都”的德国埃森市在公共交通、污水处理、垃圾处理和可再生能源与能效方面所取得的杰出成就进行了介绍。最后，提出在加快新型城镇化建设的大背景下，应以城市“五线谱”为基础，进行生态规划，大力发展低碳环保的城市交通系统，合理增加城市绿化，保护城市水生态系统，倡导城市环保文化建设，利用PPP模式和“3R”原则发展城市基础设施建设和管理，谋求城市空间利益的正当分配，引领环境友好型城市建设。加快“大数据”“人工智能”等信息化

* 常国华，女，兰州城市学院地理与环境工程学院副院长，副教授，中科院生态环境研究中心，博士。主要从事环境科学教学与研究工作。

技术在城市建设中的深度应用，打开智慧城市建设新局面，提升城市竞争力；因地制宜，因时制宜，发挥城市特色，鼓励全民参与城市建设，建设智能便捷的现代化生态宜居城市。

关键词： 环境友好型城市　新型城镇化　生态智慧城市

目前，随着我国新型城镇化建设高速推进，能源、居住、就业、环境及交通等方方面面的问题层出不穷，人民对美好生活的向往与各地区不平衡不充分的发展之间产生了新的矛盾。物质生活水平有了极大的提高，民众对生活环境提出了更高的要求，保护环境的意识也不断增强，而生态城市是一种将社会、经济和自然环境有机整合的新型城市建设理念，旨在为民众建造一种高效、和谐、健康、可持续的聚居环境，因此，各个城市在坚持创新、绿色、协调、开放、共享发展理念的基础上，积极探索着适合本市的生态建设发展之路。环境友好型城市作为生态城市的一种高效发展模式，不仅是建设美丽中国、实现中华民族永续发展的迫切需要，也是关系我国城市建设和发展全局的战略选择。① 建设环境友好型城市旨在以较少的资源消耗创造更多价值，强调在城市经济系统和生态环境系统之间建立一种平衡关系，将人类的生产、生活和消费强度控制在生态环境的承载力范围之内，促进城市建设向绿色、低碳、清洁化方向发展，最终形成自然、社会和经济系统和谐共生的现代化城市建设新局面。② 鉴于此，本报告不仅对我国284个地级及以上城市的环境友好建设状况进行评价和分析，有利于整体把握当前城市环境友好建设的情况，同时，继续介绍国外城市生态建设方面的优秀经验，提出适合我国国情的城市发展对策和建议，以期为我国生态城市建设提供有力支持。

---

① 杨晖、程保玲、丁丽霞：《关于新乡市建设资源节约型环境友好型城市的思考》，《中国环境管理干部学院学报》2013年第1期。

② 张保生、黄哲、李俊飞：《环境友好型城市指标体系的研究》，《环境与发展》2011年第z1期。

一　环境友好型城市建设评价报告

（一）环境友好型城市建设评价指标体系

环境友好型城市属于生态城市的一种发展类型，既具有生态城市的共性，又有其特殊性。因此，运用共性与个性并存的评价指标体系分析我国环境友好型城市建设状况，对科学评价我国生态城市建设具有重要意义。

1. 评价指标体系的设计

本报告基于生态城市建设的基本要求和环境友好城市的内涵，构建了比较全面的评价指标体系（表 1）。该体系选取生态环境、生态经济和生态社会 3 个二级指标（分为 14 个三级指标）作为核心指标和 5 个四级指标作为特色指标对城市进行评价，其中核心指标是本报告中五种类型生态城市都要共同考核的基本因子，其结果用生态城市健康指数（ECHI）表示（本书 G. 2），用于评价城市在生态基本建设方面所做的努力。特色指标主要用于评价城市在环境友好方面取得的特色成效，以期在城市普遍性与特殊性相结合的评价原则基础上对不同城市进行分类指导、分类评价。2018 年评价所采用的指标与上年《中国生态城市建设发展报告（2017）》完全相同（表 1）。

2. 指标说明、数据来源及处理方法

环境友好型城市特色指标的意义及数据来源如下。

单位 GDP 工业二氧化硫排放量（千克/万元）：指某市工业企业在厂区内的生产工艺过程和燃料燃烧过程中排入大气的二氧化硫总量与其全年地区生产总值的比值。其计算公式为：

单位 GDP 工业二氧化硫排放量（千克/万元）= 全年工业二氧化硫排放总量（千克）/全年城市国内生产总值（万元）

数据来源：环保部门、环境公报、中国城市统计年鉴。

民用汽车百人拥有量（辆/百人）：指本年内以城市年底总人口计，每百人拥有的民用车辆数量。

随着新型城镇化的快速发展，我国民用汽车保有量到 2017 年底达到

表 1　环境友好型城市评价指标

<table>
<tr><th rowspan="2">一级指标</th><th colspan="3">核心指标</th><th colspan="2">特色指标</th></tr>
<tr><th>二级指标</th><th>序号</th><th>三级指标</th><th>序号</th><th>四级指标</th></tr>
<tr><td rowspan="14">环境友好型城市综合指数</td><td rowspan="5">生态环境</td><td>1</td><td>森林覆盖率[建成区人均绿地面积(平方米/人)]</td><td rowspan="3">15</td><td rowspan="3">单位 GDP 工业二氧化硫排放量(千克/万元)</td></tr>
<tr><td>2</td><td>空气质量优良天数(天)</td></tr>
<tr><td>3</td><td>河湖水质[人均用水量(吨/人)]</td></tr>
<tr><td>4</td><td>单位 GDP 工业二氧化硫排放量(千克/万元)</td><td rowspan="3">16</td><td rowspan="3">民用汽车百人拥有量(辆/百人)</td></tr>
<tr><td>5</td><td>生活垃圾无害化处理率(%)</td></tr>
<tr><td rowspan="5">生态经济</td><td>6</td><td>单位 GDP 综合能耗(吨标准煤/万元)</td></tr>
<tr><td>7</td><td>一般工业固体废物综合利用率(%)</td><td rowspan="3">17</td><td rowspan="3">单位 GDP 氨氮排放量(千克/万元)[单位耕地面积化肥使用量(折纯量)(吨/公顷)]</td></tr>
<tr><td>8</td><td>R&D 经费占 GDP 比重[科学技术支出和教育支出的经费总和占 GDP 比重(%)]</td></tr>
<tr><td>9</td><td>信息化基础设施[互联网宽带接入用户数(万户)/城市年末总人口(万人)]</td></tr>
<tr><td>10</td><td>人均 GDP(元/人)</td><td rowspan="3">18</td><td rowspan="3">主要清洁能源使用率(%)</td></tr>
<tr><td rowspan="4">生态社会</td><td>11</td><td>人口密度(人口数/平方千米)</td></tr>
<tr><td>12</td><td>生态环保知识、法规普及率,基础设施完好率[水利、环境和公共设施管理业全市从业人员数(万人)/城市年末总人口(万人)]</td></tr>
<tr><td>13</td><td>公众对城市生态环境满意率[民用车辆数(辆)/城市道路长度(千米)]</td><td rowspan="2">19</td><td rowspan="2">第三产业占 GDP 比重(%)</td></tr>
<tr><td>14</td><td>政府投入与建设效果[城市维护建设资金支出(万元)/城市 GDP(万元)]</td></tr>
</table>

注：造成重大生态污染事件的城市在当年评价结果中按5% ~7% 的比例扣分。

21743 万辆，比上年末增长 11.8%，[①] 呈较快的增长态势。民用汽车量的快速增加一方面体现了我国经济格局更加开放和活跃程度增强，中国桥、中国路建设卓有成效以及国民收入不断提高，另一方面却带来了交通拥堵、大气污染、

① 《中华人民共和国 2017 年国民经济和社会发展统计公报》，国家统计局，2018 年 2 月 28 日，http：//www.stats.gov.cn/tjsj/zxfb/201802/t20180228_ 1585631.html。

能源浪费等城市病。在城市交通领域，私人小汽车比公共汽车在能源消耗、环境污染等方面的影响更为深重。面对建设生态城市的艰巨任务，优先发展公共交通，建设智能环保的公共交通系统是生态城市发展的必由之路。

数据来源：中国各省区市统计年鉴及各市统计年鉴。

单位耕地面积化肥使用量（折纯量）（吨/公顷）：指本年内区域单位耕地上用于农业的化肥使用量，其中化肥使用量要求按折纯量计算。其计算公式为：

单位耕地面积化肥使用量 = 化肥使用量（吨）/常用耕地面积（公顷）

近年来，我国农业生产中化肥的大量使用带来了粮食产量的持续增加，同时也造成土壤肥力下降、重金属污染、水体酸化、农产品质量不合格等诸多问题。[①②] 目前，为实现到 2020 年化肥使用量零增长的目标，我国相关企业大力倡导使用有机肥、微量元素肥，通过推动农田轮作、休耕等措施来保护耕地质量，缓解土地压力，促进农业可持续发展。因此，将单位耕地面积化肥使用量列为评价环境友好型城市的特色指标之一将有利于推进农业的可持续发展，对我国生态城市持续发展意义重大。

数据来源：中国各省区市统计年鉴及各市统计年鉴。

主要清洁能源使用率（%）：是指为城市全年供给的天然气、人工煤气、液化石油气和电，经折标为万吨标准煤之后的总和与城市综合能耗的比值。其计算公式为：

主要清洁能源使用率（%） = ［天然气供气总量（万吨标准煤） + 人工煤气供气总量（万吨标准煤） + 液化石油气供气总量（万吨标准煤） + 全社会用电量（万吨标准煤）］/全年城市的综合能源消耗总量（万吨标准煤）

其中，全年城市的综合能源消耗总量（万吨标准煤） = 单位 GDP 综合能耗（吨标准煤/万元） × 城市 GDP（亿元）

目前，我国能源利用存在传统能源依赖度高、新型能源开发遇瓶颈和能源消费结构不合理等问题。《能源生产和消费革命战略（2016 ~ 2030）》[③] 提出了

---

① 王艳语、苗俊艳：《世界及我国化肥施用水平分析》，《磷肥与复肥》2016 年第 4 期。

② 《经济日报：我国化肥农药的使用量触目惊心》，中国化肥网，2017 年 7 月 19 日，http：//www.fert.cn/news/2017/7/19/201771911244593447.shtml。

③ 《能源生产和消费革命战略发布清洁能源发展刻不容缓》，https：//www.china5e.com/index.php？m = content&c = index&a = show&catid = 13&id = 985914。

完善能源体制、促进能源绿色低碳发展、提高能源国际化水平等发展战略要求，这表明我国清洁能源发展刻不容缓，故选取清洁能源使用率指标作为评价环境友好型城市建设水平的特色指标对全面推动城市清洁能源建设意义重大。

上述各种能源折标系数取自《中国能源统计年鉴 2017》。

第三产业占 GDP 比重（%）：指本年内某城市第三产业生产总值与其全年地区生产总值的比值。其计算公式为：

第三产业占 GDP 比重（%）＝第三产业生产总值/全年城市国内生产总值（万元）

1980 年以来，我国第三产业在国民经济中所占比例波动上升。[①] 目前，随着我国经济结构调整的深入，第三产业必然成为未来城镇居民的主要就业选择，[②] 也将成为产业升级和经济结构优化的主要动力，其充分的发展可以缓解第一产业和第二产业对环境造成的压力，其在国民经济中所占比例也是衡量整个国家经济发展水平的重要指标。因此，选取第三产业占 GDP 比重指标作为评价环境友好型城市的特色指标，不但可以反映一个城市的经济现代化水平，而且有利于促进生态城市建设新理念的深入推广和持续创新。

（二）环境友好型城市评价与分析

1. 2016年环境友好型城市建设评价与分析

2016 年中国环境友好型城市建设排名前 100 强城市见表 2。环境友好型城市综合指数得分排名在前十的城市分别为三亚市、珠海市、黄山市、南昌市、南宁市、厦门市、江门市、天津市、合肥市、福州市。下面就这十座城市的建设状况及部分指标排名特点进行简要分析。三亚市气候宜人，空气质量好，是我国最具特色的热带旅游城市，在单位 GDP 工业二氧化硫排放量、清洁能源使用率和第三产业占 GDP 比重方面的单项排名均在前十以内，但单位耕地面积化肥使用量和民用汽车百人拥有量方面的排名却在倒数 20 名之内，这也是三亚市生态城市建设的短板所在，减少化肥使用量和控制民用汽车数量是三亚市今后努

① 李扬：《基于第三产业结构发展事实与特征的启示》，《企业技术开发》2018 年第 3 期。

② 黄永康、鲁志国：《第三产业就业对城镇居民收入影响的实证分析》，《统计与决策》2018 年第 6 期。

表 2　2016 年环境友好型城市评价结果（前 100 名）

城市名称	环境友好型城市综合指数（19 项指标结果）		生态城市健康指数(ECHI)（14 项指标结果）		环境友好特色指数（5 项指标结果）		特色指标单项排名				
	得分	排名	得分	排名	得分	排名	单位 GDP 工业二氧化硫排放量	民用汽车百人拥有量	单位耕地面积化肥使用量(折纯量)	主要清洁能源使用率	第三产业占 GDP 比重
三　亚	0. 8712	1	0. 9236	1	0. 7245	76	3	263	284	4	8
珠　海	0. 8685	2	0. 9032	2	0. 7715	30	16	277	126	8	56
黄　山	0. 8620	3	0. 8623	12	0. 8610	1	60	132	87	79	39
南　昌	0. 8598	4	0. 8767	4	0. 8123	9	30	199	115	39	128
南　宁	0. 8546	5	0. 8755	5	0. 7960	14	20	170	181	120	45
厦　门	0. 8464	6	0. 8868	3	0. 7331	62	9	282	183	16	16
江　门	0. 8392	7	0. 8564	14	0. 7910	17	59	188	180	42	104
天　津	0. 8391	8	0. 8672	9	0. 7606	37	27	243	176	41	26
合　肥	0. 8391	9	0. 8535	16	0. 7988	12	13	219	134	52	101
福　州	0. 8383	10	0. 8576	13	0. 7841	23	83	193	117	122	50
舟　山	0. 8378	11	0. 8745	6	0. 7351	59	15	211	220	139	61
海　口	0. 8332	12	0. 8675	8	0. 7372	56	4	272	268	7	2
汕　头	0. 8326	13	0. 8475	19	0. 7909	18	67	117	279	64	109
蚌　埠	0. 8308	14	0. 8281	27	0. 8382	4	44	60	168	32	144
北　京	0. 8305	15	0. 8473	20	0. 7835	24	2	273	216	1	1
广　州	0. 8301	16	0. 8655	11	0. 7309	66	8	244	275	27	5
惠　州	0. 8281	17	0. 8720	7	0. 7053	104	61	235	249	68	150
上　海	0. 8280	18	0. 8489	18	0. 7693	31	19	229	219	10	4
哈尔滨	0. 8258	19	0. 8315	24	0. 8098	10	48	184	39	133	21
武　汉	0. 8195	20	0. 8503	17	0. 7331	61	14	247	221	104	34

续表

城市名称	环境友好型城市综合指数（19项指标结果）		生态城市健康指数(ECHI)（14项指标结果）		环境友好特色指数（5项指标结果）		特色指标单项排名				
	得分	排名	得分	排名	得分	排名	单位GDP工业二氧化硫排放量	民用汽车百人拥有量	单位耕地面积化肥使用量(折纯量)	主要清洁能源使用率	第三产业占GDP比重
常州	0.8183	21	0.8330	22	0.7770	29	69	250	85	36	42
南通	0.8169	22	0.8211	36	0.8053	11	68	209	65	109	69
南京	0.8161	23	0.8300	25	0.7771	28	22	262	56	65	17
深圳	0.8150	24	0.8542	15	0.7051	105	1	283	283	5	14
威海	0.8114	25	0.8658	10	0.6589	167	71	239	198	205	76
重庆	0.8071	26	0.8263	28	0.7534	42	136	182	62	35	64
扬州	0.8062	27	0.8009	46	0.8210	6	32	168	142	75	102
杭州	0.8042	28	0.8329	23	0.7240	78	33	257	255	17	12
青岛	0.8028	29	0.8299	26	0.7268	72	11	249	152	146	29
长春	0.8017	30	0.8226	33	0.7430	50	35	215	241	91	100
西安	0.8009	31	0.8153	37	0.7605	38	6	252	197	13	11
北海	0.7990	32	0.8258	29	0.7239	79	105	115	128	118	271
绍兴	0.7948	33	0.8219	35	0.7190	85	73	240	236	60	95
东莞	0.7939	34	0.8335	21	0.6832	140	137	284	13	3	32
大连	0.7935	35	0.8248	32	0.7057	102	109	232	171	121	38
芜湖	0.7932	36	0.8250	31	0.7042	111	153	136	172	51	179
宁波	0.7926	37	0.8255	30	0.7006	114	56	274	247	45	98
牡丹江	0.7924	38	0.7723	61	0.8488	3	66	8	6	151	73
拉萨	0.7923	39	0.8025	44	0.7639	33	10	264	157	15	18
成都	0.7907	40	0.7924	49	0.7859	21	12	251	28	49	33

续表

城市名称	环境友好型城市综合指数（19项指标结果）		生态城市健康指数（ECHI）（14项指标结果）		环境友好特色指数（5项指标结果）		特色指标单项排名				
	得分	排名	得分	排名	得分	排名	单位GDP工业二氧化硫排放量	民用汽车百人拥有量	单位耕地面积化肥使用量（折纯量）	主要清洁能源使用率	第三产业占GDP比重
太　原	0.7902	41	0.7941	48	0.7794	27	65	266	33	57	9
淮　安	0.7896	42	0.7900	52	0.7883	19	118	71	174	105	69
苏　州	0.7888	43	0.8152	38	0.7148	89	101	279	88	108	36
济　南	0.7875	44	0.8018	45	0.7473	47	51	245	186	117	15
佛　山	0.7856	45	0.8219	34	0.6839	136	39	280	193	9	190
长　沙	0.7847	46	0.8051	42	0.7275	71	5	259	98	160	68
绵　阳	0.7842	47	0.7715	62	0.8197	7	62	103	108	67	221
沈　阳	0.7830	48	0.7943	47	0.7513	43	97	241	97	103	27
中　山	0.7806	49	0.8050	43	0.7122	92	18	281	217	11	96
镇　江	0.7796	50	0.7915	50	0.7463	49	120	212	41	102	72
无　锡	0.7748	51	0.7887	53	0.7357	58	93	261	104	98	40
连云港	0.7735	52	0.8102	40	0.6708	154	178	91	194	170	123
温　州	0.7717	53	0.7798	56	0.7490	46	25	227	218	110	28
秦皇岛	0.7676	54	0.8098	41	0.6496	179	193	206	223	30	46
莆　田	0.7673	55	0.7622	70	0.7817	26	37	62	208	80	218
景德镇	0.7663	56	0.7908	51	0.6976	121	194	124	84	83	216
安　庆	0.7639	57	0.7319	102	0.8536	2	64	64	99	18	165
广　元	0.7636	58	0.7644	67	0.7612	35	128	44	55	31	213
柳　州	0.7632	59	0.8150	39	0.6181	210	115	169	166	209	203
台　州	0.7620	60	0.7741	59	0.7280	70	31	228	259	97	51

续表

城市名称	环境友好型城市综合指数（19 项指标结果）		生态城市健康指数（ECHI）（14 项指标结果）		环境友好特色指数（5 项指标结果）		特色指标单项排名				
	得分	排名	得分	排名	得分	排名	单位 GDP 工业二氧化硫排放量	民用汽车百人拥有量	单位耕地面积化肥使用量（折纯量）	主要清洁能源使用率	第三产业占 GDP 比重
泰州	0.7613	61	0.7517	81	0.7881	20	36	148	74	178	84
双鸭山	0.7601	62	0.7706	63	0.7307	67	243	79	15	43	143
铜陵	0.7580	63	0.7739	60	0.7136	91	160	72	96	48	237
桂林	0.7516	64	0.7683	66	0.7047	109	112	97	116	187	201
湖州	0.7509	65	0.7833	55	0.6602	165	156	237	169	96	91
宿迁	0.7498	66	0.7373	92	0.7848	22	86	77	192	56	171
鸡西	0.7490	67	0.7523	80	0.7398	52	195	100	4	112	163
大庆	0.7482	68	0.7622	69	0.7091	99	92	224	17	100	223
烟台	0.7471	69	0.7840	54	0.6437	184	81	223	239	184	121
佳木斯	0.7466	70	0.7339	97	0.7823	25	155	120	23	111	77
十堰	0.7463	71	0.7688	65	0.6834	138	95	75	238	195	160
辽源	0.7428	72	0.7705	64	0.6654	159	108	113	246	144	239
嘉兴	0.7410	73	0.7745	58	0.6472	183	102	255	206	149	108
盐城	0.7408	74	0.7335	100	0.7611	36	89	94	129	204	116
遂宁	0.7384	75	0.7415	90	0.7299	69	24	24	113	171	265
大同	0.7383	76	0.7635	68	0.6678	158	209	217	45	127	20
新余	0.7363	77	0.7482	82	0.7028	112	245	133	121	81	139
兰州	0.7358	78	0.7334	101	0.7424	51	121	230	16	93	10
韶关	0.7356	79	0.7466	84	0.7049	108	167	63	140	181	55
马鞍山	0.7351	80	0.7352	96	0.7350	60	158	105	136	106	186

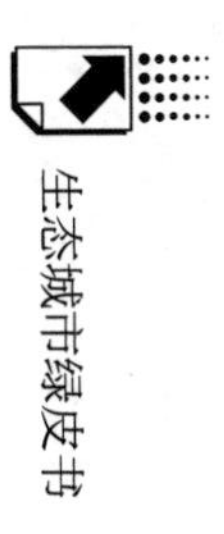

续表

城市名称	环境友好型城市综合指数（19 项指标结果）		生态城市健康指数(ECHI)（14 项指标结果）		环境友好特色指数（5 项指标结果）		特色指标单项排名				
	得分	排名	得分	排名	得分	排名	单位 GDP 工业二氧化硫排放量	民用汽车百人拥有量	单位耕地面积化肥使用量(折纯量)	主要清洁能源使用率	第三产业占 GDP 比重
宣城	0.7350	81	0.7418	89	0.7158	87	117	126	130	182	154
潮州	0.7349	82	0.7250	112	0.7626	34	103	93	250	19	147
七台河	0.7348	83	0.7471	83	0.7005	115	267	85	8	140	60
丹东	0.7344	84	0.7371	93	0.7267	73	161	180	124	99	35
池州	0.7329	85	0.7394	91	0.7147	90	129	69	95	213	113
乌鲁木齐	0.7321	86	0.7534	75	0.6724	150	182	267	24	61	3
湛江	0.7314	87	0.7232	116	0.7543	40	85	12	253	141	130
淮南	0.7306	88	0.7528	79	0.6684	156	255	53	207	89	152
贵阳	0.7284	89	0.7424	88	0.6893	130	159	253	25	33	23
防城港	0.7259	90	0.7336	99	0.7045	110	250	127	182	86	13
六安	0.7253	91	0.7010	138	0.7932	15	38	57	81	143	211
阜新	0.7246	92	0.7369	94	0.6902	129	282	154	118	34	57
龙岩	0.7232	93	0.7569	73	0.6290	199	58	254	148	194	214
鄂州	0.7223	94	0.7578	72	0.6229	205	147	15	282	95	257
白城	0.7214	95	0.7267	109	0.7067	101	138	149	184	76	172
雅安	0.7214	96	0.7251	111	0.7109	94	91	110	86	154	262
昆明	0.7192	97	0.7537	74	0.6226	206	199	276	158	85	24
九江	0.7188	98	0.7302	104	0.6867	133	150	78	119	196	151
伊春	0.7183	99	0.7249	113	0.6998	116	264	34	2	87	199
郑州	0.7181	100	0.7164	118	0.7230	81	49	258	232	37	41

力的重点。珠海市在 2016 年环境友好型城市综合评价和生态城市健康指数（ECHI）两方面的排名均是第二，说明该市在生态城市基础设施方面做出了扎实的努力，今后努力的重点依然是减少化肥使用量和控制民用汽车使用量。黄山市与上一年相比，在单位 GDP 工业二氧化硫排放量和单位耕地面积化肥使用量方面取得了很大的进步，这也是其环境友好特色指数综合排名上升至第一的原因所在，但该市在私人汽车数量、二氧化硫的排放和化肥的使用量方面仍有很大的提升空间。南昌市在环境友好型城市建设中进步显著，近几年的数据表明其在城市基础设施建设、第三产业和工业二氧化硫排放等方面取得了骄人的成绩，但该市要想在生态城市建设方面取得更大进步，未来发展过程中必须着重控制民用汽车数量和化肥使用量。南宁市是我国“一带一路”海上丝绸之路有机衔接的门户城市，第三产业发展迅速，工业二氧化硫排放量少，今后还需继续保持在空气质量保护方面的优势，并加大在汽车使用量、化肥使用量和清洁能源使用率方面的投入。厦门市是港口风景城市，以环境优美著称，吸引着无数国内外游客度假参观，其在第三产业、能源使用率及二氧化硫排放量方面表现突出，这与该市所有市民的努力密切相关，不过在今后的发展中还应重点控制汽车使用量和化肥使用量。江门市环境友好型城市建设的综合排名从去年的第 39 名上升至今年的第 7 名，可谓战绩非凡，这与其在环保基础设施建设、工业二氧化硫排放和民用汽车数量方面实实在在的努力紧密相关，在未来的发展中还应进一步控制小汽车数量和化肥使用量，努力发展第三产业。天津市是我国著名的沿海开放城市，在航运、金融和先进技术研发方面的贡献尤为突出，在工业二氧化硫排放量的控制、清洁能源利用率的提高和第三产业发展方面堪称典范，但在民用汽车拥有量和化肥使用量方面还应投入更多的努力。合肥市是我国重要的“一带一路”和长江经济带战略双节点城市，在科研、制造业和交通方面建树颇丰，是具有国际影响力的现代化创新城市，在 2016 年的环境友好型城市综合排名中名列第 9，在未来的生态城市建设过程中应进一步加强对小汽车数量的控制、化肥使用量的限制和第三产业发展方面的投入。福州市是中国三大自由贸易试验区之一，最早开放的港口城市之一，我国船政文化的发祥地，海上丝绸之路的重要门户，曾获“中国优秀旅游城市”和“国家环保模范城”的称号，在政治、军事和文化方面均属战略要地，在今后的城市生态建设中应进一步控制化肥使用量，提高清洁能源使用率，尤其

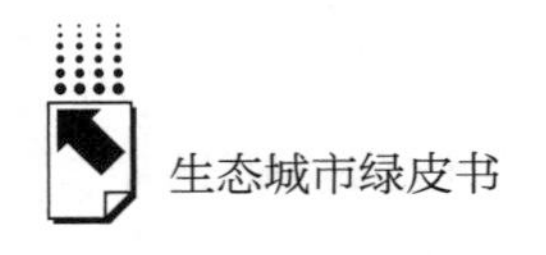

在控制私人汽车数量方面需要更大的投入，以期更快提升本市在生态城市建设中的竞争力。

对参与评价的284个城市进行分析，在工业二氧化硫减排方面，嘉峪关市、忻州市、阜新市、石嘴山市、阳泉市、金昌市、白银市、曲靖市、渭南市、吕梁市、攀枝花市、乌海市、吴忠市、中卫市、滨州市、晋城市、六盘水市、七台河市、运城市、西宁市、伊春市、本溪市、宜宾市、莱芜市、鞍山市、内江市、广安市、萍乡市、葫芦岛市和淮南市在单位GDP工业二氧化硫排放量单项指标排名上均较落后，其中大多数城市环境友好型城市综合指数排名也都比较落后，所以上述城市不仅要加强控制二氧化硫排放量，还要因地因时地完善生态城市基础设施建设。在城市民用汽车拥有量方面，东莞市、深圳市、厦门市、中山市、佛山市、苏州市、克拉玛依市、珠海市、昆明市、呼和浩特市、宁波市、北京市、海口市、金华市、玉溪市、乌海市、银川市、乌鲁木齐市、太原市、鄂尔多斯市、拉萨市、三亚市、南京市、无锡市、临沧市、长沙市、郑州市、杭州市、东营市和嘉兴市在民用汽车百人拥有量指标排名上比较落后，而且其中很多城市的环境友好型城市综合排名列在前100内，因此，优先发展公共交通，提高公共系统服务能力，控制民用汽车数量是这些城市今后努力的重点。在化肥使用量方面，三亚市、深圳市、鄂州市、石嘴山市、漳州市、汕头市、宜昌市、玉林市、襄阳市、广州市、平顶山市、随州市、新乡市、商丘市、安阳市、荆门市、海口市、渭南市、焦作市、黄冈市、金华市、周口市、濮阳市、漯河市、通化市、台州市、揭阳市、咸阳市、吉林市和杭州市单位耕地面积化肥使用量指标排名比较落后，因此，上述城市应该着重控制化肥使用量，积极发展生态农业，保护城市水土环境。在清洁能源使用总量方面，崇左市、吕梁市、河池市、鄂尔多斯市、定西市、黄冈市、赤峰市、临沧市、巴彦淖尔市、绥化市、渭南市、乌兰察布市、曲靖市、呼伦贝尔市、百色市、忻州市、四平市、长治市、陇南市、汉中市、永州市、邵阳市、孝感市、酒泉市、晋城市、运城市、保山市、昭通市、丽江市和宜昌市的主要清洁能源使用率很低，因此，以上城市未来需积极推动本市清洁能源发展步伐。在发展第三产业方面，攀枝花市、鹤壁市、内江市、漯河市、宝鸡市、咸阳市、泸州市、资阳市、克拉玛依市、百色市、梧州市、吴忠市、宜宾市、北海市、曲靖市、自贡市、石嘴山市、宜昌市、巴彦淖尔市、遂宁市、广安市、南充市、雅安市、眉山市、宁德市、襄阳市、商洛市、鄂州市、德阳市和榆林市的第三产业发展比较落后，因此，上述城市应加快经济结构调整，促进产业更新换代，着力提高第三产业在本市经济结构中的比重。

根据评价城市所隶属的具体行政区域，我们将2016年进入全国前100名的环境友好型城市按其地域分布进行了归类（见表3）。2016年华北地区进入百强城市的排名中天津市位列第8名，北京市排在第15名，其余城市均排在20~100名之间；东北地区只有哈尔滨市进入前20名，其他城市排名都分布在20~100名之间；中南地区有四座城市进入前10名，7座城市进入前20名，其余城市的排名均分布在20~100名之间；华东地区与上年相比，仍有5座城市进入前10名，并且排在前50名的城市有22座；西南地区参与排名的城市都分布在20~100名之间；西北地区只有西安市排在前50名，而兰州市和乌鲁木齐市都排在第70~100名之间。

表3　2016年环境友好型城市综合指数排名前100名城市分布

地区	参评数量	前100名的环境友好型城市	
		名称	数量
华北	32	天津、北京、太原、秦皇岛、大同	5
东北	34	哈尔滨、长春、大连、牡丹江、沈阳、双鸭山、鸡西、大庆、佳木斯、辽源、七台河、丹东、阜新、白城、伊春	15
中南	79	三亚、珠海、南宁、江门、海口、汕头、广州、惠州、武汉、深圳、北海、东莞、佛山、长沙、中山、柳州、桂林、十堰、韶关、潮州、湛江、防城港、鄂州、郑州	24
华东	78	黄山、南昌、厦门、合肥、福州、舟山、蚌埠、上海、常州、南通、南京、威海、扬州、杭州、青岛、绍兴、芜湖、宁波、淮安、苏州、济南、镇江、无锡、连云港、温州、莆田、景德镇、安庆、台州、泰州、铜陵、湖州、宿迁、烟台、嘉兴、盐城、新余、马鞍山、宣城、池州、淮南、六安、龙岩、九江	44
西南	31	重庆、拉萨、成都、绵阳、广元、遂宁、贵阳、雅安、昆明	9
西北	30	西安、兰州、乌鲁木齐	3

2. 2016年中国环境友好型城市各地比较分析

在2016年中国环境友好型城市评价分析中，针对各地区进入百强城市数量（图1）及其占对应地区参与评价城市总数量的比例（图2）进行比较分析，其中中南地区和华东地区进入总评价的城市占到55.3%，并且中南地区和华东地区进入百强城市的数目占到百强城市的68.0%，其中中南地区占到24.0%，华东地区占到44.0%；另外，东北地区进入百强城市比例上升到15.0%，西北地区进入百强城市比例下降至3.0%，西南地区和华北地区与上一年相同，分别占9.0%和5.0%。在各地区进入百强城市数量占本地区参与评价城市总数的比例中，只有华东地区占比过半，达到56.4%，其次是东北地区，今年占到44.1%，接下来是中南地区占到30.4%，西南地区占到29.0%，华北地区占到15.6%，仅西北地区占比有所下降，只占到10%。综上所述，华东地区和中南地区在环境友好型城市建设方面成果较为突出，其他地区的城市还需向东部和南部城市学习，加快生态城市建设步伐。

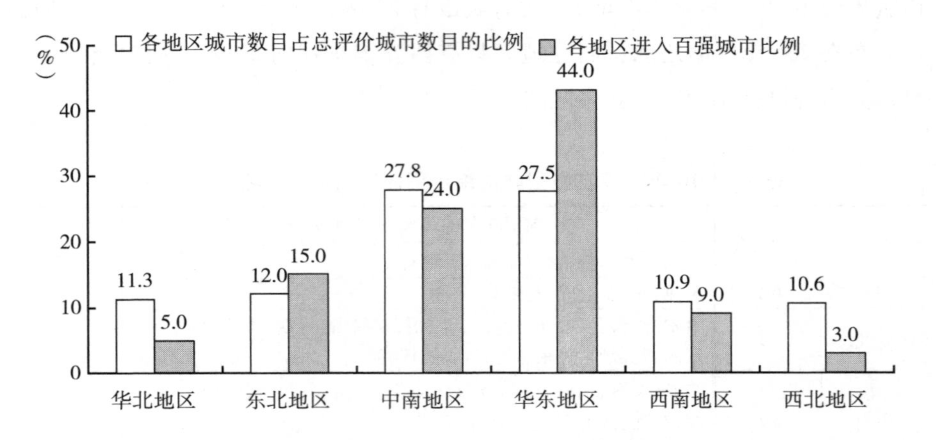

图1　中国各地区环境友好型城市评价城市数目及其百强比例

3. 2012～2016年环境友好型城市比较分析

2012～2016年中国各地区环境友好型城市按综合指数排在前50名的城市数量变化情况如图3所示。近五年，华北地区前50名城市数量2015年以前一直呈现减少的态势，在2016年增加为3个；东北地区进入前50名的城市数量变化仍然比较平稳，但总体数量较少；华东地区前50名城市数量仍然保持最高，但在2016年突降至22个；中南地区进入前50名城市数量继续显现平稳增长态势，到2016年达到了15个；西南地区前50名城市数量在2013年只有1个，其他年份都在3～4个之间波动；西北地区进入前50名的城市数量在2012～2014年保持在4～5个，但在2015年和2016年均只有1个。

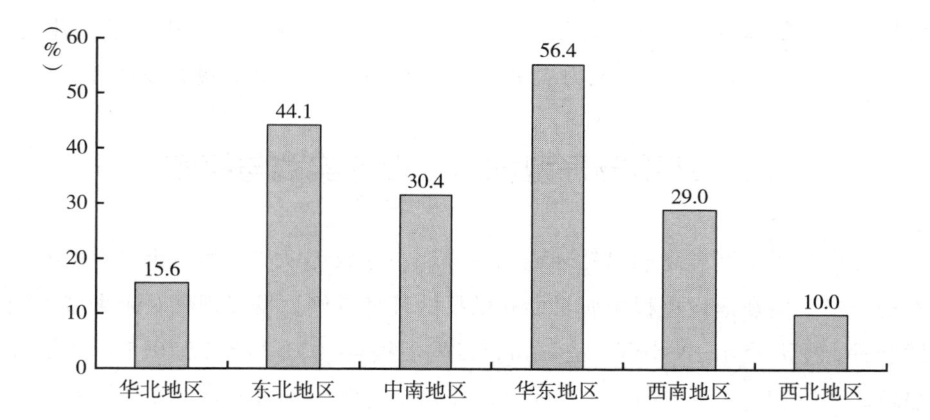

图2　中国各地区环境友好型百强城市数占其评价城市数量的比例

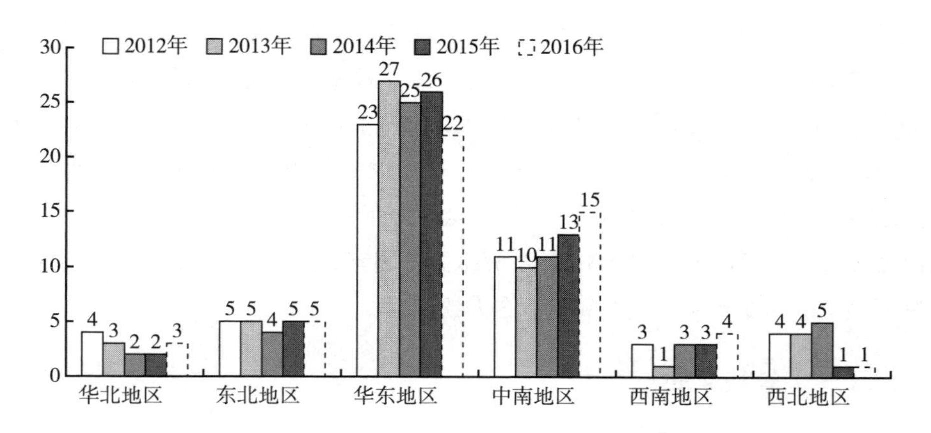

图3　2012～2016年中国区域环境友好型城市综合指数前50名城市数量分布

4. 结论

整体而言，我国环境友好型城市建设方面华东地区仍处于引领的地位，各方面发展均保持强劲势头，潜力不可估量；中南地区处于缓慢增长态势，城市生态建设发展空间依然很大；华北地区和西南地区情况相似，波动较小；东北地区比较稳定，略有增长，西北地区波动较大，进入百强的城市比例有所降低。目前，中国各方面发展均处于改革时期，这也是我国环境友好型城市建设发展的良好契机，华东地区和中南地区应保持生态城市建设的积极态势，进一步发挥其引领作用；华北地区和东北地区要调整经济结构，激发经济活力，尽快摆脱发展的瓶颈期；西北地区和西南地区应抓住发展机遇，以绿色、开放、创新、协调、共享为驱动，努力加快生态城市基础建设步伐，提升发展潜力。

二 环境友好型城市建设的实践与探索

城市自身发展理念和自然环境的差异往往导致环境友好型城市建设的模式不拘一格，但在建设过程中所贯彻和弘扬的环境友好型发展理念对未来城市的发展具有重要启示。《中国生态城市建设发展报告（2017）》以2015年“欧洲绿色之都”（EU Green Capital）布里斯托尔市为例，介绍了该市在环境友好型城市建设过程中所付出的努力和取得的成绩，本书将对2017年度“欧洲绿色之都”（EU Green Capital）埃森市在公共交通、污水处理、垃圾处理和可再生能源与能效方面付出的努力和取得的硕果进行简要的介绍。

埃森市是德国第九大城市，位于北莱茵－威斯特法伦联邦州的鲁尔地区，拥有57.4万人口，面积210.3平方千米，其工业历史与19世纪初开始的地下采煤作业密切相关。埃森自1986年最后一个煤矿关闭后，将自己定位为“转型之城”，将城市发展的标签确定为“埃森的证件——改变我们的行为方式”，以公民及其变革的能力作为转型成功的关键因素，最终重塑为“绿色城市”，其所做出的转变和实实在在的努力令人钦佩。

（一）公共交通

第二次世界大战以后，埃森市重建为使用小汽车通行的城市，未设定自行车和公共交通行驶道路，小汽车不得不成为市民的首选，过去20多年的跟踪调查结果显示，采用小汽车出行的人口比例一直保持在54%的高水平稳定状态。[①] 但这种情况现在发生了变化，近几十年来，埃森市一直积极坚持公共交通的改革和转型，经过长期努力，循环型道路已经成为埃森市经济、社会、环境和文化健康发展的基础设施，公共交通成为绿色革命的重中之重。

为了减轻人们对私家车的过分依赖，防止对环境的持续污染，近几年埃森

① Essen Household Mobility Survey 2011，City of Essen，2012，http：//www.essen.de/de/Leben/Verkehr/hausHaltsb efragung_ zur_ mobilitaet.html.

市政府和当地人民采取各种措施来支持当地公共交通的发展。目前，埃森市主要使用符合 EEV（增强型环境友好车辆）标准的公交车、依靠电力运行的城郊铁路和有轨电车。值得一提的是，埃森市公交系统有 2 条辅助路线完全由 Haarzopf 社区和 Kettwig 社区的志愿者进行运作，提供市内通往市郊地区的服务，他们的格言是："公民为公民驾驶"。

传统小汽车的使用在鲁尔地区根深蒂固，为有效降低汽车的比重，埃森市对 76 个公交车站、16 个电车站和易堵塞的交通枢纽地段进行了无障碍设计；有针对性地提高部分线路的电车速度；实时发布公交车站的客流动态信息等。通过这些细微之处的改进，2010 年采用公共交通出行的人数比例已达到 19%，现在这个比例更高。此外，为了提高公共交通服务质量和满足不断变化的市民需求，公交公司制定了客户满意测评制度，每两年针对市民的意见和建议进行一次摸底调查（图 4）。

城市交通产生的废气排放是城市空气的主要污染源之一，埃森市除了致力于鼓励市民使用公交和铁路等交通工具外，还大力倡导市民利用自行车和步行出行。为了给自行车创造更多便利、安全的通行空间，除新开辟了 267 条单行道供自行车通行外，埃森市还将铁路旧道改修为自行车道或步行道。德国最大的自行车租赁系统"metropolradruhr"已在埃森市市区安装并推行，目前有 52 个自行车租赁点，每个点有超过 400 辆自行车在运营，这些租赁地点专门设立

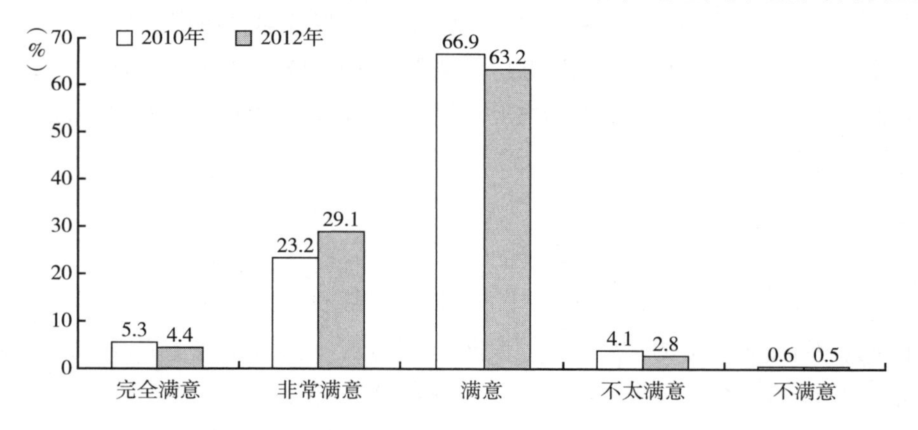

图 4　埃森市公共交通满意度评价

数据来源：Section 02：Local transport，http：//ec. europa. eu/environment/europeangreencapital/winning－cities/2017－essen/essen－2017－application/.

在交通繁忙的枢纽地带，以便公交车、电车、火车与租赁自行车之间更容易切换。通过长期的努力，自行车的使用比例从2001年的3%上升至2011年的5%（表4）。埃森市不仅制定了步行出行人口比例在2020年提高到23%，2035年达到25%（表4）的发展目标，还提出了“短途城市”发展口号，准备在扩展市区无障碍道路网和增加街道愉悦度等方面做出更多的成绩。

表4　埃森市通行方式占比情况及展望

单位：%

出行方式	1989年	2001年	2011年	2020年	2035年
公共交通	12	16	19	21	25
私家车	55	54	54	44	25
自行车	4	3	5	11	25
步　行	29	27	22	23	25

数据来源：Section 02：Local transport，http：//ec. europa. eu/environment/europeangreencapital/winning – cities/2017 – essen/essen – 2017 – application/.

政府对基础交通设施和道路网做出了合理的规划，企业承担起了节能减排的重任，市民提高了绿色、健康出行的意识，这个城市对小汽车的依赖性正不断减弱，环保健康的出行方式将是更多市民的选择。通过全体市民的不断努力，这个“转型之城”的基础交通系统已为其实现“绿色城市”的持续、协调发展提供了保障。目前，交通拥堵也是我国各城市发展的障碍，只有加强文化建设，在完善公交系统的基础之上，引导公民出行理念做出改变才能真正促进公共交通的可持续发展。

（二）污水处理

鲁尔地区专门立法成立了针对污水处理的管理协会，各自治州（市）和工业公司都是该协会的合法成员，根据立法规定，埃森市有义务去收集、运输和处理污水。目前，埃森市内有1669千米的公共雨污水管道，其中的1643千米污水和雨水共用管道被外包给企业管理，市公路建设管理局只管理26千米的雨水管道。根据北莱茵－威斯特法伦州的第53条和第54条立法规定，市政府负责协调和监督公共污水管道管理公司正常的排水和收集，最后将所有管道中的民用和工商业污水、雨水运输到 EG 和 RV 公司的污水处理厂（EG 公司负责埃森北部区域，RV 公司负责南部区域），再按照城市污水处理标准将其净化为无害的纯净水。[①]

2013 年，埃森市污水主要来源于 57.4 万居民及其工业和商业，其中工业贡献了约 4.4%，公共部门占 6%，剩余的 89.6% 来自居民和中小企业。城市废水成分复杂，病毒、病菌来源不明，污泥量大，处理难。废水处理厂如果对含有重金属和高浓度有机污染物的工业废水进行普通工艺处理，不仅不经济，且这样处理过的水直接排放会对河湖生态环境造成危害，还可能对城市水体发展和治理造成更大的阻碍。城市居民的生活污水主要包括粪便和洗涤污水，特点是含氮、硫、磷高，直接排放出去对环境污染很大。埃森市位于北海排水区，是欧盟指定的污水处理敏感区域。如今，埃森市的污水处理厂完全采用生物处理设备，来自居民区的污水必须 100% 经过污水处理厂进行处理，并使用更多的工序去除氮和磷，完全符合欧盟的标准才可排放到指定河湖中去。另外，该市 99.5% 的居民下水直接与污水输送管道相接，剩余 0.5% 的民居建立了私人污水处理设施和化粪池等。

雨水在降落和流动过程中会混入空气污染物、泥沙、汽车排泄物、生活垃圾、动物粪便、化肥和农药等，如果不进行分类管理和净化，依然是河湖水质乃至整个河湖生态系统的隐患。近年来，埃森市共修建雨水滞留池 67 个、溢流池 3 个、处理池 1 个、溢流排水管道 41 条、雨水下水管道 329 条、洪水污水泵 23 个、涵洞 12 个、泵站 6 个、分离器 3 个和沟渠 51000 多条，有针对性地对不同地区的雨水进行检测、处理、再检测，使其完全达到欧盟和地方排放标准后再将其排入河道。

尽管所有的污水处理和管理系统都已经非常完善，但作为“绿色城市”的绿色基础之一，埃森市这一方面仍在不断进步。过去 10 年，埃森市政府已经投资了 2.59 亿欧元在公共污水基础设施上面，涉及下水道的更新、水体保护、新建接水区域、城市污水处理厂等方面。[②] 另外，水资源管理协会

① Rademacher, Klaus-Dieter, Presentation to the Construction and Transportation Committee of the City of Essen on 23.08.2012.

② Wastewater Disposal Concept 2003 of the City of Essen; Wastewater Disposal Concept 2008 of the City of Essen; Financial plans of Stadtwerke Essen AG (2003 - 2012).

也改进了污水管理计划，指出降低水体污染物和细菌负荷的关键在于从污染源头减少污染，在污水处理环节消除污染。十八大以来，我国提出了生态文明建设的宏伟计划，绿水青山就是金山银山，我国当前的水生态建设已经取得了很大的进步，但是在污水处理方面的做法和理念依然不够精细，还存在很多生活污水和工业废水直排等问题，各城市要加强开放、虚心学习，这才是持续发展的长久之计。

（三）垃圾处理

长期以来，埃森市在垃圾处理方面目标清晰、策略得当，其分类回收、循环利用的绿色理念早已深入人心。埃森市的垃圾分类回收环节一般分为分送系统和分取系统两种方式，每个步骤都细致入微。分取系统的措施有：将不同颜色的垃圾桶摆放在马路边或者居民住宅前，灰色垃圾桶对应家庭生活垃圾，棕色垃圾桶对应可生物降解垃圾，蓝色垃圾桶对应废纸张、纸板，黄色垃圾桶则对应轻包装类垃圾；大件废旧物品需要在个人订单的基础上上门收集，电器类废品要特别记录。分送系统则指埃森市专门设置的约 610 个位于步行距离之内的垃圾收集房，主要收集玻璃瓶、废纸箱、鞋和纺织品等；建设有 2 个垃圾回收中心和 5 个垃圾回收站，可以移交大件垃圾、废金属、废木材、含污染物的废品、旧的电气设备和花园碎屑等。由于垃圾分拣和处理环节的成本很高，埃森市根据垃圾产量、回收价值、有害程度和处理难度不同按季度收取一定的垃圾处理费用，由市政府进行透明管理，用来支付垃圾处理的日常支出。回收的垃圾集中在一起分拣后，可回收垃圾如玻璃、纸张、废木料等会被运往对应的生产工厂进行循环再利用，其余的垃圾会被运送到发电厂用作燃料替代品，对于废旧电池和节能灯泡等有害垃圾会进行特别处理。埃森市处理垃圾的主要方法是焚烧（用作发电燃料），燃烧过程中产生的炉渣会被用作道路工程、土木工程的回收材料，废铁料被适当处理送到钢铁工厂，烟气中的飞灰被用于回填采矿区的空腔，烟气洗涤过程中产生的石膏被填埋。目前，该市只有 0.7% 的垃圾被指定填埋，其余 99.3% 的垃圾均能得到回收利用。

在德国，北莱茵 - 威斯特法伦州的人口最多，人口密度最高的地区超过 2690 人/平方千米（2011 年），密集的人口意味着有更多的商业性垃圾产生。1998 年，该市开始在原有垃圾分类管理法的基础上将商业活动产生的垃圾承包给私人公司处理。2004～2010 年该市人口和垃圾数量持续下降。2011 年因经济形势转好垃圾数量增加。2012 年埃森市实行了新的垃圾回收管理办法，在人口增加的情况下垃圾数量却呈现下降的趋势。多年来，埃森市在垃圾处理上所做的努力有目共睹，在为本市人民营造良好生活环境的同时，又为德国、欧盟甚至全世界垃圾处理树立了典范。

埃森市很早就意识到了榜样作用的重要性，在市政府内部开始减少会议文件数量，推行双面打印，采用环保的市政采购方案，城市管理部门都使用再生环保纸（多次获环保行为类奖项），市民也受到这种行为的感染，主动减少或放弃了使用一次性用品，将可生物降解的垃圾直接进行家庭堆肥，多喝自来水，少喝瓶装水，少买或不买包装过于浪费的商品等，市民如今已经习惯把这些做法当作生活的一部分并乐此不疲。目前，中国在垃圾处理方面的做法还不是非常成熟，基础设施建设任重道远，只有虚心学习各国先进的垃圾管理理念和处理技术，才能促进我国垃圾管理理念和处理技术的快速变革。

（四）可再生能源与能效

能源对国家发展和经济增长至关重要，是国民经济可持续发展的物质基础。节约能源并不是在降低生活品质的基础上减少能源使用，而是要提高能源利用率，以较少的能源投入换取更多的服务。可再生能源的合理开发和能源利用效率的提高是能源可持续发展的两个重要方向，因此开发再生能源和提高能效要同时发展才能有效节能，保护环境。埃森市目前主要使用的再生能源有太阳能、水能和生物质能等。2013 年，该市再生能源约占全市能源消耗总量的 2.3%。①

水能是一种绿色、无污染、广泛分布且可持续再生的清洁能源。目前，水能与其他可再生能源相比，有开发成本低、投资回收快和利用技术成熟的优势。2013 年埃森市的可再生能源发电方面，水力发电占主导地位，发电量达 52.5 兆瓦时（图 5），占比达到 75.24%。随着水能利用技术的进步，埃森市的绿色发展已经与它融为一体，因为它不仅清洁无害，而且具有美化环境、养殖、旅游等多重作用。

① Internal data from RWE Deutschland AG：https：//www. e－kommune. de.

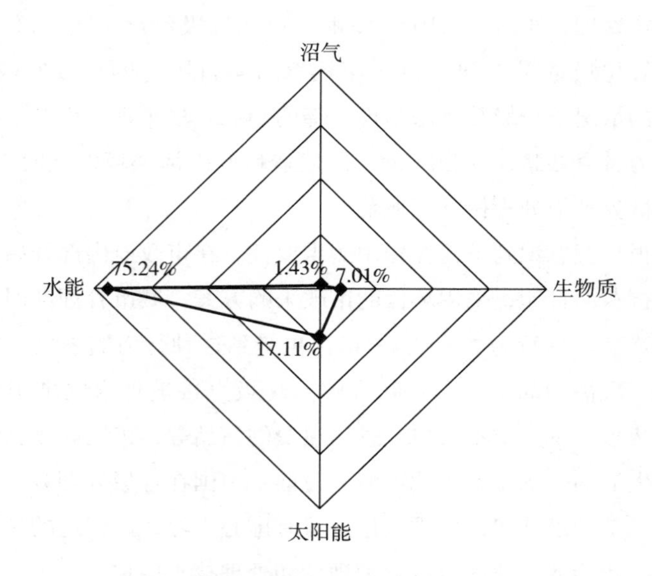

图5　2013年可再生能源发电量占比

数据来源：Section 11：Energy efficiency，http：//ec. europa. eu/environment/europeangreencapital/winning - cities/ 2017 - essen/essen - 2017 - application/.

埃森市建筑密度大，风能发电的潜力极为有限，但发展太阳能的潜力很大。目前，该市已有超过1400个太阳能光伏系统投入发电，在今天的技术水平下，功率为1300兆瓦的系统潜在发电量约为1000兆瓦时/年，这使埃森市民众对太阳能充满了信心。埃森市许多居民区、市政办公楼、学校、商厦等建筑上都安装了太阳能光热板或太阳能光伏板，既为照明通信设备提供了电力，又为人们的住宅和办公场所供暖，很大程度上减少了碳的排放。

生物质能是一种清洁的可再生能源，有害物质含量很低，可以直接燃烧或者转化为便于运输和存储的固态、液态或气态燃料，被誉为继天然气、石油和煤炭之外的第四大世界能源。埃森市充分利用生物质能的可替代优势，在节约能源和提高能效方面取得了突出的成绩。埃森市对将垃圾、废旧材料等加工为生物质能燃料的技术和理念给予财政补贴支持。一个好的做法就是将不同性质的废旧材料转化为适当形式的燃料，如粮食收获之后，把剩余的秸秆收集起来通过厌氧发酵制成沼气。2013年，埃森市第一个完全使用沼气能源的热电厂投入使用，电力输出量 4.4 兆瓦，热力输出量 4.1 兆瓦，CO_2 排放量每年减少 2500 吨，同时热电厂的余热也被整合到邻近区域的供热系统中。

埃森市在可再生能源和能效上取得成功，不仅是因为先进的生产设备和技术，更重要的是长期的经验积累和政府、企业、市民间的默契协作。在能源使用前，市政府管理部门会在和企业、市民代表开会讨论的基础上展开一系列能源基本情况的调查，调查结束后再开会讨论并制订一系列切实可行的能源计划和节能目标，以确保能源的正常供应和高效利用；在使用过程中，市管理部门会督促能源计划正常运行，企业有责任反馈能源使用过程中存在的问题和实际达到的效果，市民有义务互相监督浪费、低效的能源使用行为，这种政府、企业和市民间理性、透明的协作关系保证了该市在能源使用过程中最大限度地减少碳排放；能源使用一段时间后，政府管理部门会在媒体和官网上发布一系列能源使用报告，相关企业也会在自己的网站上公布节能情况，这样能源使用者和公众对当前的能源状况会有一个清晰客观的认识，有助于未来节能目标的制定更加切实可行。目前，我国在能源能效方面的发展还处于初级阶段，基础设施和发展理念还有待完善，只有结合中国国情，借鉴国外发展经验，取长补短，才能走出一条具有中国特色的能源能效发展之路。

本报告就埃森市在城市公共交通、污水处理、垃圾处理、可再生能源与能效方面所做的工作和成果进行了介绍。该市大力完善公共交通网、自行车路网，鼓励市民骑行或步行，有效减缓了市民对小汽车的依赖，是欧盟乃至全世界建设智能环保交通的典范。在污水处理、垃圾处理和提高能效等方面该市坚持政府、企业、市民共同参与治理的理念，为环境友好型城市的可持续发展做出了巨大的贡献，是全世界各城市学习的榜样。

十九大以来，中国提出了推进资源全面节约和循环利用的要求。此时此刻，中国比以前任何时期都更有基础、更有能力、更有信心进行生态城市建设，面对各种各样的问题，埃森市在绿色城市建设中秉持的政府政策为导向、企业为依托、市民积极参与治理的发展模式值得中国城市借鉴学习。同时埃森市重视文化和自然的协调发展，使这座城市弥漫着厚重的历史文化底蕴和无限的自然魅力，到处充满着希望与活力，这种将文化与自然结合并融入城市建设当中的发展理念是中国生态城市建设学习的模范。

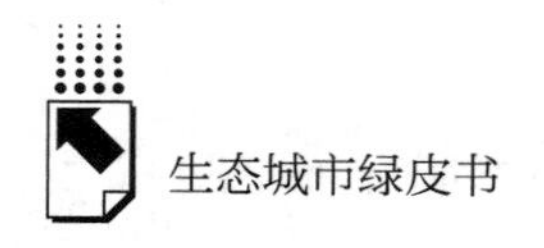

三　环境友好型城市建设对策建议

随着“互联网+”“大数据”“人工智能”等信息技术在城市发展中的逐渐渗透，城市的经济发展模式、居民生活方式、社会交流形式和生态环境状况必然发生改变，但城市可以以此为契机，建设具有中国特色的智慧生态城市。我们认为在新型城镇化建设的大背景下，应以城市“五线谱”为基础，进行生态规划，才能更好地谋求城市空间利益的恰当分配，引领环境友好型城市建设。应打造公交优先、需求管理、低碳环保和智能便捷的城市交通系统；合理增加城市绿化，改善市民生活质量，促进城市生态平衡；大力发展海绵城市，让城市“弹性”适应自然灾害和环境变化，保护城市水生态系统；提倡现代城市环保文化建设，促进文化自觉，制度转换，推进城市生态环境治理体系和治理能力现代化；促进PPP模式在城市基础设施建设中深度应用，结合“3R”原则加以管理，形成城市基础设施建设和管理环节的良性循环；加紧智慧城市建设，系统考虑城市发展，彻底解决“大城市病”，提高居民生活质量，提升城市竞争力；加快“大数据”“人工智能”等信息化技术的深度应用，打开智慧城市建设新局面；推进新型城镇化建设，因地制宜，因时制宜发挥城市特色，为智慧城市建设创造机遇；发挥城市居民的协同效应，鼓励全民参与城市建设，为生态城市建设伸出援手。

（一）城市“五线谱”引领环境友好型城市建设

城市功能分区是按各城市功能要求将城中各物质要素（如工厂、仓库、商厦、学校、住宅等）进行分区布置。尽管受历史、经济、社会、行政和自然因素的影响，不同城市内部各功能分区空间布局不同，但在城市规划中必须妥善处理好城市与自然之间的相互关系，故在《全国主体功能区划》[①] 的基础上，我国在城乡规划过程中划定了“红线”“绿线”“紫线”“蓝线”“黄线”

① 国务院文件：《国务院关于印发全国主体功能区规划的通知》，国发〔2010〕46号，中华人民共和国中央人民政府网，2011年6月8日，http：//www.gov.cn/zhengce/content/2011－06/08/content_1441.htm。

等城市“五线谱”，并详细制定了各线的管理办法，以期对城市中道路、绿地、水体、历史建筑、历史文化街区及生态环境等公共资源加强保护和管理，[①] 促进城市空间利益的恰当分配，从文化、智慧、理性、科学的角度，以点带面地促进环境友好型城市建设的内涵深化、理念提升和模式升级。

“红线”是城市规划中道路的控制线，一般称道路红线。“红线”内的土地利用必须严格遵守《工程建设标准强制性条文》和当前国家有关政策的规定，对各类道路的建设密度、建设高度、建设宽度及容积率等进行规划管控，避免违规建设任何道路。“绿线”是城市中各类绿地范围的控制线。“绿线”内的土地利用必须严格遵守《城市绿化条例》《城市用地分类与规划建设用地标准》《城市规划法》《公园设计规范》等法律法规，政府规划部门和园林绿化主管部门按职责分工定期对本辖区内的绿线管控情况进行监督检查，违法必究，确保城市绿线管理范围内各类绿地建设在一个较高的水平上健康、有序发展。“蓝线”是城市中各级河道、渠道用地的控制线，是水域保护区，一般称为河道蓝线。关于“蓝线”内的水体利用，在遵守《中华人民共和国城市规划法》和《中华人民共和国水法》的基础上，各级政府应统筹考虑本行政区内水系的整体性、适应性、协调性、功能性和安全性等，因地制宜，加强对水的保护与管理，改善水质，促进城市水资源的可持续发展。“紫线”是国家及各级政府在编的历史文化街区、历史建筑等文化遗产区的保护范围界线。“紫线”内的建设活动必须遵守《中华人民共和国文物保护法》和国务院有关规定，确保保护范围内的历史建筑物及其风貌环境的完整性，维护其传统风格。“黄线”是根据《城市规划法》划定的影响城市发展全局且必须控制的公共基础设施用地的控制线。“黄线”内的建设活动应根据各城市实际发展的需要，在处理好远近期关系的基础上，高效、安全、经济、有序地实施。另外，城市“黄线”在制定城市总规划和详细规划时划定，一经报批确定，不得擅自调整。

1. 以红线为基调优先发展公共交通

随着新型城镇化建设进程的加快，城市常住人口持续增多，我国城市交通

---

① 《城市规划七线》，百度文库，2012 年 4 月 18 日，https：//wenku. baidu. com/view/a054f9ea4afe04a1b071de1b. html。

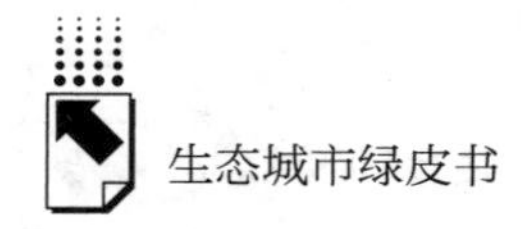

问题日益凸显。为应对小汽车数量高速增长，道路容量不足，以及低效的交通管理等引起的交通拥挤、空气污染、能源浪费等“城市病”，优先发展公共交通是一剂良药。大力发展公共交通是建设环境友好型城市的重要组成部分，以城市规划“红线”为基调，合理引导市民出行方式的选择，倡导绿色、安全、文明出行是建设生态城市的必由之路。

“公交优先”是指以公共交通为主，其他交通工具为辅的交通方式，不仅要充分发挥公共交通在城市交通发展中的主导作用，更要以其为依托，实现公共交通引领城市整体协调发展。① 应适当开辟公交专用车道，公交信号灯优先，提高公交车行车速度和准点率，营造快速、方便、经济、舒适、安全的出行环境，把便民、节能的优势发挥到极致；在财政补贴、法律法规、票价制定等方面建立健全保障体系，在支持公交系统发展的同时，尽可能多地降低市民出行成本；以现代化规划思维和科学技术为支撑，着力推动地面公交、有轨电车、轨道交通以及公共自行车系统的无缝衔接，优化公共道路布局，实现自行车、公交车、地铁及出租车一卡通；② 交通管理中在对公共交通给予优先权的同时，还需要合理管控高峰期小汽车的通行，如实行限行、限号、提高停车费、征收燃油税及碳排放税等；为方便市民出行，加强区域一体化建设，在毗邻地区开通省际、市际、县际公交化的客运线路，让公共交通互联互通，完全融入市民的日常生活、经济活动之中；建立公交系统动态监管体系，加强政府、企业和市民间的联系，让公交行业做到时时处处便民；加大新能源和清洁能源公交车辆新增和更新力度，发展低碳环保的绿色公共交通；同时提高步行道路、自行车道等基础设施的舒适度，鼓励市民步行或采用自行车出行，这样也在一定程度上能缓解交通问题。解决城市交通拥堵问题是一个持续的过程，推动公交优先、限制小汽车通行、鼓励绿色出行等措施需要长期坚持实施，只有通过政府、企业和市民的齐心协力，不断发现市民新的需求，适时调节供求关系，逐步完善基础设施建设，才能使交通问题得到真正解决。

---

① 余巧兰、顾铁军：《上海从“公交优先”到“公交都市”的政策差异性分析》，《发展改革理论与实践》2017 年第 11 期。

② 方利君：《无锡市创建“江苏省公交优先示范城市”实施方案研究》，《黑龙江交通科技》2017 年第 4 期。

2. 以绿线为基调增加城市绿化

在城镇化快速发展过程中，合理的城市绿化不仅能起到美化环境、改善市民生活质量的作用,[①] 还具有调节生态平衡、节能减排、纳垢吐新（吸碳释氧）的功能,[②] 科学的绿化布局、绿化手段有助于促进城市稳定、长久的发展。目前，我国城市绿化中存在土地资源价值差异造成的市中心与郊区、新城区与老城区绿地布局不均匀等现象;[③] 同时，盲目的跟风、模仿导致了绿化模式雷同，既造成不必要的浪费，又磨灭了城市的灵气、特色。很多城市还普遍存在对奇花异草的追求引发的生态安全事故，以及管理体制不健全、养护资金短缺、养护团队整体水平低等问题。[④]

新时期，我国在继续提升城市绿化水平的基础上，应倡导应用现代化城市绿化理念，在有针对性地利用立体绿化技术、提升绿化效果的同时，增加城市园林工程绿化水平，突出城市绿化特点，营造健康、舒适的生活环境。随着建设生态城市理念的日渐普及，绿化过程中要使植物与城市环境、植物与植物相互适应和融合；必须遵循生态适应、物种多样、经济高效的原则，依据不同城市条件，因地制宜地促进城市绿化体系的合理布局，尽可能以绿地取代大面积硬质铺装道路；要在点、线、面绿化的基础上，向立体绿化方面努力，拓展垂直绿化、屋面绿化的空间，摒弃绿化就是美化的陈旧观念，深化观赏功能与生态功能的结合；除了重视植被生态安全之外，要加大绿化养护资金的投入和绿化管理人才的引进，构建完善的现代化城市绿化管理体制和养护体系，使生态城市建设深入人心。

3. 以蓝线为基调维护城市水生态系统

水是城市运转的命脉，在推进新型城镇化建设的大背景下，我国城市每年增加 1000 万人以上，新增建筑占世界建筑总量的一半以上，随之而来的是城市地表径流增加、洪涝积水、河流生态恶化、水污染加剧、饮水缺乏安全、供求矛盾等问题阻碍着城市的可持续发展,[⑤] 而海绵城市的建设理念可以科学合理地解

① 郭常云：《城市园林建设改造植物配置原则》，《内蒙古林业调查设计》2010 年第 2 期。

② 张耀宏：《浅谈城市园林绿化发展的趋势》，《林业建设》2010 年第 1 期。

③ 徐盛恩：《城市绿化不容忽视的若干问题与对策研究》，《科学技术创新》2010 年第 7 期。

④ 唐桂兰：《城市绿化景观的生态思考》，《林业建设》2017 年第 2 期。

⑤ 仇保兴：《海绵城市（LID）的内涵、途径与展望》，《给水排水》2015 年第 4 期。

决这些难题。顾名思义，海绵城市就像一块海绵一样将雨水滞留、蓄存、净化，让水得到循环利用。[①] 其基本内涵是改变传统的城市建设理念，使新型城镇化与资源环境协调发展，让城市“弹性”适应自然灾害和环境变化，建立顺应自然、尊重自然的低影响开发模式，通过“自然积存”削峰调蓄、控制径流，“自然渗透”恢复水生态，“自然净化”减少污染，修复水的自然循环，让城市水运动更加自然。

建设海绵城市要做到对区域水生态系统的修复和保护，借助良好的城市规划分层设计明确建设要求，构筑雨水利用和中水回收的基础设施。我国城市建设一直坚持“生态为本，自然循环；规划引领，统筹推进；政府引导，社会参与”的基本原则，国务院办公厅印发的《关于推进海绵城市建设的指导意见》明确提出，（要）通过海绵城市建设，最大限度地减少城市开发建设对生态环境影响，到2020年，城市建成区20%以上的面积要达到将70%的降雨就地消纳和利用的目标，2030年，80%的建成区面积达到要求。[②] 在《关于深入推进新型城镇化建设的若干意见》中，国务院再次要求加快推进海绵城市建设，海绵城市建设已经成为应对水资源问题的主要措施、希望之法。[③] 我国已在雨水收集利用和生活污水净化循环利用方面做了大量的实践，结合实际情况，国内外一些学者已经对海绵城市建设提出了新的展望和设想，如建造“弹性城市”应对自然灾害，推广垂直园林建筑固碳，并减少地表径流，发展“海绵社区”，营造爱水、敬水的氛围，促进人与自然和谐相处；引入碳排放的测算，分区测评、奖优罚劣、以奖代补等评测体系，确保海绵城市建设健康进行；实现海绵城市建设和智慧城市建设相结合，利用大数据、物联网、3S和云计算等信息技术让水循环过程更具智慧，在节水减排的同时做到迅速、智慧、弹性地解决城市水在监测、治理、修复等环节中可能出现的各类问题，最终

① 刘举科、孙伟平、胡文臻：《中国生态城市建设发展报告（2017）》，《社会科学文献出版社》，2017。

② 国务院文件：《国务院办公厅关于推进海绵城市建设的指导意见》，国发〔2015〕75号，中华人民共和国中央人民政府网，2015年10月16日，http：//www.gov.cn/zhengce/content/2015－10/16/content_ 10228.htm。

③ 国务院文件：《国务院关于深入推进新型城镇化建设的若干意见》，国发〔2016〕8号，中华人民共和国中央人民政府网，2016年2月6日，http：//www.gov.cn/zhengce/content/2016－02/06/content_ 5039947.htm。

形成一个科学的循环模式：信息监测和收集—信息传输—准确指挥—迅速执行—对结果反馈修正。目前，海绵城市作为解决水资源问题最理想的办法之一，其内涵、建设模式仍在不断的探索、修订、发展之中，只有政府合理规划、企业科学设计、人民积极献策，才能建造出智慧高效、节能环保、干净优美的宜居城市，使我国的海绵城市建设走上一条具有中国特色的健康发展之路。

4. 以紫线为基调提倡现代城市环保文化建设

农业现代化、工业现代化、城镇化、信息化发展为人类创造了丰厚的物质生活基础，同时，在这个过程中产生的工业废物、生活垃圾严重污染着自然环境，深刻影响着地球的生态平衡。目前，生态环境恶化已经是人类社会不可忽视的主要问题。1976 年联合国大会决议通过了《人类环境宣言》文案，标志着环保由局部走向世界。环保作为当今世界人们最关心的问题之一，已经属于一种文化范畴，被赋予了更宽广、更深刻的意义，它包括绿色设计、绿色产品、绿色生产、恢复自然绿色、人与自然和谐共处及人类安全健康、节能减排等可持续发展理念。2016 年 11 月，国务院印发《“十三五”生态环境保护规划》，提出必须把生态文明建设提升至国家战略，把保护环境融入小康社会、新型城镇化和“一带一路”建设当中，让绿色引领科技，加快推动区域绿色协调发展，通过专项治理，统筹推进达标排放、污染减排和生态环境治理体系建设，强化绿色金融等市场激励机制，形成政府、企业、公众共治共管的健全体系。① 城市环保文化建设不是一蹴而就的，需要全社会产生共鸣，以系统的宣传为前提，营造鲜明、具体的环保氛围，以绩效为导向，促使形成一种持续作用、互动推广的环保意识，让全民环保蔚然成风，使环保教育、环保观念、环保行动、环保制度成为每个公民的习惯和社会风尚，只有这种“由内而外”的“绿色力量”才是解决环境问题的根本办法。环境是每一代人的财富，只有心持珍惜、崇敬的态度才能享受到它给我们带来的美好。环保文化建设任重道远，随着时间的推移和成果的积累，人们为环保付出努力的价值才会显现出来，城市才会更加干净、美好、舒适。

5. 以黄线为基调促进 PPP 模式在城市基础设施建设中深度应用

我国经济不断发展，城市规模迅速扩大，社会矛盾已经转化为人民对美好

---

① 国务院文件：《国务院关于印发“十三五”生态环境保护规划的通知》，国发〔2016〕65 号，中华人民共和国中央人民政府网，2016 年 12 月 5 日，http://www.gov.cn/zhengce/content/2016-12/05/content_5143290.htm。

生活的向往与不平衡、不充分的发展之间的矛盾，为稳步推进我国社会主义现代化建设，满足人民对生活环境、生活质量的高要求，人们愈加重视公共基础设施这一经济活动不可或缺的载体。政府在着力推动交通、公共卫生等基础设施建设与发展时，面临的最大问题是资金压力，政府单一主导的基础设施建设已不能适应飞速发展的经济模式，从目前的情况看，政府在基建融资模式上的创新——PPP 模式——对解决公共基础设施建设中资金不足的主要难题提供了方向。PPP 模式也叫“公共私营合作制”，实质上是政府和民营资本合作完成项目或公共服务，双方在项目建设中风险共担，利益共享。① 这种模式可以充分利用私营企业的建设理念、先进技术、管理模式、商业资本及社会效应，而项目的产权仍归政府所有，政府对项目情况可以整体把控。然而，在建设好公共基础设施的同时，要管理好、用好基础设施才能促进经济健康发展，城市功能稳步上升，人民生活质量逐渐提高。城市公共基础设施管理中坚持“3R”原则，即减量化、再使用和再循环是处理城市垃圾的高效办法，包括源头生产轻型化、小型化、包装简单化以减少废物生产排放量，过程使用中抵制一次性用品、延长产品使用期限、减慢更新换代速度、促进多次使用，末端处理将可利用材料恢复为新产品或转化为其他产品原料以达到循环利用的目的。充分利用 PPP 模式推进基础设施建设，结合“3R”原则加以管理，既能减轻政府在引导、建设、监督方面的压力，又能激发经济发展潜力，促进社会全面进步，提高人民生活水平。这种鼓励群众参与到城市建设管理中来的发展模式，对中国特色城市公共基础设施建设意义深远。

（二）“智慧城市”打造居民生活质量、城市竞争力升级版

城市化是撬动我国经济增长的重要杠杆。传统的城市发展模式已经无法应对正在加剧的“大城市病”，面对问题和挑战，打造具有“智慧”的城市是彻底解决“大城市病”的一剂良方。智慧城市是工业化、城镇化和信息化发展深度结合的产物，智慧城市建设则涉及城市发展和人民生活的方方面面。② 地

① 袁铭：《基于 PPP 模式的城市基础设施建设》，《中国管理信息化》2017 年第 24 期。

② 辜胜阻、杨建武、刘江日：《当前我国智慧城市建设中的问题与对策》，《中国软科学》2013 年第 1 期。

方政府可充分利用互联网、大数据、人工智能、3S 和云计算等信息技术进行市场监督、社会管理、积极调节及公共服务，最终形成一个绿色、开放、和谐、创新和共享的良性循环城市系统。智慧城市的优势不仅仅体现在提高城市管理效率和降低政府运行成本等低层次智慧应用方面，更重要的是能对城市突发的具体问题迅速提出一套科学、合理、有效的解决方案，涵盖交通、医疗、食品、水管理、城市规划等方面。智慧城市还具备自我升级的能力，随着城市运行中不断出现的新问题，其服务也会不断丰富。智慧城市建设给城市发展带来了新的挑战和机遇，是我国城市向“集约型”“内涵式”模式转变的重要平台，是全面提升各级政府公共服务能力、达到“智慧政府”的重要利器，是促进城市治理模式变革和经济发展的重要引擎。智慧城市就像城市的“神经系统和大脑”，是智慧与城市的有机结合，能够对城市建设过程中和将来可能发生的问题提供最合理、最快捷的解决办法，这种因地制宜、统筹全局、系统规划的“智慧”对居民生活质量提高和城市竞争力升级意义重大。

1. 大数据、人工智能打开“智慧城市”建设的新局面

依靠传统机器学习算法的智慧城市在面对不断出现的新的城市问题时，明显缺乏足够的智慧。[①] 近年来，大数据、人工智能的迅速兴起打开了智慧城市发展的新局面。2015 年 8 月国务院印发了《促进大数据发展行动纲要的通知》，特别提出要立足国情和现实需要着力推动大数据的发展和应用。[②] 2017 年 7 月，国务院印发《新一代人工智能发展规划》，提出建设安全便捷的智能社会。[③] 毫无疑问，大数据、人工智能将助力未来智慧城市发展，成为智慧城市建设的核心技术支撑。不过人工智能还面临着技术、政策、法律、社会、伦理及安全等多方面问题和挑战，只有加强人才培养，物联网建设，大数据收集、存储、运用和政府管理模式升级，才能集中力量打造具有中国特色的智慧城市。基于大数据、人工智能的智慧城市必将成为中国建造的亮丽名片，在逐

---

① 戚欣、姜春雷：《人工智能助力智慧城市建设》，《智能建筑与智慧城市》2017 年第 9 期。

② 国务院文件：《国务院关于印发促进大数据发展行动纲要的通知》，国发〔2015〕50 号，中华人民共和国中央人民政府网，2015 年 9 月 5 日，http://www.gov.cn/zhengce/content/2015-09/05/content_10137.htm。

③ 国务院文件：《国务院关于印发新一代人工智能发展规划的通知》，国发〔2017〕35 号，中华人民共和国中央人民政府网，2017 年 7 月 20 日，http://www.gov.cn/zhengce/content/2017-07/20/content_5211996.htm。

步完善智能服务体系和稳步推进智慧城市建设过程中，必须保持清醒，坚持以人为本、力戒焦躁，要未雨绸缪，提前做好实际摸底工作并进行充分论证，以人工智能为核心的智慧城市建设绝不是人工智能与城市管理的简单结合，在大数据、人工智能深入发展的基础上，智慧城市必将彻底改变人们的生产生活方式，促进物质社会和精神文明社会的大发展，造福人类社会。

2. “智慧城市”要因地制宜、因时制宜

我国城镇化建设已经发展到了新的阶段，新型城镇化建设是国家的战略选择。[①] 2014 年国务院印发《国家新型城镇化规划（2014～2020 年）》指导意见，特别指出要走具有中国特色的新型城镇化道路，明确强调把智慧城市建设作为推进新型城镇化建设的重要引擎。[②] 2016 年国务院颁布的《关于深入推进新型城镇化建设的若干意见》提出坚持点面结合、统筹推进、纵横联动、协同推进、补齐短板、重点突破，着力提升城镇化建设质量。毋庸置疑，因地制宜发挥城市特色、实行新型城镇化战略是智慧城市建设的机遇和挑战。[③] 新型城镇化建设要比传统的城市发展模式更加注重提升城镇质量，有智慧的城镇基础设施和公共服务体系是必需的，智慧城市能充分利用当代发展成果，将新的技术和理念融入新型城镇化建设当中，根据市民、企业的实际需求提高基础设施运营效率，完善公共服务体系，保证城镇化建设质量。同时，新型城镇化也对产业升级转型、城乡空间布局、城市治理等方面提出了更高的要求，要实现这些新目标，必须借助智慧城市这一平台。智慧城市建设也要抓住新型城镇化建设这个战略机遇，利用自己的信息化优势推动新型城镇化升级和实现自我升级。综上所述，智慧城市建设将会带动城镇智慧化整体发展，在新型城镇化建设中融入更多新技术、新理念。二者相互促进、深度融合才能进一步提高我国城市的创新水平、竞争水平、城市服务管理水平和人民幸福水平。

3. “智慧城市”助力城市生态建设

城市的主体是人，让生态城市更具智慧、服务性能更好是城市建设的战略

---

① 甄峰：《以智慧城市建设推进新型城镇化》，《群众》2014 年第 6 期。

② 国务院文件：《国家新型城镇化规划（2014～2020 年）》，中央政府门户网站，2014 年 3 月 16 日，http：//www. gov. cn/zhengce/2014 -03/16/content_ 2640075. htm。

③ 国务院文件：《国务院关于深入推进新型城镇化建设的若干意见》，国发〔2016〕8 号，中华人民共和国中央人民政府网，2016 年 2 月 6 日，http：//www. gov. cn/zhengce/content/2016 -02/06/content_ 5039947. htm。

选择。[①] 城市生态建设不是一蹴而就的，政府在建设生态城市的过程中需要智慧的大脑来引导和管理，科研部门需要尽可能全面的数据进行智慧的分析，以期为政府和社会提供更好的对策建议，人民需要获取更多的信息来了解和判断当前生活环境的质量，故城市在生态建设中应该有智慧的创新，智慧城市应为生态城市建设伸出援手。智慧环保对城市中海量环境信息的筛选、收集、分析及共享是对环境管理者的智能支持，智能的环境保护管理机制、智能的生产生活节能减排体系等将有力支持生态城市建设，促进经济社会与生活环境的协调发展。因此，智慧环保要有高定位，依托智慧城市建设大平台实现转型升级，完善自己的平台系统，培育自己的人才队伍，找准定位，为城市生态建设助力护航。目前，在生态文明建设大背景下，大部分城市都提出了自己的生态建设目标。我国人民齐心协力，万众一心，坚持开放、绿色、和谐、创新、共享的发展理念，凝聚民族创造力，让中华民族的智慧融入城市建设当中，带着对美好生活的向往，一步一个脚印，必将建成具有中国特色的生态智慧城市。

① 寇有观：《智慧生态城市的探讨》，《办公自动化》2013 年第 15 期。

G.4
绿色生产型城市建设评价报告

王翠云* 钱国权 袁春霞 汪永臻

摘　要： 本报告首先构建了包括19个指标的绿色生产型城市评价指标体系，其中包括14个用于计算生态城市健康指数的核心指标和5个用于计算绿色生产型城市特色指数的特色指标。运用该指标体系，将中国284座城市的健康指数和特色指数进行综合计算后得到绿色生产型城市综合指数，并对综合指数排在前100名的城市做了重点分析和评价。在此基础上从企业、产业和社会三个层面对绿色生产的建设实践进行探讨，进而提出了实现绿色生产的对策措施。

关键词： 绿色生产型城市　综合指数　健康指数

绿色生产型城市是指在城市建设发展过程中通过绿色创新，按照有利于保护生态环境的原则来组织生产过程，创造出绿色产品，以满足绿色消费，最终在城市中实现高经济增长、高人类发展、低生态足迹、低环境影响的目标。①

绿色生产型城市是随着绿色生产的发展而提出的，相对于传统的城市建设和发展而言，绿色生产型城市强调在城市建设和发展过程中，引入绿色生产的理念，尽量节省原材料，减少废弃物，同时充分考虑产品功能的延伸和再利用，以及废弃物的回收和处理。具体来说，绿色生产型城市可以在企业、产业和社会三个层面来实现，企业层面是实现产品的绿色化和企业的绿色化，产业

---

* 王翠云，女，汉族，博士，副教授，主要从事城市环境与城市经济方面的研究。

① 史宝娟、赵国杰：《城市循环经济系统评价指标体系与评价模型的构建研究》，《现代财经》2007年第5期。

层面通过建设物质、水、能源、技术、信息和设施集成系统来实现，社会层面则通过在日常生活中贯彻绿色理念，实现绿色消费、绿色包装、绿色营销和绿色办公，建设绿色住宅和绿色社区来实现。

一　绿色生产型城市评价报告

（一）绿色生产型城市评价指标体系

绿色生产型城市作为生态城市的一种类型，既具有生态城市的基本特征，又具有绿色生产型城市的特殊性，因此，我们构建的绿色生产型城市评价指标体系包括两部分，一部分为反映生态城市共性的 14 项核心指标，另一部分为反映绿色生产型城市特性的 5 项特色指标（见表 1）。

（二）绿色生产型城市的评价方法及评价范围

1. 绿色生产型城市评价数据来源及评价方法

用于绿色生产型城市评价的数据主要来自中国环境年鉴、中国城市统计年鉴、当地统计年鉴和当地环境公报、社会发展报告等。绿色生产型城市的评价方法与中国生态城市健康状况评价报告中所使用的方法一致（见本书《中国生态城市健康指数评价报告》）。

2. 绿色生产型城市的评价范围及时间

绿色生产型城市的评价依据绿色生产型城市评价指标体系，采用 2016 年的统计数据进行，共选择了 286 座地级及以上城市，但因普洱市和巢湖市部分数据缺失，未参与评价，实际评价的城市数量为 284 座。在此基础上，我们对 2016 年中国绿色生产型城市综合指数前 100 名的城市进行了重点评价与分析。

（三）绿色生产型城市评价与分析

通过对 14 项核心指标和 5 项特色指标的计算，我们得到了 284 座城市 2016 年的生态城市健康指数和绿色生产型城市特色指数，将这两个指数进行综合计算后得到绿色生产型城市综合指数。将综合指数位于前 100 名城市的三项指数和 5 个特色指标进行排名，结果见表 2。

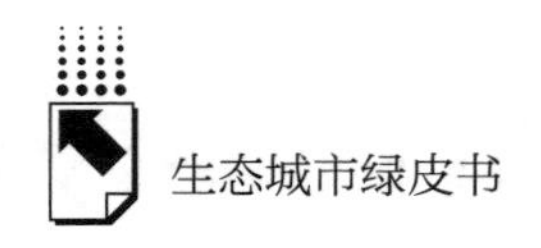

表 1　绿色生产型城市评价指标体系

一级指标	核心指标			特色指标	
	二级指标	序号	三级指标	序号	四级指标
绿色生产型城市综合指数	生态环境	1	森林覆盖率[建成区人均绿地面积(平方米/人)]	15	主要清洁能源使用率[主要清洁能源使用总量/综合能耗(%)]
		2	空气质量优良天数(天)		
		3	河湖水质[人均用水量(吨/人)]		
		4	单位 GDP 工业二氧化硫排放量(千克/万元)	16	单位 GDP 用水量变化量(立方米/元)
		5	生活垃圾无害化处理率(%)		
	生态经济	6	单位 GDP 综合能耗(吨标准煤/万元)		
		7	一般工业固体废物综合利用率(%)		
		8	R&D 经费占 GDP 比重[科学技术支出和教育支出的经费总和占 GDP 比重(%)]	17	单位 GDP 二氧化硫排放变化量(千克/万元)
		9	信息化基础设施[互联网宽带接入用户数(万户)/城市年末总人口(万人)]		
		10	人均 GDP(元/人)	18	单位 GDP 综合能耗(吨标准煤/万元)
	生态社会	11	人口密度(人口数/平方千米)		
		12	生态环保知识、法规普及率,基础设施完好率[水利、环境和公共设施管理业全市从业人员数(万人)/城市年末总人口(万人)]		
		13	公众对城市生态环境满意率[民用车辆数(辆)/城市道路长度(千米)]	19	一般工业固体废物综合利用率(%)
		14	政府投入与建设效果[城市维护建设资金支出(万元)/城市 GDP(万元)]		

注：当年发生重大污染事故的城市在当年评价结果中扣除 5% ~7%。

1. 2016年绿色生产型城市建设评价与分析

从表 2 中可以看出，绿色生产型城市综合指数排在前 10 位的城市分别是三亚市、珠海市、厦门市、南昌市、天津市、海口市、南宁市、惠州市、舟山市和广州市。

综合指数排在第 1 位的三亚市，是中国最南端的滨海旅游城市，居民平均寿命达到 80 岁，被称为“最长寿地区”。其综合指数得分为 0.9182，健康指数得

表 2　2016 年绿色生产型城市综合指数排名前 100 名城市

城市	绿色生产型城市综合指数（19 项指标结果）		生态城市健康指数（14 项指标结果）		绿色生产型城市特色指数（5 项指标结果）		特色指标单项排名				
	得分	排名	得分	排名	得分	排名	主要清洁能源使用率	单位 GDP 用水量变化量	单位 GDP 二氧化硫排放变化量	单位 GDP 综合能耗	一般工业固体废物综合利用率
三亚	0.9182	1	0.9236	1	0.9031	3	4	10	278	5	1
珠海	0.9016	2	0.9032	2	0.8972	6	8	229	147	22	101
厦门	0.8824	3	0.8868	3	0.8699	42	16	82	232	28	167
南昌	0.8801	4	0.8767	4	0.8898	12	39	135	224	4	80
天津	0.8718	5	0.8672	9	0.8846	20	41	88	191	60	27
海口	0.8717	6	0.8675	8	0.8834	24	7	21	264	13	134
南宁	0.8704	7	0.8755	5	0.8561	64	120	202	182	122	89
惠州	0.8696	8	0.872	7	0.8628	55	68	129	229	120	66
舟山	0.8688	9	0.8745	6	0.8527	68	139	139	142	71	112
广州	0.8687	10	0.8655	11	0.8778	29	27	52	265	26	57
江门	0.8663	11	0.8564	14	0.894	10	42	40	90	44	164
北京	0.8616	12	0.8473	20	0.9017	4	1	59	272	1	158
黄山	0.8613	13	0.8623	12	0.8585	62	79	44	274	2	185
福州	0.8601	14	0.8576	13	0.8671	45	122	46	240	31	46
汕头	0.8584	15	0.8475	19	0.8889	15	64	23	181	25	69
上海	0.8580	16	0.8489	18	0.8834	23	10	26	263	30	66
武汉	0.8545	17	0.8503	17	0.8663	49	104	92	209	123	47
合肥	0.8536	18	0.8535	16	0.854	65	52	245	203	6	199
东莞	0.8476	19	0.8335	21	0.8871	16	3	13	238	42	131
蚌埠	0.8471	20	0.8281	27	0.9002	5	32	42	157	21	35

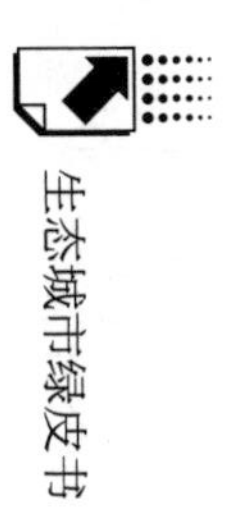

续表

城市	绿色生产型城市综合指数（19项指标结果）		生态城市健康指数（14项指标结果）		绿色生产型城市特色指数（5项指标结果）		特色指标单项排名				
	得分	排名	得分	排名	得分	排名	主要清洁能源使用率	单位GDP用水量变化量	单位GDP二氧化硫排放变化量	单位GDP综合能耗	一般工业固体废物综合利用率
杭州	0.8441	21	0.8329	23	0.8755	36	17	32	248	12	161
威海	0.8429	22	0.8658	10	0.7788	154	205	143	251	88	80
常州	0.8413	23	0.833	22	0.8647	50	36	99	271	89	40
宁波	0.8409	24	0.8255	30	0.8841	22	45	181	165	45	85
重庆	0.8409	25	0.8263	28	0.8817	25	35	57	81	72	192
长春	0.8390	26	0.8226	33	0.885	19	91	73	201	29	33
南京	0.8388	27	0.83	25	0.8634	53	65	101	167	92	156
深圳	0.8381	28	0.8542	15	0.7932	140	5	28	279	14	263
芜湖	0.8372	29	0.825	31	0.8715	40	51	107	237	33	120
南通	0.8365	30	0.8211	36	0.8798	27	109	103	241	8	68
哈尔滨	0.8358	31	0.8315	24	0.8478	72	133	90	228	100	18
佛山	0.8350	32	0.8219	34	0.8718	38	9	223	225	32	153
绍兴	0.8350	33	0.8219	35	0.8717	39	60	95	166	121	87
北海	0.8347	34	0.8258	29	0.8598	59	118	56	185	143	80
西安	0.8312	35	0.8153	37	0.8759	34	13	186	200	34	151
青岛	0.8300	36	0.8299	26	0.8304	87	146	108	205	69	97
大连	0.8288	37	0.8248	32	0.84	78	121	272	217	95	73
中山	0.8287	38	0.805	43	0.895	8	11	70	204	38	1
扬州	0.8254	39	0.8009	46	0.8941	9	75	65	173	9	49
苏州	0.8248	40	0.8152	38	0.8516	69	108	152	244	98	136

续表

城市	绿色生产型城市综合指数（19项指标结果）		生态城市健康指数（14项指标结果）		绿色生产型城市特色指数（5项指标结果）		特色指标单项排名				
	得分	排名	得分	排名	得分	排名	主要清洁能源使用率	单位GDP用水量变化量	单位GDP二氧化硫排放变化量	单位GDP综合能耗	一般工业固体废物综合利用率
秦皇岛	0.8211	41	0.8098	41	0.8529	67	30	268	74	163	176
景德镇	0.8205	42	0.7908	51	0.9038	2	83	58	69	43	104
济南	0.8175	43	0.8018	45	0.8616	56	117	259	171	125	24
淮安	0.8130	44	0.79	52	0.8774	30	105	180	84	82	183
镇江	0.8112	45	0.7915	50	0.8663	48	102	80	220	54	123
连云港	0.8087	46	0.8102	40	0.8045	124	170	191	233	102	102
无锡	0.8083	47	0.7887	53	0.863	54	98	109	259	64	84
湖州	0.8077	48	0.7833	55	0.8761	33	96	141	176	90	19
长沙	0.8070	49	0.8051	42	0.8123	112	160	195	270	50	94
台州	0.8032	50	0.7741	59	0.8845	21	97	148	207	11	72
成都	0.8017	51	0.7924	49	0.8278	91	49	266	261	37	201
铜陵	0.8010	52	0.7739	60	0.8769	31	48	250	80	157	113
绵阳	0.8005	53	0.7715	62	0.8817	26	67	155	97	83	146
广元	0.7984	54	0.7644	67	0.8936	11	31	221	66	96	125
温州	0.7974	55	0.7798	56	0.8465	73	110	68	215	17	207
牡丹江	0.7966	56	0.7723	61	0.8647	51	151	1	122	100	16
辽源	0.7966	57	0.7705	64	0.8695	43	144	224	75	63	1
拉萨	0.7962	58	0.8025	44	0.7786	156	15	2	268	97	270
嘉兴	0.7917	59	0.7745	58	0.8397	79	149	115	113	99	115
沈阳	0.7915	60	0.7943	47	0.7836	149	103	279	179	167	189

续表

城市	绿色生产型城市综合指数（19 项指标结果）		生态城市健康指数（14 项指标结果）		绿色生产型城市特色指数（5 项指标结果）		特色指标单项排名				
	得分	排名	得分	排名	得分	排名	主要清洁能源使用率	单位 GDP 用水量变化量	单位 GDP 二氧化硫排放变化量	单位 GDP 综合能耗	一般工业固体废物综合利用率
太　原	0. 7908	61	0. 7941	48	0. 7815	151	57	77	78	200	246
柳　州	0. 7894	62	0. 815	39	0. 7176	221	209	7	133	250	32
莆　田	0. 7878	63	0. 7622	70	0. 8593	60	80	12	246	39	177
烟　台	0. 7842	64	0. 784	54	0. 7849	146	184	87	227	68	173
双鸭山	0. 7827	65	0. 7706	63	0. 8166	108	43	265	124	179	200
淮　南	0. 7827	66	0. 7528	79	0. 8664	47	89	37	39	161	179
东　营	0. 7772	67	0. 7529	76	0. 8454	75	63	262	269	108	98
新　余	0. 7767	68	0. 7482	82	0. 8566	63	81	114	50	196	89
桂　林	0. 7753	69	0. 7683	66	0. 7949	137	187	219	155	52	174
鄂　州	0. 7752	70	0. 7578	72	0. 8241	95	95	98	20	224	166
宿　迁	0. 7737	71	0. 7373	92	0. 8756	35	56	174	239	10	126
安　庆	0. 7723	72	0. 7319	102	0. 8853	18	18	29	214	61	48
淮　北	0. 7716	73	0. 7297	105	0. 889	14	115	49	51	151	71
泰　州	0. 7689	74	0. 7517	81	0. 8172	106	178	170	206	65	29
白　城	0. 7685	75	0. 7267	109	0. 8854	17	76	188	114	140	14
大　庆	0. 7681	76	0. 7622	69	0. 7848	147	100	273	219	222	109
龙　岩	0. 7673	77	0. 7569	73	0. 7964	134	194	86	123	113	139
大　同	0. 7665	78	0. 7635	68	0. 775	163	127	263	8	251	118
防城港	0. 7646	79	0. 7336	99	0. 8514	70	86	117	108	197	23
克拉玛依	0. 7645	80	0. 7775	57	0. 7281	215	124	228	95	275	169

续表

城市	绿色生产型城市综合指数（19项指标结果）		生态城市健康指数（14项指标结果）		绿色生产型城市特色指数（5项指标结果）		特色指标单项排名				
	得分	排名	得分	排名	得分	排名	主要清洁能源使用率	单位GDP用水量变化量	单位GDP二氧化硫排放变化量	单位GDP综合能耗	一般工业固体废物综合利用率
遂宁	0.7615	81	0.7415	90	0.8176	105	171	20	226	104	22
郑州	0.7590	82	0.7164	118	0.8782	28	37	111	130	40	172
鹤壁	0.7588	83	0.7425	87	0.8046	123	167	147	29	198	73
金华	0.7584	84	0.7455	85	0.7947	138	216	179	169	35	55
潮州	0.7583	85	0.725	112	0.8514	71	19	197	175	190	12
阳江	0.7564	86	0.7156	120	0.8707	41	29	200	192	77	121
鸡西	0.7563	87	0.7523	80	0.7676	172	112	110	86	214	243
西宁	0.7563	88	0.7529	77	0.7657	176	73	25	211	268	31
十堰	0.7560	89	0.7688	65	0.7203	220	195	102	208	168	224
宣城	0.7558	90	0.7418	89	0.795	136	182	151	120	81	191
盘锦	0.7558	91	0.7367	95	0.8092	117	71	278	127	174	133
马鞍山	0.7552	92	0.7352	96	0.8112	113	106	8	58	246	122
衢州	0.7544	93	0.7316	103	0.8184	100	129	15	59	225	111
鹰潭	0.7534	94	0.7289	107	0.822	97	215	137	56	7	128
兰州	0.7534	95	0.7334	101	0.8093	115	93	18	68	252	58
湛江	0.7533	96	0.7232	116	0.8375	83	141	64	196	130	36
佳木斯	0.7511	97	0.7339	97	0.7991	128	111	130	276	128	221
阜新	0.7507	98	0.7369	94	0.7895	144	34	280	5	216	178
贵阳	0.7505	99	0.7424	88	0.7732	166	33	210	174	128	267
泸州	0.7504	100	0.7117	124	0.8586	61	54	113	210	160	52

分为0.9236，均处于第1位，且远高于排在第2位的珠海市；特色指数的得分为0.9031，排在第3位，说明三亚市不仅生态城市建设卓有成效，而且绿色生产实施效果显著。特色指标排名中主要清洁能源使用率、单位GDP综合能耗、单位GDP用水量变化量和一般工业固体废物综合利用率的排名均处于前10位，但是单位GDP二氧化硫排放变化量排在了第278位，说明2016年三亚市单位GDP二氧化硫排放较2015年增加较多，应查明原因，改进二氧化硫治理措施，严格控制单位GDP二氧化硫的排放量。

有“幸福之城”和“新型花园城市”等众多称谓的珠海市，综合指数和健康指数的得分分别为0.9016和0.9032，均排在第2位，特色指数为0.8972，排在第6位，特色指数排名稍落后于健康指数。五项特色指标中，主要清洁能源使用率和单位GDP综合能耗排名较靠前，排名最靠后的是单位GDP用水量变化量，说明珠海市2016年单位GDP用水量与2015年相比增加较多。珠海市在控制单位GDP二氧化硫排放量和提高固体废物综合利用率的同时，应重点加强对用水量的监管力度，逐渐降低单位GDP的用水量。

综合指数排在第3位的厦门市，其健康指数也排在第3位，而特色指数排在第42位，特色指数落后于健康指数，说明厦门市生态城市建设情况较好，绿色生产的实施有待加强。五项绿色生产型城市特色指标中，主要清洁能源使用率和单位GDP综合能耗分别排在第16位和第28位，排名情况较好；较差的是一般工业固体废物综合利用率和单位GDP二氧化硫排放变化量，分别排在第167位和第232位，所以厦门市在绿色生产的实施过程中应逐步提高固体废物的综合利用率，严格控制二氧化硫的排放量。

综合指数排在第4位的南昌市，其健康指数也排在第4位，特色指数稍落后于健康指数，排在第12位，总体而言，南昌市生态城市建设和绿色生产实施情况较好。五项绿色生产型城市特色指标中，最好的是单位GDP综合能耗，排在了第4位，其次是主要清洁能源使用率，排在第39位；较差的是单位GDP用水量变化量和单位GDP二氧化硫排放变化量，分别排在第135位和224位，说明南昌市2016年的单位GDP用水量和单位GDP二氧化硫排放量与2015年相比增加较多，应查明原因，采取相应的措施，不断降低单位GDP用水量和单位GDP二氧化硫排放量。

综合指数排在第5位的天津市，其健康指数和特色指数分别排在第9位和第20位，说明天津市的生态城市建设状况和绿色生产实施情况较好，且较为均衡。反映绿色生产状况的五项特色指标也表明了这一特点，特色指标中，只有单位GDP二氧化硫排放变化量排在第191位，较靠后，其余四个指标的排名均处于前列。所以天津市在绿色生产的实施过程中应重点控制单位GDP二氧化硫的排放量。

综合指数排在第6位的海口市，具有“中国魅力城市”“中国最具幸福感城市”“全国城市环境综合整治优秀城市”等众多荣誉称号，其健康指数和特色指数分别排在第8位和第24位，总体发展状况较好，且较为均衡。五项特色指标中主要清洁能源使用率、单位GDP综合能耗和单位GDP用水量变化量均排在了前21位，排名情况最差的是单位GDP二氧化硫排放变化量，位于第264位，今后应加强二氧化硫治理力度，严格控制其排放量。

综合指数排在第7、第8和第9位的南宁市、惠州市和舟山市情况类似，均表现为健康指数领先于特色指数，说明这三座城市生态城市建设状况较好，绿色生产实施情况有待改善。其中南宁市健康指数排在第5位，特色指数排在第64位，影响南宁市特色指数排名的是单位GDP用水量变化量和单位GDP二氧化硫排放变化量，所以南宁市应该实施更严格的节水措施和二氧化硫排放控制措施，降低单位GDP的用水量和二氧化硫排放量；惠州市健康指数排在第7位，特色指数排在第55位，影响惠州市特色指数排名的单项指标主要是单位GDP二氧化硫排放变化量，说明现阶段惠州市实施绿色生产的关键是降低二氧化硫的排放量；舟山市健康指数排在第6位，特色指数排在第68位，五项特色指标排名较为均衡，排名最好的单位GDP能耗排在第71位，其余四项指标均在110～150之间，舟山市应该按照绿色生产的原则来组织工农业生产，尽量采用清洁能源，降低单位GDP的用水量和二氧化硫的排放量，在节能降耗的同时，提高工业固废的综合利用率。

综合指数排在第10位的是广州市，其健康指数排在第11位，特色指数稍落后于健康指数，排在第29位。五项特色指标排名中，主要清洁能源使用率等四项指标排名较好，影响特色指数排名的是单位GDP二氧化硫排放变化量，因此广州市绿色生产实施过程中的主要任务是降低单位GDP二氧化硫的排放量。

对综合指数进入前100名的绿色生产型城市的五项特色指标进行分析，主要清洁能源使用率较高、排在前20名的城市是：北京市、东莞市、三亚市、深圳市、海口市、珠海市、佛山市、上海市、中山市、西安市、拉萨市、厦门市、杭州市、安庆市、潮州市、广州市、阳江市、秦皇岛市、广元市、蚌埠市；单位 GDP 用水量降低较多，排在前 20 位的是：牡丹江市、拉萨市、柳州市、马鞍山市、三亚市、莆田市、东莞市、衢州市、兰州市、遂宁市、海口市、汕头市、西宁市、上海市、深圳市、安庆市、杭州市、淮南市、江门市和蚌埠市；单位 GDP 二氧化硫排放降低较多，排在前 20 位的是：阜新市、大同市、鄂州市、鹤壁市、淮南市、新余市、淮北市、鹰潭市、马鞍山市、衢州市、广元市、兰州市、景德镇市、秦皇岛市、辽源市、太原市、铜陵市、重庆市、淮安市和鸡西市；单位 GDP 综合能耗较低，排在前 20 位的是：北京市、黄山市、南昌市、三亚市、合肥市、鹰潭市、南通市、扬州市、宿迁市、台州市、杭州市、海口市、深圳市、温州市、蚌埠市、珠海市、汕头市、广州市、厦门市和长春市；一般工业固体废物综合利用率较高，排在前 20 位的是：三亚市、中山市、辽源市、潮州市、白城市、牡丹江市、哈尔滨市、湖州市、遂宁市、防城港市、济南市、天津市、泰州市、西宁市、柳州市、长春市、蚌埠市、湛江市、常州市和福州市。

2. 2016年绿色生产型城市区域分布

对于综合指数进入前 100 名的绿色生产型城市，按照其隶属的行政区域进行分类见表 3。

表 3　2016 年绿色生产型城市综合指数排名前 100 名城市分布

地区	参评数量	前 100 名的绿色生产型城市	
		名称	数量
华北	32	北京、天津、秦皇岛、太原、大同	5
华东	78	上海、南京、无锡、常州、苏州、南通、连云港、淮安、扬州、镇江、泰州、宿迁、杭州、宁波、温州、嘉兴、湖州、绍兴、金华、衢州、舟山、台州、合肥、芜湖、蚌埠、淮南、马鞍山、淮安、铜陵、安庆、黄山、宣城、福州、厦门、莆田、龙岩、南昌、景德镇、新余、鹰潭、济南、青岛、东营、烟台、威海	45
中南	79	郑州、鹤壁、武汉、十堰、鄂州、长沙、广州、深圳、珠海、汕头、佛山、江门、湛江、惠州、阳江、东莞、中山、潮州、南宁、柳州、桂林、北海、防城港、海口、三亚	25
西南	31	重庆、成都、泸州、绵阳、广元、遂宁、贵阳、拉萨	8
西北	30	西安、兰州、西宁、克拉玛依	4
东北	34	沈阳、大连、阜新、盘锦、长春、辽源、白城、哈尔滨、鸡西、双鸭山、大庆、牡丹江、佳木斯	13

从表3可以看出，2016年参与绿色生产型城市评价的284座城市中，中南地区有79座，华东地区有78座，分别占到参评总数的27.82%和27.46%，是六个区域中参评数量最多的两个区域。但是进入前100名的城市中，华东地区有45座，占到其参评总数的57.69%，中南地区只有25座，仅占到其参评总数的31.65%。中南地区与华东地区是中国城市集中分布的两个区域，但是华东地区地处东南沿海，具有更优越的地理区位，绿色生产型城市发展处于中国领先水平，而中南地区与之相比，还存在一定差距。

华北地区、西南地区、西北地区和东北地区深居内陆，城市发展水平与东南沿海相比相对落后，参与评价的城市数量总体较少，且四个区域基本相当，分别为32座、31座、30座和34座，但是进前100名的城市中，东北地区明显多于其他三个地区，共有13座，占到该区域的38.24%；其次是西南地区，进入前100名的城市有8座，占到本区域城市数量的25.81%；进入前100名城市数量最少的是华北地区和西北地区，华北地区有5座城市，西北地区有4座，分别占到所属区域城市数量的15.63%和13.33%。由此可见，华北地区、西南地区和西北地区在绿色生产型城市建设方面，相对落后，今后应从企业、产业和社会等多个层面大力推行绿色生产，减少资源能源的使用量，提高生产效率，减少污染物排放。

3. 绿色生产型城市比较分析

（1）2015~2016年部分绿色生产型城市综合指数排名比较分析

为了分析绿色生产型城市综合指数排名在不同年份的变化情况，表4对2015年前20名绿色生产型城市在2016年的排名变化情况进行了比较。

表4　2015~2016年部分绿色生产型城市综合指数排名比较

城市	珠海	厦门	三亚	舟山	天津	深圳	广州	惠州	汕头	镇江
排名(2015)	1	2	3	4	5	6	7	8	9	10
排名(2016)	2	3	1	9	5	28	10	8	15	15
城市	福州	西安	海口	苏州	合肥	重庆	黄山	南昌	上海	青岛
排名(2015)	11	12	13	14	15	16	17	18	19	20
排名(2016)	14	35	6	40	18	25	13	4	16	36

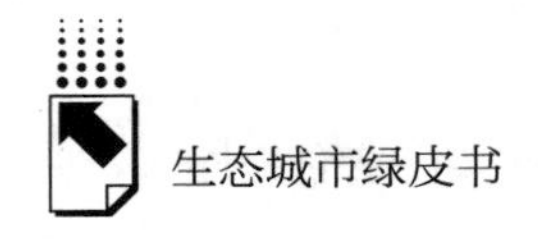

从表4中可以看出，珠海市、厦门市和三亚市2015～2016年虽排名有所变化，但始终保持在前3名，说明这三座城市绿色生产的实施卓有成效；排名基本保持不变的城市还有天津市、广州市、惠州市、福州市、合肥市和上海市，两年内的排名变化不超过3名；排名有所下降的城市包括：舟山市、深圳市、汕头市、镇江市、西安市、苏州市、重庆市和青岛市，其中深圳市、西安市、苏州市和青岛市下降幅度较大；排名有所上升的城市是海口市、黄山市和南昌市。

（2）2015～2016年前100名绿色生产型城市区域分布比较分析

为了分析绿色生产型城市综合指数排名在不同区域的变化情况，图1对2015～2016年中国绿色生产型城市综合指数前100名的区域分布变化进行了比较。

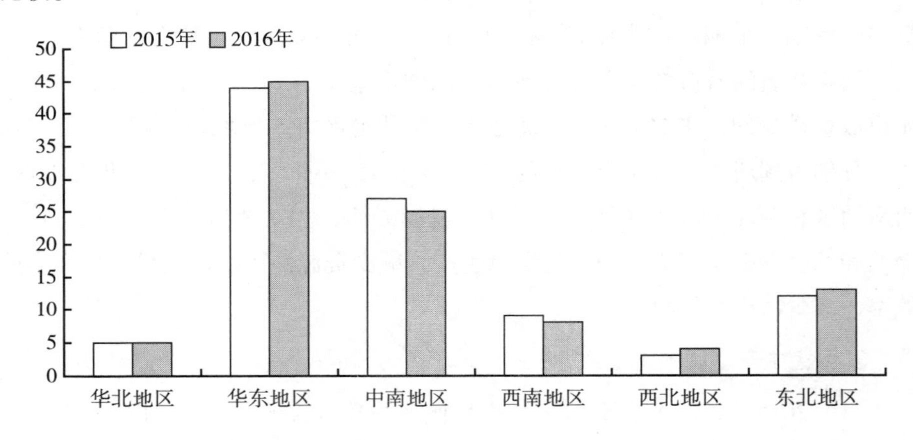

图1　2015～2016年中国绿色生产型城市综合指数前100名区域分布变化

从图1中可以看出，2016年进入前100名的绿色生产型城市与2015年相比，变化不大。华北地区2016年与2015年相比，没有变化，均为五座，且5座城市也未发生变化，即北京市、天津市、秦皇岛市、太原市和大同市；华东地区由2015年的44座，增加为2016年的45座，新进入前100名的城市是金华市、衢州市和宣城市，退出的城市是丽水市和泉州市；中南地区由2015年的27座减少到2016年的25座，新进入的城市是桂林市和十堰市，退出是城市是株洲市、襄阳市、韶关市和肇庆市；西南地区由2015年的9座减少到2016年的8座，两年度相比，2016年新进入的城市是贵阳市，退出的城市是自贡市和雅安市；西北地区由2015年的3座增加到2016年的4座，新进入的城市是兰州市和克拉玛依市，退出的城市是铜川市；东北地区由2015年的12座增加到2016年的13座，新进入的城市是阜新市、辽源市和白城市，退出的城市是鹤岗市和七台河市。

二 绿色生产型城市建设的实践与探索

2015年《中共中央关于制定国民经济和社会发展第十三个五年规划的建议》曾提出“坚持绿色富国、绿色惠民，为人民提供更多优质生态产品，推动形成绿色发展方式和生活方式”,[①] 2017年十九大报告指出：“推进绿色发展，加快建立绿色生产和消费的法律制度和政策导向，建立健全绿色低碳循环发展的经济体系。”[②] 由此可见国家层面对绿色生产的重视程度。然而绿色生产是一个漫长的过程，在此过程中，不仅需要法律制度和政策导向的指引，更需要全社会的共同努力，其中涉及企业、产业和社会等多个层面。

（一）企业层面绿色生产的建设实践

基于企业层面的绿色生产模式是绿色生产在微观层面的基本表现形式，以单个企业物质和能量的微观循环为核心。企业是消耗资源能量、形成产品的场所，实施绿色生产应该从每个企业入手，运用绿色经济、循环经济等理论指导企业的生产运行，在企业内形成物质和能量的再生循环（如图2）。图中的①是指将生产过程中流失的物料回收后返回原来的工序中；②是指将生产过程中生成的废料经适当处理后作为原料或原料替代物返回原生产流程中。最终的目的是使企业在生产过程中污染排放量达到最小、资源投入量降到最低、资源利用效率提高。

绿色生产作为一种资源利用率高、污染排放量小的新型的生产模式，将整体预防的环境战略思想应用于生产过程之中，以提高资源能源利用效率和减少环境污染的风险。绿色生产包括三方面的内容：绿色的资源能源、绿色的生产过程、绿色的产品和服务。

---

① http://www.xinhuanet.com/energy/2015-12/03/c_1117336915.htm.

② http://www.drxjcy.gov.cn/Article/ShowArticle.asp?ArticleID=315.

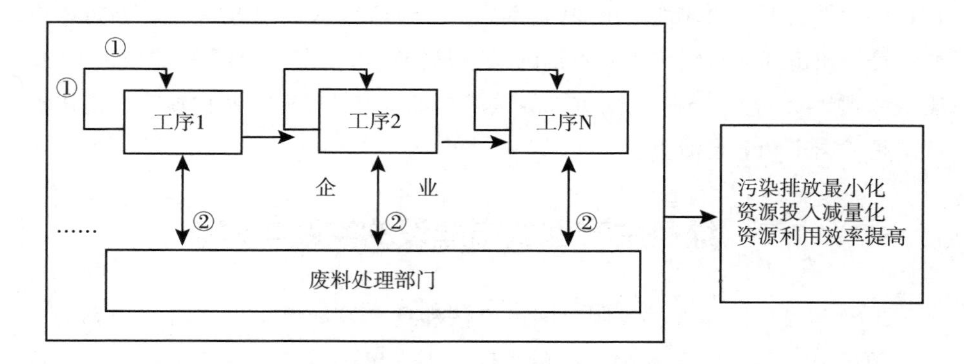

图2　企业层面绿色生产模式的构建

资料来源：杨雪锋、王军：《循环经济：学理基础与促进机制》，化学工业出版社，2011。

对于资源能源而言，绿色生产包括提高清洁能源和可再生能源的利用比例，减少常规能源的使用量，并积极研发各种节能减排技术，不断开发新能源，提高利用效率。此外在常规能源的使用过程中坚持绿色利用。对于生产过程而言，绿色生产要求在节约资源能源的基础上，采用低毒、无毒的原材料，逐步淘汰有毒有害原材料，使用少废甚至无废的生产工艺和设备，通过可靠、完善的操作和管理确保生产过程中的中间产品无毒、无害。对于产品和服务而言，绿色生产旨在在产品的使用过程中及使用后，减少对人类和环境的负面影响，具体包括产品在使用过程中不含危害人体健康和生态环境的因素，使用后易于回收、复用、再生、降解等，要求将环境因素纳入设计和所提供的服务中。

企业层面绿色生产的实现主要依托现代的生产技术和环保技术，从产品的设计开发、原材料的采购、生产销售及废弃后回收利用各个环节均考虑环保因素，使产品实现最高的环保效率。当然，实施绿色生产并不能一概而论，因为不同的行业企业情况不同，发展规模和管理水平也不同，必须从各企业的实际出发，选择不同的方式，提出不同的要求，通过不断提高完善，逐步实现绿色生产。

（二）产业层面绿色生产的建设实践

产业层面的绿色生产是指将不同的企业组织起来形成资源共享和互换副产品的产业共生组合，使某一企业的废弃物能够被其他企业所利用，成为这些企业的原料和能源。如图 3 所示，采用传统生产模式的企业，物质和能量的转化过程是“资源—产品—废弃物”的单程线性流动。不同企业之间、不同产业之间没有或很少有物质和能量的交换。而采用绿色生产模式的企业，运用生态经济学原理把生产活动组成一个“资源—产品—再生资源”的闭合循环模式，实现了资源能源的有效利用。但是不同企业是独立的经济实体，共享资源和互换副产品的愿望在相互之间难以直接实现，需要通过公共服务平台，使各个企业获得相关信息，尤其是各个企业的产品、原材料和废弃物等方面的信息，促进各个企业之间相互了解，从而在不同企业之间建立起循环产业链。

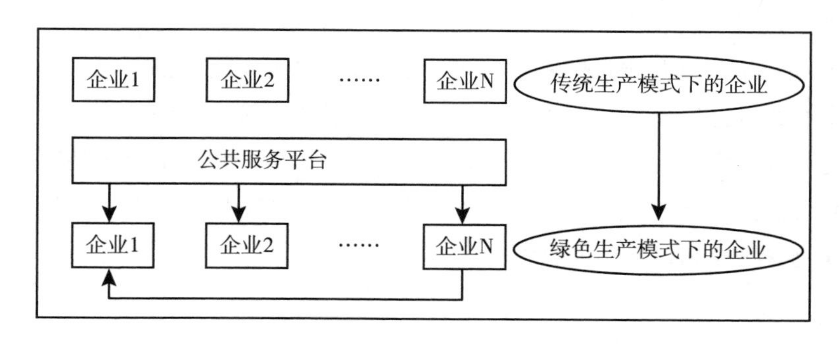

图 3　产业层面绿色生产模式的构建

资料来源：杨雪锋、王军：《循环经济：学理基础与促进机制》，化学工业出版社，2011。

产业层面绿色生产模式的实现依托的载体主要是生态工业园，其基本思想是：按照自然生态规律，将园区内某一企业产生的副产品作为另一企业的原材料，从而在园区内实现不同工艺流程和不同企业之间的横向关联。简而言之，就是通过不同企业或工艺流程间的横向耦合及资源共享，为废弃物找到“分解者”，在园区内建立起工业生态系统的“食物链”和“食物网”，以实现经济环境的协调发展。

但是这里“园区”的概念并不限于地理上毗邻的地区，可以突破地理界限，可以是空间上距离很远的企业，通过园区内企业之间的副产品和废物的交换、能量和废水的梯级利用、基础设施的共享等，建立企业间的关联，进行产业衔接，形成相关工业企业间的生态平衡关系，从而实现园区在经济效益和环境效益上的协调发展。

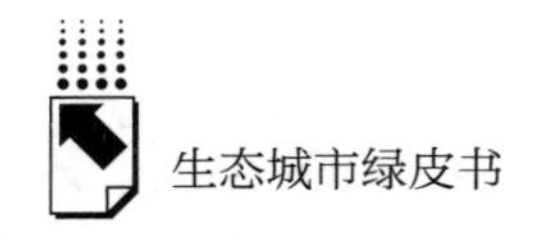

（三）社会层面绿色生产的建设实践

社会层面的绿色生产是指在城市区域内推行绿色生产，它是生态工业园向整个城市区域扩展的产物，主要是通过转变城市的生产、消费和管理模式，在城市范围内以绿色生产为出发点，以物质循环流动为特征，以经济、环境、社会协调发展为目标，实现资源能源利用的最大化，减少污染物的排放。

社会层面的绿色生产如图 4 所示。图中的①是指资源和能源在工业、农业和服务业内部的循环利用；②是指资源和能源在工业、农业和服务业之间的循环利用；③是指再循环产业将生产的产品（二级资源）提供给工业部门；④是指再循环产业进行资源化生产所需要的设备需要由工业部门提供；⑤表示社会层面的绿色生产是一个开放的系统，需要从外界源源不断地输入资源和能源，同时也会像⑥所示，在生产过程中会将本系统生产的一部分产品输出；⑦表示社会层面的绿色生产并不能吸纳和处置所有的废弃物，因此，必然有一部分废弃物要排放到自然环境之中。

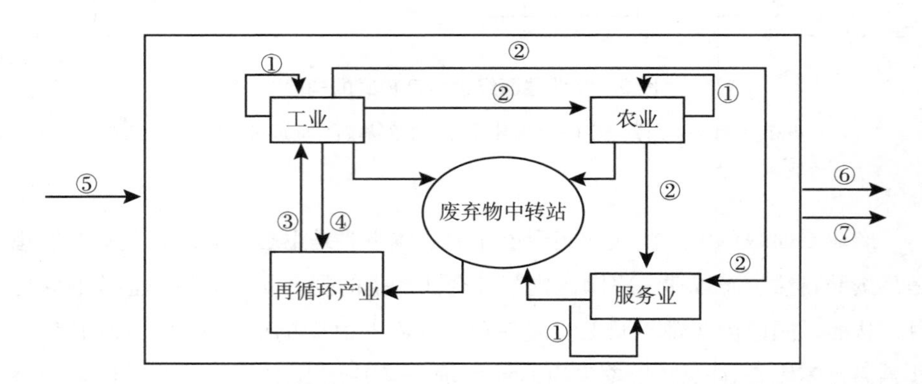

图 4　社会层面大循环的构建

三　实现绿色生产型城市建设的对策建议

（一）实现企业层面绿色生产的对策措施

实现企业层面绿色生产的关键是建设绿色生产型企业，因为企业是生产的组织者和实施者，只有通过在企业内部打造绿色生产链条，实现产品和生产过程的绿色化，将绿色生产有效融入企业生产的全过程，才能真正实现企业层面的绿色生产。具体包括产品的绿色化和企业的绿色化两个方面。

1. 产品的绿色化

产品的绿色化是指在产品设计的过程中将生态因素和环境因素纳入其中，在产品从生产到消费的整个生命周期内综合考虑其带来的生态环境效应，提高产品的可维护性、可回收性和可重复利用性，尽量减小产品对环境的负面影响，并将这一理念凝聚在产品设计之中，设计出对环境友好，又能满足人类需求的资源节约型和环境友好型产品。

一个产品的整个生命周期从其生产到消费共包括五个阶段：即设计阶段、生产阶段、销售阶段、消费阶段、再利用或废弃阶段，不同阶段具有不同的特点，应采取不同的策略。产品设计阶段，在不影响人类使用的前提下，要通过不断改进设计，优先考虑选择对环境危害小的原材料，且尽可能减少原材料的使用量，提高原材料的利用效率，同时考虑减少运输与储备过程中的成本。产品生产阶段，因其处在产品生产厂家的直接控制之下，主要的任务就是优化产品的生产技术，具体包括整个生产过程的优化、加工工序的减少、工艺流程的简化等。此外还包括选择废弃物产生量较少的替代技术，或通过改进设计降低生产过程中的物耗、能耗，以及优先选择利用天然气、风能、太阳能等清洁能源的技术。产品的销售阶段，即产品的交付阶段，通常由生产厂家控制，但对于某些特殊产品还需要交易商和安装服务商等的支持，这一阶段的重点任务是通过设计，避免过度包装，尽量简化或免除包装。包装材料的选择上，尽可能使用天然材料，同时提高包装材料的重复利用率，延长包装材料的使用寿命，减少包装材料的使用量。产品的消费阶段，不同产品这一阶段的持续时间不同，主要受到产品自身属性、厂商与消费者之间相互作用程度的影响，此阶段的目标是最大限度地延长产品的使用时间，避免产品过早进入废弃阶段，以减轻产品使用过程的环境负荷。产品的再利用或废弃阶段，是产品生命周期的最后一个阶段，产品因部分破损或过时等原因而不能够继续满足消费者的需要时，可被翻新、再利用或者废弃。产品设计之初，就应该考虑延长产品的生命周期，使产品增加被翻新、再利用的可能性，即使被废弃，也能够重新返回生产链，成为新产品的一部分。

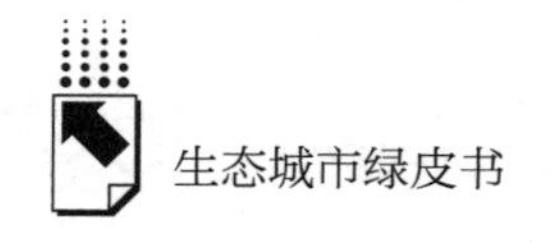

2. 企业的绿色化

企业的绿色化不仅要求减少资源能源的使用量，还要淘汰有毒有害的原材料，降低废弃物的毒性和数量。从产品的角度，绿色化要求减小产品在整个生命周期过程中对自然环境和社会环境的不利影响；从服务的角度，绿色化要求将生态环境因子纳入设计和服务之中。

企业的绿色化谋求达到下列目标：首先是通过协调不同企业的生产布局和工艺流程，优化各个生产环节，在整个生产过程中对污染物进行控制，改变原有的单纯末端治理的污染控制方式。在此过程中，不断提高资源能源的重复利用率，减少单位产品的污染物排放量。其次是通过资源能源的综合利用、稀缺资源的替代、清洁能源和二次能源的使用，以及节水、节能、降耗等措施，合理利用自然资源，减少资源的消耗。再次是控制废料和污染物的排放，促使产品的整个生命周期过程与环境相容，降低工业活动对人体和环境的风险。最后要积极开发环境友好型产品，替代或削减对环境有害产品的生产和消费。

企业绿色化的基本模式包括两种，一种是以节能、降耗和减污为主的绿色生产模式，另一种是以可持续发展为目标的绿色发展模式。绿色生产模式是指在产品生产过程中，通过工艺流程的改进，采用先进的工程技术措施，以及进行科学管理，不断优化生产环节，实现废弃物排放的最小化，达到绿色生产的目的。

绿色发展模式不仅关注生产过程中资源能源的高效利用和废弃物排放的最小化，而且进一步关注资源能源的合理开发与持续利用，从资源开采—产品生产—废弃全过程，寻求废弃物的最少化，是一种符合可持续发展思想的先进的企业绿色发展模式。该模式要求在企业生产过程中废弃物的排放不仅要达到国家和地方污染物排放的标准，而且要满足区域环境容量的要求，即绿色发展模式以确保资源的可持续利用和区域环境质量为前提，实现对整个生产过程以及产品整个生命周期的科学管理和污染物控制，是一种完善的绿色发展模式。

（二）实现产业层面绿色生产的对策措施

产业层面绿色生产依托的载体是生态工业园，要求在生态工业园内将不同的企业组织起来，建立起物资集成系统、水集成系统、能源集成系统、技术集成系统、信息集成系统和设施集成系统。

1. 生态工业园物资集成系统的建立

生态工业园物资集成系统的建立需要在园区设立之初，根据园区的产业发展规划，分析园区内各企业所需原料、生产的产品，以及生产过程中的副产品及废弃物，确定各企业间的上下游关系，然后根据各企业对物资的供需要求，运用过程集成技术，对物资流动的方向、数量和质量进行调整，完成生态工业园物资集成系统的构建。同时，应该尽可能考虑物资（包括水、油和溶剂等）的回收利用和梯级利用，将物资的消耗降到最低。

目前我国的生态工业园区大多没有设立专门负责协调园区内各企业物质循环流通和处置的部门，为此，需要在新建和改建的生态工业园区设立诸如“物资和废物交换中心”之类的专门机构，负责协调各企业之间的物流，完成各企业物资的交换和副产品与废物的处置。

2. 生态工业园水集成系统的建立

生态工业园水集成系统可以看作物资集成系统的一个特例，建立的目的是节约用水，主要是采取多用途使用策略，按照水质标准，在园区内将水分为饮用水、工业循环用水和废水。在使用的过程中，将废水进行必要的处理，去除水中的有害物质，使之成为工业循环用水，回用于同一工段或者水质要求低一级的工段，且尽可能增加循环次数。

目前我国的生态工业园中很多企业并没有对水进行充分利用，仍然采用一次性用水，因此应要求园区内各企业利用蒸汽冷凝回用、间接冷却水循环利用、封闭水循环等技术加建水循环利用系统，实现“清水——一级清循环水—二级浊循环水”的循环利用过程，且这一循环过程应突破企业界限，在园区内跨企业采用。

3. 生态工业园能源集成系统的建立

生态工业园能源集成系统建立的主要目的是提高能源的使用效率，在园区内首先实现各企业能源使用效率的最大化，进而实现整个园区总能源的优化利用，并最大可能地使用可再生能源。

国内现有的生态工业园较普通园区能源利用率有所提高，但是仍有许多企业存在能源浪费的现象。针对这种情况，生态工业园在建设之初就应该考虑通过能源的梯级利用和热电联产，建立能源集成系统。例如许多生态工业园，可以因地制宜地利用工业锅炉或改造中低压凝汽机组为热电联产，向园区和社区供热、供电，从而达到节约能源、改善环境、提高供热质量的作用，同时节约成本，提高经济效益。

4. 生态工业园技术集成系统的建立

生态工业园可持续发展的决定性因素是技术的不断发展创新，具体途径是在园区内推行绿色生产，实施绿色管理。生态工业园技术集成系统的建立应该从产品设计阶段开始，通过引进先进的生产技术和改造现有生产工艺，应用高新技术满足生态工业的需求，建立资源消耗低、污染排放小的高新技术系统。同时在园区内成立相关职能部门，为园区内的企业提供技术共享平台，形成技术集成系统。

5. 生态工业园信息集成系统的建立

生态工业园区内的各企业之间要实现有效的物质循环和能量的交换，必须彼此之间了解供求信息，因此在园区建设和运行之初，就要建立完善的信息集成系统，便于物质和能量在园区及周围区域内进行流动和交换。同时园区的组织管理者应通过示范、宣传等方式，让绿色生产理念深入人心，使园区内各企业尤其是中小企业能够自觉遵循生态工业原理来组织生产，克服生态工业运行的障碍。

6. 生态工业园设施集成系统的建立

生态工业园建立的目的之一就是设施共享，园区内可以共享的设施包括基础设施，如废弃物回收设施、污水处理设施、消防设施等；交通设施：如班车、其他运输和交通设施；以及仓储设施、培训设施等。设施共享可以提高设施的使用效率，节约成本，避免重复投资及有些设施长时间闲置。这些对于资金紧张的中小企业来说非常重要。

（三）实现社会层面绿色生产的对策措施

1. 倡导绿色消费

社会层面绿色生产的实现必须倡导绿色消费模式，引导适度消费，改变诸如“过度消费”“超前消费”“高消费”等不良消费习惯，进而改变人们对资源环境的占有欲望。此种消费模式主张人类的消费需求应该建立在自然环境容量范围内，不影响其他地区和后代人的消费利益，是一种有益于人类健康和社会环境的、全新的消费模式。

绿色消费模式是科学、文明的消费模式，通过建立废弃物回收分类系统，实现由“资源—产品—废弃物”到“资源—产品—再生资源”的转变，在提高人类生活质量的基础上，减少对自然资源的使用量和对环境的污染。此外，绿色消费还应立足于区域自然生态特征，充分利用本区域蕴藏的各种可再生能源。

2. 推广绿色包装

包装是指在产品的流通过程中，为了保护产品、方便运输，所用的容器和材料等包装物。推广绿色包装，即在选择包装物的时候，首先考虑包装材料废弃后能否再次使用或者降解腐化，优先选用可循环使用和可降解的包装材料。因此推广绿色包装，应从源头，即生产厂商对包装材料的选择入手，优先选用纸制品、玻璃制品、可降解塑料、竹类等包装材料。

纸质品是公认的绿色包装材料，条件如果成熟使用后完全可以回收利用，即使有少量废弃物排放到自然环境也可自然分解，不会对自然造成污染；玻璃制品在不含金属和陶瓷等材料的情况下，基本可以完全回收利用，而且具有可视性强、消毒后可重复使用等优点，应成为液态饮品的首选容器；“可降解新型塑料”是一种在保存期内性能稳定，废弃后在自然环境中可以自行分解消失、不污染环境的新型材料，应大范围推广使用，逐渐取代普通塑料制品；竹类等天然包装材料不仅具有无毒、无污染、易回收等特点，而且具有浓郁的传统文化气息。

3. 开展绿色营销

随着广大民众环保意识的逐渐提高，其对绿色无公害产品的需求也在日益增加，因此企业在生产经营过程中应采取绿色营销的方式。绿色营销即社会和企业按照绿色和环保的方式开展各种营销活动，其核心不是诱导消费者购买产品，也不是塑造企业形象，而是一种以绿色消费为目的的营销观念和营销方式，是一种可持续的经营过程，其目标是不但使企业获得商业机会，而且化解环境危机，顺应人们的绿色需求，在企业和消费者都满意的同时，保护地球的自然环境。

绿色营销模式的有效开展需要加强政府和企业的合作，例如生产绿色产品的企业，可以在政府和绿色行业协会的帮助下，统一组织货源，整合物流资源，进行集中配送，降低流通环节的运输成本。政府和绿色行业协会还可以组

织在高校与企业中开展有关绿色营销理论与实践相结合的产、学、研活动，为绿色产品企业拓展销售渠道，为消费者选购绿色产品提供便利。

4. 提倡绿色生活

绿色生活模式是对工业文明时代人们追求过度消费的传统生活模式的否定，是一种符合生态文明时代发展趋势的新的生活模式，该模式引导民众使用绿色产品，树立绿色消费观念，使人们在享受经济发展带来的便捷和舒适的同时，能够保护环境，保护我们赖以生存的家园。

绿色生活方式不仅要求选择有利于环境的行为，还包括健康的价值观、积极的生活态度和正确的做事原则，它的运行需要人们拓展生存空间，提高生活品位和文化精神内涵，树立全社会节约资源、减少浪费的新的道德观念，提高人们的生活质量，以最少的资源消耗和最小的环境污染，创造一种适度、简朴的生活方式。此外，绿色生活方式还要求居民养成将垃圾分类打包的习惯，不随意处理垃圾，减少垃圾回收成本，提高资源回收价值并最大限度地利用资源。

5. 打造绿色住宅

绿色住宅也被称为生态住宅，是指从住宅选址、规划，到设计、施工，以及后期使用及废弃的过程中，努力保持环境的生态平衡，提高能源、水、土地和材料等自然资源的使用效率，在满足人们日常居住和使用需求的同时，实现建筑与人和环境的和谐共生，尽量减少对环境的影响，

在选址和规划阶段，绿色住宅应以生态理念为指导，选择紧凑、集约、高效的开发模式，尽量节约土地，保护自然资源；设计阶段，应充分考虑地形和气候条件，尊重自然、顺应自然；施工阶段应利用节能、环保的施工方式进行建造，包括选择绿色的建筑材料和绿色施工方式，以及尽可能将建筑废弃物回收利用等。使用阶段应基于简单实用的原则，鼓励适度装修，利用建筑原有的空间特征和结构，采用绿色装饰材料，减少资源能源的消耗，降低对环境的污染。

6. 创建绿色办公环境

创建绿色办公环境即减少办公室的能源消耗和纸张使用量，减少对环境的影响，同时也节省办公室的运营成本，并取得经济效益。绿色办公属于绿色生活的一部分，必须符合环保和节能的要求，同时绿色办公室要大力推行绿色采购，包括办公用品的采购，各种设备、各种服务和各种项目的采购，都必须符合国家绿色认证标准的要求。

7. 构建绿色社区

构建绿色社区的主要目的是让居民认识并行使他们的环境权利和责任，这将取决于一系列环保活动的顺利实施。首先是参与政策建议。建立政府与居民之间在环境问题上的交流机制和沟通渠道，让社区居民可以就环境问题发表意见。其次是选择绿色生活方式。通过绿色生活方式教育，让居民了解环境保护与生活质量的关系，组织自愿实施绿色生活方式的活动。

硬件方面，绿色社区包括绿色建筑和绿色设施（社区绿化、垃圾分类、污水处理等设施）。软件方面，绿色社区包括由相关政府部门、物业公司、非政府组织、居民委员会和居民代表组成的管理系统，以及一系列持续的环保活动和一定比例的绿色家庭。绿色社区能否最终建成，关键在于居民对环境保护和可持续发展的意识。因此，有必要在环境保护和可持续发展方面对居民进行宣传教育和行为规范。

G.5

绿色生活型城市建设评价报告

高天鹏　姚文秀　李开明　张腾国

摘　要： 本评价报告选择了教育支出占公共财政支出的比重、人均公共设施建设投资、人行道面积占道路面积的比例、单位城市道路面积公共汽（电）车营运车辆数和道路清扫保洁面积覆盖率5个特色指标，结合生态城市建设的14个核心指标，构建绿色生活型城市评价指标体系，对全国284个城市开展绿色生活型城市排名，并选择排名前100的城市进行比较分析，得到中国2016年绿色生活型城市的排名次序。为了实现可持续发展，“绿色交通”这一以环境保护为目标的新型交通方式应运而生。共享交通成为当下人们流行的出行方式，共享经济亦成为新近国内外研究的热点议题。人民对绿色生活的需求就是对生态建设的要求，要唤起大众的社会责任意识，让保护环境成为一种自觉，让绿色生活成为一种习惯。本报告结合绿色生活型城市特色，对现阶段中国绿色生活型城市建设提出了可参考的建议和对策，对构建满足广大民众需要的绿色生活创新策略，具有重要的现实意义，且为我国更全面创建绿色生活型城市提供了合理有效的科学依据。

关键词： 绿色生活方式　综合指数　健康指数　评价报告

一 绿色生活型城市评价体系

（一）绿色生活型城市

1. 构建绿色生活型城市的必要性

绿色生活型城市，是城市建设发展过程中的一种发展模式，是以人为中心的城市发展模式，其实质是绿色发展。绿色发展强调在发展中合理利用自然资源，注重经济、社会和生态环境的和谐统一，实现人和自然全面、健康、协调、持续发展。实现绿色发展的重要途径，是公民生活方式绿色化。2017 年 5 月 26 日中央政治局举办“推动形成绿色发展方式和生活方式”为主题的集体学习时，习近平强调推动形成绿色发展方式和生活方式是贯彻新发展理念的必然要求。

首先，绿色生活是一种有限度的生活。大自然是提供人类生产资料和生活资料、维持人类生活的重要介质，是一种客观存在，有其存在和发展的内在规律。人类只有遵守自然规律，形成绿色的生活方式，才会实现生活的可持续性。在封建社会，人类自给自足的生活方式，是一种生态的、绿色的发展方式。而工业文明的快速发展，使人类社会的发展速度与对自然资源的需求之间产生矛盾，出现大量消费、大量浪费的生活方式。“竭泽而渔、焚薮而田”式的生活方式，突破了自然资源和生态环境所能承受的范围和限度，破坏了地球生态系统的平衡，造成了生态环境的恶化。过度生产和过度消费甚至会导致生态系统崩溃，导致人类灭亡。而绿色生活倡导人类放弃工业生活方式的弊端，追求一种有限度的原则，把人类的生活控制在自然资源和生态环境所能承载的限度之内。以获得生活的基本需要为目标，节约为本，适度消费，简朴生活，保证人类的基本生存和发展需求，实现对生态环境的保护。

其次，绿色生活是一种有道德的生活。人类是地球的主宰者，也是地球系统的一个组成部分，与其他生命体构成了一个生态共同体。人类是这个生态共同体中唯一具有道德意识的存在物。作为地球主宰者，人类需要关注地球系统的未来发展，地球系统诸要素的和谐发展，需要关注生态环境保护与持续发展。从人类本身讲，人类需要处理好人与人之间的关系，人类与其他生命体，

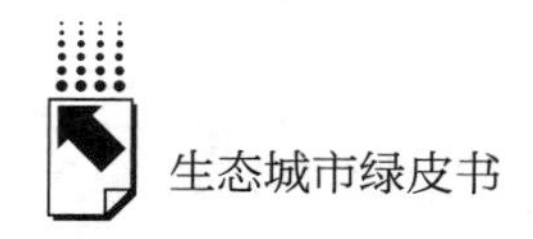

人类与非生命体之间的关系，这是一种人性与道德的考验。绿色生活对非人类生命形式给予道德关怀，以保护生命形式的多样性及自然环境的完整性，从而保障人类生活形式的多样性和丰富性，使人类有更多的选择机会，增加人类生活的幸福指数。

最后，绿色生活是一种和谐的生活。绿色生活方式需要在一种和谐的环境中实现。中国现今倡导的美丽中国建设、新农村建设等，其实质是强调人与人的和谐，更多的是人与自然的和谐，这种和谐更有基础性意义。马克思曾说："人本身是自然界的产物，是在自己所处的环境中并且和这个环境一起发展起来的。""我们连同我们的肉、血和头脑都是属于自然界和存在于自然界之中的。"追求物质享受是人类的天性，本无可厚非，但是盲目无度地追求物质享受，不仅破坏自然环境，最终也不会使人获得真正的幸福。将物质需要和精神需要结合起来，过高尚而节俭的生活，将人类安放于真正的精神家园中，才是美丽中国应有的、正确的生活方式。

总之，绿色生活是将生活和自然融为一体的生活，既是美丽中国建设应有的新行动，也是美丽中国的表现和特征。

2. 共享经济视角下的绿色生活

发展是永恒的主题。城市化进程的加快，既是发展的需要，也产生了未来城市发展将要面对的问题，比如城市拥堵、环境污染、城市环境承载过重，以及居民生活幸福指数低等现实问题。信息技术、互联网、物联网等相关技术和产业快速发展，为"城市病"的解决带来了可能。以共享单车、Uber 和"滴滴快车"这类租车约车平台等为代表的"共享经济"（Sharing Economy）开始迅速发展，这种全新经济模式的基本特征在于分享、交换、借贷、租赁等个体消费者之间的共享经济行为。[①]"共享经济"的迅速扩张给社会发展方式和人们的生活方式带来了明显的改变，它作为一种新的商业模式，被人们所周知，并在潜移默化中影响着人们的生活。

始于 1992 年的《环境与发展宣言》，首次将可持续发展列为人类发展的共同目标。在这个框架下，绿色交通作为重要组成部分，已经被应用在城市

① 谢志刚：《"共享经济"的知识经济学分析——基于哈耶克知识与秩序理论的一个创新合作框架》，《经济学动态》2015 年第 12 期。

交通领域。这种运输体系可以显著减轻交通拥堵，减少环境污染，充分利用资源。“绿色交通体系”（Green transportation Hierarchy）于1994年被提出，该体系根据资源节约程度和是否环保，对出行方式进行了优先级排序。[①] 同时，该体系提出在解决城市交通问题时，人本身可达的路段通畅性更值得关注，因为绿色交通应“以人为本”，人的主观感受应得到充分考虑。

在当前国内的共享经济环境下，新型绿色交通（共享单车）对于交通体系的补充作用已经在大范围的创业尝试下得到了市场的认可。对于服务提供方而言，是否提供共享单车以及共享单车市场规模取决于产品的特性（如低碳环保）和相关硬件的特性（如道路因素），还需要考虑单车市场的客户习惯和需求，而共享单车的践行方又会受到家庭收入情况、自身短距离出行偏好、工作年限和共享单车渗透率的影响。共享交通是绿色交通创新及经济模式创新的产物，目前仍存在激烈的竞争，相关企业的生存发展及市场机会获取至关重要，考虑到共享交通的管理方法和政策陆续出台，我国政府有关部门在制定低碳减排的行政法规之时，要注重程序合法、程序公开和程序合理，应更多地考虑到不同主体需求的差异性，构建满足广大民众需要的绿色交通创新策略，这无疑更具重要现实意义。

（二）绿色生活型城市建设评价指标体系

1. 评价指标体系的设计

（1）城市筛选

在《中国生态城市建设发展报告（2018）》中，参与评价城市数量与之前保持一致，为284个，同样对其进行绿色生活型城市排名，并选择了排名前100名的城市进行比较分析。

（2）城市排名

根据绿色生活型城市的主要特点，设计了相应的评价指标（表1），其中包括14个三级指标（健康指数）和5个四级指标（特色指标），三级指标体现的是生态城市建设的基本要求，四级指标用来描述城市生态建设侧重点的差别。用来评价绿色生活型城市的5个特色指标分别为：教育支出占公共财政支

① 刘雪梅：《基于绿色交通的城市居民出行方式选择研究》，长安大学，2015。

出的比重、人均公共设施建设投资、人行道面积占道路面积的比例、单位城市道路面积公共汽（电）车营运车辆数和道路清扫保洁面积覆盖率。

表 1　绿色生活型城市评价指标

一级指标	核心指标			特色指标	
	二级指标	序号	三级指标	序号	四级指标
绿色生活型城市综合指数	生态环境	1	森林覆盖率[建成区人均绿地面积(平方米/人)]	15	教育支出占公共财政支出的比重(%)
		2	空气质量优良天数(天)		
		3	河湖水质[人均用水量(吨/人)]		
		4	单位 GDP 工业二氧化硫排放量(千克/万元)		
		5	生活垃圾无害化处理率(%)	16	人均公共设施建设投资(元)
	生态经济	6	单位 GDP 综合能耗(吨标准煤/万元)		
		7	一般工业固体废物综合利用率(%)		
		8	R&D 经费占 GDP 比重[科学技术支出和教育支出的经费总和占 GDP 比重(%)]	17	人行道面积占道路面积的比例(%)
		9	信息化基础设施[互联网宽带接入用户数(万户)/城市年末总人口(万人)]		
		10	人均 GDP(元/人)	18	单位城市道路面积公共汽(电)车营运车辆数(辆)
	生态社会	11	人口密度(人口数/平方千米)		
		12	生态环保知识、法规普及率,基础设施完好率[水利、环境和公共设施管理业全市从业人员数(万人)/城市年末总人口(万人)(%)]		
		13	公众对城市生态环境满意率[民用车辆数(辆)/城市道路长度(千米)]	19	道路清扫保洁面积覆盖率(%)
		14	政府投入与建设效果[城市维护建设资金支出(万元)/城市 GDP(万元)]		

注：造成重大生态污染事件的城市在当年评价结果中扣除 5% ~7%。

该评价体系的 5 个特色指标将绿色生活型城市建设的主要特点作为落脚点，包括了政府和消费者在绿色生活型城市建设中发挥作用的几方面内容。在这 5 项特色指标中，教育支出占公共财政支出的比重、人均公共设施建设投资作为反映生态经济的四级指标，人行道面积占道路面积的比例、单位城市道路面积公共汽（电）车营运车辆数和道路清扫保洁面积覆盖率作为反映生态社会和谐的四级指标，综合体现了政府对公共设施的投资建设力度以及在政策上对绿色出行、公共交通工具使用的鼓励和引导，同时也反映出社会集体在创建绿色优质生活过程中付出的努力。

2. 指标说明及数据来源

14 个三级指标的数据来源和指标意义参见第一章生态城市建设综合评价分析，本报告仅对绿色生活型城市特色指标的意义及数据来源进行简单阐述。

教育支出占地方公共财政支出的比重（%）的计算公式如下：

教育支出占地方公共财政支出的比重（%）=（2016 年教育支出/2016 年公共财政支出）×100%

年教育支出与年公共财政支出数值均来源于中国城市统计年鉴。

该指标旨在强调在加大教育投入的背景下，教育对人们绿色生活观念的引导以及促使绿色消费观在实践中更进一步得到推进的可行性。提出环境教育立法，就是希望把环境教育变成全民教育、终身教育。把公众环境教育作为一项投入少、收益高、可持续的环境治理工具，从源头上解决环境问题。受教育程度提升，将会促进人们对新生事物的接受，从而在选择生活方式的过程中表现出更强的责任感。教育不仅要提高人的生产性价值，而且应该提升人的价值观，更理智地去践行绿色生活，使生活方式绿色化，最终实现人与社会、人与自然的共同发展。

人均公共设施建设投资（元）的计算公式如下：

人均公共设施建设投资（元）=城市市政公用设施建设固定资产投资资金（元）/全市年末总人口

城市市政公用设施建设固定资产投资资金数据来源于城市建设统计年鉴，全市年末总人口数据来源于中国城市统计年鉴。

公共设施建设是经济发展的奠基石，是生产生活必不可少的生产要素和物质载体，是国民经济中的重要产业，也拥有着不可小觑的战略地位。它不仅是一个国家，尤其是发展中国家实现工业化的基础准备，也是推动社会经济快速发展的源泉。它在历史发展长河中以稳定且长期收益的方式存在，投资风险

小，为国家经济增长发挥着举足轻重的作用，不仅弥补了国内有效需求不足，刺激了经济增长，而且改善了经济结构，为闲散资金找到了出路，为剩余劳动力创造了就业机会，为企业发展提供了良好的外部环境，有效提高了整体发展水平，为绿色生活提供了一定的发展空间。

人行道面积占道路面积的比例计算公式如下：

人行道面积占道路面积的比例（%）=（人行道面积/道路面积）×100%

人行道面积及道路面积数据均来源于城市建设统计年鉴。对人行道、自行车道的合理设计、维护与有效管理能够激励居民自发地选择绿色出行。人行道和自行车道都是绿色出行的载体，为绿色出行提供基本条件。国际上优秀的绿色之城也多重视建设市民散步和骑自行车的专用道，以此鼓励市民选择绿色出行。考虑到数据的易得性和齐全性原则，本研究选择了人行道面积占道路面积的比例这一指标作为特色指标之一。

单位城市道路面积公共汽（电）车营运车辆数（辆）的计算公式如下：

单位城市道路面积公共汽（电）车营运车辆数（辆）=公共汽（电）车营运车辆数/年末实有城市道路面积

公共汽（电）车营运车辆数与年末实有城市道路面积数据均来源于中国城市统计年鉴。绿色生活所包括的内涵之一，就是要个体推动、全民共享，使绿色出行、绿色居住、绿色消费成为人们的自觉行动，当绿色发展带给人们越来越多的便利舒适时，人们也该履行好自己的行为和义务，以绿色环保、友好文明、低碳节俭的方式生活。

道路清扫保洁面积覆盖率（%）的计算公式如下：

道路清扫保洁面积覆盖率（%）=（机械化道路清扫保洁面积/道路面积）×100%

机械化道路清扫保洁面积与道路面积数值均来源于城市建设统计年鉴。近年来，针对频现的雾霾等大气污染状况，多地出台了多项措施来进行综合治理，逐步加大大气污染治理力度。主要通过加大水车作业频次和道路清扫保洁频次，减少路面交通扰动扬尘污染，有效应对污染天气，保护市民身体健康。而机械化道路清扫在此过程中展现了鲜明的优势，其效率高，覆盖面广，且可缩减保洁开支，节省部分人工费、材料费，降低保洁过程中的安全隐患，给保洁工作的安全带来最大限度的保证，同时能有效改善大气污染，为人们绿色健康的生活环境提供保障。

3. 数据处理

（1）城市筛选

在《中国生态城市建设发展报告（2018）》中，对绿色生活型城市我们以核心城市为基础，运用层次分析法①进行初筛，根据计算结果选取了排名前100的城市进行了具体分析。

（2）城市排名计算方法

绿色生活型城市的有关数据处理方法与生态城市健康指数的数据处理相同。

（三）中国城市绿色生活型建设总体述评

1. 2016年绿色生活型城市建设总体评价与分析

根据表1所建立的绿色生活型城市评价体系和数学模型，对284个城市的19项指标进行运算，得到了2016年各市的绿色生活型城市综合指数得分，并进行排名，筛选出了前100名（表2）。下面针对绿色生活型城市建设前100名城市的建设现状及部分指标排名特点进行简要分析。

表2列举了2016年我国绿色生活型城市排名100强，前十位的绿色生活型城市依次为：三亚市、厦门市、南昌市、南宁市、福州市、武汉市、天津市、广州市、深圳市、上海市。这些城市在绿色生活型城市的构建方面表现突出，能够为其他城市建设提供相关建设经验。

《中国生态城市建设发展报告（2018）》中参与评价的城市数目继续保持284个，特色指标较2017年未发生变化，依旧为教育支出占地方公共财政支出的比重、人均公共设施建设投资、人行道面积占道路面积的比例、单位城市道路面积公共汽（电）车营运车辆数、道路清扫保洁面积覆盖率。其统计数值均来自各项统计年鉴，个别数据较之前出入较大，此统计情况仅作参考。

① Ying, X., Zeng, G. M., et al: Combining AHP with GIS in synthetic evaluation of eco-environment quality—case study of Hunan Province, China, *Ecological Modelling*, 2007年第209期，第97~109页。

表 2　2016 年我国绿色生活型城市综合排名 100 强

序号	城　市	序号	城　市	序号	城　市	序号	城　市	序号	城　市
1	三亚	21	宁波	41	温州	61	烟台	81	双鸭山
2	厦门	22	西安	42	芜湖	62	克拉玛依	82	淮南
3	南昌	23	惠州	43	昆明	63	绵阳	83	巴中
4	南宁	24	珠海	44	佛山	64	铜川	84	东营
5	福州	25	长沙	45	苏州	65	大同	85	无锡
6	武汉	26	重庆	46	南通	66	嘉兴	86	株洲
7	天津	27	成都	47	黄山	67	桂林	87	呼和浩特
8	广州	28	蚌埠	48	西宁	68	汕头	88	石家庄
9	深圳	29	中山	49	北海	69	广元	89	宣城
10	上海	30	沈阳	50	莆田	70	龙岩	90	淮安
11	海口	31	济南	51	贵阳	71	韶关	91	襄阳
12	合肥	32	长春	52	湖州	72	泸州	92	阳泉
13	舟山	33	常州	53	镇江	73	马鞍山	93	新余
14	杭州	34	柳州	54	拉萨	74	郑州	94	十堰
15	威海	35	江门	55	牡丹江	75	银川	95	宜宾
16	北京	36	秦皇岛	56	鄂州	76	宜昌	96	乌海
17	哈尔滨	37	南京	57	连云港	77	宝鸡	97	泰州
18	大连	38	扬州	58	兰州	78	辽源	98	嘉峪关
19	青岛	39	太原	59	乌鲁木齐	79	防城港	99	鸡西
20	绍兴	40	铜陵	60	东莞	80	丽水	100	七台河

从重点反映绿色生活水平的特色指标（见表 3）分析，茂名市、湛江市、贵港市、莆田市、潍坊市、玉林市、汕头市、揭阳市、温州市、潮州市的教育支出占地方公共财政支出的比重排名靠前，说明这些城市教育投资较大，重视全民素质的提升，使公民在追求更加文明健康的生活方式同时更具备社会责任感，在提升价值观的同时更理智地践行绿色生活；武汉市、厦门市、北京市、乌鲁木齐市、兰州市、太原市、呼和浩特市、深圳市、镇江市、海口市在人均公共设施建设投资金额的排名中位列前十，说明这些城市在公共设施建设中资金投入较多，政府的有序投资为人们健康出行提供了更好的保障；人行道面积比例最高的 10 个城市为昆明市、揭阳市、巴中市、河源市、庆阳市、岳阳市、遂宁市、益阳市、巴彦淖尔市、鹰潭市，该特色指标受各地地形分布的影响，可能出现与总体水平相较偏差较大的情况；单位城市道路面积公共汽（电）车营运车辆数最高的 10 个城市为郴州市、陇南市、深圳市、沧州市、西

表 3　2016 年中国绿色生活型城市评价结果

城市	绿色生活型城市综合指数（19 项指标结果）		生态城市健康指数（ECHI）（14 项指标结果）		绿色生活型特色指数（5 项指标结果）		特色指标单项排名				
							教育支出占地方公共财政支出的比重	人均公共设施建设投资	人行道面积占道路面积的比例	单位城市道路面积公共汽（电）车营运车辆数	道路清扫保洁面积覆盖率
	得分	排名	得分	排名	得分	排名	排名	排名	排名	排名	排名
三　亚	0.9144	1	0.9236	1	0.8885	7	191	25	18	64	42
厦　门	0.8845	2	0.8868	3	0.8782	10	222	2	147	25	130
南　昌	0.8697	3	0.8767	4	0.8501	29	204	32	158	52	58
南　宁	0.8672	4	0.8755	5	0.8440	31	166	16	178	111	80
福　州	0.8654	5	0.8576	13	0.8874	8	116	39	53	20	114
武　汉	0.8649	6	0.8503	17	0.9059	3	209	1	59	67	69
天　津	0.8647	7	0.8672	9	0.8578	21	240	36	126	68	98
广　州	0.8584	8	0.8655	11	0.8385	33	169	20	197	29	115
深　圳	0.8565	9	0.8542	15	0.8628	18	278	8	141	3	91
上　海	0.8540	10	0.8489	18	0.8681	15	263	19	96	16	6
海　口	0.8485	11	0.8675	8	0.7955	48	197	10	213	136	29
合　肥	0.8475	12	0.8535	16	0.8308	38	236	35	166	110	63
舟　山	0.8438	13	0.8745	6	0.7578	71	268	37	144	137	263
杭　州	0.8417	14	0.8329	23	0.8664	16	126	13	165	24	38
威　海	0.8412	15	0.8658	10	0.7725	61	26	48	199	178	90
北　京	0.8402	16	0.8473	20	0.8204	42	235	3	235	15	108
哈尔滨	0.8386	17	0.8315	24	0.8584	20	232	65	137	37	21
大　连	0.8317	18	0.8248	32	0.8510	28	258	73	67	46	133

续表

城市	绿色生活型城市综合指数（19 项指标结果）		生态城市健康指数(ECHI)（14 项指标结果）		绿色生活型特色指数（5 项指标结果）		特色指标单项排名				
							教育支出占地方公共财政支出的比重	人均公共设施建设投资	人行道面积占道路面积的比例	单位城市道路面积公共汽(电)车营运车辆数	道路清扫保洁面积覆盖率
	得分	排名	得分	排名	得分	排名	排名	排名	排名	排名	排名
青　岛	0.8308	19	0.8299	26	0.8332	36	108	33	140	66	260
绍　兴	0.8303	20	0.8219	35	0.8539	24	39	55	159	92	99
宁　波	0.8281	21	0.8255	30	0.8353	35	205	17	194	23	120
西　安	0.8276	22	0.8153	37	0.8622	19	251	31	61	58	56
惠　州	0.8229	23	0.872	7	0.6852	128	69	168	211	43	52
珠　海	0.8179	24	0.9032	2	0.5792	221	238	51	277	249	214
长　沙	0.8177	25	0.8051	42	0.8530	25	214	40	42	21	198
重　庆	0.8172	26	0.8263	28	0.7918	51	223	41	43	186	143
成　都	0.8143	27	0.7924	49	0.8758	11	226	12	93	38	26
蚌　埠	0.8120	28	0.8281	27	0.7669	65	113	106	66	140	22
中　山	0.8101	29	0.805	43	0.8244	40	133	104	80	6	12
沈　阳	0.8093	30	0.7943	47	0.8514	27	231	44	55	74	163
济　南	0.8072	31	0.8018	45	0.8224	41	139	29	155	139	103
长　春	0.8042	32	0.8226	33	0.7528	77	230	28	224	152	110
常　州	0.8041	33	0.833	22	0.7234	98	173	34	267	142	116
柳　州	0.8038	34	0.815	39	0.7723	62	68	67	233	132	125

续表

城市	绿色生活型城市综合指数（19项指标结果）		生态城市健康指数(ECHI)（14项指标结果）		绿色生活型特色指数（5项指标结果）		特色指标单项排名				
							教育支出占地方公共财政支出的比重	人均公共设施建设投资	人行道面积占道路面积的比例	单位城市道路面积公共汽(电)车营运车辆数	道路清扫保洁面积覆盖率
	得分	排名	得分	排名	得分	排名	排名	排名	排名	排名	排名
江门	0.8038	35	0.8564	14	0.6564	155	19	117	231	153	176
秦皇岛	0.8020	36	0.8098	41	0.7802	57	82	95	82	145	71
南京	0.8013	37	0.83	25	0.7209	101	150	11	273	131	179
扬州	0.7994	38	0.8009	46	0.7951	49	137	82	186	116	128
太原	0.7990	39	0.7941	48	0.8126	44	168	6	162	166	95
铜陵	0.7977	40	0.7739	60	0.8642	17	200	60	125	62	47
温州	0.7967	41	0.7798	56	0.8442	30	9	43	191	98	82
芜湖	0.7964	42	0.825	31	0.7163	106	225	75	92	235	190
昆明	0.7939	43	0.7537	74	0.9064	2	189	24	1	53	79
佛山	0.7920	44	0.8219	34	0.7081	111	132	198	142	7	83
苏州	0.7898	45	0.8152	38	0.7187	103	182	27	255	184	78
南通	0.7896	46	0.8211	36	0.7014	118	50	42	229	234	145
黄山	0.7889	47	0.8623	12	0.5833	217	274	71	243	278	211
西宁	0.7887	48	0.7529	77	0.8891	5	206	26	63	5	51
北海	0.7873	49	0.8258	29	0.6797	134	109	126	130	215	37
莆田	0.7866	50	0.7622	70	0.8550	22	4	79	127	75	87

续表

城市	绿色生活型城市综合指数（19 项指标结果）		生态城市健康指数(ECHI)（14 项指标结果）		绿色生活型特色指数（5 项指标结果）		特色指标单项排名				
							教育支出占地方公共财政支出的比重	人均公共设施建设投资	人行道面积占道路面积的比例	单位城市道路面积公共汽(电)车营运车辆数	道路清扫保洁面积覆盖率
	得分	排名	得分	排名	得分	排名	排名	排名	排名	排名	排名
贵　阳	0.7848	51	0.7424	88	0.9036	4	104	18	24	26	8
湖　州	0.7832	52	0.7833	55	0.7829	55	63	57	17	231	50
镇　江	0.7831	53	0.7915	50	0.7595	70	114	9	259	143	123
拉　萨	0.7786	54	0.8025	44	0.7116	110	233	21	120	243	244
牡丹江	0.7742	55	0.7723	61	0.7795	59	243	85	106	106	226
鄂　州	0.7718	56	0.7578	72	0.8110	45	157	99	124	104	94
连云港	0.7707	57	0.8102	40	0.6600	153	80	129	183	197	10
兰　州	0.7703	58	0.7334	101	0.8735	13	142	5	133	127	109
乌鲁木齐	0.7693	59	0.7534	75	0.8140	43	153	4	253	19	137
东　莞	0.7688	60	0.8335	21	0.5875	212	11	234	132	224	132
烟　台	0.7686	61	0.784	54	0.7257	93	94	98	172	157	165
克拉玛依	0.7677	62	0.7775	57	0.7402	86	37	38	221	199	142
绵　阳	0.7654	63	0.7715	62	0.7482	79	165	141	29	105	166
铜　川	0.7653	64	0.7242	115	0.8804	9	87	52	75	88	43
大　同	0.7629	65	0.7635	68	0.7614	68	101	83	118	196	74
嘉　兴	0.7629	66	0.7745	58	0.7303	88	58	122	208	103	23

续表

城市	绿色生活型城市综合指数（19项指标结果）		生态城市健康指数（ECHI）（14项指标结果）		绿色生活型特色指数（5项指标结果）		特色指标单项排名				
							教育支出占地方公共财政支出的比重	人均公共设施建设投资	人行道面积占道路面积的比例	单位城市道路面积公共汽（电）车营运车辆数	道路清扫保洁面积覆盖率
	得分	排名	得分	排名	得分	排名	排名	排名	排名	排名	排名
桂林	0.7547	67	0.7683	66	0.7167	105	122	93	217	151	59
汕头	0.7541	68	0.8475	19	0.4925	267	7	248	279	135	209
广元	0.7540	69	0.7644	67	0.7249	95	183	123	86	147	53
龙岩	0.7537	70	0.7569	73	0.7449	84	65	68	236	158	155
韶关	0.7501	71	0.7466	84	0.7600	69	138	89	200	70	194
泸州	0.7492	72	0.7117	124	0.8541	23	78	77	25	97	144
马鞍山	0.7468	73	0.7352	96	0.7792	60	220	50	112	204	55
郑州	0.7462	74	0.7164	118	0.8298	39	266	22	171	31	54
银川	0.7456	75	0.7147	122	0.8321	37	280	58	136	73	86
宜昌	0.7445	76	0.7528	78	0.7213	100	227	54	156	206	238
宝鸡	0.7443	77	0.744	86	0.7453	82	34	136	11	80	242
辽源	0.7416	78	0.7705	64	0.6608	152	172	135	214	118	227
防城港	0.7414	79	0.7336	99	0.7631	67	264	49	70	207	139
丽水	0.7396	80	0.7292	106	0.7686	64	151	137	44	63	19
双鸭山	0.7387	81	0.7706	63	0.6492	162	234	132	220	107	255
淮南	0.7367	82	0.7528	79	0.6918	123	155	110	201	169	32
巴中	0.7365	83	0.6821	163	0.8889	6	144	76	3	12	7

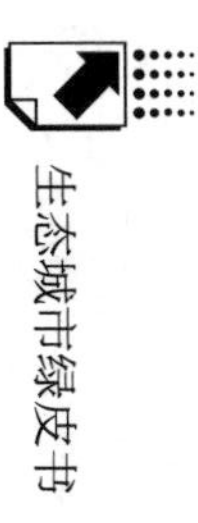

续表

城市	绿色生活型城市综合指数（19项指标结果）		生态城市健康指数(ECHI)（14项指标结果）		绿色生活型特色指数（5项指标结果）		特色指标单项排名				
							教育支出占地方公共财政支出的比重	人均公共设施建设投资	人行道面积占道路面积的比例	单位城市道路面积公共汽(电)车营运车辆数	道路清扫保洁面积覆盖率
	得分	排名	得分	排名	得分	排名	排名	排名	排名	排名	排名
东　营	0.7359	84	0.7529	76	0.6883	125	85	23	266	214	89
无　锡	0.7359	85	0.7887	53	0.5881	211	190	92	280	205	140
株　洲	0.7348	86	0.7269	108	0.7569	72	246	30	154	162	220
呼和浩特	0.7329	87	0.6962	145	0.8357	34	257	7	187	95	25
石家庄	0.7326	88	0.7061	130	0.8070	46	38	59	237	69	117
宣　城	0.7318	89	0.7418	89	0.7040	116	216	45	62	258	239
淮　安	0.7316	90	0.79	52	0.5680	233	282	151	164	232	127
襄　阳	0.7312	91	0.7611	71	0.6475	164	253	204	175	82	75
阳　泉	0.7287	92	0.6878	155	0.8434	32	35	78	122	36	157
新　余	0.7255	93	0.7482	82	0.6619	150	239	109	28	220	205
十　堰	0.7252	94	0.7688	65	0.6030	201	203	179	244	32	236
宜　宾	0.7240	95	0.6702	181	0.8748	12	90	63	79	83	134
乌　海	0.7228	96	0.7263	110	0.7130	109	271	14	138	262	129
泰　州	0.7217	97	0.7517	81	0.6376	172	162	84	240	240	167
嘉峪关	0.7215	98	0.7124	123	0.7468	80	193	56	103	248	84
鸡　西	0.7194	99	0.7523	80	0.6271	180	260	170	218	47	195
七台河	0.7186	100	0.7471	83	0.6388	170	281	214	146	113	81

宁市、中山市、佛山市、商丘市、汕尾市、丽江市，西北地区城市在该特色指标前十中出现，说明公共汽（电）车在三、四线城市推广较好，为节约能源及保护环境做出了巨大贡献；道路清扫保洁面积覆盖率的排名位居前十的是朝阳市、郴州市、常德市、白城市、新乡市、上海市、巴中市、贵阳市、黑河市、连云港市，说明这些城市在市容建设方面有突出的成果，在降尘降污方面表现优良。

根据上述城市所隶属的具体行政区域，我们将2016年进入前100名的绿色生活型城市列入中国行政区域中（表4）。2016年华北地区除天津市位列第7，其他均处20名以后，且天津市排名也有所退后；东北地区哈尔滨市、大连市分别位居第17、第18名，其余城市名次均分布在30名以后；中南地区三亚市、南宁市、武汉市、广州市、深圳市、海口市进入前20名，较上一年排名除顺序发生轻微变化城市大体没变，位于前50名的城市与后50名的城市数目相当；西南地区进入100强的较少，该区域内位居榜首的重庆市在此次排名中后退，由第19名降至第26名，其余城市排名均落在中间偏后；西北地区西安市在2017年排名中位居前十，2018年滑落至第22名，其余城市均分布在48名以后；华东地区厦门市、南昌市、福州市、上海市进入前10名，且成为前100强集中度最高的地区。

表4　2016年绿色生活型城市综合指数排名前100名城市分布

地区	参评数量	前100名绿色生活型城市	
		名称	数量
华北	32	天津、北京、秦皇岛、太原、大同、呼和浩特、石家庄、阳泉、乌海	9
华东	74	厦门、福州、上海、合肥、舟山、杭州、威海、青岛、绍兴、宁波、蚌埠、济南、常州、南京、扬州、铜陵、温州、芜湖、苏州、南通、黄山、莆田、湖州、镇江、连云港、烟台、嘉兴、龙岩、马鞍山、丽水、淮南、东营、无锡、泰州、宣城、淮安	36
华中	35	南昌、武汉、长沙、鄂州、郑州、宜昌、株洲、襄樊、新余、十堰、宜宾	11
西南	28	重庆、成都、昆明、贵阳、拉萨、绵阳、广元、泸州、巴中	9
西北	30	西安、西宁、兰州、乌鲁木齐、克拉玛依、铜川、银川、宝鸡、嘉峪关	9
东北	34	哈尔滨、大连、沈阳、长春、牡丹江、辽源、双鸭山、鸡西、七台河	9
华南	53	三亚、南宁、广州、深圳、海口、惠州、珠海、中山、柳州、江门、佛山、北海、东莞、桂林、汕头、韶关、防城港	17

2. 2016年中国绿色生活型城市各地比较分析

在2016年中国绿色生活型城市评价分析中，针对各地区进入百强的城市数量进行分析，结果见图1。华北地区评价城市数量占全国总评价城市数量的11%，保持不变，其中进入百强的城市有9座，占百强总比例的9%，较2015年有所增加；东北地区评价城市数量占全国总评价城市数量的12%，其中进入百强的城市有9座，虽较2015年减少但差别不大；华东地区评价城市数量占全国总评价城市数量的27%，进入百强城市占百强总比例的38%；中南地区评价城市数量占全国总评价城市数量的28%，其中25座城市进入百强；西南地区评价城市数量占全国总评价城市数量的11%，而进入百强的比例为10%，保持不变；西北地区评价城市数量占全国总评价城市数量的11%，其中进入百强的有9座城市，占百强总比例的9%。各项数据较2015年起伏不大。从图中可知，华东地区、中南地区在参与评价城市中所占比例较高，而在中国绿色生活型城市百强比例中，两地区城市所占比例也均超过总数的1/4，单华东地区就占到38%，华北地区、东北地区、西北地区进入百强城市数目相当，西南地区略高，达10%，存在数量关系：华东地区 =2 × 西南地区 + 华北地区 + 西北地区（东北地区）。

图2显示了各地区进入百强的城市数量占对应各地区评价城市总数量的比例。华北地区中28.1%的城市进入百强，较2015年增加近10个百分点；东北地区中进入百强的城市数量占其评价总数的26.5%，有下降趋势；华东地区进入百强的城市数量占其评价总数的48.7%；中南地区进入百强的城市数量均占其评价总数的31.6%，西南地区占32.3%，二者相当；西北地区进入百强的城市数量占其评价总数的30%。

3. 2012～2016年绿色生活型城市比较分析

图3展示了2012～2016年中国绿色生活型城市综合指数前50名城市的数量变化。从中可以看出，在这五年间，华北地区、华东地区均呈现出先减少后增加的趋势，东北地区、西南地区及西北地区则呈相反先增加后减小的趋势，仅中南地区在这5年中持续增长至14个保持不变。华北地区城市数量在2012年达到最高值6个；东北地区在这五年控制在6个左右浮动；华东地区除2013年下降到13个，其余三年均保持在23个不变；中南地区在2015年、2016年处在最高值14个；在此期间，西南地区一直未超过5个，而西北地区在2013

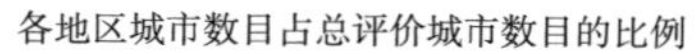

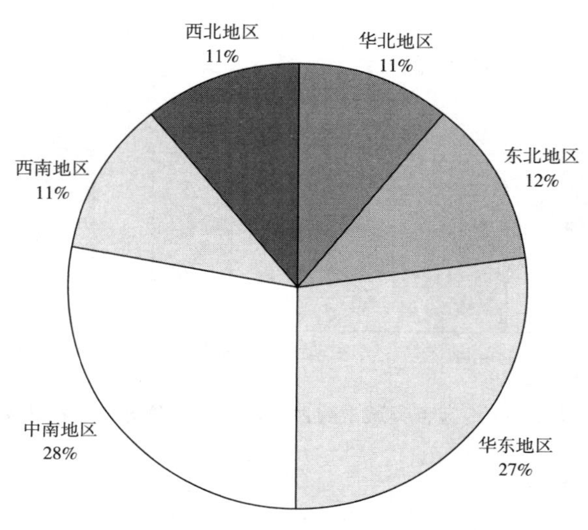

各地区城市进入百强城市比例

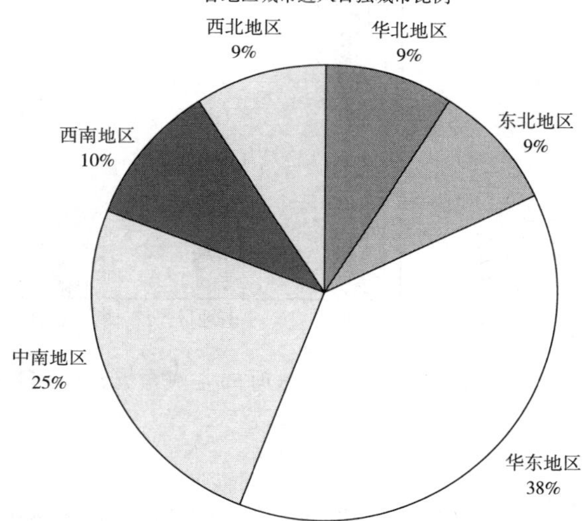

图1　中国各地区评价城市数占总评价城市数及进入百强城市比例

年达到5年最大值10个，之前及之后都数量偏低，可见2013年是西北地区在绿色生活型城市建设方面较为辉煌且成绩突出的一年。

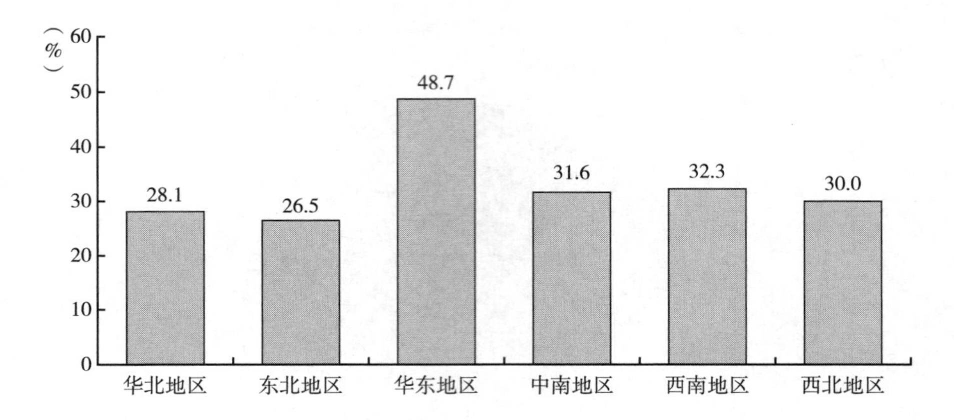

图 2　各地区百强城市数占对应各地评价城市总数比例

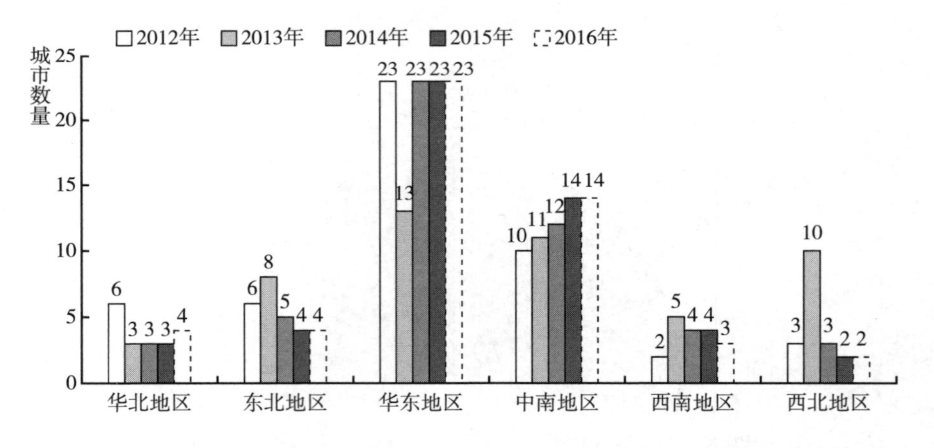

图 3　中国区域绿色生活型城市综合指数前 50 名城市近 5 年数量分布比较

4. 结论

大连市、厦门市、广州市、杭州市和上海市的绿色生活型城市综合指数的排名已经连续 4 年始终位居总排名的前 20 名。这表明这些城市在生态城市建设的基础方面和绿色生活型城市构建方面表现均非常出色，其中厦门市在 2013 年由前一年的第 13 名跃居第 2 名后连续四年来保持不变。根据三亚市、天津市、北京市、深圳市、青岛市、大连市等在排名中的位置可看出它们作为我国重要发展城市、高水平旅游城市及智慧型城市的示范性。从中国绿色生活型城市综合指数前50名城市的数量变化来看，这三年间华北地区进入前50的城市数目呈下降趋势，2016年开始出现提升；东北地区总体波动较小；华东地区、中南地区、西南地区和西北地区在5年的比较中呈整体波动态势；华东地区在2013年下降以后，在2014年的统计结果中又恢复到之前的领先位置，说明华东地区在2014年的发展当中，绿色生活型城市构建方面表现良好，能够适应自身发展模式制订合理且有效的规划，并且能维持在全国领先水平。与此相反的是西北地区，2013年上升后于2014年又下降，幅度明显，2016年维持并未出现回升迹象。从以上城市的整体发展态势看，在中国绿色生活型城市建设方面华东地区整体实力表现出色，中南地区上升空间巨大，东北及西南地区、华北地区变化平缓。

目前绿色生活型城市总体发展态势为华东地区优秀，除此之外，中南地区的最小值与东北地区、西北地区的最大值相当，且略高于华北、西南地区。今后在绿色生活型城市建设方面，华北、东北、西南和西北地区要进一步且全力加大绿色生活型生态城市的建设力度，注重民生建设，强调贯彻以人为本的更加和谐的促进政策，中南地区递增的趋势显示出良好的势头，较落后的城市迎头赶上也会对原本发展水平较高的城市存在推进作用，有助于全国整体水平提高，应继续保持并加以推广，同时巩固基础设施建设，推动全国共同进步。

二　绿色生活型城市的实践探索

（一）经典案例

1. 绿色生产

中国是制造大国，工业化快速发展的结果是给生态环境带来巨大压力，绿色生产成为中国工业发展的主旋律。本研究通过分析广东省合生雅居与上海市新特能源股份有限公司的绿色生产实践，为绿色生活型城市的绿色生产提供一条探索之路。

（1）广东省合生雅居绿色生产实践①

2018年6月，“美丽中国，我是行动者——绿色发展·链动南粤”环境日

① http：//heshengyaju. tw. cnyigui. com/.

公益宣传活动暨绿色发展国际创新中心开馆仪式在东莞顺利举办。坚持以绿色环保家居为己任、践行绿色发展的合生雅居，凭借对家具生产环节改造升级的出色表现，在此次大会上荣获2018广东省绿色供应链协会颁发的“最佳绿色清洁生产案例”荣誉。

合生雅居不断加大产品研发、生产工艺等方面的创新升级，产品制造过程采用全自动化、信息化、精细化操作，实现全程数字化管理生产，将对环境的影响和负面作用降到最低。合生雅居在生产中从源头着手，解决行业内生产末端治理效率低成本高、企业转型难等问题，不断研究和完善静电喷粉的绿色生产工艺，实现了对定制家居领域的传统油性涂料颠覆式的产业替换。全程采用无水作业的创新工艺，即无须溶媒调配，无工业废水排放，没有VOCs排放，无水污染，通过静电将涂料粉末粒子360度均匀吸附在板材表面，经流平固化而形成性能优越的涂层，为企业成功实现绿色转型寻找到了卓有成效的解决方案，在中国定制家居行业中树立了洁净生产的表率。

合生雅居同时荣获“2017年度家居绿色环保推荐品牌”“全国产品质量稳定合格企业”“中国整体衣柜十大品牌”等诸多荣誉。作为“绿色运营践行者，绿色品牌塑造者，绿色生活推动者，绿色生态守护者”，推动着绿色创建向纵深发展。

（2）乌鲁木齐市新特能源股份有限公司绿色生产实践①

新疆乌鲁木齐市新特能源股份有限公司重视技术创新发展，紧跟工业4.0步伐，向着“中国制造2025”目标进发，推动中国制造向中国创造转变、中国速度向中国质量转变。创新开发出深化冷氢化工艺及系列化主辅工艺配套的高效流化床四氯化硅循环处理技术，建成了世界单体规模较大的3×12万吨/年四氯化硅转化为三氯氢硅的成套装置，解决了多晶硅行业四氯化硅的排放及污染的共性难题，实现了四氯化硅100%循环利用、多晶硅生产成本降低2.88亿元/年。基于高纯晶体硅（电子级多晶硅）的绿色生产技术工艺，提出尾气零排放、副产物100%回收利用等绿色生产循环经济解决方案，建成了系列化主辅配套的高纯晶体硅生产工艺技术体系。经行业专家组鉴定，系统经过3年多的连续稳定运行，实现了副产物四氯化硅100%循环利用、氯硅烷尾气零排

① https：//www.maikeji.cn/。

放、余热梯级利用、生产成本降低50%、能耗降低38%、多晶硅纯度由6N提高到11N的目标。

新特能源股份有限公司“高纯晶体硅绿色生产关键技术自主创新与产业化”项目荣获2017年度中国有色金属工业科学技术奖一等奖。该技术的研发及应用，使企业成功突破国际光伏“双反”困局，在多晶硅行业具有指导示范效应，实现了多晶硅生产工艺技术的升级换代，及我国光伏行业和电子信息行业的技术升级。

2. 绿色生活

倡导和培育绿色生活方式，是促进生态文明建设和美丽中国建设的必然要求。这就要求国家不断推广科技含量高、资源消耗低、环境污染少的生产方式；公众倡导绿色生活新理念，在日常生活中主动为节约资源、保护环境而努力。国家在推动新型城镇化建设进程中，应在城市规划中推行绿色建筑，使其成为绿色生活不可缺少的一部分，比如屋顶覆盖植被，可为城市带来绿色与生机，绿色建筑也可最大限度地节约资源，减少污染，为人们创造健康生活。绿色生活与每个人密切相关，节约一滴水、一度电，少开一天车，多骑自行车，多种一棵树，都是资源节约和环境改善的基本绿色生活方式，有助于“绿水青山”与“金山银山”共同实现，使生态与经济社会融合发展。

北京当代万国城在设计中追求高舒适度和低能耗兼顾理念。在其新能源系统、能源设备系统、外围维护系统和智能控制系统的支持下，小区全年维持20～26℃的室温、30%～70%的湿度，达到国际“最舒适热环境”的评价标准。节能方面，仅需要国内普通住宅达到同等舒适度所需能耗的1/3。主体建筑之间大面积的景观水系不仅仅是为了美观，社区地面的水系与屋顶种植的本地耐寒植物还有降低城市热岛效应的作用。设计体现出城市复合社区的理念，社区配置艺术影院、艺术空间和咖啡馆，使封闭的住宅与其他功能区在空间中相互关联，置身其中有一种进入科幻片场景的错觉，宛如一帧未来城市的小像。

深圳万科中心是集办公用房、酒店、公寓、会议中心和景观公园于一体的城市综合体。建筑占地6.17万平方米，高35米，整体以蜿蜒曲折的姿态悬在绿地之上。主体建筑悬空，屋顶充分绿化，使绿化面积超过了100%；底部架空9～15米，加强了山风、海风的对流，优化了局部的微气候环境。建筑材料为大量的可再生能源和可回收材料，在设计上也采用了多种新技术，全方位践行环保理念。建筑主体外立面覆盖了由穿孔透光铝板制成的转动式悬挂外立面遮阳系统，根据日照时间和强度，在0～90度范围内自动调节遮阳板，保证室内在遮阳与采光之间找到平衡，达到节能的效果；万科中心（酒店除外）屋顶全部装有太阳能光电板，其转化的电能可达28万度，约占万科总部总用电量的14%；空调系统只考虑夏季制冷即可，故采用部分负荷冰蓄冷系统，夜间电力负荷及电费低谷期进行制冰，在白天负荷高峰时释放，节省了能源成本；整个景观水系没有用自来水，而是以雨水为主，中水作为补充，除了建筑的屋面可以收集雨水，地面的渗水砖也可通过渗透收集雨水，如此一年能节约大约45700吨水。

图4　深圳万科中心外部分实景

资料来源：http：//bbs. zhulong. com/101020_ group_ 201876/detail10129011。

3. 绿色消费

绿色消费是实现生活方式绿色化的重要标志和支撑。绿色消费以绿色产品和绿色服务为客体，在产品的整个生命周期（产品的生产过程、购买和消费过程、使用后的处置过程）中注重资源节约、环境保护和生态友好。要求在衣、食、住、行、游等各个领域，加快向绿色转变，通过绿色消费倒逼绿色生产，为全社会生产方式、生活方式绿色化贡献力量。

在1975～1993年，每千人拥有的小汽车数量，发展中国家从8辆增加到16辆，而发达国家从289辆增加到405辆。随着经济的发展，汽车数量持续增长，加剧了资源和环境的负担。近年来，人们不断探讨科学合理地使用汽车的模式，以期提高城市环境质量。绿色导向的消费方式有两种路径：改进性的减量消费和变革性的替代消费。前者如从使用大排量汽车变为使用小排量汽车，以减少使用汽车的资源环境消耗；后者如用公共交通出行替代小汽车出行。

从汽车的绿色消费看，不同国家、不同城市曾有不同的实践探索。

（1）小汽车共用服务，即拥有多种车型的公司或组织向其成员或固定顾客随时提供使用机动车出行的服务。研究表明，瑞士为了满足1000个家庭的出行需求，需要1000辆小汽车，而结合家庭小汽车实际使用程度，仅需要430辆小汽车。如果这1000个家庭成为小汽车共用的用户，仅需要280辆小汽车，其中220辆置于用户家中，60辆由小汽车共用组织调派。由此每年减少原来小汽车出行距离72%，节省燃油的潜力可达57%。

（2）减少小汽车使用，即采用骑自行车、乘坐公交车的方式，减少小汽车使用频次，以减少汽车尾气对空气的污染。如美国鼓励人们在超级市场购物时，通过一次多买必需品的方式减少去超市的次数，以节省汽油，减少污染；德国很多家庭喜欢和近邻同用一辆轿车外出，以减少汽车尾气的排放；伊朗首都德黑兰规定了“无私车日”。

（3）推广和使用绿色汽车。汽车绿色消费是降低汽车对环境污染的根本。绿色汽车的三大标志是：可以回收利用、动力源改进、对环境污染小。绿色汽车包括清洁燃料机动车、LPG（液化石油气）汽车、醇类汽车、沼气汽车、氢汽车、电动机动车等几种类型。目前，全球很多城市大力推广天然气汽车，公交车、市内出租车、政府机关用车以及很多私家汽车都采取这种方式。在我国，北京、上海、重庆、海南、西安、哈尔滨、深圳等9个城市被选定为首批推广应用燃气汽车的示范城市。电动汽车行驶时不排尾气，噪声小，且能源终端利用效率高。目前电动汽车不断成为众多市民的新选择。

（二）政府行动

党的十八大报告指出，要“着力推进绿色发展、循环发展、低碳发展”。党

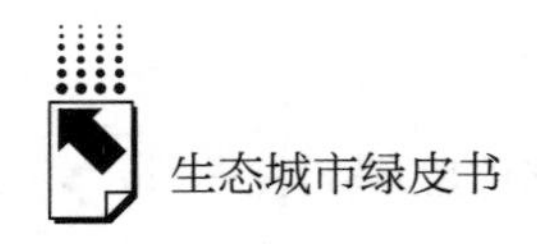

的十八届五中全会提出创新、协调、绿色、开放、共享的发展理念。绿色发展是新的时代背景下对可持续发展理念的全新诠释，其中绿色生活方式是绿色发展的重要实践途径，是生态文明建设的重要内容。然而，绿色生活方式的培育是一个复杂长期的过程，目前大众对于绿色生活内涵的理解仍存在一些误区。澄清这些认识误区，积极倡导和培育绿色生活方式，是落实绿色发展理念的重要环节。

党的十九大报告提出，倡导简约适度、绿色低碳的生活方式，反对奢侈浪费和不合理消费，开展创建节约型机关、绿色家庭、绿色学校、绿色社区和绿色出行等行动。绿色、低碳出行，不应该仅仅是一句口号，美丽中国的美好愿景，就实现在我们每个人的实际行动中。党的十九大报告指出，要加快建立绿色生产和消费的法律制度和政策导向，建立健全绿色低碳循环发展的经济体系；构建市场导向的绿色技术创新体系；推进能源生产和消费革命；推进资源全面节约和循环利用；倡导简约适度、绿色低碳的生活方式，这表明了国家加强生态文明建设、治理环境问题的坚定决心，对我国加快低碳城市建设，具有很强的指导意义。

2017 年 12 月 11 日，中共中央办公厅、国务院办公厅印发《党政机关公务用车管理办法》，规定党政机关应当配套使用国产汽车，带头使用新能源汽车，按照规定逐步扩大新能源汽车配备比例。这是在我国汽车保有量持续增长，机动车污染日益增大，空气污染日益严重的背景下，以政府管控方式倡导人们绿色、低碳出行的举措之一。倡导绿色出行、改变出行结构的重要途径之一，是推广和使用在节能减排方面具有明显优势的新能源汽车。党政机关带头使用新能源汽车，倡导、践行绿色出行，无疑是政府在创建绿色生活型城市实践中迈出的重要一步，能起到示范引领作用，值得推广应用和肯定。

作为绿色出行的重要方式之一，新能源汽车的推广和使用，在我国越来越得到重视。地方政府以财政补贴、税费减免、不限行不限购等措施，不断推动新能源汽车快速发展。据相关数据，2016 年我国新能源汽车销售达 50.7 万辆，连续两年产销量居世界第一。然而，和传统的燃油汽车相比，新能源汽车仍有很多弊端需要改进：一是最大续航里程不足；二是充电不方便；三是产品质量和技术还需要改进。只有解决了这些问题，才能真正让消费者主动选择新能源汽车，实现低碳出行的绿色生活方式。

2017 年 12 月，云南省依托清洁能源和区位资源优势，完善新能源汽车充电基础设施建设，着力发展新能源汽车制造业。按照规划，到 2020 年建成集中式换充电站 350 座以上、分散式充电桩 16.3 万个以上，到 2025 年建成集中式换充电站 700 座以上、分散式充电桩 30 万个以上，基本覆盖全省县级城市、国道和省道、主要旅游景区、工业园区等。同时，云南省以清洁水电为主的电力目录电价远低于其他地区，电价优势将逐步显现，可为新能源汽车产业发展及推广应用提供充沛而廉价的清洁能源。

加强低碳城市建设，需加强绿色低碳规划引领。2017 年 1 月，成都市被国家发展改革委确定为国家低碳试点城市，在积极推进国家低碳城市试点工作进程中，强调低碳发展、绿色发展，坚持规划引领，编制了《低碳城市试点建设实施方案》，印发了《低碳城市建设 2017 年度计划》。一是构建绿色低碳产业体系。绿色低碳产业体系是低碳城市建设的关键支撑。成都市以发展转型改善环境，以生态建设提升环境，以共创共享优化环境，初步构建起了绿色发展、安全发展和可持续发展模式，推进了“农业原生态、工业可循环、三产可持续”发展。同时，也不断加强区域合作，开展了“中国－瑞士低碳城市项目”，通过平台搭建、技术交流、项目建设等方式，共同推进中国、瑞士的医学、医药、医疗机构和企业以及相关培训机构、金融机构等入驻示范园区，在生物医学、生态环保等方面开展广泛合作。二是构建绿色低碳文化体系。绿色低碳文化体系是低碳城市的内涵所在。近年来，成都温江凭借自身良好的生态环境和深厚丰富的历史文化底蕴，结合“世界地球日”“世界环境日”等活动，依托报刊、广播和电视等媒体，广泛深入开展绿色学校、绿色医院、绿色小区生态文明村和生态家园创建活动，大力弘扬了生态低碳文化，加强了生态知识的普及。不断提高公众参与能力，形成了全社会提倡节约和保护环境的价值观念，构建起引导人们实行低碳、绿色、生态生产方式和消费行为的生态文化体系。

三 绿色生活型城市建设的对策建议

绿色生活方式要求人们充分尊重生态环境，重视环境卫生，确立新的生存观和幸福观，倡导绿色消费，以达到资源永续利用、人类世世代代身心健康和全面发展的目的。绿色生活型城市建设，是大家共同参与的行为，需要政府引领、公众参与，也是一个系统工程，任重而道远。不同城市在绿色生活型城市创建进程中，采取了不同的措施和方式，有很多措施和经验值得其他城市借鉴。也有一些城市在创建绿色生活型城市中，还有很多方面需要改进。要实现低碳生活、绿色生活，城市需要做的工作很多。

（一）推进全社会形成崇尚低碳、践行低碳的社会风尚。可通过“市民低碳行动”的开展，结合“地球一小时”“全国低碳日”等重大节点活动，倡导绿色低碳的生活方式和消费模式，发动更多的市民公众响应践行“低碳生活”，在全社会逐步形成了解低碳、崇尚低碳和践行低碳的风尚，使低碳理念深入人心。要践行“绿水青山就是金山银山”的理念，打造人与自然生命共同体，追求天人合一境界，把推动形成绿色发展方式和生活方式摆在更加突出的位置，让绿水青山更好地产生金山银山效应，让人人共享绿色福利，建设能让人望得见山、看得见水、记得住乡愁的绿色家园。

（二）发现和培育一批低碳践行典型和示范。可通过“衣、食、住、行、用”低碳专项实践活动的开展，树立一批具有低碳消费特征的践行单位和个人典型，以及可供参观、展示、宣传、教育的低碳宣传活动、商业设施和消费场所典型，营造城市低碳生活和消费的环境。开展绿色生活系列活动，树立绿色家庭、绿色社区、绿色机关、绿色学校、绿色企业等绿色践行典型，实现低碳生活引领，调动大众践行绿色生活的积极性。

（三）探索建立市民践行低碳的长效机制。可结合低碳实践活动开展经验，探索建立激励市民和单位自觉践行低碳的长效机制，逐步使低碳生活和消费模式成为市民的日常生活方式。倡导和培育绿色生活方式，是促进生态文化建设和中华文明传承的必然选择，是对中国传统文化的传承，也是积极构建先进生态文化、拓展中国传统文化的体现。践行低碳生活长效机制建设，可逐步改变人们的生活理念，改善生态环境，提高人们的生活品质，实现人与自然的和谐。

（四）建立宣传教育联动机制，使“绿水青山就是金山银山”的理念内化于心、外化于行，唤醒大众的社会责任意识，树立绿色生活是可持续发展的重要途径的理念，培育崇尚勤俭节约、绿色环保的社会风尚，让保护环境成为一种自觉，让绿色生活成为一种习惯。应将环境教育融入国民教育体系，并植入各类文化产品，结合世界环境日、城市节水周、“熄灯一小时”等主题宣传活动，开展以绿色生活为主题的教育，让绿色生活方式成为人们的一种自觉。

（五）优化绿色消费环境。要增强绿色消费的软硬件环境建设，提升绿色生活的便利性。在硬环境建设方面，主要是为绿色生活提供更多的空间、场所和设施。比如建立布局合理、管理规范的废旧物品回收体系，为废旧手机、电动车电池等废物的回收利用创造便利条件；在城市交通规划中注重增加城市自行车慢行系统、完善共享单车企业的管理体系、提高公共交通工具的乘坐舒适度等措施，提高公众的绿色出行率；在软环境建设方面，要建立和完善绿色产品信息发布与查询平台，规范市场秩序。政府部门应建立统一的绿色产品标准和认证机制，加强对绿色产品的市场准入和质量监督管理。

（六）行政工具引导绿色消费。不断完善阶梯电价和峰谷电价、阶梯水价等价格调节手段，实现水电资源节约；不断调整奢侈品消费税率，促使公众养成绿色消费习惯；发挥政府绿色采购的引领和示范作用，不断扩大绿色产品的需求量和消费市场；严格实施“禁塑令”，引导民众使用绿色可降解制品，减少垃圾污染；鼓励新能源产品的使用，减少化石燃料等不可再生性能源的消耗。

G.6
健康宜居型城市建设评价报告

台喜生* 李明涛 康玲芬

摘 要： “新型城镇化”理念引导未来城市的发展取向应体现安全、健康、协调和舒适。新型城市保障人的安全，致力于维护人类生存、就业、自我实现等多方面的安全环境；城市发展必须契合人类对健康发展的需求，健康理念表现在优美宜人的生态环境和自由发展的健康状态上；“新型城镇化”背景下的城市既致力于促进人与自然、人与人的协调关系，也致力于提高城市居住、工作、学习、旅游的舒适度。健康宜居型生态城市的建设宗旨既符合我国“新型城镇化”的思路和模式，也贴合现代城市人居环境的新理念。本评价报告采用反映生态城市环境、经济、社会建设发展水平以及健康宜居水平的19个指标构成的评价指标体系对我国150个典型地级及以上城市进行2016年城市建设评价，对前100位城市进行健康宜居水平建设成果、优劣势的深入分析，然后结合国内外成功案例分析，提出我国“新型城镇化”背景下健康宜居型生态城市建设的对策与建议，为我国生态城市的建设发展建言献策。

关键词： 新型城镇化 健康宜居型生态城市 建设评价

中国城市化率2011年已超过50%，但是城市病的恶化几乎和城市化进程同步，而且规模越大的城市，城市病通常越严重，人口拥挤、就业和住房困

---

* 台喜生，男，生态学博士，研究方向为环境生态学。

难、交通拥堵、空气污染、水资源缺乏与污染、垃圾处理困难、给排水困难、城乡差距拉大、社会公平与公正问题严重等迫使我们深刻反省城镇化的思路和模式。十八大提出了“新型城镇化”，新型城镇化不仅关注城市与农村之间的人口分布方式变化及城市地域范围的扩张，而且包含了平等、幸福、健康及可持续发展等相互关联的内容；新型城镇化的关键层面包括城市生态、城市经济、城市管理、城市基础设施建设、城市生活及城市文化。新型城镇化过程更为注重城市生态可持续、城市经济发展方式转变、城市的宜居性、城市服务设施均等化、城市文化软实力等。城镇化实践的进展及面临的问题不断地刺激着学界对城镇化认知的深化，晚近的研究更加追求健康的城镇化，更加关注公共服务与经济建设、城市管理与城市文化、可持续发展、生态文明等理念。①

人居环境是人类最基本的生存条件，如果没有安全舒适的人居环境人类就不可能生存，更谈不上城市化的发展与社会的进步。城市人居环境是指一个由人、建筑、周围自然环境以及交通等构成的一个完整的系统，是以人为主体，对自然环境和社会环境进行融合、改造后形成的一种新的人工环境。“健康、舒适、归属”是现代城市人居环境的新理念。赵肖等指出：城市的健康性包括了城市环境生态健康、城市居民生理心理健康和城市生活生产材料技术健康三个方面；城市的宜居性包括了居住的舒适性、生活的便利性和居住的安全性三个方面；归属感包括舒适感、识别感、安全感和交流感。②

因此，健康宜居型生态城市的建设宗旨既符合我国“新型城镇化”的思路和模式，也贴合现代城市人居环境的新理念。安全、健康和舒适的理念都是基于人的角度，构建市民安全的出行与居住环境、健康的生活理念与生活方式以及舒适的就业与旅游等，并致力于城市社会、文化、经济与环境的协调，促使城市价值在产生于人的同时，还能够服务于人。③

“健康不仅是身体没有病，还要有完整的生理、心理状态和社会的适应能力（WHO）。”“绿色环保与可持续发展是引领经济繁荣的未来动因，更是居

① 徐林、曹红华：《从测度到引导：新型城镇化的“星系”模型及其评价体系》，《公共管理学报》2014 年第 11（1）期。

② 赵肖、杨金花：《城市人居环境健康宜居性探析》，《艺术科技》2014 年第 4 期。

③ 徐林、曹红华：《从测度到引导：新型城镇化的“星系”模型及其评价体系》，《公共管理学报》2014 年第 11（1）期。

民身心健康发展的基础，而自由发展的人文氛围是提高城市居民精神舒适度的重要因素，城市发展必须契合人类对健康发展的需求（第五届世界环保大会）。”物理环境与公共健康情况之间极有可能存在显著关联性，而健康的建成环境需要来自公共空间设计的指导；免费开放的、可达的绿地可通过提供身体活动场地和建筑物与其周边景观环境的融合对人体健康产生影响。薛菲指出：城市公共绿地如果配置得当，将可能具有治愈性，并提升为可促进公众健康的疗愈空间；疗愈空间是指能够抚慰和恢复一个人的心理和情绪健康的环境，已经从最初的医疗语境转移到广泛的社会、心理和情感福祉层面，可在日常生活环境中提供身体、心理和精神疗愈。①

城市的宜居性最直接的表述是指适合人类工作、生活和居住。国内对城市宜居性的评估侧重于对城市的经济发展和设施建设状况进行测定，而国外对城市宜居性的理解偏向于环境舒适、文化包容、社会安定、危机治理等主客观兼顾的方面，存在这种差异的原因在于国内大多数城市的经济基础相对于国外宜居城市仍薄弱，宜居城市是以经济发展为基础的，社会文化、环境和政府都是支撑城市发展的重要力量。城市生活宜居关乎生活舒适度、居住便利度、社会安全度和人的普遍幸福感。城市的宜居性是由多方面内容组合而成的系统观念，而其各组成部分相互限制又相对独立，涉及社会发展程度、生活舒适程度、城市安全程度等方面。②

一　健康宜居型城市评价报告

（一）健康宜居型城市评价指标体系

本研究以文献资料为理论基础，通过专家访谈形式得出健康宜居型城市评价指标体系，包括14个核心指标和5个特色指标（表1）。本评价指标体系综合了从环境、经济、社会三个层面体现生态城市健康等级的指标，在历

---

① 薛菲、刘少瑜：《传承或是生活方式引领者：伦敦当代城市环境中的疗愈空间研究》，《景观设计学》2016年第4期。

② 徐林、曹红华：《从测度到引导：新型城镇化的“星系”模型及其评价体系》，《公共管理学报》2014年第11（1）期。

年研究①②③④的基础上经过不断深化和提升，突出了健康性和宜居性两个方面的城市服务能力，重点从健康生活条件、健康保障、景观服务、休闲资源和居住空间五个角度去评价生态城市建设过程中健康性和宜居性的城市服务能力的提升程度。并以此评价指标体系对150个城市2016年度的生态化过程进行评估，评价城市建设过程中健康宜居水平的变化。

健康宜居型城市特色指标体系包括如下几个指标。

1. 万人拥有文化、体育、娱乐用房屋——反映市民进行文化、娱乐、运动休闲的基础设施水平；

2. 万人拥有医院、卫生院数量——反映卫生系统为城市居民提供健康保障的容量和能力；

3. 公园绿地500米半径服务率——反映城市自然或人工景观的可达性，体现了城市居民日常体验回归自然环境的便捷性；

4. 城市旅游业收入占城市GDP百分比——反映城市的宜游性，同时也体现了包括住宿、餐饮、交通、人文和自然景观旅游资源等在内的综合的城市休闲服务能力；

5. 人均居住用地面积——反映城市的宜居性，直接展示了城市居民的居住空间大小，此居住用地面积是指在城市中住宅、居住小区及公共服务设施、道路和绿地等设施的建设用地。

（二）数据的获取及统计分析方法

本研究从核心指标针对的284个城市中选择150个生态化进程发展良好的城市，按照健康宜居型城市的评价指标体系获取数据，按照健康宜居型生态城市的综合排名选择前100强进行评价分析（表3）。

---

① 台喜生、李明涛、方向文：《健康宜居型城市建设评价报告》，《中国生态城市建设发展报告（2017）》，社会科学文献出版社，2016，第295~317页。

② Tai Xi-sheng，Li Ming-tao. Development Model of Landscape and Leisure Oriented Cities [M] // The Development of Eco Cities in China. Springer Singapore，2016-11-22，pp. 259-271.

③ 台喜生、李明涛、王芳：《景观休闲型城市建设评价报告》，《中国生态城市建设发展报告（2016）》，社会科学文献出版社，2016，第295~317页。

④ 台喜生、李明涛、王芳：《景观休闲型城市建设评价报告》，《中国生态城市建设发展报告（2015）》，社会科学文献出版社，2015，第332~360页。

表 1　健康宜居型城市评价指标体系

一级指标	核心指标			特色指标	
	二级指标	序号	三级指标	序号	四级指标
健康宜居型城市综合指数	生态环境	1	森林覆盖率[建成区人均绿地面积(平方米/人)]	15	万人拥有文化、体育、娱乐用房屋(个/万人)
		2	空气质量优良天数(天)		
		3	河湖水质[人均用水量(吨/人)]		
		4	单位 GDP 工业二氧化硫排放量(千克/万元)		
		5	生活垃圾无害化处理率(%)	16	万人拥有医院、卫生院数(个/万人)
	生态经济	6	单位 GDP 综合能耗(吨标准煤/万元)		
		7	一般工业固体废物综合利用率(%)		
		8	R&D 经费占 GDP 比重[科学技术支出和教育支出的经费总和占 GDP 比重(%)]	17	公园绿地 500 米半径服务率(%)
		9	信息化基础设施[互联网宽带接入用户数(万户)/城市年末总人口(万人)]		
		10	人均 GDP(元/人)	18	城市旅游业收入占城市 GDP 百分比(%)
	生态社会	11	人口密度(人口数/平方千米)		
		12	生态环保知识、法规普及率,基础设施完好率[水利、环境和公共设施管理业全市从业人员数(万人)/城市年末总人口(万人)]		
		13	公众对城市生态环境满意率[民用车辆数(辆)/城市道路长度(千米)]	19	人均居住用地面积(平方米/人)
		14	政府投入与建设效果[城市维护建设资金支出(万元)/城市 GDP(万元)]		

注：造成重大生态污染事件的城市在当年评价结果中扣分：5% ~7%。

健康宜居型生态城市“公园绿地 500 米半径服务率”是以遥感影像矢量化后形成的土地利用现状图为基础数据源，使用 ArcGIS 软件平台获取公园绿地斑块的信息，再利用景观生态学专业软件 Fragstats 统计公园绿地 500 米半径服务率。

景观格局指数公园绿地 500 米半径服务率的计算公式如下：

$$公园绿地 500 米半径服务率 = \frac{公园绿地 500 米缓冲区面积}{城市建成区面积} \times 100\%$$

健康宜居型生态城市“文化、体育、娱乐用房屋”“万人拥有医院、卫生院数”“人均居住用地面积”三个指标的相关数据从《2017年中国城市统计年鉴》和《2016年中国城市建设统计年鉴》中查阅获取。

健康宜居型生态城市“城市旅游业收入（包括旅游外汇收入和旅游国内收入两部分）”从各省、区、市的统计年鉴（2017年）和国民经济及社会发展统计公报（2016年）中查阅获取。

对收集的数据采用Excel程序（Microsoft Office 2007软件）和SPSS（V.16.0）软件进行统计处理。

（三）中国健康宜居型城市的排名及分析

1. 中国100强健康宜居型城市的总体评价

健康宜居型城市评价选择了历年参评的150个城市作为评价对象，通过评价模型计算各城市的健康指数，然后依据评价准则确定各城市健康等级并进行排序，选择排序前100位的城市进行了深入评价和分析（表2），对其综合指数、核心指数、特色指数以及5项特色指标进行了排名和健康等级的评价（表3）。

2016年前100强的健康宜居型城市中，从综合指标的排名及其健康等级来看，很健康（综合指数≥0.85）的城市有7个，健康（0.65≤综合指数<0.85）的城市有93个，与2015年相比没有变化。从核心指标的排名及其健康等级来看，很健康（核心指数≥0.85）的城市有16个，比2015年增加了1个；健康（0.65≤核心指数<0.85）的城市有84个，比2015年减少了1个。从特色指标的排名及其健康等级来看，很健康（特色指数≥0.85）的城市有7个，比2015年减少了3个；健康（0.65≤特色指数<0.85）的城市有71个，比2015年增加了3个；亚健康（0.55≤特色指数<0.65）的城市有16个，比2015年增加了2个；不健康（特色指数<0.55）的城市有6个，比2015年减少了2个。整体来看，2016年健康宜居型生态城市前100强的综合指数和核心指数均在健康水平以上，而特色指数有78%的城市达到了健康水平以上；说明，中国健康宜居型生态城市的建设水平较高；但与2015年相比，发展上升趋势不明显（表3）。

表2 健康宜居型城市前100强名单（2016年）

三亚	深圳	长沙	桂林	郑州
舟山	绍兴	蚌埠	烟台	吉林
珠海	大连	贵阳	牡丹江	新余
厦门	拉萨	太原	丽水	宝鸡
海口	哈尔滨	大同	芜湖	雅安
北京	常州	西宁	丽江	湘潭
南昌	长春	温州	宜昌	东营
南宁	宁波	连云港	乌鲁木齐	株洲
天津	威海	济南	九江	本溪
合肥	北海	中山	扬州	鄂尔多斯
上海	昆明	金华	绵阳	马鞍山
武汉	湖州	无锡	大庆	抚顺
广州	柳州	台州	丹东	鞍山
杭州	秦皇岛	克拉玛依	淮安	泰州
惠州	景德镇	汕头	银川	泉州
福州	西安	南通	呼和浩特	石家庄
南京	沈阳	镇江	衢州	淄博
东莞	苏州	江门	安庆	赣州
青岛	嘉兴	兰州	延安	襄阳
成都	重庆	佛山	淮南	锦州

其中，三亚市、舟山市和海口市的三项指数排名均处于前10位，与2015年相比，珠海市的特色指数排名从前10位以内跌至第31位。与2015年相比，三项指数排名均处于前20位的城市除了合肥市，增加了厦门市、北京市、上海市和武汉市，而拉萨市跌出此行列。而特色指数排名前50位的城市中，另有南昌市、东莞市、天津市、珠海市、南宁市、福州市、广州市的综合指数和核心指数均处于前20位，与2015年相比，南昌市和东莞市获得提升，而苏州市和惠州市跌出此行列。以上这些城市在健康宜居型生态城市建设方面，分别处于领跑（三亚市、舟山市），发展势头良好（合肥市）和强劲（海口市、厦门市、北京市、上海市、武汉市）的地位，这些城市在健康宜居型生态城市规划、设计、建设和管理等方面的经验值得其他城市借鉴和学习；此外，发展潜力巨大（南昌市、东莞市、天津市、南宁市、福州市、广州市）的城市也值得关注；须增进发展活力（珠海市、拉萨市、苏州市、惠州市）的城市需要在发展方向和策略上做出调整（表3）。

表 3　2016 年健康宜居型城市评价结果

城市名称	健康宜居型城市综合指数（19 项指标结果）		生态城市健康指数（ECHI）（14 项指标结果）		健康宜居型特色指数（5 项指标结果）		特色指标单项排名				
	得分	排名	得分	排名	得分	排名	万人拥有文化、体育、娱乐用房屋	万人拥有医院、卫生院数	公园绿地 500 米半径服务率	城市旅游业收入占城市 GDP 百分比	人均居住用地面积
三　亚	0.9142	1	0.9236	1	0.8879	2	19	45	45	3	5
舟　山	0.8732	2	0.8745	6	0.8696	7	6	15	25	4	76
珠　海	0.8697	3	0.9032	2	0.7760	31	27	64	79	90	36
厦　门	0.8649	4	0.8868	3	0.8034	19	10	144	18	28	24
海　口	0.8579	5	0.8675	8	0.8311	10	7	9	3	81	94
北　京	0.8544	6	0.8473	19	0.8745	3	3	40	22	47	69
南　昌	0.8539	7	0.8767	4	0.7902	24	14	106	49	62	83
南　宁	0.8451	8	0.8755	5	0.7599	36	40	134	16	31	106
天　津	0.8441	9	0.8672	9	0.7796	30	36	34	71	58	105
合　肥	0.8434	10	0.8535	15	0.8151	15	44	22	74	53	16
上　海	0.8405	11	0.8489	17	0.8171	14	12	67	39	96	38
武　汉	0.8405	12	0.8503	16	0.8129	18	18	62	78	44	66
广　州	0.8334	13	0.8655	11	0.7436	41	8	128	17	73	110
杭　州	0.8316	14	0.8329	22	0.8281	11	17	52	56	39	99
惠　州	0.8308	15	0.8720	7	0.7152	53	61	94	13	113	12
福　州	0.8293	16	0.8576	12	0.7500	40	33	121	37	112	13
南　京	0.8221	17	0.8300	24	0.8001	21	13	120	50	59	61
东　莞	0.8212	18	0.8335	20	0.7869	26	16	71	14	139	1
青　岛	0.8146	19	0.8299	25	0.7718	32	52	90	23	87	32
成　都	0.8139	20	0.7924	48	0.8742	4	5	25	52	45	54

续表

城市名称	健康宜居型城市综合指数（19 项指标结果）		生态城市健康指数(ECHI)（14 项指标结果）		健康宜居型特色指数（5 项指标结果）		特色指标单项排名				
	得分	排名	得分	排名	得分	排名	万人拥有文化、体育、娱乐用房屋	万人拥有医院、卫生院数	公园绿地500 米半径服务率	城市旅游业收入占城市GDP 百分比	人均居住用地面积
深　圳	0. 8136	21	0. 8542	14	0. 7000	63	4	115	12	150	11
绍　兴	0. 8131	22	0. 8219	34	0. 7885	25	67	73	6	54	55
大　连	0. 8130	23	0. 8248	31	0. 7800	29	39	39	77	69	86
拉　萨	0. 8106	24	0. 8025	43	0. 8333	8	2	2	113	7	2
哈尔滨	0. 8050	25	0. 8315	23	0. 7305	46	41	54	92	64	107
常　州	0. 8040	26	0. 8330	21	0. 7228	48	32	132	5	88	120
长　春	0. 8037	27	0. 8226	32	0. 7507	39	35	95	119	40	48
宁　波	0. 8022	28	0. 8255	29	0. 7372	43	48	76	90	70	45
威　海	0. 8000	29	0. 8658	10	0. 6155	99	71	109	140	75	44
北　海	0. 7946	30	0. 8258	28	0. 7075	56	87	136	36	22	28
昆　明	0. 7943	31	0. 7537	65	0. 9079	1	26	12	2	30	6
湖　州	0. 7942	32	0. 7833	54	0. 8249	13	55	33	4	9	82
柳　州	0. 7900	33	0. 8150	38	0. 7202	50	86	78	11	86	29
秦皇岛	0. 7895	34	0. 8098	40	0. 7325	44	37	57	137	11	90
景德镇	0. 7885	35	0. 7908	50	0. 7823	27	46	74	81	8	46
西　安	0. 7883	36	0. 8153	36	0. 7128	54	25	58	111	51	129
沈　阳	0. 7854	37	0. 7943	46	0. 7603	35	34	41	69	115	65
苏　州	0. 7809	38	0. 8152	37	0. 6847	72	54	84	101	100	39
嘉　兴	0. 7808	39	0. 7745	57	0. 7985	22	57	88	15	41	57
重　庆	0. 7801	40	0. 8263	27	0. 6508	87	75	60	26	85	142

续表

城市名称	健康宜居型城市综合指数（19项指标结果）		生态城市健康指数(ECHI)（14项指标结果）		健康宜居型特色指数（5项指标结果）		特色指标单项排名				
	得分	排名	得分	排名	得分	排名	万人拥有文化、体育、娱乐用房屋	万人拥有医院、卫生院数	公园绿地500米半径服务率	城市旅游业收入占城市GDP百分比	人均居住用地面积
长沙	0.7766	41	0.8051	41	0.6969	65	20	86	107	114	34
蚌埠	0.7764	42	0.8281	26	0.6317	93	136	111	66	91	25
贵阳	0.7761	43	0.7424	75	0.8705	6	29	20	35	6	67
太原	0.7756	44	0.7941	47	0.7240	47	11	18	132	36	111
大同	0.7738	45	0.7635	62	0.8027	20	56	7	55	14	87
西宁	0.7735	46	0.7529	68	0.8312	9	31	24	61	78	17
温州	0.7730	47	0.7798	55	0.7540	38	76	53	27	52	88
连云港	0.7703	48	0.8102	39	0.6585	83	135	126	51	72	26
济南	0.7702	49	0.8018	44	0.6817	73	28	75	105	103	100
中山	0.7678	50	0.8050	42	0.6635	80	45	123	41	131	91
金华	0.7669	51	0.7455	73	0.8266	12	59	27	1	27	68
无锡	0.7663	52	0.7887	52	0.7037	59	53	96	98	68	49
台州	0.7606	53	0.7741	58	0.7227	49	93	68	31	32	95
克拉玛依	0.7583	54	0.7775	56	0.7046	57	1	135	65	142	4
汕头	0.7583	55	0.8475	18	0.5085	133	103	149	62	65	137
南通	0.7568	56	0.8211	35	0.5770	111	116	83	83	130	47
镇江	0.7553	57	0.7915	49	0.6540	86	63	113	127	55	33
江门	0.7551	58	0.8564	13	0.4713	145	89	150	19	66	149
兰州	0.7544	59	0.7334	79	0.8130	16	21	38	58	83	72
佛山	0.7525	60	0.8219	33	0.5583	118	49	140	24	133	146

续表

城市名称	健康宜居型城市综合指数（19 项指标结果）		生态城市健康指数(ECHI)（14 项指标结果）		健康宜居型特色指数（5 项指标结果）		特色指标单项排名				
	得分	排名	得分	排名	得分	排名	万人拥有文化、体育、娱乐用房屋	万人拥有医院、卫生院数	公园绿地500 米半径服务率	城市旅游业收入占城市GDP 百分比	人均居住用地面积
桂林	0.7508	61	0.7683	61	0.7018	62	72	101	44	19	116
烟台	0.7470	62	0.7840	53	0.6432	89	69	80	99	107	51
牡丹江	0.7462	63	0.7723	59	0.6731	77	73	31	73	127	40
丽水	0.7427	64	0.7292	83	0.7805	28	68	6	60	5	78
芜湖	0.7426	65	0.8250	30	0.5117	130	123	110	146	60	101
丽江	0.7420	66	0.6960	101	0.8710	5	38	13	9	1	101
宜昌	0.7400	67	0.7528	69	0.7041	58	24	70	144	74	42
乌鲁木齐	0.7382	68	0.7534	66	0.6958	67	150	29	20	95	9
九江	0.7325	69	0.7302	82	0.7390	42	100	51	68	13	14
扬州	0.7323	70	0.8009	45	0.5403	122	79	131	94	80	135
绵阳	0.7303	71	0.7715	60	0.6148	101	105	17	123	37	117
大庆	0.7299	72	0.7622	63	0.6395	91	50	23	118	146	10
丹东	0.7282	73	0.7371	76	0.7034	61	82	46	117	2	35
淮安	0.7282	74	0.7900	51	0.5551	119	118	124	40	120	124
银川	0.7274	75	0.7147	88	0.7630	34	15	30	59	138	18
呼和浩特	0.7269	76	0.6962	100	0.8130	17	9	10	97	49	7
衢州	0.7242	77	0.7316	81	0.7035	60	88	14	30	21	134
安庆	0.7223	78	0.7319	80	0.6953	68	109	107	67	18	20
延安	0.7198	79	0.7035	94	0.7652	33	42	5	89	43	97
淮南	0.7172	80	0.7528	70	0.6176	98	119	92	64	92	98

续表

城市名称	健康宜居型城市综合指数（19项指标结果）		生态城市健康指数(ECHI)（14项指标结果）		健康宜居型特色指数（5项指标结果）		特色指标单项排名				
	得分	排名	得分	排名	得分	排名	万人拥有文化、体育、娱乐用房屋	万人拥有医院、卫生院数	公园绿地500米半径服务率	城市旅游业收入占城市GDP百分比	人均居住用地面积
郑州	0.7164	81	0.7164	87	0.7163	51	22	100	129	48	75
吉林	0.7110	82	0.7092	89	0.7160	52	74	32	104	23	59
新余	0.7095	83	0.7482	72	0.6009	105	90	105	86	99	80
宝鸡	0.7095	84	0.7440	74	0.6128	102	80	16	72	38	149
雅安	0.7047	85	0.7251	85	0.6474	88	137	3	47	10	145
湘潭	0.7042	86	0.7083	90	0.6928	70	23	102	138	63	71
东营	0.7041	87	0.7529	67	0.5672	115	107	35	96	147	21
株洲	0.7039	88	0.7269	84	0.6396	90	78	91	121	77	19
本溪	0.7039	89	0.6702	117	0.7984	23	65	49	43	16	64
鄂尔多斯	0.7033	90	0.7009	95	0.7101	55	30	4	116	134	3
马鞍山	0.6977	91	0.7352	77	0.5924	107	117	77	85	93	93
抚顺	0.6956	92	0.6950	102	0.6973	64	58	44	108	20	101
鞍山	0.6916	93	0.6773	113	0.7318	45	60	47	109	33	30
泰州	0.6883	94	0.7517	71	0.5109	131	120	112	103	137	78
泉州	0.6882	95	0.6964	99	0.6654	79	94	114	7	111	8
石家庄	0.6881	96	0.7061	91	0.6377	92	47	87	100	105	115
淄博	0.6858	97	0.6879	106	0.6797	74	43	37	141	108	58
赣州	0.6855	98	0.6892	104	0.6752	75	139	72	57	35	104
襄阳	0.6850	99	0.7611	64	0.4721	144	64	103	145	128	128
锦州	0.6832	100	0.6865	108	0.6741	76	62	59	115	67	81

与2015年一致，2016年健康宜居型城市前100强的评价指数及指标的统计值表现出城市之间不同的差异性：特色指标1（万人拥有文化、体育、娱乐用房屋）>特色指标3（公园绿地500米半径服务率）>特色指标4（城市旅游业收入占城市GDP百分比）>特色指标5（人均居住用地面积）>特色指标2（万人拥有医院、卫生院数）；特色指标城市之间差异性的大小与该指标所反映的城市居民的刚性需求程度呈负相关关系，同时也体现了城市规划、建设、管理的不同对象的优先次序。与2015年相比，2016年健康宜居型参评城市的各评价指数及指标中，整体均值除了特色指标2（万人拥有医院、卫生院数）和特色指标5（人均居住用地面积）上升之外，其他评价指数及指标得分均下降，也说明目前城市建设与发展依然以满足城市居民的刚性需求为首要目标（表4）。

表4　2015～2016年健康宜居型城市评价指数/特色指标统计值对比分析

指数/指标	2015年		2016年		样本数
	均值	标准偏差	均值	标准偏差	
综合指数	0.7736	0.0562	0.7678	0.0527	100
核心指数	0.7899	0.0598	0.7861	0.0587	100
特色指数	0.7280	0.1041	0.7165	0.0956	100
特色1	0.6804	0.2457	0.6362	0.2418	100
特色2	0.7598	0.1531	0.7652	0.1481	100
特色3	0.7212	0.2031	0.7011	0.2174	100
特色4	0.7227	0.1806	0.7175	0.1890	100
特色5	0.7558	0.1599	0.7626	0.1672	100

与2015年一致，在2016年，随着健康宜居型生态城市排名的降低，城市之间特色指数的波动幅度>核心指数的波动幅度>综合指数的波动幅度，说明了不同城市建设发展方向的多元化和特色性，也体现出综合与核心实力愈强的城市，各项城市服务功能愈均衡（图1）。

与2015年一致，2016年健康宜居型生态城市的综合排名受到核心指数、特色指数、特色指标1（万人拥有文化、体育、娱乐用房屋）和特色指标3（公园绿地500米半径服务率）的极显著影响，但是特色指标4（城市旅游业收入占城市GDP百分比）对综合排名不再有显著影响，而特色指标5（人均居住用地面积）对综合排名产生显著影响，特色指标2（万人拥有医院、卫生

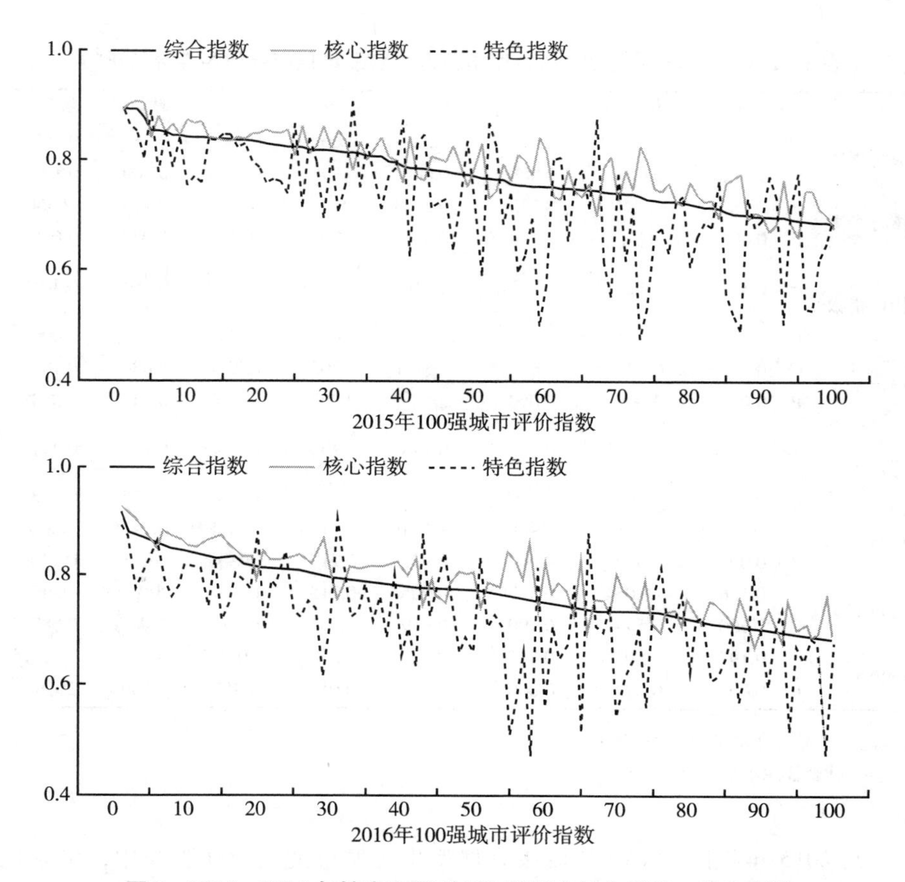

图1　2015～2016年健康宜居型100强城市综合指数、核心指数与特色指数变化趋势比较

院数）一直对综合排名没有显著影响，说明在新型城镇化驱动下，建设健康宜居型生态城市的重心确有向满足居民刚性需求的发展趋势，而健康等级越高的城市，越没有体现出对医疗保健的更高需求，而生态环境与社会环境的健康很有可能替代了部分医疗保健的功能（表5）。与2015年一致，2016年健康宜居型城市核心指数排名与特色指标1（万人拥有文化、体育、娱乐用房屋）和特色指标3（公园绿地500米半径服务率）呈极显著正相关，而与特色指标2（万人拥有医院、卫生院数）呈极显著负相关，也印证了城市健康宜居水平提高对丰富的文体娱乐和良好的生态环境的强烈需求，同时也在很大程度上替代了对医疗保健功能的需求（表5）。

表 5　2015～2016 年健康宜居型城市评价指数及特色指标相关性分析比较

		综合指数	核心指数	特色指数	特色1	特色2	特色3	特色4	特色5
综合指数	r^2	2015→	0.878**	0.638**	0.523**	0.007	0.547**	0.363**	0.163
	P	2016↓	0.000	0.000	0.000	0.948	0.000	0.000	0.106
核心指数	r^2	0.881**	2015→	0.192	0.203*	−0.314**	0.363**	0.172	−0.042
	P	0.000	2016↓	0.056	0.043	0.001	0.000	0.087	0.676
特色指数	r^2	0.581**	0.126	2015→ 2016↓	0.746**	0.518**	0.537**	0.468**	0.401**
	P	0.000	0.211		0.000	0.000	0.000	0.000	0.000
特色1	r^2	0.533**	0.277**	0.640**	2015→	0.305**	0.254*	0.080	0.187
	P	0.000	0.005	0.000	2016↓	0.002	0.011	0.431	0.063
特色2	r^2	−0.036	−0.347**	0.520**	0.188	2015→ 2016↓	−0.148	0.140	0.291**
	P	0.721	0.000	0.000	0.061		0.142	0.165	0.003
特色3	r^2	0.415**	0.268**	0.408**	−0.010	−0.124	2015→	0.247*	−0.049
	P	0.000	0.007	0.000	0.922	0.217	2016↓	0.013	0.630
特色4	r^2	0.166	−0.054	0.439**	0.005	0.215*	0.059	2015→	−0.175
	P	0.100	0.594	0.000	0.959	0.031	0.557	2016↓	0.082
特色5	r^2	0.197*	−0.020	0.447**	0.224*	0.248*	−0.075	−0.149	2015
	P	0.050	0.842	0.000	0.025	0.013	0.457	0.139	2016

注：* 显著性水平为 $P \leqslant 0.05$；
** 极显著性水平为 $P \leqslant 0.01$。

与 2015 年相比，2016 年健康宜居型生态城市的前 100 强当中，华东地区有 42 个城市，增加了 1 个；华南地区有 15 个，减少了 2 个；东北地区 12 个，增加了 1 个；西北地区 9 个，增加了 1 个；西南地区 8 个，数量未变化；华北地区 7 个，减少了 1 个；华中地区 7 个，数量未变化。与 2015 年相比，2016 年健康宜居型生态城市综合指数均值唯有华北和华南地区上升，其他地区均出现下降，排序为华南 > 华北 > 西南 > 华东 > 西北 > 东北 > 华中，华北赶超西南和华东，西北赶超东北；核心指数均值华北、华南和西北地区上升，其他地区下降，排序为华南 > 华东 > 华北 > 西南 > 华中 > 东北 > 西北，华北赶超了西南和华中；特色指数均值东北和华南地区略微上升，其他地区均下降，排序为西南 > 华北 > 西北 > 东北 > 华南 > 华东 > 华中，华北和华南分别赶超西北和华东。与 2015 年相比，特色指标 1（万人拥有文化、体育、娱乐用房屋）均值华北和华中赶超西北地区，华东地区依然最低；特色指标

2（万人拥有医院、卫生院数）均值依然是西南地区均值最大，华南地区最低；特色指标3（公园绿地500米半径服务率）均值依然是华南地区最大，华中地区最低；特色指标4（城市旅游业收入占城市GDP百分比）均值依然是西南地区最大，西北地区最低；特色指标5（人均居住用地面积）均值依然是东北地区最大，华南赶超西南，西南成为最低。地区间评价指数的比较显示：与2015年相比，2016年华北地区健康宜居型生态城市的建设成果最突出，其次为西北地区，综合指数和核心指数依然是华南地区占据优势，而特色指数依然是西南地区最突出。地区间特色指标的比较显示：2016年华北地区健康宜居型生态城市的建设对通过增加人文娱乐提升城市健康宜居水平给予了特别关注；西南地区城市特色突出，自然景观旅游资源丰富，但是在解决居民住房的刚性需求、通过生态环境健康疗愈替代医疗保健方面乏力。

表6　2015～2016年健康宜居型城市评价指数分地区均值对比分析

		综合指数	核心指数	特色指数	特色1	特色2	特色3	特色4	特色5
东北地区	2015年	0.7462	0.7553	0.7209	0.6700	0.8532	0.5558	0.7051	0.8207
	2016年	0.7414	0.7486	0.7213	0.6434	0.8586	0.5641	0.7307	0.8096
华北地区	2015年	0.7661	0.7631	0.7743	0.8570	0.8610	0.6646	0.7655	0.7234
	2016年	0.7789	0.7834	0.7663	0.8220	0.8637	0.6039	0.8213	0.7205
华东地区	2015年	0.7808	0.8042	0.7155	0.6008	0.7361	0.7344	0.7366	0.7694
	2016年	0.7686	0.7924	0.7021	0.5399	0.7360	0.7259	0.7188	0.7899
华南地区	2015年	0.7992	0.8340	0.7017	0.6512	0.6081	0.8915	0.6707	0.6872
	2016年	0.8103	0.8490	0.7021	0.6677	0.6185	0.8837	0.6394	0.7012
华中地区	2015年	0.7441	0.7636	0.6895	0.7337	0.7439	0.5074	0.6782	0.7842
	2016年	0.7381	0.7601	0.6764	0.7615	0.7347	0.3891	0.6965	0.8001
西北地区	2015年	0.7460	0.7342	0.7791	0.8838	0.8461	0.7349	0.6290	0.8020
	2016年	0.7414	0.7439	0.7343	0.7485	0.8482	0.7033	0.6273	0.7441
西南地区	2015年	0.7809	0.7763	0.7940	0.7378	0.9015	0.7493	0.8769	0.7043
	2016年	0.7690	0.7637	0.7837	0.6729	0.9005	0.7897	0.8669	0.6888

二　健康宜居型城市建设实践与探索

2016年健康宜居型生态城市前100强的综合指数和核心指数均在健康水平以上，而特色指数有78%的城市达到了健康水平以上，中国健康宜居型生态城市的建设水平较高；不同城市的建设发展方向呈现出多元化和特色化；在新型城镇化驱动下，建设健康宜居型生态城市的重心确有向满足居民刚性需求发展的趋势，而健康等级高的城市，没有体现出对医疗保健的更高需求，很有可能生态环境与社会环境的健康替代了部分医疗保健的功能。

本评价报告针对国内外健康宜居水平较高的典型城市进行剖析，旨在为中国健康宜居型生态城市建设提供借鉴和参考。

案例一：舟山市（中国）

舟山市健康宜居型生态城市评价结果见表7。

表7 2015～2016年舟山市健康宜居型生态城市建设发展现状

		文化、体育、娱乐用房屋（全市）	医院、卫生院数（全市）	公园绿地500米半径服务率（全市）	城市旅游业收入（全市）	居住用地面积（市辖区）	年末户籍人口（全市）	年末户籍人口（市辖区）	GDP（全市）	特色指数	核心指数	综合指数
2015年	指标值	5400	67个	25.1%	552亿元	30平方千米	97万	71万	1093亿元			
	排名	5	14	56	3	77				8	3	2
2016年	指标值	5600	68个	42.4%	662亿元	21平方千米	97万	71万	1241亿元			
	排名	6	15	25	4	76				7	6	2

舟山市是我国第一个以群岛建制的地级市，拥有1390个岛屿和270多千米深水岸线，是中国第一大群岛和重要港口城市，下辖定海、普陀两区和岱山、嵊泗两县。2011年6月30日，国务院正式批准设立浙江舟山群岛新区；2013年1月17日，国务院又批复了《浙江舟山群岛新区发展规划》。浙江舟山群岛新区的设立和新区发展规划的获批，使舟山市成为国家实施“海洋强国”的战略基点，明确了其国际物流枢纽岛、对外开放门户岛、海洋产业集聚岛、国际休闲生态岛、海上花园城、舟山江海联运服务中心“四岛一城一中心”的建设目标。舟山市是一座底蕴深厚的文化之城，舟山先民创造了灿烂的“海上河姆渡文化”，历经数千年大海的滋养浸育，凝集了浓郁的海洋文

化气息。舟山市是一座风光独具的魅力之城，素以“海天佛国、渔都港城”闻名海内外，蓝天、碧水、沙滩、佛教、海鲜构成了舟山旅游的特色名片，另一张特色名片是舟山优良的空气环境，彰显着健康宜居城市的独特魅力。①

自开展生态城市建设发展评价以来，2013～2014 年景观休闲型生态城市舟山市均居第 5 位，2015～2016 年健康宜居型生态城市舟山市均高居第 2 位，说明近年来舟山市无论是社会经济建设还是生态环境建设均处于领跑地位，特别是在城市景观斑块连通度、稳定性、健康性，公园绿地可达性、便捷程度，城市宜居宜游性，文体娱乐、医疗保健基础设施建设等方面均有较高的水平，城市社会、经济、生态环境发展均衡。

舟山市在生态城市建设发展评价中一直名列前茅，一方面与其优越的地理位置和生态环境条件有关，区位优势明显；另一方面与有利的国家政策有关，发展环境良好。但更重要的是，舟山市能抓住机遇，明确自身的建设发展思路，借助得天独厚的区位优势和发展环境促进城市健康宜居水平的提升，进而带动社会经济和生态环境持续向好，值得类似城市在建设发展健康宜居型生态城市的过程中借鉴和学习，对其他有志于建设发展高水平健康宜居型生态城市的地区也有启迪作用。

案例二：伦敦市（英国）

花园城市运动使伦敦成为世界上最绿色的城市之一。2009 年，时任伦敦市长鲍里斯·约翰逊说：“提高生活品质应成为所有公共主管部门的主要目标之一。”对于伦敦这座城市来说，更好的生活品质有赖于那些优美的公园、广场和街道——它们既在城市建成环境中创建了安静惬意的空间，也营造了更好的生活体验。在后花园城市时代背景下，伦敦的目标是成为世界上拥有最佳城市建成环境和生活品质的城市。一系列针对城市开放空间开发的政府主导性政策和指导原则已经确定，以提升城市整体竞争力，进入后花园城市时代，使伦敦拥有一个更美好的未来。②

当下伦敦为了营造良好的健康宜居的城市环境在政府主导性政策下正在开

① 中国舟山政府门户网站：《市长致辞》，http：//www. zhoushan. gov. cn/col/col1275913/index. html，2016 年 12 月 20 日。

② 薛菲、刘少瑜：《传承或是生活方式引领者：伦敦当代城市环境中的疗愈空间研究》，《景观设计学》2016 年第 4 期。

展各种社会活动：艺术展览、孩子们的活动和家庭娱乐、社区和特殊团体的活动、伦敦市内的徒步和旅行等（表8）。①

表8　伦敦市正在开展的各项社会活动一览

名称	期限	地点	时间	花费	内容
西汉姆公园健康徒步	2016－10－26～2035－12－12	西汉姆公园：在演奏台集合	11:00am～12:00pm	免费	漫游者协会和麦克米伦癌症援助组织支持的健步走国家方案，由步行领导者组织培训过的志愿者领导
让我们交谈	2016－11－08～2018－12－18	巴比肯图书馆	10:30am～12:30pm	免费免预约	如果你想要更加自信地说英语，每周二可以加入我们提升你的英语
爸爸的童谣	2017－03－04～2100－03－06	巴比肯儿童图书馆	10:45am～11:15am	免费入场，但必须预约	爸爸，带着你学步的小孩一起到我们特别的“只有爸爸”童谣
工匠图书馆童谣	2018－04－26～2037－06－11	工匠街图书馆和社区中心	10:30am～11:00am	免费入场	每周二上午10:30到11:00一起来工匠图书馆听有趣的歌和音乐。如果能让0～4岁的宝宝坚持来参加这项活动是最好的。然后11:00到11:30还有一个逢“n”停的环节，有柔软的玩具和游戏拼图
夏日演奏台——红房子摇滚	2018－07－22～2018－07－22	西汉姆公园演奏台	01:30pm～03:30pm	免费	演奏台夏日音乐系列
KIX爵士管弦乐	2018－07－22～2018－07－22	汉普斯特荒野：国会山音乐台	03:00pm～05:00pm	免费免预约	享受一下午的KIX爵士管弦乐队奉献的自由爵士乐
哈罗管乐团	2018－07－22～2018－07－22	汉普斯特荒野：高特山公园音乐台	03:00pm～05:00pm	免费免预约	享受一下午的哈罗管乐团奉献的大型爵士乐
水意识之周	2018－07－23～2018－07－27	汉普斯特荒野：国会山小岛	09:30am～10:30am	10英镑每天，30英镑该周	让8～15岁的少年加入我们的水上安全活动

① CITY OF LONDON. Events, What's on, https://www.cityoflondon.gov.uk/events/Pages/default.aspx? start1 = 1.

续表

名称	期限	地点	时间	花费	内容
伦敦一周	2018－07－23～2018－07－27	伦敦城市档案馆	10:00am～03:30pm	15英镑每天，60英镑该周	加入我们参加令人兴奋的一周，将会通过档案记录参与伦敦历史的发现之旅。将有介绍性交谈，档案浏览，影片观赏和研讨会活动，带领我们从诺曼征服英格兰一直到现在。你可以预约一天或整个该周。所有项目都要检查场次订票
使用伦敦城市档案馆：入门指南	2018－07－25～2018－07－25	伦敦城市档案馆	11:00am～11:45am	免费，需预约	加入我们旅游信息区发现如何最有效地使用我们的调查设备，在信息区服务台集合
家庭夏日活动	2018－07－25～2018－07－25	汉普斯特荒野：教育中心	11:00am～04:00pm	免费，无须预约	伴随着自然的旋律自由地进入工艺美术
蝙蝠之旅	2018－07－26～2018－07－26	汉普斯特荒野：国会山小餐馆	08:30pm～10:00pm	8.50英镑，需预约	跟随我们的工作人员借助蝙蝠探测器在黄昏了解荒野丰富的蝙蝠种群
荒野工作之旅：高特山动物园	2018－07－27～2018－07－27	汉普斯特荒野：高特山公园小餐馆	01:00pm～03:00pm	5英镑，需预约	随着工作人员的指引寻找高特山动物园的所有动物
太阳舞	2018－07－29～2018－07－29	汉普斯特荒野：国会山演奏台	03:00pm～05:00pm	免费，无须预约	伴随着太阳舞享受一下午的自由现场摇滚、乡村和爱尔兰音乐
女人与工作场所	2018－07－30～2018－07－30	伦敦城市档案馆	02:00pm～03:00pm	免费，需预约	一场关于伦敦妇女在工厂、医院、铸造车间、商店和娱乐场所工作的谈论。发现妇女对首都繁荣、社会改变和文化的贡献
恶作剧制造者	2018－07－31～2018－07－31	工匠街图书馆和社区中心	02:30pm～03:30pm	免入场费	享受一下午的以这一年恶作剧制造者夏日阅读挑战为主题的工艺美术，适合孩子和所有年龄段的人。入场免费，也不必预约，仅需要您的参与！
LGBTQ历史俱乐部：导游带领步行于克勒肯维尔	2018－08－01～2018－08－01	伦敦城市档案馆	06:00pm～07:30pm	免费，需预约	从法庭审判到夜总会，从异服18世纪女演员到社区教育中心，发现使人着迷的LGBTQ和历史。LGBTQ和历史俱乐部一起发现和分享同性恋者及其奇怪的历史故事

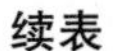

续表

名称	期限	地点	时间	花费	内容
伦敦与红酒	2018－08－02～2018－08－02	伦敦城市档案馆	02:00pm～03:00pm	免费，需预约	在伦敦，进口和销售红酒一直是一种重要的贸易。该讲座介绍LMA收集的使人着迷的关于红酒贸易的故事
发现弃儿医院：健康和福利	2018－08－07～2018－08－07	伦敦城市档案馆	02:00pm～03:00pm	免费，需预约	弃儿医院的记录揭示很多那里生活的孩子的日常。该短讲座探究18～19世纪的医院和食谱记录，让人认识每天面临的挑战
工匠图书馆的动物园实验室	2018－08－08～2018－08－08	工匠街图书馆和社区教育中心	09:30am～10:30am	免入场费	受"五颜六色动物园"可爱喜剧角色的启发。看所有的动物园实验室动物参与各种恶作剧。角色扮演、讲故事和动物操纵点燃孩子的想象力、自信以及对写和说词语的喜爱
克勒肯维尔里面和周围的小酒馆、酒吧及酿酒厂	2018－08－08～2018－08－08	伦敦城市档案馆：集合：法灵登车站泰晤士联线入口（环线、哈默史密斯 & 城市，以及都市行）	11:00am～01:00pm	10英镑，需预约	过去和现在一个沿客栈的交错安排。从牲畜贩子的道路到士美菲路，穿过日内瓦夫人，她的后代和她的蒸馏器到酿酒厂，有微小也有宏伟。穿过白马巷去Liquorpond路，我们将漫步穿越克勒肯维尔的酿酒历史，最后在一个小酒馆结束。由克里斯·埃弗雷特引导，认识城市的亮点

伦敦市秉承了环境健康对城市健康和人群健康有积极影响的理念，通过长期推进"花园城市运动"加强健康城市自然环境的建设，从不同程度促进了城市健康水平和人群健康水平的提升；同时，伦敦城市管理者也注重健康宜居环境的营造，通过大量的精心设计吸引广泛的人群参与城市活动，让每一个城市居民和旅游者都能参与其中，感受城市自然景观、人文关怀、历史文化等多方面的城市元素，体会城市的魅力，真正做到对健康宜居的深入践行，值得中国生态城市建设借鉴和学习。

三　健康宜居型城市建设对策与建议

目前，健康宜居型生态城市建设面临三个方面的主要问题：首先，城市建设与发展依然以满足城市居民的刚性需求为首要目标；其次，各项城市服务功能的均衡性受制于城市的综合实力与核心实力；最后，城市健康宜居水平提高需要丰富的文体娱乐和良好的生态环境的有力支撑，同时也要在很大程度上替代对医疗保健功能的需求。

为了有效地改变目前健康宜居型生态城市建设面临的困境，本评价报告提出如下建议以供参考。

（一）健康宜居型生态城市建设须深化新型城镇化建设道路

健康宜居型生态城市提倡城市生态建设以及城市健康性和宜居性的提升，符合新型城镇化建设理念的核心内容，新型城镇化建设对城市生态、经济、管理、基础设施建设、生活、文化的关注，本质就是要提升城市的健康宜居水平，走生态化城市建设之路。新型城镇化更注重城镇功能的实现程度，如服务业比重、基础设施水平、文化教育等，正好体现了健康宜居型生态城市的建设宗旨。

（二）健康宜居型生态城市建设应分层次讲主次

现代生态城市建设的要素包括：城市的生态观与可持续发展，城市经济增长与发展方式转变，城市的宜居性与城市居民的幸福感，城市服务设施的供给与均等化，城市管理方式的变革与科学化以及城市文化的保护与软实力的提升。其中，城市生态、服务设施、城市经济可归为城市自然物质环境方面，而城市文化、城市生活和城市管理为城市的软环境，属于城市社会人文环境。健康宜居型生态城市的建设首先要保证该人工生态系统的生态可持续发展；其次健康的生态化的经济增长也很重要；再次，以人为中心，城市的宜居以及城市居民的幸福感决定了城市服务功能的高低；最后，城市基础设施的建设、管理以及城市的文化软实力是城市健康宜居水平的重要补充。社会人文环境建设一般落后于自然物质环境。不过对于城市发展来说，自然物质环境固然重要，但单纯地追求经济发展会带来诸多社会问题，城市的健康环境依赖于市民在自足的物质基础上精神有所归依，只有两者协调发展才能保证新型城镇化的有序进行，避免城市发展的异化。社会人文环境品质提高难度较大、见效较慢，但随着城市之间自然物质环境品质的趋同，未来城市竞争力的比拼将越来越倚重于独特的社会人文环境品质的提升。①

（三）健康宜居型生态城市建设要注重城市建设水平由量向质的转变

我国的生态城市建设大致经历了半个世纪的实践，整个建设历程是一个不断深化的过程，从治理城市环境开始逐渐过渡到生态城市建设，并从广泛的生态城市建设转变为更加有侧重的生态城市建设，由人居建成区环境逐步拓展到区域性生产领域。② 以人为中心的理念是城市化的核心理念之一，城市发展的重点方向已集中在城市基础设施、城市管理方式、文化保护、生活质量、经济发展和生态延续等方面。③ 注重质的提升，城市的健康宜居水平会持续上升。应从人的需求出发，把提高居民愉悦感、增进居民舒适感融入城市目标中去。在新型城镇化的大背景下，单纯的经济增长越来越难以满足市民对城市的需求，尤其是精神文化层面，因此，未来的城市发展趋势应向品质主导转型。④

---

① 徐林、曹红华：《从测度到引导：新型城镇化的“星系”模型及其评价体系》，《公共管理学报》2014 年第 11（1）期。

② 姜晓雪：《我国生态城市建设实践历程及其特征研究》，哈尔滨工业大学硕士学位论文，2017。

③ 徐林、曹红华：《从测度到引导：新型城镇化的“星系”模型及其评价体系》，《公共管理学报》2014 年第 11（1）期。

④ 徐林、曹红华：《从测度到引导：新型城镇化的“星系”模型及其评价体系》，《公共管理学报》2014 年第 11（1）期。

G.7 综合创新型生态城市建设评价报告

曾 刚　滕堂伟　朱贻文　叶 雷

摘 要： 综合创新型生态城市是创新型城市和生态城市的有机融合，也是全球创新驱动与全球生态治理战略耦合的产物，是中国实施创新型国家战略、新型城镇化战略，建设“美丽中国”的空间载体。兼具高效的区域创新体系、健康的生态区域、精明的城市结构三者的特点。根据综合创新型生态城市指标体系中的指标，运用各相关省区市的统计年鉴、各相关城市的统计年鉴、各相关城市的国民经济和社会发展统计公报、全国运输机场生产统计公报等发布的统计数据，我们对中国284个地级及以上城市的综合创新水平进行了评价。总得分排名靠前的城市主要包括北京、上海等直辖市，广州、武汉、杭州等省会城市，和厦门、珠海等沿海开放型城市。较为靠前的城市主要分布在东部沿海地区，西部地区城市的数量较少，地域差异明显。最后提出东部城市加快产业结构转型，切实增强市民获得感；中部城市以龙头城市为纽带，推动创新合作协调发展；西部城市着力吸引创新资源，打造创新驱动的特色发展道路等对策建议。

关键词： 综合性　创新型　生态城市

一　综合创新型生态城市建设及其内涵

（一）近一年中国创新型生态城市建设进展

2017年以来，中国创新型生态城市建设成果颇丰，创新发展持续发力，新动能继续较快增长。具体来看，新产业、新产品蓬勃发展，工业战略性新兴产业增加值比上年增长11.0%，增速比规模以上工业快4.4%；工业机器人产量比上年增长68.1%，新能源汽车增长51.1%。经济结构继续优化，全年第三产业增加值对国内生产总值增长的贡献率为58.8%，比上年提高1.3个百分点。绿色发展扎实推进，万元国内生产总值能耗比上年下降3.7%。此外，2017年我国新登记企业607.4万户，比上年增长9.9%，体现出充沛的创业活力。

具体到各个城市，许多地方在生态与创新方面也涌现出不少突出进展。上海为推广垃圾分类，创新了“绿色账户”制度，截至2017年11月，上海“绿色账户”已累积了12亿分的积分，市民垃圾分类意识明显提高。2017年，深圳新建逾1.35亿平方米的节能建筑和6655万平方米的绿色建筑，获得绿色建筑评价标识的项目共746个，其中获得全国绿色建筑创新奖的项目有13个，约有48兆瓦建成和在建的太阳能光电装机。全市新建建筑综合节能量逾417.35万吨标准煤，减少CO_2排放量约1008.47万吨。2017年，厦门的自行车专用道示范段开始试运行，新线路长达82.5千米，作为全国首条、世界最长的空中自行车道，它的建设不仅满足了厦门市民对于绿色安全出行的需求，而且通过技术创新释放出更大的城市交通空间，减轻了城市的交通压力。

同时，也要注意到我国创新型生态城市建设中还存在不少问题。根据世界知识产权组织（WIPO）2017年发布的全球创新指数，在纳入评价的全球141个国家中，我国排名已经跃升至第22位，特别是在商业成熟度、知识与技术产出等方面排名靠前。但与发达的创新型国家相比，我国在制度环境、人力资本、信息基础设施、能效与生态环境、创意产出水平等方面仍有较大差距。因此，迫切需要在系统梳理综合创新型生态城市内涵的基础上，对我国创新驱动战略下的生态城市建设进展进行科学评价，提出有针对性的政策建议，促进生态城市建设的制度优化与创新，加快具有中国特色的生态城市创建模式与道路的探索。

（二）综合创新型生态城市的内在属性

综合创新型生态城市是落实“创新、协调、绿色、开放、共享”新发展理念的排头兵，是走生产发展、生活富裕、生态良好的文明发展道路的先行者，是重塑区域竞争新优势、代表中国参与全球新一轮城市竞争的佼佼者，是中国经济转向高质量发展阶段的关键空间载体。

综合创新型生态城市从空间功能单元的角度看，是集约高效的生态园区、美丽宜居的生态社区、多样性的生态公园高度耦合的产物，从内在属性来看，则是五大关键领域的有机复合系统，即良好的生态环境、发达的生态经济、和谐的生态社会、强大的创新能力、高效的创新绩效。

1. 良好的生态环境是综合创新型城市建设的内在导向

综合创新型生态城市是建设美丽中国的主战场。城市建设必须尊重自然、顺应自然、保护自然，综合创新型生态城市在大气污染防治、水环境治理、土壤污染管控和修复、固体废弃物和垃圾处置等方面处于全国城市建设前列，在着力解决突出的城市环境问题方面成效显著。综合创新型生态城市拥有较高质量的生态廊道、生物多样性保护网络和生态系统，生态安全屏障体系健全可靠。优良的城市生态环境是城市集聚全球创新创业人才的必备条件，创新创业人才在全球范围内的流动与集聚同城市生态环境的优美度、生活的舒适度息息相关，生态环境已经成为城市吸引高端创新创业人才的重要砝码。在人才是第一资源的创新竞争时代，良好的生态环境对于综合创新型生态城市建设的战略意义比以往任何时候都显得更为突出。

2. 发达的生态经济是综合创新型生态城市建设的实体支撑

现代化经济体系的高效运转是综合创新型生态城市的坚实支撑，其基本特点是建立健全绿色低碳循环发展的生态经济体系。城市生态经济体系坚持质量第一、效率优先，包括产业绿色化与绿色产业化两个有机组成部分。一是依靠科技创新和知识投入，最大限度减少人类经济活动对自然资源尤其是不可再生资源的依赖，提高资源利用与转化效率，推进资源全面节约和循环利用，走循环经济、低碳经济发展之路。二是发展绿色金融，壮大节能环保产业、清洁生产产业、清洁能源产业，构建清洁低碳、安全高效的现代能源体系；发展现代环保产业和生态修复与治理产业，不断形成绿色发展新的经济增长点，最终以丰富多样、互动融合的高技术产业体系实现城市经济高质量可持续发展。

3. 和谐的生态社会是综合创新型生态城市建设的根本落脚点

和谐的生态社会与高效的生态经济是综合创新型生态城市发展的两翼，两者有机互动耦合，构成综合创新型生态城市高质量可持续发展的复杂社会经济系统。为此需要在全体市民中倡导现代生态文明意识，依靠宣传动员、示范引

导、多重激励、科技创新等复合手段持续深入开展节水、节能、节约资源的市民行动；降低能耗、物耗，实现生产系统和生活系统的循环衔接。倡导简约适度、绿色低碳的生活方式，反对奢侈浪费、不合理消费、过度消费，创建节约型机关、绿色家庭、绿色学校、绿色社区，大力普及绿色出行。

4. 强大的创新能力是综合创新型生态城市建设的第一驱动力

综合创新型生态城市是科技资源、创新要素、创新主体的高度集聚之地，拥有国家战略科技力量。在综合创新型生态城市创新生态系统、创业生态系统、绿色生态系统的有效运转、功能协同与战略耦合过程中，强大的创新能力是其最为突出的驱动力。综合创新型生态城市是加快建设创新型国家的核心依托和战略支撑，是国家创新体系和区域创新体系的关键节点，最有希望实现前瞻性基础研究、引领性原创成果的重大突破。综合创新型生态城市拥有以企业为主体、以市场为导向、产学研深度融合的技术创新体系。综合创新型生态城市的创新能力首先体现为市场导向的绿色技术创新体系，为生态环境的治理、修复与保护，生态经济、循环经济与低碳经济发展，为生态社会的建设提供强大的驱动力。

5. 高效的创新绩效是综合创新型生态城市建设的持续保障

科技资源、创新要素、创新主体的高度集聚从某种意义上仅仅反映了城市的创新潜力或科技创新能力。而综合创新型生态城市要求最终具备高效的创新绩效，从研发创新完整的产业链条视角打造创新系统，不仅重视上游的基础研究与科技创新，还要重视科技创新成果的应用与转化，通过知识产权创造、保护和运用，在不断反哺支撑强大的科技创新人才队伍、科研主体的同时，实现知识产权、科技创新成果的经济价值的最大化。为此需要功能完备的技术交易市场、创业生态系统，不断实现从技术种子到大量中小企业乃至独角兽企业的成功转化。

二　综合创新型生态城市指标体系

（一）指标选取

综合创新型生态城市指标体系包含生态城市指标体系的 14 个核心指标和创新型城市指标体系的 5 个扩展指标。5 个扩展指标从城市创新能力和创新绩效两方面评价中国综合创新型生态城市创新结果，具体指标包括高等院校（含本、专科）数量、国家级科技企业孵化器数量、创业板上市公司数量、规模以上工业企业平均利润率、百万人口专利授权数。

与往年的综合创新型生态指标体系相比，这5个扩展指标反映了知识经济时代科技创新能力对城市发展的关键性作用，即突出了城市创新能力和创新绩效的协同发展。城市创新需要多种要素与条件的相互配合、取长补短与耦合协同，充分发挥各个要素与条件对城市创新的作用，才能放大城市创新能力；城市高效的创新产出也为创新发展培养出大量的创新人才，并创造出丰富的创新需求，进而反向提高城市创新能力。

1. 高等院校（含本、专科）数量

高等院校是创新活动的知识源泉和人才培养的摇篮，越来越多地被描述为核心知识生产实体。通过为商业和工业提供新颖知识和毕业生源，高等院校在推动城市创新和发展过程中发挥了不可替代的作用。高等院校是城市创新能力的核心依托，日本东京集中了日本约1/3的高等院校和2/5的大学生，美国纽约拥有全国1/10的博士生、美国国家科学院院士和高校毕业生，伦敦集聚了全国1/3的高等院校和科研机构，这些世界创新中心城市的崛起与可持续发展无不得益于所在地区高等院校的创新人才和科研成果的支撑。

“985”“211”高校作为我国顶尖的学府，在教育与科研领域对周边地区乃至全国都拥有极大影响力，一方面，城市拥有“985”“211”高校的数量反映了城市的高素质人才规模与科研创新能力；另一方面，“985”“211”高校本身作为创新中心的“锚”机构，还是吸引创新型企业入驻该城市的重要影响因素。非“985”“211”普通高等院校虽然在创新人才数量、创新基础设施、创新成果产出和创新影响力等方面无法与“985”“211”高校相比，但相关研究表明，如果一般层次高校能够满足企业创新需求，或企业视与一般层次高校的创新合作为长远投资，则一般层次高校能够为城市创新发挥不可忽视的作用。高等专科学校在办学层次和基础研究上与普通本科院校有较大差距，但高等专科学校以培养技术型人才为主要目标，主要培养具有大学知识且具有一定专业知识和技术的技术人员，在应用创新领域发挥了一定作用。综上所述，根据三类高校的创新能力，赋予“985”“211”高校数量的权重为9，非“985”“211”本科高校权重为3，高等专科学校权重为1，累加作为原始得分。

2. 国家级科技企业孵化器数量

科技企业孵化器是以促进科技成果转化、培养高新技术企业和企业家为宗旨的科技创业服务载体，主要发展目标是落实自主创新战略，营造适合科技创业的局部优化环境，培育高端的、前瞻的和具有带动作用的战略性新兴产业的早期企业。以孵化器为载体，以培养科技创业人才为目标，构建并完善创业服务网络，可持续培养、造就具有创新精神和创业能力的创业领军人才。

国家级科技企业孵化器作为领头羊，承担着创新型城市可持续创新驱动发展的重任。与其他级别的孵化器相比，国家级科技企业孵化器的申请认定条件与在孵企业条件都更为严格，例如国家级科技企业孵化器的申请认定条件主要包括：领导团队的学历结构（90%具有大专以上学历）与专业技能（30%以上的人员接受孵化器专业培训）、孵化器规模（2万平方米以上的场地使用面积、80家以上的在孵企业、不低于300万元人民币的孵化资金）、孵化成果（25家以上的累计毕业企业、累计提供超过1200个就业岗位、30%以上的企业已申请专利）、孵化器运营时间（不低于3年），国家级科技企业孵化器在孵企业应具备的条件主要包括：企业成立时间（不超过2年）、在孵时限（不超过42个月）、企业经营内容（研发的主营项目与生产的产品符合国家战略性新兴产业的发展导向）。

根据《科技部关于公布2017年度国家级科技企业孵化器的通知》（国科发火〔2017〕412号），2017年全国各地有效运行的国家级科技企业孵化器共125个，分布于27个省、区、市的74个城市。国家级科技企业孵化器数量反映了城市创新型企业的培育状况和创新要素的集聚能力，是衡量一个城市创新环境和创新潜力的重要指标。

3. 创业板上市公司数量

创业板上市公司数量是指城市本地的科创中小企业在创业板上市的数量总和。自2009年10月20日开通以来，我国创业板上市公司由28家增加到2017年的569家，分布于26个省、区、市的109个城市。

创业板是与主板市场相对的概念，又称二板市场或第二股票交易市场，是指专为暂时无法在主板上市又需要进行融资和发展的创业型企业、中小企业和高科技企业等提供融资途径和成长空间的证券交易市场，创业板是对主板市场的重要补充。创业板市场与主板市场相比，具有对上市企业的成立时间、资本规模、中长期业绩等方面要求稍低的特征。创业板的特征表明其主要目标是扶持高成长型和高创新型的中小企业，为中小企业提供融资途径和环境，帮助其发展和开拓业务。

创业板上市公司一般具有主业突出、技术独特、发展潜力大的特点，以信息、生物与新材料技术为代表的创新型企业和高新技术企业是创业板市场的首选企业，是国家战略性新兴产业发展的主要载体。创业板上市公司数量代表了一个城市在未来几年内成功生成大型科技创新企业的可能性，也反映了城市在创新型科技企业培育和创新环境营造方面的力度与成效。

4. 规模以上工业企业平均利润率

规模以上工业企业是指年主营业务收入 2000 万元及以上的工业法人单位，规模以上工业企业平均利润率是指特定城市的规模以上工业企业在生产经营过程中各种收入扣除各种耗费后的盈余的平均值占投入资本总额的比率，反映规模以上工业企业在统计期内实现的盈亏平均水平。

根据《2016 年全国科技经费投入统计公报》，2016 年全国共投入 R&D 经费 15676. 7 亿元，其中规模以上工业企业 R&D 经费 10944. 7 亿元，占全国总 R&D 经费的 69. 82%，规模以上工业企业成为我国企业研发活动的核心主体。创新是企业活动利润的主要动力源泉，“创新理论”的鼻祖约瑟夫·熊彼特甚至认为企业的超额利润只能从创新中得来。创新活动不仅可为企业提供独有的、排他的产品优势与工艺优势，从而增强企业竞争力，提升企业利润率，企业还可以通过创新获得直接超额利润、通过创新节约的劳动和通过创新获得的持久的市场领先地位导致的利益等超额利润。

2017 年全国规模以上工业企业实现利润总额 75187. 1 亿元，比上年增长 21%，增速比 2016 年快 12. 5 个百分点。规模以上工业企业的利润率在很大程度上反映了城市工业发展的健康程度与工业创新绩效，也在一定程度上反映了城市在科技创新氛围营造、工业创新支持力度等方面的效果。

5. 百万人口发明专利授权数

百万人口发明专利授权数是指在统计期内按常住人口计算的每百万人口获得发明专利授权的件数，是体现城市科技进步、衡量城市创新产出的国际通用指标。

专利是少数同时具有区域、时空和技术维度的创新测度指标之一，代表一个发明的商业使用产权，对于授权的专利，其发明必须是非常见的，也就是说，它对于具有相关技术的熟练人员来说不是很明显的，并且专利必须有用，也就是说它具有潜在的商业价值。世界知识产权组织（WIPO）报告认为，全球90%～95%的R&D产出包含在专利中，其余体现于科学文献（如论文和出版物）中。专利包括发明专利、实用新型专利和外观设计专利等3种类型，其中发明专利代表着原创技术，更能反映技术创新成果。2017年，我国大陆地区的发明专利授权量达42.0万件，每万人口发明专利拥有量达到9.8件，较2016年提高1.8件。

（二）指标体系设计及数据来源

根据综合创新型生态城市指标体系中的指标，根据各相关省份的统计年鉴、各相关城市的统计年鉴、各相关城市的国民经济和社会发展统计公报、全国运输机场生产统计公报等发布的统计数据，我们对中国284个地级及以上城市的综合创新水平进行了评价。考虑到数据的完整性和可得性，在本期测算中，采用的均为各个城市2016年的统计数据。

（三）指数测算方法

根据本报告的整体设计方案，指标体系权重确立方法采取逐级等分分配的方式。首先，将目标层的权重设为1，再将目标层下属的各个主题层均分，例如生态环境主题层占目标层的1/5；接着，又将每个主题层视作1，把该主题层所包括的各个指标等比例均分（见表1）。在对指标进行计算前，首先区分该指标是属于正指标还是逆指标。正、逆指标得分取值范围均为0～100，若出现负值统一进行归零处理。得分越高，表示该指标越好，越小表示该指标越差。

我们将围绕生态环境、生态经济、生态社会以及创新能力、创新绩效等五个主题，落实到19个具体指标，对综合创新型生态城市的发展状况进行计算和比较。分别得到284个城市相应的19个具体指标、各主题层和分主题层得分。城市的某一级得分越高表示该城市在这一级表现越好，整体得分越高则表明该城市在综合创新型生态城市建设方面水平越高。

表 1 中国综合创新型生态城市评价指标体系及权重

一级指标	二级指标	二级指标对一级指标的权重	三级指标序号	三级指标	三级指标对二级指标的权重
综合创新型生态城市发展指数	生态环境	1/5	1	森林覆盖率[建成区人均绿地面积(平方米/人)]	1/5
			2	空气质量优良天数(天)	1/5
			3	河湖水质[人均用水量(吨/人)]	1/5
			4	单位 GDP 工业二氧化硫排放量(千克/万元)	1/5
			5	生活垃圾无害化处理率(%)	1/5
	生态经济	1/5	6	单位 GDP 综合能耗(吨标准煤/万元)	1/5
			7	一般工业固体废弃物综合利用率(%)	1/5
			8	R&D 经费占 GDP 比重[科学技术支出和教育支出占 GDP 比重(%)]	1/5
			9	信息化基础设施[互联网宽带接入用户数(万户)/全市年末总人口(万人)]	1/5
			10	人均 GDP(元/人)	1/5
	生态社会	1/5	11	人口密度(人/平方千米)	1/4
			12	生态环保知识、法规普及率,基础设施完好率[水利、环境和公共设施管理业全是从业人员数(万人)/城市年底总人口(万人)]	1/4
			13	公众对城市生态环境满意率[民用车辆数(辆)/城市道路长度(千米)]	1/4
			14	政府投入与建设效果[城市维护建设资金支出(万元)/城市 GDP(万元)]	1/4
	创新能力	1/5	15	高等院校(含本、专科)数量(个)	1/3
			16	国家级科技企业孵化器数量(个)	1/3
			17	创业板上市公司数量(个)	1/3
	创新绩效	1/5	18	规模以上工业企业平均利润率(%)	1/2
			19	百万人口专利授权数(项)	1/2

三 评价结果与对策建议

(一)综合创新型生态城市排名

根据指数测算方法，我们对 284 个城市综合创新水平进行计算和比较，并选取排名前 100 名的城市进行了更深入的分析。总得分排名靠前的城市主要包括北京、上海等直辖市；广州、武汉、杭州等省会城市；厦门、珠海等沿海开放型城市（见表2）。从排名前100位的榜单中我们可以看到，较为靠前的城市主要分布在东部沿海地区，西部地区城市的数量较少，地域差异明显。

表2 中国综合创新型生态城市100强（2018）

排名	城市	排名	城市	排名	城市	排名	城市	排名	城市
1	北京	21	三亚	41	重庆	61	周口	81	汕尾
2	深圳	22	嘉峪关	42	舟山	62	庆阳	82	宜昌
3	上海	23	镇江	43	福州	63	昆明	83	莆田
4	苏州	24	青岛	44	扬州	64	惠州	84	漳州
5	厦门	25	长沙	45	烟台	65	银川	85	郴州
6	广州	26	湖州	46	大连	66	吉安	86	钦州
7	武汉	27	佛山	47	泉州	67	连云港	87	临沧
8	南京	28	绍兴	48	泰州	68	定西	88	咸阳
9	珠海	29	长春	49	台州	69	乌鲁木齐	89	龙岩
10	杭州	30	嘉兴	50	黄山	70	贵阳	90	柳州
11	合肥	31	南通	51	呼和浩特	71	石家庄	91	梅州
12	西安	32	南昌	52	丽水	72	池州	92	茂名
13	东莞	33	金华	53	鹰潭	73	河源	93	太原
14	宁波	34	温州	54	徐州	74	桂林	94	遵义
15	天津	35	郑州	55	克拉玛依	75	河池	95	赣州
16	常州	36	南宁	56	梧州	76	防城港	96	三明
17	北海	37	海口	57	韶关	77	哈尔滨	97	湘潭
18	东营	38	济南	58	榆林	78	廊坊	98	南平
19	无锡	39	中山	59	沈阳	79	昭通	99	宿迁
20	成都	40	威海	60	潍坊	80	鄂尔多斯	100	新余

通过与上一年发布的100强名单进行对比，我们发现两年来中国综合创新型生态城市的排名出现一定变化，总体上前70名城市排名相对稳定，后30名城市排名变化较大。前三名城市中的北京始终位居首位，深圳超越上海，重新回到第二位。前十名城市中，南京与珠海从上一期的十名之外回到前十的位置，而上一期前十名城市中的天津与西安未能在本期进入前十名，厦门的排名比上一期的第九位有所提升。

前70名城市中，东营、长春、金华等城市的名次较上一期有显著提升，而成都、重庆、舟山等城市名次下降较为明显。100 强名单的后 30 名城市中，池州、河源、桂林等在上一期未能进入前百强的城市，此次取得较为显著的进步。这些变化，一方面是由于这些城市的后发优势，另一方面也体现了这些城市过去一段时间内在综合创新型生态城市建设中取得的显著成效。

（二）聚类与空间格局分析

1. 城市类型聚类分析

为了进一步进行确切的类型划分，笔者以生态环境、生态经济、生态社会以及创新能力、创新绩效这五大主题作为变量，利用 WARD 法进行系统聚类分析，采用离差平方和法得到 284 个城市综合创新型生态城市聚类谱系。经计算，可以将各个城市分为四种类型，即创新经济型、生态社会型、生态环境型以及后进脆弱型。同时，计算得到四种类型城市的主题平均得分雷达图如图 1 所示。

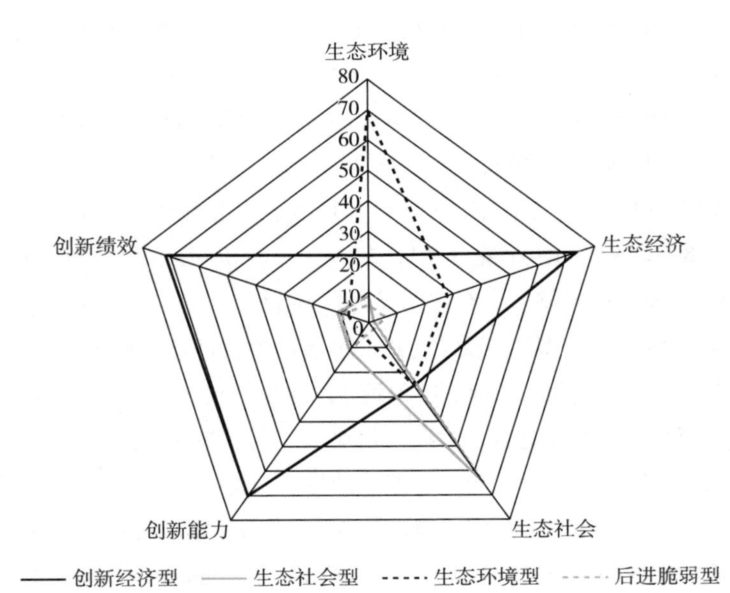

图 1　四种类型城市的主题平均得分雷达图（2018）

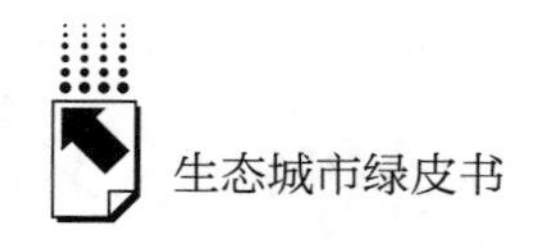

如图 1 所示，按照五个分主题指标，可以将 284 个综合创新型生态城市分为四种类型。

第一类（创新经济型）：第一类城市包括北京、常州、成都、大连、东莞、东营、佛山、福州、广州、杭州、合肥、湖州、济南、嘉兴、金华、南昌、南京、南通、宁波、青岛、厦门、上海、绍兴、深圳、苏州、台州、泰州、天津、温州、无锡、武汉、西安、烟台、扬州、鹰潭、长春、长沙、镇江、郑州、中山、珠海共 41 个城市。第一类城市在创新能力（平均分达到 70. 05 分）、创新绩效（平均分达到 71. 93 分）与生态经济（平均分达到 73. 71 分）三个主题上的平均得分均位居四类城市之首，但第一类城市在生态环境（22. 02 分）与生态社会（25. 46 分）两个主题上的平均得分不高，生态环境与生态社会平均得分虽然均排在四类城市的第二位，但与第一位的差距均较大，说明第一类城市在保持经济社会高度发展、创新能力与绩效可持续发展的同时，还要注重生态文明建设和对生态环境的保护与修复，从而为经济社会可持续发展夯实基础。

第二类（生态社会型）：第二类城市包括鞍山、白城、白山、保山、北海、本溪、沧州、朝阳、郴州、承德、鄂尔多斯、防城港、桂林、呼和浩特、葫芦岛、鸡西、嘉峪关、金昌、酒泉、昆明、丽江、连云港、辽阳、临沂、柳州、六盘水、南宁、盘锦、韶关、沈阳、朔州、太原、潍坊、乌海、西宁、忻州、雅安、银川、运城、张掖、昭通共 41 个城市。第二类城市在生态社会主题上的平均得分位居四类城市之首（65. 17 分），但在生态经济（1. 63 分）、生态环境（8. 61 分）、创新能力（11. 22 分）、创新绩效（11. 07 分）四个主题上的平均得分均排名靠后，存在明显薄弱环节。

第三类（生态环境型）：第三类城市包括巴中、百色、大庆、定西、固原、海口、河池、河源、贺州、黑河、呼伦贝尔、黄山、惠州、吉安、揭阳、克拉玛依、拉萨、丽水、临沧、龙岩、陇南、吕梁、茂名、梅州、南平、宁德、平凉、莆田、钦州、庆阳、曲靖、三明、三亚、汕尾、商洛、绥化、威海、乌兰察布、信阳、玉林、玉溪、漳州、舟山、周口共 44 个城市。第三类城市的突出特色在于生态环境类指标得分较高（平均分达到 69. 66 分），远高于其他三类城市。在生态经济主题上的平均得分位列四类城市第二位（27. 82 分）。生态社会主题上的平均得分（25. 16 分）与第一类城市相当（25. 46 分），位居第三位。创新能力与创新绩效是第三类城市最薄弱的环节，第三类城市在创新能力（4. 66 分）

与创新绩效（7.20分）主题上的平均得分均位于四类城市的末位，表明第三类城市亟待在科技企业孵化和创业企业扶持等方面采取措施。

第四类（后进脆弱型）：第四类城市包括安康、安庆、安顺、安阳、巴彦淖尔、白银、蚌埠、包头、宝鸡、保定、滨州、亳州、常德、潮州、池州、赤峰、崇左、滁州、达州、大同、丹东、德阳、德州、鄂州、抚顺、抚州、阜新、阜阳、赣州、广安、广元、贵港、贵阳、哈尔滨、邯郸、汉中、菏泽、鹤壁、鹤岗、衡水、衡阳、怀化、淮安、淮北、淮南、黄冈、黄石、吉林、济宁、佳木斯、江门、焦作、锦州、晋城、晋中、荆门、荆州、景德镇、九江、开封、来宾、莱芜、兰州、廊坊、乐山、辽源、聊城、六安、娄底、泸州、洛阳、漯河、马鞍山、眉山、绵阳、牡丹江、南充、南阳、内江、攀枝花、平顶山、萍乡、濮阳、七台河、齐齐哈尔、秦皇岛、清远、衢州、泉州、日照、三门峡、汕头、商丘、上饶、邵阳、十堰、石家庄、石嘴山、双鸭山、四平、松原、随州、遂宁、泰安、唐山、天水、铁岭、通化、通辽、铜川、铜陵、渭南、乌鲁木齐、芜湖、吴忠、梧州、武威、咸宁、咸阳、湘潭、襄阳、孝感、新乡、新余、邢台、宿迁、宿州、徐州、许昌、宣城、延安、盐城、阳江、阳泉、伊春、宜宾、宜昌、宜春、益阳、营口、永州、榆林、岳阳、云浮、枣庄、湛江、张家界、张家口、长治、肇庆、中卫、重庆、株洲、驻马店、资阳、淄博、自贡、遵义共158个城市。第四类城市在五个主题上的平均得分均较低，生态环境（5.78分）与生态社会（2.60分）两个主题的平均得分位于四类城市的末位，生态经济（5.83分）、创新能力（10.74分）和创新绩效（9.58分）三个主题的平均得分位于四类城市的第三位。这说明第四类城市未来在综合创新型生态城市建设各方面均需付出更大努力，以提升城市可持续发展能力。

2. 空间格局分析

为了准确把握综合创新型生态城市的分布规律，探究其空间格局，笔者对中国综合创新型生态城市进行了分区域分析。

分布图显示，我国综合创新型生态城市可以分为东部地区、中部地区、西部地区三个区域。三大区域的平均得分呈现出东部较高、中部次之、西部较低的空间格局。以下将分别介绍三大区域在各项指标上的具体情况。

（1）东部地区

根据分数段划分，北京、天津、上海三个直辖市以及其他位于我国东部省份的共计135个城市被划分为本研究的东部地区。

该区域在综合创新型生态城市建设上大部分属于高分区，整体发展水平最高。东部地区占据了第一类创新经济型城市中的大部分，包括北京、上海、苏州、宁波、无锡、绍兴、南京、杭州等。作为东部地区的典型城市，上海在创新能力指标上表现突出，孵化器数量位居所有城市之首，在高校数量、专利授权数等指标上也处于全国领先位置。从薄弱环节来说，上海在河湖水质、二氧化硫排放量、环境满意率等环境类指标上处于较为靠后的位置。与此类似，杭州、绍兴等东部地区城市的指标得分也呈现出相同的特点。

（2）中部地区

根据分数段划分，河南、湖北等7个中部省份的89个城市被划分为本研究的中部地区。

该区域在综合创新型生态城市建设上大部分属于中值区或低分区，整体发展水平一般。中部地区除了武汉、郑州等少数城市为第一类创新经济型城市，其余大部分为第四类后进脆弱型城市。作为中部地区的典型城市，郑州在高新技术产业产值、综合能耗等多项指标上表现尚可，但在空气质量、河湖水质、环保普及率等指标上处于靠后位置。与郑州相比，许多中部城市在生态环境和生态社会领域的问题更为突出。

（3）西部地区

根据分数段划分，重庆市以及9个西部省份的共计60个城市被划分为本研究的西部地区。

该区域在综合创新型生态城市建设上大部分属于中值区或低分区，整体发展水平较低。西部地区除了拉萨、乌兰察布等少数几个为第三类生态环境型城市以外，大部分为第四类后进脆弱型城市。作为西部地区的典型城市，重庆除了在孵化器数量、高新技术产业产值上得分靠前之外，其余指标均不突出。与重庆相比，大部分西部城市在创新能力和经济发展上的差距更为显著。

（三）对策建议

中国三大区域在创新型生态城市建设上呈现出不同的特点，因此，需要根据不同区域的地域特征采取有针对性的政策措施。具体来看，东部地区的城市在具有较强的创新能力的同时，在经济发展方面也表现突出，属于综合水平最高的区域；中部地区城市的生态环境和生态社会得分是短板，但在经济发展、创新能力等方面还是领先于西部地区，因此中部地区城市在发展经济的同时，要着重巩固环境和社会基础；而西部地区的城市综合得分较低主要是由于生态经济和创新较为落后，且创新能力与东部差距明显，故此区域的当务之急是在进一步保护生态环境的基础上，提升经济实力与创新能力。

1. 东部城市加快产业结构转型，切实增强市民获得感

对于东部地区而言，大部分城市经济发展实力较强，但随之而来的生态压力也较高；而且随着经济水平的提高，群众对于环境保护的要求和期待也不断提高。今后，该地区城市需要在发挥经济发展优势的同时，注重产业结构的转型提升，从而减轻工业生产对生态环境的压力；同时，政府需要切实加强环境保护的实效，提升市民对于环保工作的实际获得感，从而提高整体满意度。

2. 中部城市以龙头城市为纽带，推动创新合作协调发展

值得注意的是，中部地区城市的得分呈现出一定的不均衡态势，武汉、郑州等省会城市得分显著高于其他城市，各方面指标得分也大幅领先。今后，中部地区需要特别关注绿色环保、低污染低消耗产业的发展，弥补在生态环境方面的短板。另外，武汉、郑州等区域中心城市需要发挥龙头作用，通过创新合作和生态共建，带动周边城市协调发展。

3. 西部城市着力吸引创新资源，打造创新驱动的特色发展道路

西部地区城市得分的不均衡程度十分突出，相比于中部地区更为明显。区域中除了成都、重庆等个别省会城市以外，大部分城市综合得分较低，处于平均线以下。因此，西部地区需要在保护好当地优良生态环境条件的基础上，着重吸引资金、人才等创新资源，走出一条通过创新驱动带动经济社会全面发展的新道路。同时，成都、重庆等区域中心城市应充分利用自身相对优势，积极与其他城市开展产业分工与合作，推动区域总体水平的提升。

核心问题探索

Studies on Key Issues

G.8
新时代城乡一体生态建设探索

刘明石　孙伟平*

摘　要： 中国已经进入生态文明建设新时代。在这一特定历史背景下，城乡一体生态建设势在必行。目前，从中央到地方，各级人民政府都在积极探索城乡一体生态建设的有效途径，并且取得了初步成果。但由于城乡生态环境差距较大，历史遗留问题较多，城乡一体生态建设尚任重而道远。在未来的城乡一体生态建设中，必须进一步提升农村的地位；建立健全城乡一体生态建设的相关法律法规，大幅减少污染物总量；积极推进城乡对接，调动各方面积极因素，引导城乡一体生态建设进入快车道。

关键词： 新时代　城乡一体　城乡差距　生态文明　生态建设

* 刘明石，男，中国社会科学院博士，哈尔滨师范大学马克思主义学院讲师；孙伟平，男，上海大学特聘教授，中国现代文化学会副会长，研究员，博士生导师。

党的十九大报告把建设生态文明确定为中华民族永续发展的千年大计。在城镇化速度日益加快的背景下，建设城乡一体的生态文明必然是大势所趋。从中央到地方的各级政府，都在努力探索一条能够有效统筹城乡生态建设的新路径。

一　城乡一体生态建设初见成效

习近平总书记提出，要形成人与自然和谐发展的现代化建设新格局。在习近平总书记生态思想指引下，中国的城乡一体生态建设稳步推进，效果初显。五年来，中国生态环境状况呈现好转趋势。单位国内生产总值能耗、水耗均下降20%以上，森林面积增加1.63亿亩，绿色发展呈现可喜局面。①

（一）顶层设计和规章制度日益完善

为了快速有效地推进城乡一体生态建设，中央不断谋篇布局，进行宏观规划，并且出台多项规章制度，确保这些规划能够顺利实施。

党的十八大报告首次把“美丽中国”作为生态文明建设的宏伟目标，开启了城乡一体生态建设的大幕。2015年9月，中央政治局审议并通过了《生态文明体制改革总体方案》。该方案提出了生态文明建设目标，即从2020年到2035年，中国的生态环境根本好转，从2035年到21世纪中叶，中国的生态文明全面提升。2016年，国务院发布《“十三五”生态环境保护规划》，提出“加强生态环境综合治理，加快补齐生态环境短板，是当前核心任务”。2017年10月，党的十九大报告提出了改革生态环境监管体制、解决突出环境问题、加大生态系统保护力度、推进绿色发展等措施。2018年5月，全国生态环境保护大会在北京召开。会议提出，要加大力度推进生态文明建设，坚决打好污染防治攻坚战。

习近平总书记多次论述中国生态环境建设问题，强调生态环境对城市和农村发展的重要性。这些论述高屋建瓴，互相印证和补充，逐渐形成了习近平新时代中国特色社会主义生态思想。在习近平新时代中国特色社会主义生态思想指引下，2018年中央大部制改革中，为了更好地整合自然资源，保护生态环

① 孙钰：《推进建设天蓝地绿水清的美丽中国》，《环境影响评价》2018年3月第2期。

境，真正实现对山水林田湖草的整体保护和综合治理，中国成立了自然资源部、生态环境部。

习近平总书记多次指出，只有实行最严格的制度、最严密的法治，才能为生态文明建设提供可靠保障。2017 年 2 月，《关于划定并严守生态保护红线的若干意见》发布。该意见要求，在 2020 年年底前，基本建立生态保护红线制度。2017 年 5 月，《生态保护红线划定指南》发布。截至 2017 年 11 月底，已经有 15 个省（区、市）的方案通过审核。2018 年年底前，将全面完成全国所有省区市生态保护红线划定工作。

为确立科学的生态环境损害赔偿制度，2017 年 12 月，《生态环境损害赔偿制度改革方案》出台。该方案要求，从 2018 年 1 月 1 日起，在全国试行生态环境损害赔偿制度。① 2018 年 1 月 1 日，中国第一部推进生态文明建设的单行税法——《环境保护税法》——正式实施，为中国城乡一体生态建设提供了法律保障。② 2018 年 4 月 1 日，上海市浦东新区税务局向巴斯夫新材料有限公司开出全国首张环境保护税票，环境保护税在全国开始实施。③ 在此基础上，2018 年 3 月，十三届全国人大一次会议审议通过《中华人民共和国宪法修正案》，把生态文明写入宪法。生态文明入宪，表明中国已经把生态环境建设问题放在了极其重要的位置。

中国曾经是世界上最大的“洋垃圾”进口国，这些“洋垃圾”在给中国企业带来大量利润的同时，也给中国城乡生态环境带来了巨大污染。为了治理环境污染，中国政府宣布，从 2018 年 1 月开始，拒绝进口 24 类洋垃圾。2018 年 4 月，生态环境部等部门联合发布《关于调整〈进口废物管理目录〉的公告》。该公告宣布，自 2018 年 12 月 31 日起，将废五金类、废船等 16 个品种固体废物，从“限制进口”转为“禁止进口”。2018 年 5 月 22 日，中国海关总署出动警力 1291 人，开展了近年来最大规模的打击“洋垃圾”走私行动。④ 禁

---

① 颜珂：《攻坚，向着美丽中国新高度》，《人民日报》2018 年 1 月 12 日第 002 版。

② 王硕：《回眸 2017 顶层设计护航“美丽中国”》，《人民政协报》2018 年 1 月 4 日第 005 版。

③ 王恩奎：《环保税助力美丽中国建设》，《河北日报》2018 年 4 月 3 日第 007 版。

④ 财经之狼：《日本、韩国洋垃圾竟绕道进中国！中国忍无可忍：加大打击力度!》，百度百家号，2018 年 5 月 23 日，http://baijiahao.baidu.com/s?id=1601161642839304815&wfr=spider&for=pc。

止进口“洋垃圾”，解决了中国环境污染的“外患”。

2013 年 9 月，中国发布《大气污染防治行动计划》。2017 年，全国 338 个地级及以上城市 PM10 平均浓度比 2013 年同期下降 20.4%，[①] 圆满完成既定目标。2017 年，北京市 PM2.5 年均浓度为 58 微克/立方米，较上年同比下降 20.5%，有 9 个月月均浓度为近 5 年同期最低水平，空气质量明显好转。[②]

2015 年 10 月，党的十八届五中全会做出重要决策——“严禁移植天然大树进城”。自此，全国上下开始了对“大树进城”的“围剿”。为了确保该决策得以彻底执行，2017 年，全国绿化委员会办公室从 5 月下旬至 10 月，在全国开展了“严禁移植天然大树进城”专项督导检查。[③]

国家环境保护部现已开通官方微信微博，推进大气和水等环境信息公开，健全信息监督和反馈机制。[④] 2017 年 4 月，海口电厂领到了全国首张排污许可证。为了明确企业的排污责任，2017 年 8 月，国家环境保护部正式印发《固定污染源排污许可分类管理名录（2017 年版）》，实现了“一企一证”精细化管理。截至 2017 年 12 月 25 日，已经有 1.1 万余家企业拿到了排污许可证。

在城乡一体生态建设的规章制度建设方面，一些地区走在了全国的前列。例如，浙江省杭州市淳安县制定的《千岛湖环境质量管理规范（试行）》，开创了中国县级政府制定环境质量管理规范的先河。这样做的成果也显而易见，该县因山清水秀、环境优美，被评为全球绿色城市、国家生态县。镇江市在江苏省建立了全省首个排污权交易制度，充实了生态文明建设的地方性制度体系。

（二）部分城市表现出色

2017 年，河北省承德市北部塞罕坝林场建设者，以其在植树造林方面的突出贡献，获得联合国环境保护最高荣誉“地球卫士奖”中的“激励与行动奖”。湖北省武汉市因垃圾处理工作出色，让过去污染严重的金口垃圾填埋

① 秦素娟：《2018“美丽中国”建设将交出怎样的答卷》，《黄河报》2018 年 1 月 6 日第 001 版。

② 于文轩：《生态文明入宪　美丽中国出彩》，《中国改革报》2018 年 4 月 18 日第 001 版。

③ 《全绿办督查严禁大树进城执行情况》，《林业科技通讯》2017 年第 9 期。

④ 毛阳南：《新媒体背景下的农村生态环境治理途径》，《江苏农业科学》2018 年第 5 期。

场，成为武汉园博会的核心用地，武汉市也因此获得“C40城市气候领袖奖”的“最佳固体废物治理奖”。湖北省宜昌市远安县，坚持统筹规划，绿色发展，效果显著。2015年，远安县获得“全国休闲农业与农村旅游示范县”称号，2017年，远安县茅坪场镇被评为全国“一村一品”示范乡镇，远安县旧县镇鹿苑寺村被评为全国“一村一品”示范村。①上海市在城乡一体生态建设中，表现出色。截至2018年3月，共完成涉及30万户的村庄改造、27万户农村生活污水设施改造，环境综合整治工作进展迅速。江苏省徐州市下大力气改善城乡环境，效果明显。预计2020年前，该市主城区棚户区、城中村和危旧房将基本改造完毕。

浙江省龙泉市政府提出建设城市森林的目标，全民义务植树尽责率达84.6%，森林覆盖率达84.2%，生态环境质量状况指数达99.7，被誉为“中国生态第一市”。2000～2017年，陕西省植被指数增加18%，是全国平均增幅的2.3倍。其中，榆林市植被指数增加幅度达到47.4%。②江苏省镇江市把主城区26座山体，改造成开放式山体公园，“矿山复绿”行动走在全国前列。陕西省延安市持续退耕还林，把曾经漫天飞沙的黄土高坡，变成了一片绿洲。山西省右玉县不懈造林治沙，开创了一条北方生态脆弱地区的绿色发展之路。③北京市计划在“十三五”期间，增加绿化建设面积3.58万亩。雄安新区建设伊始，就对生态环境提出高标准。在新区规划中，要求森林覆盖率达到40%，起步区绿化覆盖率达到50%。

贵州省遵义市湄潭县偏岩塘村通过不懈努力，已经实现每家每户都有干净卫生的厕所，生活污水处理率达100%。④浙江省安吉县高禹村，通过异地安置和美丽乡村建设相结合的方式解决城乡一体化问题。全村5000多人口，一半以上已经实现了社区化管理，其余的自然村也实现了基础设施配套全覆盖。甘肃省陇南市康县在建设美丽乡村中，始终坚持“四不原则”⑤，取得显著成

① 郑璐、刘健俊：《坚持“城乡一体 区域统筹”协调发展——远安县2017年全域旅游工作盘点》，《三峡日报》2018年2月8日第008版。

② 唐宇琨、沙道兵：《生态气象为美丽中国添彩》，《中国气象报》2018年2月23日第005版。

③ 本报评论员：《通往美丽中国的必由之路》，《人民日报》2018年4月20日第002版。

④ 张凡：《让每个村子都美起来（今日谈）》，宣讲家网，2018年5月1日。

⑤ “四不”指“不砍树、不埋泉、不毁草、不挪石”。

效。截至2017年4月，全县75%的行政村（262个）建成美丽乡村，并因此被批准为国家级生态建设示范区。广西壮族自治区每个市县都建有污水处理厂和垃圾处理站，实现了垃圾和污水处理全覆盖。① 为加快实现城乡基础设施均衡化，湖南省湘潭县从城乡交通、供水一体化等方面发力，推动城市基础设施向农村延伸。②

浙江省丽水市创新性地提出“河权到户”等一系列典型生态保护与建设模式，为浙江乃至全国山区绿色发展提供了可借鉴的经验。③ 浙江省杭州市桐庐县，以建设“中国最美县城”为载体，实现县乡（镇）村三级智慧技术服务全覆盖，为城乡一体生态建设的智慧化提供了借鉴。广东省深圳市下坪垃圾填埋场，采用防雨塑料膜替代黏土进行垃圾覆盖。通过这种方式，节省1/3填埋空间，每年节约运行费用53万多元。上海市探索“地沟油”研制柴油技术，2017年10月底，部分加油站开始供应B5生物柴油，④ 这在全球尚属首例。上海市提出，2018年力争让B5生物柴油进入200座加油站。⑤

（三）奖罚分明效果显著

“十二五”期间，中央财政划拨专项资金275亿元，支持23个省（区、市）7万个村庄进行环境综合治理，效果显著。⑥ 从2014年开始，湖南省各市县财政每年投入2000万元，用于城乡环境同建同治工作。⑦ 湖南省株洲市攸县通过鼓励社会资本进入再生资源领域，目前已经实现85%以上的农村生活垃圾就地处理。湖南省长沙市成立了中国首家农村环境建设投资公司。⑧ 贵州

---

① 杨寿欧：《广西农村生态文明建设现状与对策研究》，《经济与社会发展》2017年第5期。

② 曹辉、蒋睿、李耀湘、王华：《湘潭县城乡一体迈大步》，《湖南日报》2018年2月28日第009版。

③ 徐幸：《积极践行“两山”理论　努力打造美丽中国样板——浙江生态保护与建设典型模式探索》，《浙江经济》2018年第3期。

④ 注：B5生物柴油是指“地沟油”制成的生物柴油。

⑤ 裘颖琼：《“地沟油”制成的生物柴油今年将进入上海200多座加油站》，新浪新闻2018年5月15日。

⑥ 荀志欣：《整体性治理视角下农村生态环境治理对策探析》，《农业经济》2017年第5期。

⑦ 任丽梅：《湖南创新机制推进城乡环境同建同治》，《中国改革报》2015年5月26日第001版。

⑧ 任丽梅：《湖南创新机制推进城乡环境同建同治》，《中国改革报》2015年5月26日第001版。

省荔波县在“厕所革命”中，用“以奖代补”的方式，为9968户农民发放奖金628.4万元，顺利实现“人畜分离”。①

环境执法成绩斐然。从2015年12月开始，至2018年月结束的首轮中央环保督察，实现了全国31个省（自治区、直辖市）全覆盖。在此期间，共受理群众信访举报13.5万余件，罚款约14.3亿元，拘留1527人，问责18199人。② 2016年，全国共立案查处环境违法案件13.78万件，下达处罚决定12.47万份，罚没66.33亿元。③

2016年8月，浙江省开化县人民法院环境资源与旅游巡回法庭投入运行。该法庭通过现场办公的方式，对破坏环境等违法行为进行处罚，强势震慑了污染企业。2017年8月，宁夏回族自治区腾格里沙漠污染公益诉讼案中，涉案8家污染企业被判投入5.69亿元，用于修复和预防土壤污染。④ 2017年7月，甘肃省委和省政府因祁连山自然保护区生态环境问题，向党中央作深刻检查。这些事实，充分表明了国家治理城乡环境污染的决心。

河北省廊坊市文安县空气质量一直不尽如人意。在全省空气质量排名中，一直处于中下游。通过对“散乱污”企业的整治，2017年，空气质量首次进入全省前20名。⑤ 位于洞庭湖区的湖南省岳阳市是禽畜养殖大市。为保证水源地水质，2017年底，该市强令381家场址在湖区饮用水源地的养殖场全部搬出，杜绝了水质污染隐患。⑥ 河南省焦作市城乡一体化示范区，通过排查，取缔燃煤散烧设备456个，“小散乱污”企业452家，空气质量明显好转。

二 城乡一体生态建设任重道远

目前，中国城乡一体生态建设虽然取得了一些成绩。但是，由于建设时间

① 王永杰：《贵州荔波：“厕所革命”城乡一体》，《中国旅游报》2018年2月22日第003版。
② 《首轮中央环保督察全部反馈　开出“罚单”约14.3亿》，中国新闻网2018年1月4日。
③ 《青山绿水共为邻》，《人民日报》2018年3月1日第009版。
④ 王硕：《回眸2017顶层设计护航“美丽中国”》，《人民政协报》2018年1月4日第005版。
⑤ 颜珂：《攻坚，向着美丽中国新高度》，《人民日报》2018年1月12日第002版。
⑥ 颜珂：《攻坚，向着美丽中国新高度》，《人民日报》2018年1月12日第002版。

短，历史遗留问题较为严重，还有许多困难亟待解决。在首轮环保督察中，仍有 27 个省份存在局部环境质量恶化的情况。①

（一）农村历史遗留问题较多

2000～2015 年，中国农村生态环境质量的综合评价得分从 0.669 下降到 0.387。② 虽然近年来投入持续增加，但农村生态环境恶化情形并未逆转。2018 年中央一号文件指出：农村环境和生态问题比较突出，城乡环境公共服务差距大。公共基础设施落后，秸秆焚烧、养殖场的粪污乱排、农药化肥过量施用的现象在农村还普遍存在。③

城市和农村基础设施相差很大，农村人居生态环境状况不容乐观。2015 年，中国城市污水处理率达 92%。但是，截至 2016 年，仅有 20% 的行政村对生活污水进行了处理。④ 近年来，随着自来水进村，村民生活用水消耗量与排放量也逐年提高。但是，中国 96% 的村庄都没有排水渠道，没有污水排放处理系统。⑤ 污水直接流入江河等各类水体的现象比比皆是。

2015 年，中国城市建成区生活垃圾无害化处理率达到 94.1%。2016 年，中国仅有 65% 的行政村对生活垃圾进行处理。⑥ 陕西省 2.7 万个行政村中，生活垃圾年清运量 21 万吨，但是，处理率只有 34.3%。⑦ 按照"县填埋、乡转运，村保洁"模式运行的不足 10%。⑧

现在，中国农村仍然有近 3 亿人无法喝到健康的饮用水，其中 60% 以上是由非自然因素所致。⑨ 2016 年，广西壮族自治区对 27 个县 58 个行政村进行

---

① 郭伊均：《深化认识增强建设美丽中国内生动力》，《中国环境报》2018 年 4 月 3 日第 003 版。

② 王晓君等：《中国农村生态环境质量动态评价及未来发展趋势预测》，《自然资源学报》2017 年第 5 期。

③ 毛阳南：《新媒体背景下的农村生态环境治理途径》，《江苏农业科学》2018 年第 5 期。

④ 于法稳：《基于健康视角的农村振兴战略相关问题研究》，《重庆社会科学》2018 年第 4 期。

⑤ 周庆翔：《中国农村环境污染现状、原因和治理对策研究》，《理论研究》2018 年第 1 期。

⑥ 于法稳：《基于健康视角的农村振兴战略相关问题研究》，《重庆社会科学》2018 年第 4 期。

⑦ 周林、梁菁华：《陕西推进农村环境综合整治的探索和实践》，《中国经贸导刊》2013 年第 2 期。

⑧ 周一平、李洁：《西安周边农村环境问题及生态文明建设的思考》，《西安建筑科技大学学报》（社会科学版）2009 年第 2 期。

⑨ 张宏艳、刘平养：《农村环境保护和发展的激励机制研究》，经济管理出版社，2011，第 89 页。

抽检，全区农村地下水饮用水源地水质不达标率为70.7%。[①]

全国用于耕种的土地，污染超标率高达19.4%。[②] 环保部文件显示，中国有3.6万公顷基本农田保护区土壤有害重金属超标，超标率达12.1%。[③] 面源污染问题愈发突显，农产品安全受到严重威胁。[④] 2016年，广西壮族自治区对39个县123个行政村的土壤环境质量进行抽检，轻度污染以上的占43.1%。[⑤] 河南省农药有效利用率为30%左右，绝大多数未被利用的部分会直接对土壤产生破坏、形成威胁，严重影响生物的多样性。[⑥]

（二）城市优先思维长期存在

众所周知，大树既能够净化环境，又能够点缀景点。于是，在"美化城市"的口号下，中国掀起了"大树进城"狂潮。上海是中国最早进行"大树移植"的城市。1998年，上海市移植了9万棵大树，拉开了"大树进城"的序幕。从此以后，"大树进城"现象一发而不可收拾。辽宁省大连市仅2002年，就移植了10万株大树。[⑦] 近10年来，湖南全省从山上移植下山的苗木达800万株。这些大树，不仅用于本地绿化，还有一部分销往上海、江苏、广东等地区的城市。[⑧] 贵州省贵阳市，为争创园林城市，两年购买几万棵大树，死亡率超过70%。[⑨] 广东省珠海市2010年花费800万元，购买31株罗汉松大树用于城市绿化。[⑩] "大树进城"现象之所以屡禁不止，表面上看，是由于一些城市园林主管部门急功近利，而其根源在于城市优先的思维。

城市把污染转移到农村的现象屡禁不止。由于近年来城市对污染企业处罚

---

① 杨寿欧：《广西农村生态文明建设现状与对策研究》，《经济与社会发展》2017年第5期。

② 莫欣岳等：《新时期我国农村生态环境问题研究》，《环境与可持续发展》2017年第1期。

③ 兰振江：《论述农村地区土壤污染治理策略》，《价值工程》2018年第8期。

④ 莫欣岳等：《新形势下我国农村水污染现状、成因与对策》，《世界科技研究与发展》2016年第5期。

⑤ 杨寿欧：《广西农村生态文明建设现状与对策研究》，《经济与社会发展》2017年第5期。

⑥ 杨臻：《河南省农村生态环境的问题与保护对策》，《山东工业技术》2018年第7期。

⑦ 萧小：《城市绿化"砍头树"何去何从?》，《中国林业产业》2015年第8期。

⑧ 彭丽芬、李新贵：《大树移植技术研究与应用进展综述》，《内蒙古林业调查设计》2015年第3期。

⑨ 林琪：《告别大树进城　保护林木生态》，《环境》2017年第11期。

⑩ 林琪：《告别大树进城　保护林木生态》，《环境》2017年第11期。

越来越严厉，一些污染型企业开始向农村转移，在农村投资建厂。此外，还有一些污染型外资企业入驻农村，令农村地区的生态环境污染愈发严重。例如，河南省有60%以上的高污染、高排放、高耗能企业集中在农村地区。①

对农村的环境保护投资过少。2006年，“建设社会主义新农村小康环保系统”资金，仅占2006年中央环保专项资金的3.7%。② 2013年，河南省环保投资总额为132亿元，用于农村生态环境治理和保护的资金仅为40万元。

（三）城市和农村污染源不同，生态建设面临的困境也不同

城市和农村面临的环境污染问题不一样。例如，城市环境污染的主要问题是工厂废水、生活垃圾、汽车尾气等；农村环境污染的主要问题是化肥、农药、农膜对土壤、水、大气造成的污染。

中国东西部发展不平衡，也给城乡一体生态建设带来一定困难。东南沿海地区城市化进程快，农村乡镇企业发展迅速。一些农村，无论生活方式，还是生产方式，都与城市无异。个别地区乡镇企业生产造成的环境污染，较西北内陆城市更为严重。

三　新时代城乡一体生态建设的建议

城乡一体生态建设是一个系统工程，必须全域推进。在中央做好顶层设计的基础上，要调动各种积极因素，努力构建城乡一体生态环境治理新体系。

（一）优化城乡一体生态建设的顶层设计

建设美丽中国，不仅要建设美丽城市，还要建设美丽乡村。为了实现这一目标，必须进一步优化顶层设计，构建符合现代城乡生态发展的新格局。

城乡一体生态建设的重点，应该放在农村及农村生态环境的改善方面。切实提高农村在城乡一体生态建设中的地位，努力改变城乡生态建设二元对立的

---

① 杨臻：《河南省农村生态环境的问题与保护对策》，《山东工业技术》2018年第7期。

② 赵红等：《基于激励理论的我国农村人居环境投入机制研究》，《安徽农业科学》2017年第30期。

现状。要转变环境保护领域长期存在的“重城市，轻农村”的观念，树立城乡生态命运共同体的理念。严守农村生态环境红线，坚决杜绝城市污染向农村转移。充分发挥规划环境评价和建设项目环境评价的作用，严禁重污染企业落户农村。对于城市中的企业和从城市迁移到农村的企业，要按照统一标准进行管理，对违法违规的污染企业坚决查处。

加快相应立法，进一步完善城乡一体生态建设规章制度。应尽快从国家层面完善国土空间开发保护制度，完善城乡一体生态建设相关法律法规，实行最严格的城乡生态环境保护制度。更好地发挥政府的作用，积极推进生态建设决策的制度化和规范化。

通过各种途径，把绿色生产的引擎发动起来。加强技术攻关和投入，鼓励企业在生产中应用绿色环保的新技术、新工艺，引导企业逐步消除有害废弃物的排放。构建安全高效的绿色能源体系，助力城乡一体生态建设。

充分发挥大数据、云计算等高新技术在生态建设中的作用，根据现有城乡人口数量及近年来的变化，预测城乡未来发展趋势，对城乡一体生态建设进行科学规划。

实行城乡一体生态建设举国体制。通过多种途径进行环保宣传，提高市民和村民的环保意识。通过环境保护 App，及时发布环境实时数据，引导公众了解城市环境管理情况。鼓励公众积极参与环境保护、环境监督与环境治理。

（二）大幅减少污染物总量

城市和农村在环境污染的内容上有很大差别，治理环境污染的侧重点也各不相同。但是，只有大幅减少污染物排放总量，才能从根本上解决问题。城乡环境污染方面有共性问题，例如，垃圾处理；也有个性问题，例如，城市的汽车尾气污染，农村的秸秆焚烧、禽畜粪便污染等。对于共性问题，要制定统一标准解决，对于个性问题，要具体问题具体分析。只有把城市和农村的主要环境污染问题都解决了，城乡一体生态建设才能取得实效。

垃圾分类处理，目前不存在技术问题。主要困难在于，市民和村民在丢弃垃圾时，没有对垃圾进行分类，导致后续工作无法进行。因此，解决垃圾处理问题，根本途径在于培养市民和村民的卫生习惯，建立城乡统一的垃圾分类规章制度，强制实施垃圾分类。对于主动进行垃圾分类投放的居民，应给予表彰和奖励；对那些不实行垃圾分类的居民，要进行批评教育；对屡教不改者，可通过电视或者网络曝光台，曝光其违规行为。

此外，垃圾分类处理配套设施不完备，也是城乡垃圾处理面临的一个现实问题。各省区市要加速建立健全垃圾分类配套设施。对于金属、纸张、塑料等可回收垃圾，要最大限度回收，从而实现减量化、资源化的目标。对于厨余垃圾，应通过推广生物降解技术进行回收利用。经过以上几个环节，只剩下极少的不可回收垃圾。这些不可回收垃圾，只要按照无害化目标妥善处理即可。目前，中国可再生能源装机容量占全球总量的24%，已成为世界节能和利用新能源、可再生能源第一大国。① 超强的可再生资源处理能力，完全可以解决中国环境污染的“内忧”。

解决汽车尾气问题，要通过进一步优化公共交通资源来解决。具体而言，要增加轨道交通、电动公交车等交通工具在市民出行中所占比例。私家车是汽车尾气的一个重要来源。因此，要加速推进电动家用汽车的普及。同时，运用价格和政策杠杆，提高私家车用车成本，限制私家车增速，引导市民和村民优先选择公共交通工具出行。

在农村生态建设中，要以美丽乡村建设为契机，坚持不懈地推进农村的“厕所革命”。解决规模化养殖中的禽畜粪便问题，可强制要求规模化养殖企业配备禽畜粪便处理设备，否则不予审批。村民焚烧秸秆，其根本原因在于回收成本过高。因此，政府应深入调研，广泛听取各方意见，研究出切实可行的秸秆资源化利用方式，把秸秆回收放到产业链中去，使之成为产业链中的一环，变废为宝，问题自然解决。

（三）积极推进城乡对接，促进城乡一体生态建设

大力发展农村生态旅游产业。农村是城市的后花园，也必将成为市民休闲旅游的理想场所。要充分利用现有的交通和旅游资源，鼓励市民周末和节假日到农村旅游。通过农村生态旅游，能加强市民和村民之间的沟通和了解，令越来越多的市民关注农村，关心农民。

城乡一体绿化工作，要继续严格执行国家绿化政策，统筹城乡绿化指标，

---

① 《青山绿水共为邻——如何建设美丽中国》，《人民日报》2018年3月1日第009版。

逐步扩大城乡绿化面积。在进行绿化时，要优先选择本地树种。大力发展农村园林绿化产业，确保能够持续稳定地供应大量优质的绿化产品。

发展绿色食品产业是促进城乡一体生态建设的有效途径。政府部门要有所作为，积极发展生态农业，加大对绿色食品的保护及宣传力度。对生产有机农产品和绿色食品的农户，提供政策、资金和技术等方面的扶持。逐步建立以城乡对接、农超对接为主的农产品流通体系，把市民和村民的生产生活连接起来。同时，要加速研究和推进有机肥替代化肥工作，推广生物除虫技术。在这一背景下，农民要想赚绿色食品的钱，必须用绿色方式种植蔬菜和粮食，倒逼农民减少化肥农药的使用量，逐渐形成良性循环。最终的目标是，市民买到放心的蔬菜和粮食，农民增收致富，城乡生态环境改善。

实践证明，城市与农村是不可分割的统一整体。只有坚持城乡融合发展，做好生态环境的整体保护工作，才能跨越城乡一体生态建设的“卡夫丁峡谷”。

G.9

国家生态安全战略研究

鲍　锋*

摘　要： 生态安全是国家安全体系的重要组成部分和基石，也是实现中华民族伟大复兴与大国战略的必然选择。我国自然地理环境的多样性和脆弱性决定了生态环境问题还将长期存在，生态建设工程仍需持续发展。国家生态安全就是划定生态红线、守好生态底线。构建“两屏三带”生态安全格局，加强重点生态功能区保护和管理，是生态文明建设的主要内容，也是生态文明建设的重要保障。要针对不同区域生态环境特征有效构建并维护生态安全格局，才能有效保障国家生态安全战略的实施。

关键词： 生态安全　生态红线　两屏三带

生态安全问题是当今世界各国都面临的国家安全乃至全球安全的新挑战。生态系统是由水分、土壤、大气、植被等多种要素组成的有机系统，是人类赖以生存、发展的物质基础。它与人类社会共同构成一个相互联系、相互制约的整体。生态安全问题就是人类在社会发展过程中，对生态环境的不合理开发及利用日益加剧，导致的资源过度消耗，及引发的一系列诸如生态系统功能退化、生物多样性丧失、土地荒漠化加剧、水气土壤重度污染等问题，这些问题导致了生态危机和灾害，对人类自身安全造成严重威胁。因此，生态安全问题

* 鲍锋，男，汉族，青海湟中人，教授，理学博士，西安文理学院生物与环境工程学院院长，陕西师范大学硕士生导师，陕西地理学会副理事长，政协西安市委员会第十四届委员。主要研究方向：土壤侵蚀与荒漠化防治，景观生态学。

已成为各国必须共同面对并尽快解决的重要科学问题。

国家主席习近平在青海考察时强调，生态环境保护和生态文明建设是我国持续发展最为重要的基础，明确提出要“尊重自然，顺应自然，保护自然，坚决筑牢国家生态安全屏障”，并强调“要坚持保护优先，坚持自然恢复和人工恢复相结合，从实际出发，全面落实主体功能区规划要求，使保障国家生态安全的主体功能全面得到加强”。十八大报告也首次将国土空间开发格局优化提升到了战略高度，其中，生态安全格局是三大战略格局之一。中国的大国战略需要以生态安全作为保障，这是实现中华民族伟大复兴的必然选择。

一　中国生态脆弱，环境不容乐观

（一）中国自然环境概况

中国地域辽阔，人口众多，自然地理环境具有多样性和脆弱性的特点。长期以来，人类活动与自然地理环境密切交织在一起。多样性的自然地理环境是人类得以延续、社会得以发展、文化得以传承的前提和基础。但是，长期的人类活动对自然界的干预越来越多，导致生态系统发生了一系列变化，如水土流失、沙漠化、土地退化等，对人类的生存和发展构成了极大的威胁。中国特殊的地理位置，加上65%左右的国土面积被山地丘陵占据，使地带性（纬度地带性、干湿度地带性和垂直地带性）与非地带性交织在一起，形成复杂多样的环境条件，构成多种类型的生态系统。与此同时，多山地丘陵和干旱荒漠面积广大，构成了中国自然地理环境先天脆弱性的特点。中国自然地理环境非常脆弱的一个直接结果就是灾害频繁。自然灾害的发生与人类活动对自然环境的干扰所造成的负面影响有千丝万缕的联系。人类是自然历史过程的产物，又是现代自然地理过程的重要影响因素，在长期的人类经济活动作用下，自然界发生了深刻的变化。随着社会生产力和科学技术的发达进步，人类在自然地理环境变化过程中已经成为最活跃的因素，并通过对其他自然地理环境的改造使自然环境发生巨大的变化，形成了人类生态环境。

（二）生态环境问题及趋势

中国是世界上受沙化危害最严重的国家之一。全国有近 1.3×10^{7} 公顷农田和 1.0×10^{8} 公顷草场受到风沙危害，沙区铁路42%受到风沙威胁，60%以上的贫困县集中在风沙地区。水土流失严重。目前全国水土流失总面积达到 3.6×10^{6} 平方千米，每年流失土壤养分相当于 4.0×10^{7} 吨标准化肥；全国平均每年新增水土流失面积 1.0×10^{4} 平方千米，每年流失的土壤总量达 5.0×10^{9} 吨。湿地资源遭破坏。天然湖泊数量缩减了35.6%，总面积减少36.0%；湿地的蓄水功能剧减导致水资源损失严重，86%的水量白白损失，造成水资源严重紧缺和干旱，导致全国44.6%的冰川后退和变薄，雪线上升。洪涝灾害频繁。近50年来的统计显示，我国每3年就出现一次大涝。由于泥沙淤积，黄河下游、长江荆江段都已形成地上河；全国约30%的水库总库容被淤积，蓄洪能力下降。生物多样性锐减。在《濒危野生动植物种国际贸易公约》列出的世界濒危物种中，我国就占到总数的25%，约156种；物种濒危状态为15%～20%。物种灭绝对人类发展将造成无法挽回的损失。

中国实行改革开放政策近40年来，实施了一系列规模巨大的生态系统可持续发展的积极举措，启动了三北防护林、天然保护林、退耕还林还草等在国内甚至世界上都具有重要影响的生态环境建设工程。至2015年，涉及16个生态工程，覆盖 6.2×10^{6} 平方千米的土地，共投资3500亿美元并调动了5亿劳动力参与其中。研究表明，中国可持续发展投资的影响是非常积极的。森林砍伐率下降，覆盖率上升到22%；草原获得再生和扩大；荒漠化趋势在许多地区都得到了控制；水土流失大幅度减少，水质和河流沉积明显改善。此外，通过技术进步和提高效率，农业生产率得到了提高，农村家庭普遍富裕，饥饿也基本消失。

（三）构建生态红线，保护生态空间

生态红线对于维护国家和区域的生态安全及经济社会可持续发展具有重要战略意义。近年来中国生态空间仍不断遭受挤占，生态系统退化严重，国家和区域生态安全形势严峻。同时，保护地存在空间界限不清、交叉重叠、管理效率低等问题，亟须划定生态保护红线，实施严格监督和管理，实现一条红线管控所有重要生态空间。2014 年，“划定生态保护红线，实行严格保护”被纳入《环境保护法》。生态红线的概念是在区域性生态规划制定、管理和研究过程中逐渐产生和发展的，并得到多方面肯定，从而上升成为国家战略。中国原环保部负责人指出，生态保护红线是我国特有的概念，是结合我国生态保护实践、根据国情提出的创新性举措。

生态红线是国家和区域生态保护的底线，用来划定具有重要生态功能的生态用地，这条线的划定能够使国土空间资源开发利用和保护的边界更为清晰，对各级地方政府进行区域保护和开发的指导性更强，对于落实一系列生态文明制度建设具有重要作用。生态红线是科学、系统、管控最为严格的保护边界，对于维持生态平衡、支撑经济社会可持续发展意义重大。因此，生态红线的划定需要遵循生态重要性原则、分类划定原则、现实性原则、动态性原则。从保护要求看，生态红线用于确定保障和维护生态安全的临界值和最基本要求，及保护生物多样性，维持关键物种、生态系统存续的最小面积，必须严格保护，以确保特定区域功能不降低、面积不减少、性质不改变。据此，可以将现有国土空间划分为重要（点）生态功能区、生态脆弱/敏感区和生物多样性保育区三大类。

总之，生态红线是保障和维护国家生态安全的生命线，以此为基础构建国家生态安全格局是目前为止较为有效的生态建设方式。

二　建设生态文明，实施生态安全战略

（一）生态安全的概念与内涵

生态安全是指人类在生存和发展过程中，将生态环境赋存状态对人类生产生活可产生的损害控制在可接受水平以下的状态。生态环境破坏会引发适于生存空间和资源条件的大量丧失，造成政治、经济、社会以及文明危机。当前，世界各国在生态方面均面临着极其严峻的形势，必须从国家安全和发展的战略层面，大力推进生态环境的治理与保护，切实保障生态安全。生态安全与政治、经济、文化、社会、资源等共同构成国家安全体系，是国家安全体系的重要基石。

生态安全作为国家安全的重要组成部分，是一个国家赖以持续生存和健康发展的基本前提。因此，从生态安全的内涵来看，将其理解为国家生态安全更为准确和丰富。从国家安全理念的发展过程来看，世界各国对生态安全的认识日臻完善，其地位日益凸显。美国在《国家安全战略报告》（1991 年）中首次将环境安全作为国家利益的组成部分。我国正式提出国家生态安全的概念是在《全国生态环境保护纲要》（2000 年）中；2014 年 4 月 15 日，在中央国家安全委员会第一次会议上，国家主席习近平把生态安全纳入总体国家安全观。关于对国家生态安全的理解，目前学术界尚未形成共识，但至少在以下三个方面的理解上是相近的。一是维护生态系统的完整性、稳定性和功能性，是维护国家生态安全的基本目标，也是确保一定尺度上保障人类生存发展和经济社会可持续发展的物质基础。二是处理好涉及生态环境的重大问题，是维护国家生态安全的重要着力点。这包括既要妥善处理好国内发展面临的资源环境瓶颈、生态承载力不足等现实性问题，又要积极应对突发环境事件等紧迫性问题。三是国家生态安全还要求每个国家都要积极参与全球环境治理，展现有担当的国家形象，为人类社会可持续发展争取合理空间。

（二）生态文明建设与国家生态安全

人与自然的关系问题是马克思生态哲学的基本问题。生态文明是人类为实现人与自然和谐共处目标而不懈努力奋斗的结果。因此，生态文明建设就是要在马克思主义生态思想的引领下，正确处理人与自然的关系。中共十七大、十八大提出生态文明建设的理念，并通过“大力推进生态文明建设”，把生态文明建设摆到了国家发展战略的高度。构建国家生态安全战略就是要以生态文明建设为契机，在尊重自然应有的生态地位的基础上，厘清人与自然的互动关系，充分发挥制度优势，把人与自然的和谐纳入生产实践中，努力实现人与自然的双向互动。

习近平总书记提出的“总体国家安全观”，是一种新时期国家安全大思路，从多方面体现了唯物辩证法和系统思维，是新时期指导我国国家安全体系建立的指导原则。在生态文明建设新常态下，坚持马克思主义生态思想，对生态文明建设和国家生态安全屏障构筑具有重要的理论指导和实践意义。随着人口增长和经济社会发展，生态环境面临的压力不断增大，人类生态环境问题的累积一旦超过一定程度，将会危及区域和国家生态安全，影响经济社会可持续发展。马克思主义生态思想中关于人类社会与自然关系的理论，为国家的生态安全战略建构指明了方向。与此同时，生态文明建设是对马克思主义生态思想的丰富和发展。

（三）国家生态安全战略基本思路

生态安全是生态文明建设的主要内容，也是生态文明建设的重要保障。中国政府高度重视生态文明建设的重要体现，就是党政领导人站在国家战略的高度关注生态安全。习近平总书记多次强调生态文明建设关系人民福祉，关乎民族未来；保护生态环境体现了最广大人民的利益和中华民族的长远利益。

重视国家生态安全首先要处理好经济发展与生态环境保护的关系问题。习近平强调，环境治理是一个系统工程，必须将其作为重大民生实事紧紧抓在手上。要按照系统工程的思路，抓好生态文明建设重点任务的落实，把环境污染治理好，把生态环境建设好，为人民群众创造良好的生产生活环境。

重视国家生态安全就是要划定红线守好底线。生态红线是坚持生态安全的底线和生命线，这个红线不能突破，一旦突破必将危及生态安全、人民生活和国家可持续发展。生态保护红线是我国特有的概念，是结合我国生态保护实践、根据需要提出的创新性举措。“生态保护红线的划定能够使国土空间开发、利用和保护的边界更为清晰，明确哪里该保护，哪里能开发，对于落实一系列生态文明制度建设具有重要作用。”

（四）国家生态安全战略实现路径

实施国家生态安全战略就是要优化国土空间开发格局，加快实施主体功能区战略。国土是生态文明建设的空间载体。我们要“按照人口资源环境相均衡、经济社会生态效益相统一的原则，统筹人口分布、经济布局、国土利用、生态环境保护，科学布局生产空间、生活空间、生态空间，给自然留下更多修复空间，给农业留下更多良田，给子孙后代留下天蓝、地绿、水净的美好家园”。加快实施主体功能区战略，严格实施环境功能区划，坚持陆海统筹，保障国家和区域生态安全，提高生态服务功能。

国家生态安全屏障是现代国家安全体系的重要组成部分，是新时期维持稳定、持续、健康发展的前提。如前文所述，影响生态安全的因素有很多，且各因素相互作用、相互影响，构成统一整体，使生态安全的维护显得尤为复杂。因此，应在中国国土资源开发与利用大战略的指导下，围绕水资源、土地资源、海洋资源、矿产资源、森林资源和能源开发与利用，进一步形成各具特色的资源保护战略。再根据地域差异和生态安全影响因素、表现形式的不同，构建具有区域特征的生态安全屏障。

三　构建基于大国战略的生态安全格局

中国政府高度重视生态文明建设，明确提出要“走向社会主义生态文明新时代”，十八大报告重点强调把生态文明建设放在突出地位，“五位一体”努力建设美丽中国，实现中华民族永续发展。《全国生态保护与建设规划（2013～2020年）》提出，加强重点生态功能区保护和管理，增强其涵养水源、保持水土、防风固沙的能力，保护生物多样性，构建以青藏高原生态屏障、黄土高原－川滇生态屏障、东北森林带、北方防沙带和南方丘陵山地带以及大江大河重要水系为骨架，以其他国家重点生态功能区为重要支撑，以点状分布的国家禁止开发区域为重要组成内容的生态安全战略格局。

（一）“两屏三带多点”生态安全屏障

“两屏”是指青藏高原生态屏障和黄土高原－川滇生态屏障。“十三五”时期，青藏高原生态屏障要重点保护好多样独特的生态系统，发挥涵养大江大河水源和调节气候的作用。黄土高原－川滇生态屏障重点要加强水土流失防治和天然植被保护，发挥保障长江、黄河中下游地区生态安全的作用。

“三带”是指北方防沙带，包括天山南麓地区、河西走廊地区和内蒙古中东部地区；东北森林带，包括长白山、大兴安岭和小兴安岭等山地；南方丘陵山地带，包括湖南、广东、广西和贵州等省（区、市）交界处的丘陵和山地。东北森林带重点要保护好森林资源和生态多样性，发挥东北平原生态安全屏障的作用。北方防沙带重点要加强防护林建设、草原保护和防风固沙，对暂不具备治理条件的沙化土地实行封禁保护，发挥三北地区生态安全屏障的作用。南方丘陵山地带要重点加强植被修复和水土流失防治，发挥华南和西南地区生态安全屏障的作用。

“多点”则是点状分布的国家禁止开发区，包括自然保护区、世界文化自然遗产、风景名胜区、森林公园、地质公园和其他禁止开发区，如饮用水水源保护区、重要湿地等。构建“两屏三带”生态安全战略格局，对这些区域进行切实保护，使其生态功能得到恢复和提升，对于保障国家生态安全、实现可持续发展具有重要战略意义。

（二）区域生态屏障与生态安全建设案例

（1）西藏自治区生态屏障与生态安全建设

西藏自治区是青藏高原生态屏障的主体。2009年，国务院通过了《西藏生态安全屏障保护与建设规划（2008～2030年）》，通过实施保护类、建设类和支撑保障类三大类10项工程，基本实现了国家生态安全屏障的构建目标。结果显示，高原生态系统整体稳定，植被覆盖度呈增加趋势；全区沙化面积减少，工程区风沙治理成效显著；退牧还草措施促进草地恢复，提高了农牧民收入；农牧区清洁能源使用率大幅提高，农牧民生活条件显著改善；天然林与自然生态区保护初见成效，野生动植物种群恢复性增长；生态系统服务能力逐步提升，生态安全屏障功能稳定向好。西藏自治区和中国科学院合作，在国家生态安全战略目标实现中走出了一条“科技服务国家目标、创新驱动区域发展”的道路，生态安全建设取得成效。

（2）西北甘青新三省（区）生态屏障和生态安全建设

西北甘青新三省（区）是我国北方防沙带的典型区域，构建西北甘青新“四屏一环一带”区域生态安全格局，维护区域生态安全，需要从国家生态安全维护和西北甘青新三省（区）生态安全实际出发，构建区域生态安全格局。通过区域生态敏感性分析和重要性分析，综合形成西北甘青新地区“四屏一环一带”的区域生态安全格局。“四屏”是指阿尔泰山、天山、祁连山和三江源－甘南黄河生态安全屏障，主要生态功能是水源涵养；“一环”是指环塔克拉玛干生态环，主要生态服务功能是防风固沙；“一带”指沿欧亚大陆桥带，主要生态功能是防风固沙，“一带”串联了艾比湖、疏勒河下游、黑河中游、石羊河下游等多个关键生态节点。

（3）云南省生态屏障和生态安全建设

云南省地处黄土高原－川滇生态屏障区，是我国生态安全战略格局中的重要组成部分，并在国家生态环境保护和生态安全体系建设中具有不可替代的地位和作用。2016年，云南省“十三五”发展规划纲要明确提出，要加强生态保护与建设，全面提升生态系统功能，推进重点区域生态修复，扩大生态产品供给，努力构建以青藏高原东南缘生态屏障、哀牢山－无量山生态屏障、南部边境生态屏障、滇东－滇东南喀斯特地带、干热河谷地带、高原湖泊区和其他点状分布的重要生态区为核心的“三屏两带一区多点”生态安全格局。

（4）贵州省生态屏障和生态安全建设

贵州是长江和珠江“两江”上游重要生态屏障，2016年被列入首批国家生态文明试验区。根据《贵州省林业推进生态文明建设规划》，贵州省按“西治、中保、东用”的宏观指导策略，将构建起以乌蒙山－苗岭生态屏障、大娄山－武陵山生态屏障，及乌江生态保护带、南北盘江及红水河生态保护带、赤水河及綦江生态保护带、沅江生态保护带、都柳江生态保护带为骨架的“两屏五带”生态安全格局；以重要河流上游水库、湖泊水源涵养区、石漠化综合防治区、水土保持区、生物多样性保护区等基本功能区为支撑；以交通沿线、村镇等绿化带为网络；以自然保护区、风景名胜区、森林公园、湿地公园、城镇绿地、农田防护等为重要节点，基本构筑起功能完善的“两江”上游重要生态安全屏障。

（5）四川省生态屏障和生态安全建设

四川是长江上游重要的生态屏障、长江和黄河上游重要的水源涵养地，肩负着维护国家生态安全的重要使命。根据《四川省“十三五”生态保护与建设规划》，在构建东部绿色盆地和西部生态高原的一级分区框架下，全省被分为成都平原区、盆周山地区、盆地丘陵区、川西北高原区、川西高山峡谷区和川西南山地区六大二级分区。东部绿色盆地着力构建以盆周山区绿色生态屏障、环成都平原绿色生态屏障为重点，以长江干流、岷江－大渡河下游、沱江、涪江、嘉陵江、渠江等六大流域生态带为骨架，以各类自然保护地（自然遗产地、国家公园、自然保护区、风景名胜区、森林公园、湿地公园、地质公园等）点（块）状分布的典型生态系统为重要组成的“两屏

六带多点”生态安全战略格局。西部生态高原着力构建以若尔盖草原湿地、川滇森林、大小凉山三大生态屏障为重点，以金沙江、雅砻江和岷江－大渡河上中游等三大流域生态带为骨架，以各类自然保护地的典型生态系统为重要组成的“三屏三带多点”生态安全战略格局。

（6）安徽省生态屏障和生态安全建设

依据全国生态保护与建设规划，安徽省属于南方山地丘陵区和东部平原区。根据《安徽省“十三五”生态保护与建设规划》，要构建安徽长江经济带生态安全空间格局，推进全流域自然生态与水资源保护；提升长江防护林和皖西大别山区、皖南山区、江淮丘陵地区森林生态系统建设，增强水源涵养、水土保持等生态功能；加强江河湖库生态修复和矿山生态治理；推进退化防护林修复，建设大尺度绿色生态保护空间和连接各生态空间的绿色廊道；推进国家级和省级自然保护区规范化建设。

（7）江西省生态屏障和生态安全建设

江西省位于“南方丘陵山地带”，是我国南方地区重要的生态屏障。习近平总书记强调，绿色生态是江西的最大财富、最大优势、最大品牌，一定要保护好，做好治山理水、显山露水的文章，走出一条经济发展和生态文明水平提高相辅相成、相得益彰的路子，打造美丽中国“江西样板”。在江西建设国家生态文明试验区，发挥江西生态优势，使绿水青山产生巨大生态效益、经济效益、社会效益，探索中部地区绿色崛起新路径；保护鄱阳湖流域作为独立自然生态系统的完整性，构建山水林田湖草生命共同体，探索大湖流域保护与开发新模式；把生态价值实现与脱贫攻坚有机结合起来，实现生态保护与生态扶贫双赢，推动生态文明共建共享，探索形成人与自然和谐发展新格局。通过改革创新和制度探索，到2018年，试验区建设取得重要进展，在流域生态保护补偿、河湖保护与生态修复、绿色产业发展、生态扶贫、自然资源资产产权等重点领域形成一批可复制可推广的改革成果。

（8）内蒙古自治区生态屏障与生态安全建设

内蒙古自治区为国家生态安全战略格局中东北森林带和北方防沙带的主要构成部分，是我国北方面积最大、种类最全的生态功能区。东部大兴安岭属国家重要的水源涵养区，西部黄河流域为国家重要的水土保持区域；中部为国家重要的防风固沙区域。按照《内蒙古自治区构筑北方重要生态安全屏障规划纲要（2013～2020年）》中的生态安全战略布局，结合自治区生态保护和建设的实际，以建立总量保证、布局均衡、结构合理、功能完善，点、线、面相结合的林草植被网络体系为目标，内蒙古自治区生态安全屏障被划分为“3522”建设布局。“3”是指大兴安岭山脉、阴山山脉和贺兰山三个生态保护建设区。“5”是指沙地防治建设区、沙漠防治建设区、黄土高原丘陵沟壑水土保持治理区、草原保护建设区和平原农区建设区等五个生态保护建设区。“2”是指两类建设重点，一类是指自然保护区、森林公园及重要湿地，另一类是指城镇、村屯、工矿园区（包括废弃工矿地）等点状分布的保护和建设重点。另一个“2”指交通网络和江河沿岸两个线状的保护和建设重点。

（9）黑龙江省生态屏障与生态安全建设

黑龙江省是东北森林带的主体构成省份。根据《中共黑龙江省委黑龙江省人民政府关于加快推进生态文明建设的实施意见》，黑龙江省着力保护好黑瞎子岛、大小兴安岭、兴凯湖、镜泊湖和三江湿地等自然保护区和重要生态功能区原生态资源，形成以大小兴安岭、长白山（张广才岭、老爷岭）森林生态屏障为主体，以松嫩平原农田防护、三江平原湿地修复为两翼的生态格局。全面停止天然林商业性采伐，将全省地方天然林全部纳入天然林保护范围。推进黑瞎子岛、乌苏里江等界江沿岸自然保护区生态修复工程，确保黑龙江、乌苏里江沿岸国土安全。开展湿地自然保护区、湿地公园和湿地保护小区建设，增强湿地自我修复能力；保护松花江流域带，重点推动“一湖、两网、一带”湿地生态功能区建设，打造哈尔滨沿江区域“万顷松江湿地、百里生态长廊”城市自然湿地示范区。加强兴凯湖、镜泊湖流域水环境保护，合理制定分区保护与治理策略。

四　坚持绿色发展，建设美丽中国

（一）绿色发展是解决生态环境问题的根本之策

在全国生态环境大会上，习总书记指出：绿色发展是构建高质量现代化经济体系的必然要求，是解决污染问题的根本之策。重点是调整经济结构和能源

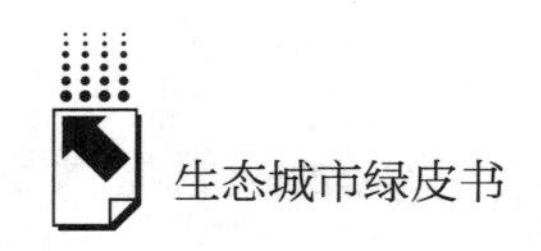

结构，优化国土空间开发布局，调整区域流域产业布局，培育壮大节能环保产业、清洁生产产业、清洁能源产业，推进资源全面节约和循环利用，实现生产系统和生活系统循环链接，倡导简约适度、绿色低碳的生活方式，反对奢侈浪费和不合理消费。

（二）绿色发展是建设美丽中国的前提和基础

按照党的十八届五中全会部署，遵循绿色发展理念，在促进人与自然和谐共生，加快建设主体功能区，推动低碳循环发展，全面节约和高效利用资源，加大环境治理力度，筑牢生态安全屏障等6个方面加大工作力度，花大气力、下真功夫狠抓落实，构建科学合理的发展格局，建立绿色低碳的产业体系，形成勤俭节约的社会风尚，实行垂直管理的严格制度，把生态文明建设融入经济、政治、文化、社会建设的各方面和全过程，就一定能形成五位一体协同推进的合力，推动生态文明建设取得更多成果和更大进展，让中华大地青山常在、绿水长流、蓝天永驻。“让居民望得见山、看得见水、记得住乡愁”。习近平总书记深情描绘的美丽中国，激发了亿万人民对美好未来的向往，凝聚了建设美好家园的同心众力。

（三）绿色发展是实现国家生态安全的必由之路

生态安全是国家安全的重要组成部分，构筑生态安全战略，建设美丽中国，首先要从治理环境污染入手，重点解决大气、水、土的污染问题。习近平强调，要把解决突出生态环境问题作为民生优先领域。坚决打赢蓝天保卫战是重中之重，要以空气质量明显改善为刚性要求，强化联防联控，基本消除重污染天气，还老百姓蓝天白云、繁星闪烁。要深入实施水污染防治行动计划，保障饮用水安全，基本消灭城市黑臭水体，还给老百姓清水绿岸、鱼翔浅底的景象。要全面落实土壤污染防治行动计划，突出重点区域、行业和污染物，强化土壤污染管控和修复，有效防范风险，让老百姓吃得放心、住得安心。要持续开展农村人居环境整治行动，打造美丽乡村，为老百姓留住鸟语花香田园风光。

总之，国家生态安全是一个极其复杂的问题。只有通过宏观调控的手段，实现对生态环境的有效控制及改善，才能提高生态保护的有效性，维护区域生态安全。另外，还应理解不同空间尺度上的干扰机理，加强生态系统管理，协调生态保护与产业经济发展等相关布局。因此，针对不同区域生态环境特征有效构建并维护生态安全格局，不仅有利于生态系统结构与功能的完整、生物多样性保护、生态系统服务的维持，还将提升人类福祉，实现可持续发展，最终保障区域生态安全。

附　　录

Appendices

G.10
中国生态城市建设“双十”事件

曾 刚　葛世帅　陈 炳　谢家艳

2017 年中国生态城市建设“双十”事件的筛选主要通过事件的媒体关注度、政府关注度、民众关注度及专家认可度四个指标来反映事件的影响程度。对“城市生态建设事件”的界定主要包括三层准则：事件与生态环境建设或破坏有关；具有过程投入大、结果影响大、可受人为干预而在较短时间内实现改变等特征；能够明确定位事件发生的时间和地点，要求能具体到一个或几个城市。依据以上内容和准则，对事件的筛选经过了下面四个步骤。

第一，根据正规传播媒体刊载内容构建基础数据库，收集城市生态事件。以《人民日报》《光明日报》《南方日报》《中国环境报》的新闻报道构建基础数据库，检索提取与城市生态环境建设相关的报道，共收集到新闻报道 830 条。对四个媒体进行影响力赋权，进而对事件进行打分，反映媒体关注度。第二，结合 2017 年国家出台的重大生态环境类政策的指导方向以及国家环境督察组主要关注通报的环境问题，找出国家重点关注的城市生态环境领域，即水体、大气、土壤、突发城市公共卫生四个方面。根据亮点事件获得哪级政府

（中央、省厅、本市）认可或恶性事件获得哪级政府督察，对筛选出的事件进行评分，反映政府关注程度。第三，通过百度事件搜索热度，将830条报道依据搜索量进行打分，反映民众关注度。第四，参考生态城市建设评价报告的综合排名，对事件进行专家组审议打分，反映专家认可度。

基于以上步骤对各个事件的打分，得到不同指标具体数值，进行标准化处理后，依据不同的权重加权求和并排序，最终确定2017年度“城市生态建设十大亮点事件”与“城市生态建设十大恶性事件”。

2017年城市生态建设十大亮点事件

事件一：北京“煤改电”迈入新阶段

燃煤污染会对大气产生巨大的影响，是雾霾天气形成的主要原因之一。为改善空气质量、减少冬季燃煤使用，我国北方许多城市开始推行“煤改电”，作为“煤改电”实施的重点示范城市——北京——于2017年迈入“煤改电”新阶段。

从2003年开始至今，北京“煤改电”结束探索期，进入新阶段。到2016年底“煤改电”规模达到巅峰，该年北京市共完成663个村庄、22.7万户的煤改清洁能源任务。[①] 为了“煤改电”政策的顺利实施，北京市政府加大了补贴力度，以“煤改电”中使用最多的空气源热泵设备为例，经过市、区两级财政的补贴之后使用空气源热泵设备的村民只需承担约3000元的电费，村民负担较小，“煤改电”积极性提高。“煤改电”的环境效益十分明显，截至2017年，北京地区每年减少200多万吨燃煤消耗量，每年减少二氧化碳、二氧化硫及氮氧化合物的排放量分别为468万吨、4.34万吨和1.24万吨。2017年一季度，北京市PM2.5浓度在京津冀地区仅高于张家口、承德和秦皇岛，达到第四，“煤改电”等一系列措施取得了积极成效。[②]

事件二：上海全面实施单位生活垃圾强制分类

2017年起，上海全面实施单位生活垃圾强制分类制度。上海早在2000年

① 公欣：《直击北京“煤改电”：一端是行业促进，一端是群众冷暖》，《中国经济导报》2017年5月12日第B05版。

② 贺勇：《北京：“煤改电”正攻坚》，《人民日报》2017年4月22日第010版。

就被列入国家首批生活垃圾分类试点城市，是最早开展生活垃圾分类的重要城市之一。十几年来，上海在生活垃圾分类方面取得了显著成效。

自2011年以来，上海市政府就将减少生活垃圾作为重要项目，并把单位生活垃圾分类作为重点整治对象。2014年5月1日，上海公布并开始实行《上海市促进生活垃圾分类减量办法》，用一定的惩罚措施来强制要求市民建立良好的垃圾分类意识。截至2016年底，上海市生活垃圾分类已经覆盖约7000个各类企事业单位（如党政机关、学校、团体等）。各种政策措施执行效果明显，2016年7月上海市日均处理约2400吨湿垃圾，而2017年同期的日均处理量增长了10%，分离出了更多的湿垃圾。①

为促进垃圾分类制度的实施，提高居民的垃圾分类意识，上海自2013年起尝试推行“绿色账户”制度，给予践行垃圾分类的市民更多实惠。在上海市绿化和市容管理局的督导下，上海市绿色联盟于2017年11月5日正式成立。每个市民都可在移动设备上建立自己的绿色账户，通过完成垃圾分类来获得绿色积分，而积分可用于兑换礼品。到2017年初，“绿色账户”总计消纳4.8亿分，共有价值5000万元左右的礼品完成兑换。截至2017年11月，上海“绿色账户”已累积了12亿分的积分，人们的垃圾分类意识明显提高。②

事件三：深圳绿色建筑领跑全国

深圳是全国首个强制新建民用建筑100%执行节能减排绿建标准的城市，首先将绿色建筑标准全面应用于保障房和政府投资的项目。

深圳享有全国“绿色先锋”城市的美誉，截至2017年，深圳新建逾1.35亿平方米的节能建筑和6655万平方米的绿色建筑，获得绿色建筑评价标识的项目共746个，其中获得全国绿色建筑创新奖的项目有13个，③ 约有48兆瓦建成或在建的太阳能光电装机。全市新建建筑综合节能量逾417.35万吨标准煤，减少CO_2排放量约1008.47万吨。深圳还建设了6个绿色生态城区和园区，建成8个建筑废弃物综合利用项目，预计每年可以处理665万吨建筑废弃物。④ 深圳还与住建部合作，共同建设了全国第一个低碳生态示范市，同时把

---

① 陈玺撼：《垃圾分类能否“点燃”社区自治热情》，《解放日报》2017年12月21日第003版。

② 钱培坚：《上海让垃圾分类实现“随手换”》，《工人日报》2017年11月12日第002版。

③ 王海荣：《绿色创新也是科技生产力》，《深圳商报》2017年11月19日第A03版。

④ 刘有雄：《深圳积极打造绿色建筑之都》，《中国建设报》2018年3月19日第006版。

光明新区建设成了我国第一个绿色建筑示范区。[①] 深圳在绿色建筑的创新、推广、应用方面一直是领先全国的。在2017年“全国绿色建筑创新奖”的评选中，深圳有三个项目获得创新一等奖，而全国仅有9个项目获得一等奖。深圳的龙悦居是全国首个将绿色建筑应用于保障性住房领域的项目。另外，深圳机场的T3航站楼还是中国面积最大的绿色空港。目前，深圳正在积极探索开展交易建筑碳排放权，对建筑物温室气体的排放用文件形式进行了规定，重点关注公共建筑的能耗，对其能耗限额制定了严格的标准。[②]

事件四：厦门空中自行车道试运行，绿色安全出行有保障

2017年1月26日，福建省厦门市云顶路自行车专用道示范段开始试运行，作为全国首条、世界最长的空中自行车道，它的运行引发了社会的广泛关注。空中自行车道的建设使出行更加方便，有效地减少了汽车的使用，且空中自行车道仅供自行车使用，禁止机动车辆、电动车和行人通行，人们的绿色安全出行有了保障。

自试运行以来，厦门空中自行车道吸引了众多市民、游客，受到了广泛好评。颜值高、质量好、功能优，空中自行车专用道迅速成为厦门又一张亮眼名片，2017年2月11日，当天空中自行车道上的骑行量就高达1.2万人次。截至2017年3月27日，空中自行车道全线骑行量超过20万人次。当年4月，厦门全市共安放有7600辆公共自行车，岛内公共自行车站点已达到426个，日均约有3万人次选择骑行，且公共自行车二期站点的建设已经完工，建设了176个新站点，新线路长达82.5千米，惠及了更多市民。[③] 自行车一直是最节能环保、占用空间最小的交通工具，饶是如此，机动车的兴起不仅大量取代了自行车出行的数量，更是非法占用了自行车道，使城市的骑行环境日益恶劣。厦门建成的这条空中绿色长龙，不仅满足了厦门市民对于绿色安全出行的需求，而且通过技术创新释放出更大的城市交通空间，减轻了城市的交通压力。

事件五：成都获批国家首批低碳城市试点

2017年成都获批国家首批低碳城市试点，围绕“绿色促发展，低碳惠天

---

① 窦延文：《深圳绿色建筑领跑全国》，《深圳特区报》2017年8月8日第A01版。

② 刘有雄：《深圳积极打造绿色建筑之都》，《中国建设报》2018年3月19日第006版。

③ 钟自炜：《探访厦门空中自行车道》，《人民日报》2017年4月1日第009版。

府”，全面实施构建绿色低碳制度、产业、城市、能源、消费、碳汇体系和提升低碳发展基础能力等“六体系一能力”的重点任务，积极探索绿色低碳的发展之路。①

在治理空气污染方面，2017 年成都市淘汰了 889 台燃煤锅炉，432 家烧烤店“炭改电”，6600 余家火锅店“以电代气”，全年减排 CO_2 约 230 万吨。全市空气优良天数达 235 天，比 2016 年增加 21 天。在治理水污染方面，实施“626”工程，24 个工业园区都实现了污水处理全覆盖。全市还治理了 413 条中小黑臭河，以及 53 段绕城高速内的黑臭水体，建成区内已基本消除黑臭水体。实施“620”工程防治土壤污染的成效显著，现已建成 3 座垃圾焚烧发电厂，日处理垃圾量达 6000 吨，7 座已规划环保发电项目正加快建设，生活垃圾无害化处理率达 99%。2017 年，成都市还获批建设首批公交都市创建城市，轨道交通运营里程达 179 千米，占公共交通出行的 35%，并实现了轨道交通与快速公交和微循环社区巴士的无缝换乘。绿色经济发展迅速，目前成都规模以上节能环保企业有 331 家，主营业务收入约 704 亿元，规模以上新能源企业 64 家，主营业务收入约 161 亿元。2017 年 7 月 21 日，第一届国际城市可持续发展高层论坛在成都举行，会上，成都被联合国人居署列为首批“国际可持续发展试点城市”。②

事件六：威海从“干净小城”到荣膺“中华环境奖”

2016 年年底，威海市居城镇环境类榜首，成功斩获“中华环境奖”，使其生态环保的城市形象更加深入人心。

威海市把发展生态经济作为建设生态文明城市的基础，对项目准入把关十分严格，拒批了一大批诸如钢铁、炼油、水泥、石化等污染大、能耗高的项目。近年来，总共拒批项目 120 多个，涉及投资 300 亿元。威海市始终坚持走绿色发展道路，“十二五”期间累计淘汰 233 万吨落后水泥粉磨产能、1110 万米落后印染产能以及 11 万千伏安时落后铅蓄电池产能，共关停 27.1 万千瓦“小火电”，年均综合利用 200 万吨工业固体废弃物，全市万元 GDP 能耗累计下降 23%。③一系列治理措施取得了显著成效，2016 年威海市空气质量达到国家二级标准，

---

① 佚名：《成都低碳城市建设亮点纷呈　城市低碳转型步伐坚定》，《成都日报》2018 年 6 月 4 日第 005 版。

② 黄鹏：《首届国际城市可持续发展高层论坛在蓉举行》，《成都日报》2017 年 7 月 22 日第 001 版。

③ 矫晓虹：《从“干净小城”到荣膺“中华环境奖”》，《威海日报》2017 年 9 月 5 日第 001 版。

其中，一氧化碳、二氧化氮、二氧化硫三项指标达到国家一级标准，臭氧、PM2.5、PM10三项指标达到国家二级标准，空气质量优良。与蓝天相对应，威海市林木绿化率进一步提高，达到42.7%。全市4条国控河流达标率、主要饮用水水源地水质达标率及近岸海域环境功能区达标率均达到100%，城市整体生态环境良好。①

事件七：嘉兴海绵城市建设成效明显

2015年4月，嘉兴市被选入全国首批海绵城市建设试点。经过几年的努力，嘉兴市海绵城市建设试点区域的水体水质得到明显提升，当地人们的生活环境得到了改善。

嘉兴市海绵城市建设示范区的面积约为18.44平方千米，共有116个建设项目，涉及10大类，总投资约51.09亿元。截至2017年10月底，嘉兴市试点区域的所有项目已经全部开工，已完工82个项目，占项目总数的70.69%。嘉兴市在海绵城市建设过程中编制了一套自己的规划体系，如已完成的《嘉兴市海绵城市示范区建设规划》《嘉兴市区海绵城市专项规划》，通过规划稳步推进海绵城市建设。②

海绵城市建设成效明显，嘉兴城市积水排涝问题明显缓解，试点区域内9个内涝积水点问题被解决，已建成的雨水利用设施每年可以直接回收利用21.36万立方米的雨水。而且饮用水源水质明显提升，一期湿地改造后贯泾港水源地水质的主要指标达到三类水标准。水环境改善成效也十分明显，与2014年同期相比，2016年73个市控以上监测断面中三类及以上水质断面上升了17.7%，四类上升了50.1%，五类及以下下降了73.2%。③

事件八：大连空气质量明显提升，荣获“美丽山水城市”称号

2017年，全市空气质量优良天数达到300天，空气达标天数占比为82.2%，领先于其他北方重点城市；PM2.5和PM10年均浓度首次符合国家二级标准，是北方重点城市中第一个达到这一标准的城市。④

---

① 矫晓虹、李润：《打造更可持续的绿色生态之城》，《威海日报》2017年6月15日第001版。

② 张萌：《嘉兴海绵城市建设成效初显》，《嘉兴日报》2017年5月24日第004版。

③ 张萌、鲍金波：《嘉兴海绵城市建设开工率100%》，《嘉兴日报》2017年12月20日第005版。

④ 中国新闻网：《2017大连市十大环保新闻事件揭晓》，http://www.ln.chinanews.com/news/2018/0122/117027.html，2018年1月22日。

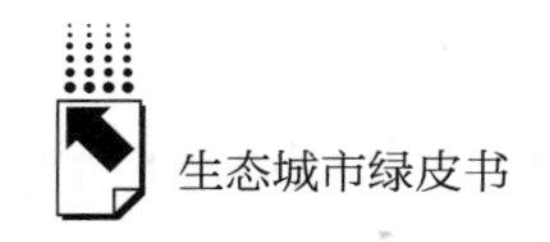

近年来，大连市委市政府不仅出台了《关于加强城市建设与管理的意见》《关于加快绿色发展提升环境品质的意见》等文件，还建立了覆盖全域、统筹城乡，多层级、分阶段的城乡规划体系。[①] 2017 年 6 月 28 日，大连出台《贯彻落实〈关于划定并严守生态保护红线的若干意见〉实施方案》，划定了生态保护红线，加快建设国家生态文明先行示范区。“十二五”期间，大连市投资 1831 亿元完善城市基础设施，城市环境得到显著改善，城市生活垃圾全部得到无害化处理，生活污水处理率高达 95%，城市林木绿化率达 50%。大连市还将“蓝天保卫战”作为重点民生工程，全面实施“控煤、控车、控工业源、控尘、调结构”五大举措，空气清洁度明显提升。2017 年 12 月 3 日，中国生态文明论坛年会闭幕式发布了“2017 美丽山水城市”的名单，共有 12 个城市入选，而大连是唯一获此殊荣的计划单列市。

事件九：郑州双鹤湖中央公园建设践行“科技 + 生态”新理念

位于郑州航空港经济综合实验区的双鹤湖中央公园占地面积 2295 亩，是面积仅次于美国纽约曼哈顿城市中央公园的世界级城市公园。该公园总投资近 50 亿元，由河南省郑州市政府投资兴建，上海市市政工程建设发展有限公司提供总咨询，建设工程于 2016 年 2 月启动，2017 年 8 月通过验收，2018 年 9 月作为第十一届中国（郑州）国际园林博览会重要组成部分投入使用。

双鹤湖中央公园实现了现代科技与生态文明的有机融合，彰显了“科技生态”的主题，充分运用城市地下综合管廊建设技术、预制装配式建筑技术、城市智慧式管理运行技术，展示了城市与水的相互依存、“林、水、城相互交融，人与自然和谐共生”的优美画卷。此外，双鹤湖中央公园还新建了城市地下综合管廊 6.1 千米。其中支线型综合管廊长 3.1 千米，纳入给水管、电力电缆、通信电缆、供热管及中水管道，缆线型综合管廊长 3.0 千米，纳入电力电缆和通信电缆，将大大减少后期路面反复开挖造成的经济损失，不仅解决了“拉链路”的问题，还可改善道路开挖给市民生活带来的不便。双鹤湖中央公园的建设成效受到了住建部副部长倪虹、利比里亚驻华大使馆特命全权大使杜德利·托马斯等中外人士的称赞，并于 2018 年 4 月荣获美团点评优选“2017

① 巴家伟：《大连荣获“2017 美丽山水城市”称号》，《大连日报》2017 年 12 月 4 日第 001 版。

年最佳人气景区奖”。[①]

事件十：承德塞罕坝林场建设者荣膺“地球卫士奖”

2017 年 12 月 5 日，在肯尼亚内罗毕举行的第三届联合国环境大会上，联合国环境规划署为中国塞罕坝林场建设者授予“地球卫士奖”，这是联合国环保最高荣誉。

承德塞罕坝林场曾因过度砍伐而土地退化、风沙成患。为了阻挡西北风沙的入侵，防护河北、北京的环境安全，承德市于 1962 年开始在这一地区植树造林。最初林木成活率连 8% 都不到，现如今成活率已高达 95%，成功培育出了 112 万亩人工林，是目前世界上面积最大的人工林。[②] 塞罕坝林场共包含 6 个林场，其单位面积林木蓄积量高出全国人工林平均水平 1.76 倍，是世界森林平均水平的 1.23 倍。[③] 截至 2017 年，塞罕坝林场每年可为北京和天津提供 1.37 亿立方米清洁水，固定 74.7 万吨二氧化碳，并释放 54.4 万吨氧气。[④] 根据中国林科院对塞罕坝森林生态价值的评估，其每年产生的生态服务价值已经超过 120 亿元。目前，塞罕坝森林资源的总价值将近 200 亿元。按照国家发改委备案，塞罕坝的造林和营林碳汇项目总共减少排放 475 万吨二氧化碳当量，若以每吨不低于 40 元的价格估计，收入也将超过 1.9 亿元。[⑤]

2017年城市生态建设十大恶性事件

事件一：汉中铜矿企业排污致嘉陵江铊污染，酿成重大突发环境事件

2017 年 5 月 5 日，广元市环境保护局发现嘉陵江由陕西流入四川断面水质异常，西湾水厂饮用水水源地水质铊浓度超标 4.6 倍。广元市环保局对陕西

① 成燕：《郑州双鹤湖中央公园城市规划展览馆 6 月完工》，http：//m.xinhuanet.com/ha/2018-03/02/c_1122474281.htm。

② 刘毅：《塞罕坝林场建设者获联合国“地球卫士奖”》，《人民日报》2017 年 12 月 6 日第 003 版。

③ 新浪中心：《河北塞罕坝林场获颁联合国“地球卫士奖” 东方那一抹“中国绿”震撼世界》，http：//news.sina.com.cn/o/2017-12-06/doc-ifypnqvn0547534.shtml，2017 年 12 月 6 日。

④ 穆清：《迈向可持续的未来——塞罕坝林场建设者获颁“地球卫士奖”》，《中国农村科技》2017 年第 12 期。

⑤ 赵书华：《生态文明建设的“中国样本”》，《河北日报》2017 年 12 月 7 日第 001 版。

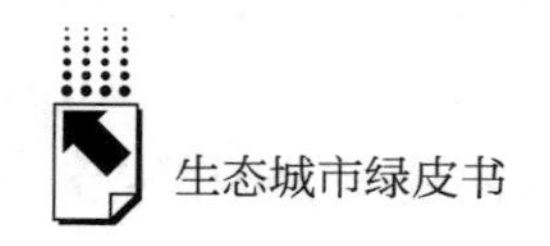

省汉中市汉中锌业铜矿有限责任公司洗选废渣进行采样分析后发现，厂外水沟和尾矿库下游水沟4个样品的铊浓度超标1.4倍至23.3倍；厂区内废水铊浓度为0.00218毫克/升，洗选废渣液铊浓度为1.52毫克/升，分别超标20.8倍和15199倍，被环境保护部认定为2017年全国唯一一起重大突发环境事件。

环境保护部调查后指出，造成此次重大突发环境事件的直接原因是陕西省汉中市汉锌铜矿违法加工多膛炉烟灰原料，违法排放工业废水。当地政府及相关部门对企业违法行为承担监管职责不到位、监管失察等责任。因涉嫌犯罪，汉中锌业有限责任公司总经理、汉锌铜矿法人代表等10人被移送司法机关并追究刑事责任。①

事件二：临汾二氧化硫浓度多次“破千”，遭环保部约谈

2017年1月4日以来，临汾市大气环境质量持续恶化，尤其是二氧化硫浓度均值严重超标，十日内二氧化硫浓度3次“破千”，严重威胁居民健康，引发全国舆论聚焦。临汾市大气污染问题受到环保部通报批评，临汾市市长被环保部约谈，山西省环保督察组成立专门调查小组对其进行督察。

临汾市大气二氧化硫浓度自1月4日首度破千后，在十天内3次破千，48天内临汾市共经历了6次重污染天气过程，先后发布重污染天气预警13次。中国环境监测总站全城市空气质量实时发布平台数据显示，1月4日23时，临汾市区二氧化硫浓度小时均值达到1303微克/立方米的峰值，大气二氧化硫浓度首度超过一千；1月9日22时，临汾市工商学校监测点二氧化硫浓度值为1014微克/立方米；1月12日23时，机场南监测点大气二氧化硫浓度达到1420微克/立方米。② 临汾市对重污染天气应对措施不力，致使空气严重污染问题未根本解决。山西省环保督察组调查通报，临汾市对二氧化硫卫生防护预报、宣传不够，预案中没有针对二氧化硫的预警措施，重视程度明显不够。

事件三：石家庄大气持续重度污染，列2017年全国空气质量最差城市之首

2017年4月2日，华北地区遭遇重污染天气过程，北京、天津、保定等

① 杜宣逸：《生态环境部通报2017年全国突发环境事件基本情况　共三百余起　重大一起较大六起》，《生态环境报纸》2018年3月23日第001版。

② 张楠：《临汾二氧化硫浓度再破千》，《中国环境报》2017年1月11日第002版。

14 个城市先后启动了空气污染橙色预警，石家庄 4 月 6 日将重污染天气应急响应升级为Ⅱ级。在环境保护部通报的 2017 年全年 74 个城市空气质量评测中，石家庄位列倒数第一。

环保部督察组发现，大量陶瓷、石灰厂等“小散乱污”企业群环境问题突出。石家庄高邑县陶瓷产量约占河北总产能的 1/2，群众对该行业的污染问题一直反映很强烈。① 督察组对高邑县古城工业区进行突击督察，发现该县陶瓷企业治污设施不正常运行问题突出，其中 25 家企业窑炉脱硫设施未安装在线监测装置，企业使用的煤气发生炉普遍存在随意排放现象。督察组还重点对石家庄恒泰陶瓷有限公司进行了检查，在企业车间里，督察人员发现企业在主烟道和废弃烟囱上均设有闸门，涉嫌旁路偷排窑炉废气。生产车间、料场等关键环节扬尘控制设施简陋，管理粗放，均无法做到达标排放。②

事件四：黄冈发生篡改环保监测数据案，影响恶劣

2017 年 7 月 14 日，黄冈市检察院对外宣布，对湖北雄陶陶瓷有限公司相关负责人、武汉华特安泰科技有限公司黄冈分公司运维工程师执行逮捕。这是湖北省首例因篡改伪造自动监测数据和干扰自动监测设施而被追究刑事责任的案件。

湖北雄陶陶瓷有限公司与提供服务的第三方平台武汉华特安泰科技有限公司黄冈分公司联手造假，篡改伪造该公司二氧化硫排放量在线监测数据，存在长期超标排放问题。2017 年 1 月 1 日，最高人民法院、最高人民检察院《关于办理环境污染刑事案件适用法律若干问题的解释》开始施行，将篡改、伪造自动监测数据或者干扰自动监测设施的行为列为“污染环境罪”，从重处罚。事实上，环保监测数据造假案例屡有发生。该类案件反映出涉案人员法治观念淡薄，监管部门没有牢固树立和贯彻新发展理念，污染防治措施落实不到位，严重误导环境管理决策。

事件五：松原一学校饮用水污染，导致 800 余学生突发呕吐腹泻

2017 年 5 月 16 日，吉林省松原市扶余市第二实验学校部分学生陆续发生

---

① 郄建荣：《河北高邑现违法陶瓷企业群设施简陋排放难达标》，《法制日报》2017 年 4 月 8 日第 006 版。

② 刘晓星：《高邑陶瓷企业群违法排污被责成整改》，《中国环境报》2017 年 1 月 10 日第 001 版。

呕吐、腹泻反应。截至5月23日，已有528人治愈出院，仍有280人住院治疗。扶余互联网信息中心公布，经吉林省、市专家结合实验室检测、流行病学调查、综合分析，该事故被认定是由水污染引起的突发公共卫生事件。

检测结果对此次事故进一步认定，这是一起由扶余市第二实验学校所使用的隐匿自备水源被污染而引起的水源性、食源性急性胃肠炎突发公共卫生事件。5月23日，松原市疾病预防控制中心对该学校使用的隐匿水源进行了采样检验。依据国家生活饮用水卫生标准《GB5749－2006》中规定的项目，检测微生物指标4项，菌落总数、总大肠菌群、耐热大肠菌群、大肠埃希氏菌均不合格。近些年，“毒地”“毒跑道”等突发公共卫生事件频发，严重威胁城市居民的健康。城市环境问题的暴露也反映出部分地区对公共卫生和生态建设的重视程度不足，政府等机构对公共卫生的评估、检测、监管等工作落实不到位。

事件六：廊坊发现17万平方米超级工业污水渗坑，城市饮用水安全受到严重威胁

2017年4月18日，廊坊市17万平方米超级工业污水渗坑被媒体报道，引发社会广泛关注。媒体披露，河北廊坊市藏匿多处工业污水渗坑，其中最大的一处在廊坊市大城县，达17万平方米，对当地地下水安全造成严重威胁。环境保护部对廊坊市大城县渗坑污染问题进行挂牌督办。①

对大城县两处渗坑进行采样检测，14个点位中pH值小于3的有12个，1个点位铜、锌、铬、镍严重超标，1个点位铜、锌、铬、镍、镉、铅严重超标。② 航拍图片显示，有占地数千平方米的红色废渣堆，还有大量沉积污泥的废水渗坑等。当地居民认为废酸倾倒量多达1000吨。调查发现，大坑本身仅是积水，并未直接形成污染。真正导致污染的是，本地居民和外地司机形成的废酸倾倒生意。相对发达区域污染物处理监管人员的失职，相对落后区域的无人监管，导致了跨区域倾倒废土行为的发生。尽管污染日益严重，居民也同为受害者，但无人监管或监管不力，且更主要的是本地居民缺乏其他谋利手段，

① 王昆婷：《廊坊大城渗坑污染问题基本属实》，《中国环境报》2017年4月20日第001版。

② 环境保护部办公厅：《关于对河北省大城县渗坑污染问题挂牌督办的通知》，http://www.zhb.gov.cn/gkml/hbb/bgt/201704/t20170425_412882.htm，2017年4月21日。

使类似的行为存在了几年甚至几十年。这些污染案无一不是利益驱使、监管不力所造成的。

事件七：临沂“6·5”爆炸事故，大量有毒有害物质进入环境

2017年6月5日凌晨，位于山东省临沂市临港经济开发区的金誉石化有限公司装卸区的一辆运输石油液化气罐车，在卸车作业过程中发生液化气泄漏爆炸着火事故，造成10人死亡、9人受伤。事故发生以后，党中央、国务院主要领导高度重视，要求妥善善后并严肃处理相关责任人员。

此次事故，液化气大量泄漏并急剧气化，瞬间快速扩散，遇点火源发生爆炸并引发着火，造成厂区内15辆危险货物运输罐车、1个液化气球罐和2个拱顶罐毁坏，6个球罐过火，部分管廊坍塌，生产装置、化验室、控制室、过磅房、办公楼以及周边企业、建筑物和社会车辆不同程度损坏。[①] 事故发生后，周边居民进行了疏散撤离，尽管如此，居民对此次爆炸所造成的后续环境污染问题仍非常担心。爆炸等突发事件是城市公共安全的主要威胁之一，爆炸在发生的同时会对城市生态环境造成严重危害。一是爆炸所引起的直接破坏，造成人员伤亡和财产损失；二是爆炸引起火灾，造成城市大气的污染；三是爆炸中产生有毒有害物，或爆炸是由有毒有害物泄漏、燃烧所引起，则将造成严重的环境污染，对居民人身造成直接的威胁。

事件八：安阳空气污染严重，加剧了京津冀地区大气污染

中国环境监测总站监测数据显示，2017年3月21日起，河南安阳、郑州一带率先出现大气污染过程，污染物不断积累，20时左右达到重度污染水平。此次污染过程，安阳、郑州一带是最先发起点，安阳也是重污染持续时间最长的城市。[②] 环境保护部2017年第一季度专项督察发现，安阳市大气污染问题突出。

环保部专项调查了安阳大气污染严重的原因。一是重污染天气应急措施落

---

① 国务院安全生产委员会：《国务院安委会办公室关于山东临沂金誉石化有限公司“6·5”爆炸着火事故情况的通报》，http：//www.chinasafety.gov.cn/awhsy/awhdt/201706/t20170616_213051.shtml，2017年6月16日。

② 中华人民共和国生态环境部：《京津冀及周边地区再现污染天气　安阳市大气污染问题突出》，http：//www.zhb.gov.cn/gkml/hbb/qt/201703/t20170322_408637.htm，2017年3月22日。

实不到位。典型案例是安钢集团冶金炉料公司在安阳市启动一级重污染天气严格管控的情况下，夜间污染物排放量明显增大，存在超排现象。二是企业违法排污行为突出。典型案例是安阳钢铁公司夜间厂区无组织排放严重，130 吨转炉车间废钢收集工段扬尘较重，厂内铁道南侧一工段烟尘无组织排放。三是存在企业在线监控数据造假问题。典型案例是河南汇丰管业有限公司在线监控设施量程设置过大，二氧化硫、烟尘多个时段超标排放。四是存在政府环保不作为、慢作为的情况。典型案例是安阳市工信委下发的钢铁企业烧结机停产安排指令与安阳市蓝天指挥部同期下发的停产管控指令相悖，造成个别企业未落实停产措施。

事件九：兰州中铝公司倾倒大修渣，严重污染环境

2017 年 9 月下旬，环保人士反映中铝兰州分公司大修渣倾倒在红古区，环保部对中铝兰州分公司危废污染问题进行了挂牌督办。环保部 2018 年 1 月 8 日发布《关于对中国铝业股份有限公司兰州分公司大修渣环境问题挂牌督办的通知》，要求甘肃省环境保护厅等相关部门限期完成督办事项，并将适时进行现场核查。

中铝兰州分公司倾倒的主要污染物为废阴极炭块，对大气、水、土壤、生物等都会造成影响，严重威胁居民健康及生态安全。这些废阴极炭块含有大量可溶性氟化物、氰化物。长期风化后，炭块中的氟化物、氰化物会发生转移，挥发进入大气，或随雨水混入江河、渗入地下，污染大气、土壤和地下水。据中国氟中毒研究中心对氟的研究，人体吸入过量的氟，常会引起骨硬化、斑状齿、骨质增生等氟骨病，严重者甚至会丧失劳动能力。氟化物对皮肤和呼吸道黏膜也有强烈的腐蚀性和刺激性，含氟的有害气体对果树生长危害较大。[①] 此前，中铝兰州分公司已经多次因为环境污染问题被处罚。

事件十：吉林城市排水设施建设严重滞后，放大了强降雨危害

2017 年 7 月 13 日吉林遭遇强降水天气，使吉林省吉林市部分县（市、区）遭遇特大暴雨袭击，永吉县温德河发生历史第一位洪水。19 ~ 20 日，永吉、蛟河等 13 个县（市、区）再次出现强降水。由于城市规划没有给地表径流留足排

① 新京报官微：《环保部介入后，危险废物为何再现？中铝兰州危废污染调查》，http: //baijiahao. baidu. com/s? id = 1587048845103416992&wfr = spider&for = pc，2017 年 12 月 18 日。

泄的空间，原有排水设施简陋，不能满足突发情况下的及时排水，而吉林市部分片区正在开发建设，下游排水系统未配套完善，也不能满足排水的要求，因此城区内降水无法及时排出，吉林市出现大面积“看海”模式。人们甚至在洪水浸泡的院子里钓鱼，广泽紫晶城等小区积水一米多深，长时间无法排出，22 万余人被迫转移，永吉县全域全方位受灾，造成重大财产损失。

G.11
中国生态城市建设大事记（2017年1~12月）

朱　玲*

2017年1月10日　环境保护部在北京召开2017年全国环境保护工作会议，研究落实“十三五”生态环境保护规划，部署安排2017年环保重点任务。

2017年1月到11月　全国338个地级及以上城市PM10浓度比2013年同期下降20.4%，京津冀、长三角、珠三角PM2.5浓度比2013年同期分别下降了38.2%、31.7%、25.6%，下降幅度均大幅高于考核标准。这意味着大气污染防治行动计划第一阶段目标完成已成定局。

2017年2月7日　中共中央办公厅、国务院办公厅印发《关于划定并严守生态保护红线的若干意见》（简称《意见》）。《意见》要求，2017年年底前，京津冀区域、长江经济带沿线各省（直辖市）划定生态保护红线；2018年年底前，其他省（自治区、直辖市）划定生态保护红线；2020年年底前，全面完成全国生态保护红线划定，勘界定标，基本建立生态保护红线制度。

2017年2月21日　环境保护部、财政部联合印发《全国农村环境综合整治“十三五”规划》，提出到2020年新增完成13万个建制村环境综合整治的目标任务。

2017年2月22日　环境保护部印发《国家环境保护“十三五”环境与健康工作计划》。

2017年2月28日　国务院批复了环境保护部上报的《核安全与放射性污染防治“十三五”规划及2025年远景目标》。

---

* 朱玲，女，汉族，教授，主要从事哲学伦理学研究。

2017年3月1日 《山西省永久性生态公益林保护条例》开始施行。条例规定对山西省规划的5600万亩永久性生态公益林实行严格的用途管制，并明确了划定永久性生态公益林的政府和部门职能、划定范围、保护措施、林权权利人的合法权益等具体内容。划定并立法保护永久性生态公益林，这在全国尚属首例。

2017年3月2日 全国“两会”上，政协委员、同济大学教授蔡建国递交了“建议尽快制定《中华人民共和国城市综合管理法》”的提案。这是蔡建国教授第二次就城市管理执法问题提案。蔡建国教授第一次提案促成了《中共中央国务院关于深入推进城市执法体制改革改进城市管理工作的指导意见》的出台，对理顺我国城市管理执法体制做出了重大贡献。

2017年3月18日 中国十佳宜居城市出炉，分别为青岛、昆明、三亚、大连、威海、苏州、珠海、厦门、深圳、重庆。中国十佳宜居城市的评判标准主要以《中国宜居城市评价指标体系》为参考。

2017年3月18日 北京大学城市治理研究院正式成立。全国政协副主席齐续春、北京大学党委书记郝平为研究院揭牌。著名学者、政治学家俞可平担任院长。主题为“推进城市治理现代化，实现中国城市善治”。“中国城市治理创新联盟”同时启动。

2017年3月18日 经国务院同意，国家发展改革委、住房和城乡建设部发布了《生活垃圾分类制度实施方案》。方案要求加快建立分类投放、分类收集、分类运输、分类处理的垃圾处理系统。到2020年底，在实施生活垃圾强制分类的城市，生活垃圾回收利用率达到35%以上。

2017年3月22日 联合国确定2017年“世界水日”的主题为“废水”。我国2017年纪念“世界水日”和“中国水周”活动的宣传主题是“落实绿色发展理念，全面推行河长制”。

2017年4月1日 中共中央、国务院印发通知决定在河北保定市境内设立河北雄安新区。这是以习近平同志为核心的党中央做出的一项重大的历史性战略选择，是继深圳经济特区和上海浦东新区之后又一具有全国意义的新区。设立雄安新区，也是以习近平同志为核心的党中央深入推进京津冀协同发展做出的一项重大决策部署，对于集中疏解北京非首都功能、探索人口经济密集地区优化开发新模式、调整优化京津冀城市布局和空间结构、培育创新驱动发展新引擎具有重大现实意义和深远历史意义。

2017 年 4 月 5 日 环保部宣布，从全国抽调 5600 名环境执法人员，对京津冀大气污染及周边传输通道“2 + 26”城市开展大气污染防治驻点 25 轮次督察。这次督察被称作“环境保护有史以来，国家层面直接组织的最大规模行动”。

2017 年 4 月 7 日 第一张全国统一编码的排污许可证在海南省生态环境保护厅发出。排污许可证是企事业单位生产运行期排污行为的唯一行政许可，企事业单位须持证排污，一企一证。

2017 年 4 月 10 日 环保部印发《国家环境保护标准“十三五”发展规划》，预计未来环保产业将进一步扩大发展空间并提升发展质量。

2017 年 4 月 12 日 环保部印发《环境空气自动监测标准传递管理规定（试行）》，明确臭氧一级、二级和三级标准传递机构的定位和职责，初步构建了我国环境空气臭氧自动监测量值传递和溯源体系。

2017 年 5 月 1 日 国家住房和城乡建设部发布的《城市管理执法办法》开始施行。这是我国中央政府城市管理执法主管部门首次发布综合性“城市管理执法办法”。

2017 年 5 月 5 日 四川省广元市发生水质污染事件。

2017 年 5 月 14 日 国家主席习近平出席“一带一路”国际合作高峰论坛开幕式，强调“要践行绿色发展的新理念，倡导绿色、低碳、循环、可持续的生产生活方式，加强生态环保合作，建设生态文明，共同实现 2030 年可持续发展目标”。

2017 年 6 月 1 日 《贵州省环境噪声污染防治条例（草案）》被提请省十二届人大常委会第二十八次会议审议。《条例（草案）》对商业场所、公共区域和居住小区的噪声污染防治进行了严格规定。

2017 年 6 月 13 日 2017 中国城市规划学会城市生态规划学术委员会年会在合肥滨湖新区举行，以“城市生态修复”为主题。

2017 年 6 月 17 日 2017 生态文明试验区贵阳国际研讨会召开。主题为“走向生态文明新时代　共享绿色红利”。

2017 年 6 月 27 日 十二届全国人大常委会第二十八次会议表决通过了《关于修改水污染防治法的决定》。新修订的《中华人民共和国水污染防治法》

更加明确了各级政府的水环境质量责任，实施总量控制制度和排污许可制度，加大农业面源污染防治以及对违法行为的惩治力度，并于2018年1月1日起正式施行。

2017年7月18日 国办正式印发《关于禁止洋垃圾入境推进固体废物进口管理制度改革实施方案》。根据方案，2017年年底前，我国全面禁止进口环境危害大、群众反映强烈的固体废物；2019年年底前，逐步停止进口国内资源可以替代的固体废物。

2017年7月20日 中办、国办向社会公开对甘肃祁连山国家级自然保护区生态环境问题督察的通报，对包括3名中管干部在内的共11名负有领导责任的干部严肃问责，并要求各地区各部门必须坚决负起生态文明建设政治责任，牢固树立“四个意识”，深入学习领会习近平总书记生态文明建设重要战略思想，深刻认识生态环境保护的重要性、紧迫性、艰巨性，增强责任感和使命感，下大力气解决人民群众反映强烈的生态环境突出问题，切实把生态文明建设各项任务落到实处。

2017年8月15日 中央第六环境保护督察组进驻西藏自治区。至此，第四批8个中央环保督察组全部实现督察进驻，将对吉林、浙江、山东、海南、四川、西藏、青海、新疆（含新疆生产建设兵团）开展环境保护督察。这也意味着，我国2017年将实现对31个省份的中央环保督察全覆盖。

2017年8月28日 习近平总书记对河北塞罕坝林场建设者的感人事迹做出重要指示。充分肯定了河北塞罕坝林场建设者的感人事迹，高度概括了牢记使命、艰苦创业、绿色发展的塞罕坝精神，向全党全社会发出了把我们伟大的祖国建设得更加美丽的伟大号召，鼓舞和激励全党全国人民为推进绿色发展、建设生态文明而不懈奋斗。

2017年9月6日 财政部、国家税务总局等部门发出了《关于印发节能节水和环境保护专用设备企业所得税优惠目录（2017版）的通知》，指出税务部门在执行过程中，不能准确判定是否符合政策规定条件的，可提请地市级（含）以上发改、工信、环保等部门，由其委托专业机构出具技术鉴定意见，相关部门应积极配合。

2017年9月14日 第四届智慧城市院士峰会在安徽合肥举行。

2017年9月20日 第三届全球TMF智慧城市峰会在宁夏银川国际交流中

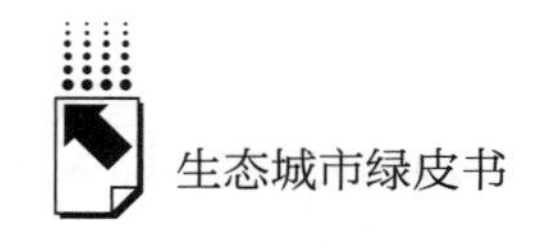

心开幕。主题为“智慧治理、智慧生活、智慧产业”。

2017 年 9 月 21 日 环保部为浙江省湖州市等 46 个第一批国家生态文明建设示范市县和浙江安吉县等 13 个第一批“绿水青山就是金山银山”实践创新基地命名授牌。

2017 年 9 月 21 日 中共中央办公厅、国务院办公厅正式印发《关于深化环境监测改革提高环境监测数据质量的意见》，提出到 2020 年，全面建立环境监测数据质量保障责任体系，并首次明确提出地方党委和政府对防范和惩治环境监测数据弄虚作假要负领导责任，环保、质检以及各相关部门对环境监测机构要负监管责任。

2017 年 9 月 25 日 农业部发布《农用地土壤环境管理办法（试行）》。

2017 年 9 月 27 日 中共中央办公厅、国务院办公厅印发《建立国家公园体制总体方案》。方案明确，将国家公园纳入全国生态保护红线区域管控范围，实行最严格的保护。国家公园内全民所有自然资源资产所有权由中央政府和省级政府分级行使，条件成熟时，逐步过渡到由中央政府直接行使。目前我国设立了 10 个国家公园体制试点，分别是三江源、东北虎豹、大熊猫、祁连山、湖北神农架、福建武夷山、浙江钱江源、湖南南山、北京长城和云南普达措。

2017 年 10 月 13 日 “数字丝路，智慧敦煌”2017 智慧城市峰会在敦煌召开。

2017 年 10 月 18 日 党的十九大提出了习近平新时代中国特色社会主义思想，人与自然和谐共生成为报告的重要内容之一。十九大报告要求牢固树立社会主义生态文明观，推动形成人与自然和谐发展现代化建设新格局，强调建设生态文明是中华民族永续发展的千年大计，必须树立和践行绿水青山就是金山银山的理念，并从“推进绿色发展”“着力解决突出环境问题”“加大生态系统保护力度”“改革生态环境监管体制”等方面对生态文明建设做出了全面部署。

2017 年 10 月 18 日 习近平总书记做的“十九大报告”要求到 2035 年基本实现美丽中国目标。标志着“推进绿色发展”和“壮大节能环保产业”已成为全党全国的共识和抉择。

2017 年 10 月 19 日 国务院正式批复《重点流域水污染防治规划（2016 ~ 2020 年）》（简称《规划》），《规划》为各地水污染防治工作提供了重要指南。

2017 年 10 月 26 日　环境保护部、国家发展改革委、水利部联合印发《重点流域水污染防治规划（2016～2020 年）》（简称《规划》）。作为第五期重点流域水污染防治五年专项规划，《规划》立足我国水污染防治长期历史进程，以细化落实《水污染防治行动计划》目标要求和任务措施为基本定位，以改善水环境质量为核心，坚持山水林田湖草整体保护和水资源、水生态和水环境“三水统筹”的系统思维，以控制单元为基础明确流域分区、分级、分类管理的差异化要求，为各地水污染防治工作提供了指南。

2017 年 10 月 30 日　中国社会科学院与联合国人居署共同发布了《全球城市竞争力报告 2017～2018》。分别对全球城市的经济竞争力和可持续竞争力进行了排名。中国排名最高的城市是深圳，排名世界第六位。而在前一百名中，中国共有 21 座城市入围。

2017 年 10 月 31 日　中国社会科学院社会发展研究中心、甘肃省城市发展研究院、兰州城市学院、华东师范大学、上海大学、社会科学文献出版社共同发布了《生态城市绿皮书：中国生态城市建设发展报告（2017）》。研创团队在《生态城市绿皮书：中国生态城市建设发展报告（2017）》基础上研创了其姊妹篇：中国首部《生态安全绿皮书：甘肃国家生态安全屏障建设发展报告（2017）》。

2017 年 11 月 14 日　中央文明委公布第五届全国文明城市名单并复查确认了继续保留荣誉称号的往届全国文明城市名单。

2017 年 11 月 17 日　第八届中国（天津滨海）国际生态城市论坛暨全国智慧城市合作大会（简称“滨海论坛”）在天津市滨海新区举行。论坛主题为“智创城市未来　慧聚共享生态”。

2017 年 12 月 4 日　中共中央办公厅、国务院办公厅印发《领导干部自然资源资产离任审计规定（试行）》，明确从 2018 年起，领导干部自然资源资产离任审计由试点阶段进入全面推开阶段。审计新规落地，标志着一项全新的、经常性的审计制度正式建立。

2017 年 12 月 5 日　联合国环境规划署在肯尼亚内罗毕举行的第三届联合国环境大会期间，宣布了 2017 年“地球卫士奖”获奖名单。“地球卫士奖”是联合国系统最具影响力的环境奖项，创立于 2004 年，每年评选一次，由联合国环境署颁发给在环境领域做出杰出贡献的个人或组织。6 个奖项中有一半归属中国，这充分说明国际社会对中国在生态文明建设领域所取得成就的高度认同。

2017 年 12 月 17 日 中共中央办公厅、国务院办公厅印发《生态环境损害赔偿制度改革方案》。方案提出，从 2018 年 1 月 1 日起，在全国试行生态环境损害赔偿制度。这一方案的出台，标志着生态环境损害赔偿制度改革已从先行试点进入全国试行的阶段。通过全国试行，不断提高生态环境损害赔偿和修复的效率，将有效破解“企业污染、群众受害、政府买单”的困局，积极促进生态环境损害鉴定评估、生态环境修复等相关产业发展，有力保护生态环境和人民的环境权益。

2017 年 12 月 18 日 中央经济工作会议明确 2018 年及以后三年的“三大攻坚战”要达到如下目标：“确保重大风险防范取得明显进展，加大精准脱贫力度，务求污染防治取得更大成效”。把污染防治作为今后三年的攻坚战之一。足见中央宏观调控部门对环境保护的重视。

2017 年 12 月 19 日 国家发改委宣布，以发电行业为突破口，全国碳排放交易体系正式启动。

2017 年 12 月 20 日 中国城市竞争力研究会发布 2017 全球城市竞争力排行榜。采用《GN 全球城市竞争力评价指标体系》评价出来的 2017 全球城市竞争力排名前十的城市分别是美国纽约、日本东京、英国伦敦、法国巴黎、美国洛杉矶、新加坡、中国上海、美国芝加哥、中国香港、意大利米兰。

2017 年 12 月 21 日 “城市治理专家委员会”在青岛市宣布成立。“城市治理专家委员会”由国家住房和城乡建设部所属中国建筑工业出版社组建，中国科学院周成虎院士担任顾问，北京大学城市治理研究院创始副院长兼秘书长汪碧刚博士担任主任。

2017 年 12 月 25 日 李克强总理签发国务院令，公布《中华人民共和国环境保护税法实施条例》。自 2018 年 1 月 1 日起与环境保护税法同步施行。

2017 年 12 月 26 日 国家统计局、国家发改委、环保部和中央组织部联合发布《2016 年生态文明建设年度评价结果公报》，首次公布了 2016 年度各省份绿色发展指数和公众满意程度。绿色发展指数和公众满意程度将纳入五年一次的生态文明建设目标考核，考核结果将成为各省份党政领导综合考核评价、干部奖惩任免的重要依据。这对于完善经济社会发展评价体系，引导各地区各部门树立正确发展观和政绩观意义重大。

2017年12月27日 国务院发布《关于环境保护税收入归属问题的通知》，表示为促进各地保护和改善环境、增加环境保护投入，国务院决定，环境保护税全部作为地方收入。

2017年12月27日 工业和信息化部、科技部联合印发了《国家鼓励发展的重大环保技术装备目录（2017年版）》，共收录146项，包括研发类（27项）、应用类（42项）和推广类（77项），涉及大气污染防治、水污染防治等环保技术装备。

G.12

参考文献

[1] 刘举科、孙伟平、胡文臻：《中国生态城市建设发展报告（2017）》，社会科学文献出版社，2017。

[2] 国家统计局城市社会经济调查司：《中国城市统计年鉴》，中国统计出版社，2017。

[3] 中华人民共和国住房和城乡建设部：《中国城乡建设统计年鉴》，中国统计出版社，2017。

[4] 曾毓隽、何艳：《生态城市发展的动力机制：以中法生态城为例》，《改革与战略》2018 年第 4 期。

[5] 李迅、李冰、赵雪平、张琳：《国际绿色生态城市建设的理论与实践》，《生态城市与绿色建筑》2018 年第 2 期。

[6] 刘举科：《生态城市是城镇化发展必然之路》，《中国环境报》2013 年 6 月 20 日。

[7] 李景源、孙伟平、刘举科：《中国生态城市建设发展报告（2012）》，社会科学文献出版社，2012。

[8] 屠启宇：《21 世纪全球城市理论与实践的迭代》，《城市规划学刊》2018 年第 1 期。

[9] 宋献中、胡珺：《理论创新与实践引领：习近平生态文明思想研究》，《暨南学报》（哲学社会科学版）2018 年第 1 期。

[10] 马涛：《坚持人与自然和谐共生》，《学习时报》2018 年 1 月 29 日。

[11] 习近平：《决胜全面建成小康社会，夺取新时代中国特色社会主义伟大胜利——在中国共产党第十九次全国代表大会上的报告》，人民出版社，2017。

[12] 冯留建、韩丽雯：《坚持人与自然和谐共生，建设美丽中国》，《人民论坛》2017 年第 34 期。

[13] 钟茂初:《“人与自然和谐共生”的学理内涵与发展准则》,《学习与实践》2018 年第 3 期。

[14] 刘魁、胡顺:《论人与自然和谐共生的中国新型现代化》,《南京航空航天大学学报》(社会科学版)2018 年第 1 期。

[15] 田宝祥:《十九大“人与自然和谐共生”新理念探析——基于中国古代生态哲学的诠释维度》,《山西师大学报》(社会科学版)2018 年第 1 期。

[16] 林红:《坚持人与自然和谐共生,实现以人民为中心的发展》,《中共福建省委党校学报》2017 年第 11 期。

[17] 王会、陈建成、江磊、姜雪梅:《“绿水青山就是金山银山”的经济含义与实践模式探析》,《林业经济》2018 年第 1 期。

[18] 杜雯翠、江河:《“绿水青山就是金山银山”理论:重大命题,重大突破和重大创新》,《环境保护》2017 年第 19 期。

[19] 黄渊基:《深刻把握“绿水青山就是金山银山”新发展观》,《中国社会科学报》2018 年 5 月 17 日。

[20] 李嘉瑞:《新时代人与自然和谐共生的路线图》,《中国社会科学报》2018 年 3 月 29 日。

[21] 郭兆晖:《坚持人与自然和谐共生——学习贯彻党的十九大精神》,《领导科学论坛》2018 年第 2 期。

[22] 吕忠梅:《中国生态法治建设的路线图》,《中国社会科学》2013 年第 5 期。

[23] 吕忠梅:《贯彻十九大精神,推进生态文明法治建设——学习贯彻习近平总书记关于生态文明建设的重要论述》,中国法学创新网,2017 年 10 月 19 日。

[24] 张海梅:《建设美丽中国必须加强生态文明制度建设》,《南方日报》2018 年 3 月 5 日。

[25] 陈凤芝:《生态法治建设若干问题研究》,《学术论坛》2014 年第 4 期。

[26] 颜佳华、蒋文武:《低碳生态城市建设》,《中国社会科学报》2018 年 5 月 9 日。

[27] 肖林:《可持续发展是未来全球城市的核心理念》,《科学发展》2016 年第 88 期。

[28] 向宁、汤万金、李金惠、杨锋、刘春青:《中国城市可持续发展分类标

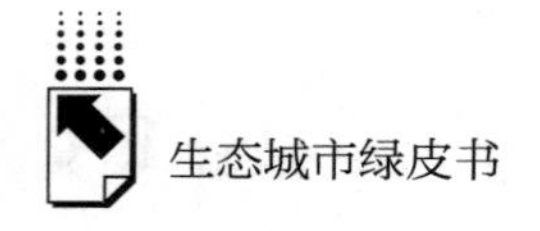

准的研究现状与问题分析》，《生态经济》2017 年第 3 期。

[29] 李干杰：《坚决打好污染防治攻坚战》，《学习时报》2015 年 5 月 16 日。

[30] 李丽、佘梅溪、李明宇：《习近平新时代生态文明思想的科学方法》，《江苏大学学报》（社会科学版）2018 年第 2 期。

[31] 彭帅、山雪娇、黄与舟、桑盛昊、邱品舒：《德国城市可持续发展实践与启示——以弗莱堡生态城市建设为例》，《生态城市与绿色建筑》2018 年第 2 期。

[32] 刘湘溶：《十九大报告对生态文明思想的创新》，《理论视野》2018 年第 2 期。

[33] 夏晓华：《现代化建设必须加快生态文明体制改革》，《前线》2017 年第 12 期。

[34] 李润芳：《一线两区三机制，解码生态文明建设的深圳模式》，南方网，2018 年 2 月 14 日。

[35] 秦书生、张海波：《习近平新时代中国特色社会主义生态文明思想的唯物史观阐释》，《学术探索》2018 年第 3 期。

[36] 闫孟伟：《建设生态宜居城市应强化现代文明意识》，天津北方网，2018 年 1 月 31 日。

[37] 于世梁、廖清成：《借鉴国外经验推动生态城市建设》，《中国井冈山干部学院学报》2018 年第 1 期。

[38] 杨晖、程保玲、丁丽霞：《关于新乡市建设资源节约型环境友好型城市的思考》，《中国环境管理干部学院学报》2013 年第 1 期。

[39] 张保生、黄哲、李俊飞：《环境友好型城市指标体系的研究》，《环境与发展》2011 年第 z1 期。

[40] 国家统计局：《中华人民共和国 2017 年国民经济和社会发展统计公报》，2018 年 2 月 28 日，http://www.stats.gov.cn/tjsj/zxfb/201802/t20180228_1585631.html。

[41] 王艳语、苗俊艳：《世界及我国化肥施用水平分析》，《磷肥与复肥》2016 年第 4 期。

[42] 经济日报：《我国化肥农药的使用量触目惊心》，中国化肥网，2017 年 7 月 19 日，http://www.fert.cn/news/2017/7/19/201771911244593447.shtml。

[43] 《能源生产和消费革命战略发布清洁能源发展刻不容缓》，https：//www. china5e. com/index. php? m = content&c = index&a = show&catid = 13&id =985914。

[44] 李扬：《基于第三产业结构发展事实与特征的启示》，《企业技术开发》2018 年第 3 期。

[45] 黄永康、鲁志国：《第三产业就业对城镇居民收入影响的实证分析》，《统计与决策》2018 年第 6 期。

[46] Essen Household Mobility Survey 2011, City of Essen [EB/OL]. 2012, http：//www. essen. de/de/Leben/Verkehr/hausHaltsb efragung _ zur _ mobilitaet. html.

[47] Section 02：Local transport [EB/OL]. http：//ec. europa. eu/environment/europeangreencapital/winning – cities/2017 – essen/essen – 2017 – application/.

[48] Section 02：Local transport [EB/OL]. http：//ec. europa. eu/environment/europeangreencapital/winning – cities/2017 – essen/essen – 2017 – application/.

[49] Rademacher, Klaus – Dieter. Presentation to the construction and Transportation Committee of the City of Essen on 23. 08. 2012 [C].

[50] Wastewater Disposal Concept 2003 of the City of Essen, Wastewater Disposal Concept 2008 of the City of Essen, Financial plans of Stadtwerke Essen AG (2003 –2012).

[51] Internal data from RWE Deutschland AG [EB/OL]. https：//www. e – kommune. de.

[52] Section 11：Energy efficiency [EB/OL] http：//ec. europa. eu/environment/europeangreencapital/winning – cities/2017 – essen/essen – 2017 – application/.

[53] 国发〔2010〕46 号，《国务院关于印发全国主体功能区规划的通知》，中华人民共和国中央人民政府网，2011 年 6 月 8 日，http：//www. gov. cn/zhengce/content/2011 –06/08/content_ 1441. htm。

[54] 百度文库，城市规划七线，2012 年 4 月 18 日，https：//wenku. baidu. com/view/a054f9ea4afe04a1b071de1b. html。

[55] 余巧兰、顾铁军：《上海从“公交优先”到“公交都市”的政策差异性分析》，《发展改革理论与实践》2017 年第 11 期。

［56］方利君：《无锡市创建“江苏省公交优先示范城市”实施方案研究》，《黑龙江交通科技》2017 年第 4 期。
［57］郭常云：《城市园林建设改造植物配置原则》，《内蒙古林业调查设计》2010 年第 2 期。
［58］张耀宏：《浅谈城市园林绿化发展的趋势》，《林业建设》2010 年第 1 期。
［59］徐盛恩：《城市绿化不容忽视的若干问题与对策研究》，《科学技术创新》2010 年第 7 期。
［60］唐桂兰：《城市绿化景观的生态思考》，《林业建设》2017 年第 2 期。
［61］仇保兴：《海绵城市（LID）的内涵，途径与展望》，《给水排水》2015 年第 4 期。
［62］国发〔2015〕75 号，《国务院办公厅关于推进海绵城市建设的指导意见》，中华人民共和国中央人民政府网，2015 年 10 月 16 日，http：//www.gov.cn/zhengce/content/2015－10/16/content_ 10228.htm。
［63］国发〔2016〕8 号，《国务院关于深入推进新型城镇化建设的若干意见》，中华人民共和国中央人民政府网，2016 年 2 月 6 日，http：//www.gov.cn/zhengce/content/2016－02/06/content_ 5039947.htm。
［64］国发〔2016〕65 号，《国务院关于印发“十三五”生态环境保护规划的通知》，中华人民共和国中央人民政府网，2016 年 12 月 5 日，http：//www.gov.cn/zhengce/content/2016－12/05/content_ 5143290.htm。
［65］袁铭：《基于 PPP 模式的城市基础设施建设》，《中国管理信息化》2017 年第 24 期。
［66］辜胜阻、杨建武、刘江日：《当前我国智慧城市建设中的问题与对策》，《中国软科学》2013 年第 1 期。
［67］戚欣、姜春雷：《人工智能助力智慧城市建设》，《智能建筑与智慧城市》2017 年第 9 期。
［68］国发〔2015〕50 号，《国务院关于印发促进大数据发展行动纲要的通知》，中华人民共和国中央人民政府网，2015 年 9 月 5 日，http：//www.gov.cn/zhengce/content/2015－09/05/content_ 10137.htm。
［69］国发〔2017〕35 号，《国务院关于印发新一代人工智能发展规划的通知》，

中华人民共和国中央人民政府网，2017 年 7 月 20 日，http：//www.gov.cn/zhengce/content/2017 - 07/20/content_ 5211996. htm。

[70] 甄峰：《以智慧城市建设推进新型城镇化》，《群众》2014 年第 6 期。

[71] 国务院文件：《国家新型城镇化规划（2014 ~ 2020 年）》，中央政府门户网站，2014 年 3 月 16 日，http：//www.gov.cn/zhengce/2014 - 03/16/content_ 2640075. htm。

[72] 国发〔2016〕8 号，《国务院关于深入推进新型城镇化建设的若干意见》，中华人民共和国中央人民政府网，2016 年 2 月 6 日，http：//www.gov.cn/zhengce/content/2016 - 02/06/content_ 5039947. htm。

[73] 寇有观：《智慧生态城市的探讨》，《办公自动化》2013 年第 15 期。

[74] 史宝娟、赵国杰：《城市循环经济系统评价指标体系与评价模型的构建研究》，《现代财经》2007 年第 5 期。

[75] 杨雪锋、王军：《循环经济：学理基础与促进机制》，化学工业出版社，2011。

[76] 谢志刚：《“共享经济”的知识经济学分析——基于哈耶克知识与秩序理论的一个创新合作框架》，《经济学动态》2015 年第 12 期。

[77] 刘雪梅：《基于绿色交通的城市居民出行方式选择研究》，长安大学硕士学位论文，2015。

[78] Ying, X. , Zeng, G. M. , et al. Combining AHP with GIS in Synthetic Evaluation of Eco-environment Quality—Case Study of Hunan Province, China [J]. *Ecological Modelling*, 2007, (209): 97 - 109.

[79] 台喜生、李明涛、方向文：《健康宜居型城市建设评价报告》，《中国生态城市建设发展报告（2017）》，社会科学文献出版社，2017。

[80] Tai Xi-sheng, Li Ming-tao. Development Model of Landscape and Leisure Oriented Cities [M] // The Development of Eco Cities in China. Springer Singapore, 2016 - 11 - 22, p259 - 271.

[81] 台喜生、李明涛、王芳：《景观休闲型城市建设评价报告》，《中国生态城市建设发展报告（2016）》，社会科学文献出版社，2016。

[82] 台喜生、李明涛、王芳：《景观休闲型城市建设评价报告》，《中国生态城市建设发展报告（2015）》，社会科学文献出版社，2015。

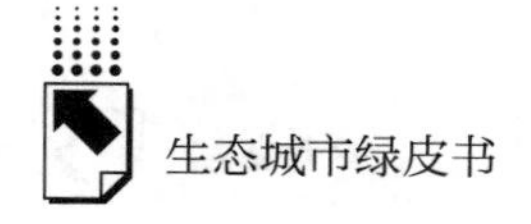

[83] 徐林、曹红华：《从测度到引导：新型城镇化的“星系”模型及其评价体系》，《公共管理学报》2014 年第 11（1）期。

[84] 赵肖、杨金花：《城市人居环境健康宜居性探析》，《艺术科技》2014 年第 4 期。

[85] 薛菲、刘少瑜：《传承或是生活方式引领者：伦敦当代城市环境中的疗愈空间研究》，《景观设计学》2016 年第 4 期。

[86] 姜晓雪：《我国生态城市建设实践历程及其特征研究》，哈尔滨工业大学硕士学位论文，2017。

[87] 孙钰：《推进建设天蓝地绿水清的美丽中国》，《环境影响评价》2018 年第 2 期。

[88] 颜珂：《攻坚，向着美丽中国新高度》，《人民日报》2018 年 1 月 12 日第 002 版。

[89] 王硕：《回眸 2017 顶层设计护航“美丽中国”》，《人民政协报》2018 年 1 月 4 日第 005 版。

[90] 王恩奎：《环保税助力美丽中国建设》，《河北日报》2018 年 4 月 3 日第 007 版。

[91] 财经之狼：《日本，韩国洋垃圾竟绕道进中国，中国忍无可忍：加大打击力度》，百度百家号，2018 年 5 月 23 日，http://baijiahao.baidu.com/s?id=1601161642839304815&wfr=spider&for=pc。

[92] 秦素娟：《2018“美丽中国”建设将交出怎样的答卷》，《黄河报》2018 年 1 月 6 日第 001 版。

[93] 于文轩：《生态文明入宪，美丽中国出彩》，《中国改革报》2018 年 4 月 18 日第 001 版。

[94]《全绿办督查严禁大树进城执行情况》，《林业科技通讯》2017 年第 9 期。

[95] 毛阳南：《新媒体背景下的农村生态环境治理途径》，《江苏农业科学》2018 年第 5 期。

[96] 郑璐、刘健俊：《坚持“城乡一体，区域统筹”协调发展——远安县 2017 年全域旅游工作盘点》，《三峡日报》2018 年 2 月 8 日第 008 版。

[97] 唐宇琨、沙道兵：《生态气象为美丽中国添彩》，《中国气象报》2018 年 2 月 23 日第 005 版。

[98] 本报评论员：《通往美丽中国的必由之路》，《人民日报》2018年4月20日第002版。

[99] 张凡：《让每个村子都美起来（今日谈）》，宣讲家网，2018年5月1日。

[100] 杨寿欧：《广西农村生态文明建设现状与对策研究》，《经济与社会发展》2017年第5期。

[101] 曹辉、蒋睿、李耀湘、王华：《湘潭县城乡一体迈大步》，《湖南日报》2018年2月28日第009版。

[102] 徐幸：《积极践行“两山”理论，努力打造美丽中国样板——浙江生态保护与建设典型模式探索》，《浙江经济》2018年第3期。

[103] 裘颖琼：《“地沟油”制成的生物柴油今年将进入上海200多座加油站》，新浪新闻，2018年5月15日。

[104] 荀志欣：《整体性治理视角下农村生态环境治理对策探析》，《农业经济》2017年第5期。

[105] 任丽梅：《湖南创新机制推进城乡环境同建同治》，《中国改革报》2015年5月26日第001版。

[106] 王永杰：《贵州荔波：“厕所革命”城乡一体》，《中国旅游报》2018年2月22日第003版。

[107]《首轮中央环保督察全部反馈，开出“罚单”约14.3亿》，中国新闻网，2018年1月4日。

[108]《青山绿水共为邻——如何建设美丽中国》，《人民日报》2018年3月1日第009版。

[109] 郭伊均：《深化认识增强建设美丽中国内生动力》，《中国环境报》2018年4月3日第003版。

[110] 王晓君：《中国农村生态环境质量动态评价及未来发展趋势预测》，《自然资源学报》2017年第5期。

[111] 于法稳：《基于健康视角的农村振兴战略相关问题研究》，《重庆社会科学》2018年第4期。

[112] 周庆翔：《中国农村环境污染现状，原因和治理对策研究》，《理论研究》2018年第1期。

[113] 周林、梁菁华：《陕西推进农村环境综合整治的探索和实践》，《中国经

贸导刊》2013 年第 2 期。

[114] 周一平、李洁：《西安周边农村环境问题及生态文明建设的思考》，《西安建筑科技大学学报》（社会科学版）2009 年第 2 期。

[115] 张宏艳、刘平养：《农村环境保护和发展的激励机制研究》，经济管理出版社，2011。

[116] 杨寿欧：《广西农村生态文明建设现状与对策研究》，《经济与社会发展》2017 年第 5 期。

[117] 莫欣岳：《新时期我国农村生态环境问题研究》，《环境与可持续发展》2017 年第 1 期。

[118] 兰振江：《论述农村地区土壤污染治理策略》，《价值工程》2018 年第 8 期。

[119] 莫欣岳：《新形势下我国农村水污染现状，成因与对策》，《世界科技研究与发展》2016 年第 5 期。

[120] 杨臻：《河南省农村生态环境的问题与保护对策》，《山东工业技术》2018 年第 7 期。

[121] 萧小：《城市绿化“砍头树”何去何从》，《中国林业产业》2015 年第 8 期。

[122] 彭丽芬、李新贵：《大树移植技术研究与应用进展综述》，《内蒙古林业调查设计》2015 年第 3 期。

[123] 林琪：《告别大树进城，保护林木生态》，《环境》2017 年第 11 期。

[124] 赵红：《基于激励理论的我国农村人居环境投入机制研究》，《安徽农业科学》2017 年第 30 期。

[125] 公欣：《直击北京“煤改电”：一端是行业促进，一端是群众冷暖》，《中国经济导报》2017 年 5 月 12 日第 B05 版。

[126] 贺勇：《北京：“煤改电”正攻坚》，《人民日报》2017 年 4 月 22 日第 010 版。

[127] 陈玺撼：《垃圾分类能否“点燃”社区自治热情》，《解放日报》2017 年 12 月 21 日第 003 版。

[128] 钱培坚：《上海让垃圾分类实现“随手换”》，《工人日报》2017 年 11 月 12 日第 002 版。

[129] 王海荣：《绿色创新也是科技生产力》，《深圳商报》2017年11月19日第A03版。

[130] 刘有雄：《深圳积极打造绿色建筑之都》，《中国建设报》2018年3月19日第006版。

[131] 窦延文：《深圳绿色建筑领跑全国》，《深圳特区报》2017年8月8日第A01版。

[132] 钟自炜：《探访厦门空中自行车道》，《人民日报》2017年4月1日第009版。

[133] 佚名：《成都低碳城市建设亮点纷呈，城市低碳转型步伐坚定》，《成都日报》2018年6月4日第005版。

[134] 黄鹏：《首届国际城市可持续发展高层论坛在蓉举行》，《成都日报》2017年7月22日第001版。

[135] 矫晓虹：《从"干净小城"到荣膺"中华环境奖"》，《威海日报》2017年9月5日（001）。

[136] 张萌：《嘉兴海绵城市建设成效初显》，《嘉兴日报》2017年5月24日第004版。

[137] 张萌、鲍金波：《嘉兴海绵城市建设开工率100%》，《嘉兴日报》2017年12月20日第005版。

[138]《2017大连市十大环保新闻事件揭晓》，中国新闻网，http://www.ln.chinanews.com/news/2018/0122/117027.html，2018年1月22日。

[139] 巴家伟：《大连荣获"2017美丽山水城市"称号》，《大连日报》2017年12月4日第001版。

[140] 成燕：《郑州双鹤湖中央公园城市规划展览馆6月完工》，http://m.xinhuanet.com/ha/2018-03/02/c_1122474281.htm。

[141] 刘毅：《塞罕坝林场建设者获联合国"地球卫士奖"》，《人民日报》2017年12月6日第003版。

[142]《河北塞罕坝林场获颁联合国"地球卫士奖"，东方那一抹"中国绿"震撼世界》，新浪中心，http://news.sina.com.cn/o/2017-12-06/doc-ifypnqvn0547534.shtml，2017年12月6日。

[143] 穆清：《迈向可持续的未来——塞罕坝林场建设者获颁“地球卫士奖”》，《中国农村科技》2017 年第 12 期。

[144] 赵书华：《生态文明建设的“中国样本”》，《河北日报》2017 年 12 月 7 日第 001 版。

[145] 杜宣逸：《生态环境部通报 2017 年全国突发环境事件基本情况，共三百余起，重大一起，较大六起》，《生态环境报纸》2018 年 3 月 23 日第 001 版。

[146] 张楠：《临汾二氧化硫浓度再破千》，《中国环境报》2017 年 1 月 11 日第 002 版。

[147] 郄建荣：《河北高邑现违法陶瓷企业群设施简陋排放难达标》，《法制日报》2017 年 4 月 8 日第 006 版。

[148] 刘晓星：《高邑陶瓷企业群违法排污被责成整改》，《中国环境报》2017 年 1 月 10 日第 001 版。

[149] 王昆婷：《廊坊大城渗坑污染问题基本属实》，《中国环境报》2017 年 4 月 20 日第 001 版。

[150] 环境保护部办公厅：《关于对河北省大城县渗坑污染问题挂牌督办的通知》，http：//www. zhb. gov. cn/gkml/hbb/bgt/201704/t20170425 _ 412882. htm，2017 年 4 月 21 日。

[151] 国务院安全生产委员会：《国务院安委会办公室关于山东临沂金誉石化有限公司“6 · 5”爆炸着火事故情况的通报》，http：//www. chinasafety. gov. cn/awhsy/awhdt/201706/t20170616_ 213051. shtml，2017 年 6 月 16 日。

[152] 中华人民共和国生态环境部：《京津冀及周边地区再现污染天气安阳市大气污染问题突出》［EB/OL］，http：//www. zhb. gov. cn/gkml/hbb/qt/201703/t20170322_ 408637. htm，2017 年 3 月 22 日。

[153] 新京报官微：《环保部介入后，危险废物为何再现？中铝兰州危废污染调查》，http：//baijiahao. baidu. com/s？id = 1587048845103416992&wfr = spider&for = pc，2017 年 12 月 18 日。

G.13
后　记

一年来，在习近平新时代社会主义特色思想指引下，推动生态文明建设成为中华民族永续发展的千年大计。自党的十八大以来，党和国家在生态文明建设领域开展了一系列根本性、开创性、长远性工作，推动生态环境保护发生了历史性、转折性、全局性变化。“不忘初心、牢记使命”，提供更多优质生态产品以不断满足人民群众日益增长的对优美生态环境的需求。构建以产业生态化和生态产业化为主体的生态经济体系，推动绿色发展、生态致富理念进一步深入人心，建设美丽中国，实现中华民族伟大复兴的中国梦。

党的十九大概括和提出了习近平新时代中国特色社会主义思想，这一思想内涵十分丰富，其核心要义就是坚持和发展中国特色社会主义。形成了道路、理论、制度、文化“四位一体”有机统一的科学体系，实现了政治、经济、文化、社会、生态文明五大建设的统筹推进。生态文明建设进入新时代。新时代要建设的现代化是人与自然和谐共生的现代化，既要创造更多物质财富和精神财富以满足人民日益增长的美好生活需要，也要提供更多优质生态产品以满足人民日益增长的优美生态环境需要。坚持节约优先、保护优先、自然恢复为主的方针，形成节约资源和保护环境的空间格局、产业结构、生产方式、生活方式，还自然以宁静、和谐、美丽。坚持绿色发展，建立健全绿色低碳循环发展的经济体系。构建以产业生态化和生态产业化为主体的生态经济体系，壮大节能环保产业、清洁生产产业、清洁能源产业。实现生产系统和生活系统循环链接。倡导简约适度、绿色低碳的生活方式，开展创建节约型机关、绿色家庭、绿色学校、绿色社区和绿色出行等行动。谱写新时代、新作为的新篇章。

党的十九大和全国第一次环境保护大会确立了到2035年确保生态环境质量根本好转、美丽中国目标基本实现的宏大梦想，从2035年到21世纪中叶，在基本实现现代化的基础上把我国建成富强民主文明和谐美丽的社会主义现代化强国。到那时，我国物质文明、政治文明、精神文明、社会文明、生态文明将全面提升，实现国家治理体系和治理能力现代化，成为综合国力和国际影响力领先的国家，全体人民共同富裕基本实现，我国人民将享有更加幸福安康的生活，中华民族将以更加昂扬的姿态屹立于世界民族之林。

建设生态城市文明，是推进城市绿色发展和建设生态文明战略的具体实践与探索，也是建设富强民主文明和谐美丽社会主义现代化强国的必然要求。一年来，《中国生态城市建设发展报告（2018）》研创团队深入贯彻习近平新时代中国特色社会主义生态文明思想和第一次全国生态环境保护大会精神，仍然坚守与秉持以人为本、绿色发展的理念，牢固树立和践行自然、绿色、健康、生态的社会主义生态文明价值观，构建人与自然和谐共生、一体发展的现代化建设新格局，以探索中国特色社会主义生态城市建设道路为先导，以"五位一体、两点支撑、三带镶嵌、四轮驱动、以人为本、绿色发展"为发展思路，坚持循环经济、低碳生活、健康宜居的发展观，以服务城镇化建设、提高居民幸福指数、实现人的全面发展为宗旨，以更新民众观念、提供决策咨询、指导工程实践、引领绿色发展为己任，把生态文明理念全面融入城镇化建设进程中，更加注重生态环境保护与建设，更加注重节约资源；更加注重城市优质生态产品的供给，处理好人与自然的关系，推动绿色循环低碳发展的生产、生活方式全面形成。我们依据生态文明理念和生态城市建设指标体系，坚持全面考核与动态评价相结合，运用大数据技术，建立动态评价模型，对国内284个地级及以上城市进行了全面考核与健康指数评价；坚持普遍性要求与特色发展相结合的原则，对地方政府生态城市建设投入产出效果进行了科学评价与排名，评选出了生态城市特色发展100强；有针对性地进行"分类评价，分类指导，分类建设，分步实施"，指出了各个城市绿色发展的年度建设重点和难点。在案例研究基础上，继续发布了"双十事件"，对国家生态安全战略、城乡一体化建设等核心问题进行了深入探讨，提出了对策建议。生态城市建设在水、土壤、空气污染治理和人居环境美化、食品安全监管、垃圾回收再利用、出行难、停车难、臭水沟治理等"城市病"的治理方面取得了重大成效，以智慧化服务城市居民为中心的生态城市管理理念成为城市管理者的基本宗旨与职责。市民素质在建设中逐步提高。

建设美丽中国，就必须实施"生态城市战略"与"乡村振兴战略"一体化发展。党的十九大报告把建设生态文明确定为中华民族永续发展的千年大计。在城镇化速度日益加快的背景下，建设城乡一体的生态文明必然是大势所趋。从中央到地方的各级政府，都在努力探索一条能够有效统筹城乡生态建设的新路径。中国的城乡一体生态建设稳步推进，效果初显。五年来，中国生态环境状况呈现好转趋势。单位国内生产总值能耗、水耗均下降20%以上，森林面积增加1.63亿亩，绿色发展呈现可喜局面。顶层设计和规章制度日益完善，党的十九大报告提出了改革生态环境监管体制、解决突出环境问题、加大生态系统保护力度、推进绿色发展等措施。2018年5月，全国生态环境保护大会在北京召开。会议提出，要加大力度推进生态文明建设，坚决打好污染防治攻坚战。十三届全国人大一次会议审议通过《中华人民共和国宪法修正案》，把生态文明写入宪法。生态文明入宪，表明中国已经把生态环境建设问题放在了极其重要的位置。2013年9月国务院出台大气污染防治十条措施《大气污染防治行动计划》；此后2015年4月2日“水十条”《水污染防治行动计划》、2016年5月28日“土十条”《土壤污染防治行动计划》相继出台发布，向污染宣战。2017年，全国338个地级及以上城市PM10平均浓度比2013年同期下降20.4%，圆满完成既定目标。2017年，北京市PM2.5年均浓度为58微克/立方米，较上年同比下降20.5%，有9个月月均浓度为近5年同期最低水平，空气质量明显好转。2017年，河北省承德市北部塞罕坝林场建设者，以其在植树造林方面的突出贡献，获得联合国环境保护最高荣誉“地球卫士奖”中的“激励与行动奖”。湖北省武汉市因垃圾处理工作出色，让过去污染严重的金口垃圾填埋场成为武汉园博会的核心用地，武汉市也因此获得“C40城市气候领袖奖”的“最佳固体废物治理奖”。浙江省龙泉市政府提出建设城市森林的目标，全民义务植树尽责率达84.6%，森林覆盖率达84.2%，生态环境质量状况指数达99.7，被誉为“中国生态第一市”。贵州省遵义市湄潭县偏岩塘村通过不懈努力，已经实现每家每户都有干净卫生的厕所，生活污水处理率100%。上海市在城乡一体生态建设中表现出色。截至2018年3月，共完成涉及30万户的村庄改造、27万户农村生活污水设施改造，环境综合整治工作进展迅速。江苏省徐州市下大力气改善城乡环境，效果明显。该市预计2020年前，主城区棚户区、城中村和危旧房将基本改造完毕。浙江省安吉县高禹村，通过异地安置和美丽乡村建设相结合的方式解决城乡一体化问题。全村5000多人口，一半以上已经实现了社区化管理，其余的自然村也实现了基

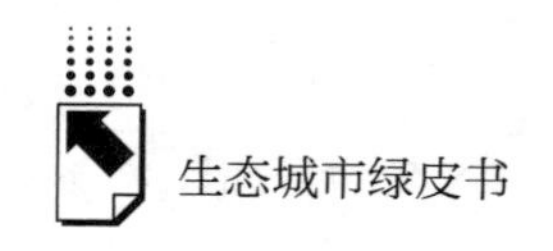

础设施配套全覆盖。甘肃省陇南市康县在建设美丽乡村中，始终坚持“四不原则”（指“不砍树、不埋泉、不毁草、不挪石”），取得显著成效。截至2017年4月，全县75%的行政村（262个）建成美丽乡村，并因此被批准为国家级生态建设示范区。

生态安全问题是当今世界各国都面临的国家安全乃至全球安全的新挑战。生态系统是由水分、土壤、大气、植被等多种要素形成的有机系统，是人类赖以生存、发展的物质基础。它与人类社会共同构成一个相互联系、相互制约的整体。生态安全问题就是人类社会在发展过程中，对生态环境的不合理开发及利用日益加剧，导致的资源过度消耗，及其引发的一系列诸如生态系统功能退化、生物多样性丧失、土地荒漠化加剧、水气土壤重度污染等问题，这些问题导致了生态危机和灾害，对人类自身安全造成严重威胁。因此，生态安全已成为各国必须共同面对与解决的重要科学问题。

生态安全是国家安全体系的重要组成部分和基石，也是实现中华民族伟大复兴与大国战略的必然选择。中国自然地理环境的多样性和脆弱性决定了生态环境问题还将长期存在，生态建设工程仍需持续发展。国家生态安全就是划定生态红线守好生态底线。构建“两屏三带”生态安全格局，加强重点生态功能区保护和管理，是生态文明建设的主要内容，也是生态文明建设的重要保障。要针对不同区域生态环境特征有效构建及维护生态安全格局，才能有效保障国家生态安全战略的实施。

中国在实行改革开放政策的近40年来，实施了一系列规模巨大的生态系统可持续发展的积极举措，启动了三北防护林、天然保护林、退耕还林还草等在国内甚至世界上都具有重要影响的生态环境建设工程，对可持续发展投资的影响也是非常积极的。森林砍伐率下降，覆盖率上升到22%；草原获得再生和扩大；荒漠化趋势在许多地区都得到了控制；水土流失大幅度减少，水质和河流沉积明显改善。城乡生态环境得到改善，优质生态产品供给日益丰富，不断满足人民日益增长的优美生态环境需要。

中国生态文明建设已经进入不欠新账、多还旧账的阶段。但是我国生态环境状况和形势不容乐观，生态环境质量总体上与全面建成小康社会的要求和人民群众日益增长的优美生态环境需要还存在较大差距。健康宜居、智慧管理、生产发展、生活富裕、生态环境优美的城乡生态环境建设任重道远，还需要我们下大决心，加大投入，加大执法力度，解决空气污染、土壤污染和水污染等突出生态环境问题，还居民一个蓝天白云、繁星闪烁，清水绿岸、鱼翔浅底、田园风光、鸟语花香的美丽家园。这就是实施“乡村振兴战略”与“生态城市战略”一体化发展，建设人与自然和谐共生的现代化美丽中国画卷。

2017 年，中国城镇化率达到 58.52%，生态城市建设正在稳步健康推进。然而，囿于多方面的原因，生态违法事件仍然频发，空气、水、土壤污染防治仍需爬坡过坎，应压实各方责任，实施党政同责，一岗双责，坚决担负起生态文明建设的政治责任，严格考核，严格问责，终身追责，将生态环境考核结果作为干部奖惩和提拔使用的重要依据。市民素质有待进一步提高，应积极创造生态环境建设“人人有责、人人有为、人人共享”的良好氛围，共同建设绿色、智慧、低碳、健康、宜居的新时代中国特色社会主义生态城市。

《中国生态城市建设发展报告（2018）》的理论构架、目标定位、发展理念与思路、研究重点、考核评价标准、工程实践、指导建议等由主编确立。参加研创工作的主要编撰者有：李景源、张有明、孙伟平、刘举科、胡文臻、曾刚、黎云昆、喜文华、王兴隆、李具恒、赵廷刚、温大伟、谢建民、张志斌、刘涛、常国华、岳斌、胡鹏飞、钱国权、王翠云、袁春霞、汪永臻、高天鹏、李开明、姚文秀、张腾国、台喜生、李明涛、康玲芬、滕堂伟、朱贻文、叶雷、葛世帅、陈炳、谢家艳、刘明石、鲍锋、朱玲、崔剑波、马凌飞、刘维荣等，最后由主编刘举科、孙伟平、胡文臻统稿定稿。

生态城市发展研究与《生态城市绿皮书》的编撰、发行及成果推广工作得到皮书顾问委员会及诸多机构领导专家真诚无私的关心支持。在这里，我们要特别感谢中国社会科学院、甘肃省政府、上海大学以及华东师范大学相关领导所给予的亲切关怀和巨大支持，衷心感谢相关院士、专家所贡献的智慧和给予的无私帮助，感谢配合我们开展社会调研与信息采集的城市和志愿者，感谢社会科学文献出版社谢寿光社长和社会政法分社王绯社长、周琼副社长，以及责任编辑赵慧英老师为本书出版所付出的辛勤劳动。

刘举科　孙伟平　胡文臻

二〇一八年六月十六日

S 基本子库
SUB DATABASE

中国社会发展数据库（下设 12 个子库）

全面整合国内外中国社会发展研究成果，汇聚独家统计数据、深度分析报告，涉及社会、人口、政治、教育、法律等 12 个领域，为了解中国社会发展动态、跟踪社会核心热点、分析社会发展趋势提供一站式资源搜索和数据分析与挖掘服务。

中国经济发展数据库（下设 12 个子库）

基于"皮书系列"中涉及中国经济发展的研究资料构建，内容涵盖宏观经济、农业经济、工业经济、产业经济等 12 个重点经济领域，为实时掌控经济运行态势、把握经济发展规律、洞察经济形势、进行经济决策提供参考和依据。

中国行业发展数据库（下设 17 个子库）

以中国国民经济行业分类为依据，覆盖金融业、旅游、医疗卫生、交通运输、能源矿产等 100 多个行业，跟踪分析国民经济相关行业市场运行状况和政策导向，汇集行业发展前沿资讯，为投资、从业及各种经济决策提供理论基础和实践指导。

中国区域发展数据库（下设 6 个子库）

对中国特定区域内的经济、社会、文化等领域现状与发展情况进行深度分析和预测，研究层级至县及县以下行政区，涉及地区、区域经济体、城市、农村等不同维度。为地方经济社会宏观态势研究、发展经验研究、案例分析提供数据服务。

中国文化传媒数据库（下设 18 个子库）

汇聚文化传媒领域专家观点、热点资讯，梳理国内外中国文化发展相关学术研究成果、一手统计数据，涵盖文化产业、新闻传播、电影娱乐、文学艺术、群众文化等 18 个重点研究领域。为文化传媒研究提供相关数据、研究报告和综合分析服务。

世界经济与国际关系数据库（下设 6 个子库）

立足"皮书系列"世界经济、国际关系相关学术资源，整合世界经济、国际政治、世界文化与科技、全球性问题、国际组织与国际法、区域研究 6 大领域研究成果，为世界经济与国际关系研究提供全方位数据分析，为决策和形势研判提供参考。

法律声明